Como Cultivar Células

Como Cultivar Células

Carmem Maldonado Peres
    Farmácia e Bioquímica – FCF – USP/SP
    Mestre em Fisiologia Humana – ICB – USP/SP
    Doutora em Fisiologia Humana – ICB – USP/SP
    Pós-Doutoranda do Departamento de Fisiologia e Biofísica – ICB – USP/SP

Rui Curi
    Farmácia e Bioquímica – UEM – Maringá/PR
    Mestre e Doutor em Fisiologia Humana – ICB – USP/SP
    Pós-Doutor em Bioquímica – Universidade de Oxford – Inglaterra
    Professor Visitante – Merton College e Dunn School of Pathology – Oxford
    Universidade Livre de Bruxelas–Bélgica, NIH e USUHS – Washington/EUA
    Professor Titular do Departamento de Fisiologia e Biofísica – ICB – USP/SP
    Comenda do Mérito Farmacêutico

No interesse de difusão da cultura e do conhecimento, os autores e a editora envidaram o máximo esforço para localizar os detentores dos direitos autorais de qualquer material utilizado, dispondo-se a possíveis acertos posteriores caso, inadvertidamente, a identificação de algum deles tenha sido omitida.

Direitos exclusivos para a língua portuguesa
Copyright © 2005 by
EDITORA GUANABARA KOOGAN S.A.
Travessa do Ouvidor, 11
Rio de Janeiro, RJ — CEP 20040-040
Tel.: 21–3970-9480
Fax: 21–2221-3202
gbk@editoraguanabara.com.br
www.editoraguanabara.com.br

Reservados todos os direitos. É proibida a duplicação
ou reprodução deste volume, no todo ou em parte,
sob quaisquer formas ou por quaisquer meios
(eletrônico, mecânico, gravação, fotocópia,
distribuição na Web, ou outros),
sem permissão expressa da Editora.

LISTA DOS AUTORES

Andréa Mollica do Amarante Paffaro
Ciências Biológicas – PUCCAMP
Mestre em Ciências Biológicas – Área de Concentração em Morfologia – UNICAMP
Doutora em Ciências – Biologia Celular e Tecidual – ICB – USP

Anna Karenina Azevedo Martins
Nutrição – UECE – Fortaleza/CE
Mestre em Ciências – Fisiologia Humana – ICB – USP/SP
Doutora em Fisiologia Humana – ICB – USP/SP

Aurélio Pimenta
Educação Física – UERJ/RJ
Doutorando em Fisiologia Humana – USP/SP

Carmem Maldonado Peres
Farmácia e Bioquímica – FCF – USP/SP
Mestre em Fisiologia Humana – ICB – USP/SP
Doutora em Fisiologia Humana – ICB – USP/SP
Pós-Doutoranda do Departamento de Fisiologia e Biofísica – ICB – USP/SP

Cláudia Regina Gonçalves
Graduação em Biologia – OSEC
Mestre e Doutora em Ciências – Área de Biologia Celular e Tecidual – ICB – USP

Celine Pompéia
Farmácia e Bioquímica – USP/SP
Mestre em Bioquímica – USP – IQ/SP
Doutora em Fisiologia Humana – USP – ICB/SP
Pos-Doutora – NIH – Washington/EUA
Pesquisadora Visitante – Laboratory of Molecular Immunoregulation, NCI – Frederick

Cristian Rafael Martins
Bolsista PIBIC/CNPq – Departamento de Ciências da Saúde – Curso de Nutrição – UNIJUI – RS

Cristóvão Alves da Costa
Mestrado e Doutorado em Microbiologia – ICB – USP/SP
Pós-Doutorado – ICB – USP/SP
Pesquisador do Instituto Nacional de Pesquisas da Amazônia – Laboratório de Virologia

Débora Cristina Gonçalves de Almeida
Graduanda em Farmácia e Bioquímica – FCF – USP/SP
Iniciação Científica em Fisiologia (CNPq) – ICB – USP/SP

Edgair Fernandes Martins
Farmácia e Bioquímica – UNIMEP – Piracicaba/SP
Doutor em Fisiologia Humana – ICB – USP/SP
Pós-Doutorando em Fisiologia Humana – ICB – USP/SP
Professor Titular do Centro de Ciências Biológicas e da Saúde – CCBS – Universidade Cruzeiro do Sul – UNICSUL

Érica Paula Portioli Silva
Biologia – Universidade Mackenzie – SP
Mestre em Genética – USP
Técnica Especializada – Laboratório de Fisiologia Celular – USP/SP

Estela Bevilacqua
Ciências Biológicas Modalidade Médica UNESP - Botucatu
Mestre e Doutora em Ciências – Área de Histologia ICB – USP
Professora Titular do Departamento de Histologia e Embriologia do ICB – USP

Fábio Bessa Lima
Médico – FMUSP/SP
Especialista em Endocrinologia – SBEM
Doutor em Fisiologia Humana – ICB/USP/SP
Pós-Doutor em Endocrinologia – Universidade da Califórnia – San Diego
Professor Associado – Departamento de Fisiologia e Biofísica – ICB/USP

Fábio Eduardo Pinheiro de Mello
Farmácia e Bioquímica – FCF – USP/SP

Francisco Garcia Soriano
Medicina – FM – USP/SP
Doutor – Fisiologia – ICB/USP
Pós-Doutor – Harvard Medical School
Professor do Departamento de Clínica Médica – Medicina/USP

Henriete Rosa de Oliveira
Farmácia e Bioquímica – FCF – USP/SP
Doutora em Fisiologia Humana – ICB – USP/SP
Pós-Doutoranda do Departamento de Fisiologia e Biofísica – ICB – USP/SP

Jorge Timenetsky
Biomedicina – Escola Paulista de Medicina
Mestrado em Microbiologia – Escola Paulista de Medicina
Doutorado em Microbiologia – USP/ICB
Pós-Doutorado – FDA
Professor Assistente Doutor – Microbiologia – USP/ICB

Jussara Gazzola
Nutricionista – UFPel – Pelotas/RS
Mestre em Ciências dos Alimentos – UFLa – Lavras/MG
Doutora em Ciência dos Alimentos – Nutrição Experimental – FCF – USP/SP
Professora do Departamento de Medicina Interna – Curso de Nutrição – UFRGS – RS

Ligia Maura Primo Maluf
Farmácia e Bioquímica – FCF – USP/SP
Pesquisadora do Programa de Iniciação Científica da FAPESP

Manuela Maria Ramos Lima
Nutrição – UECE – Fortaleza/CE
Doutora em Fisiologia Humana – ICB – USP/SP
Professora de Fisiologia – UNIFOR/CE

Marco Aurélio E. Montano
Coordenadoria de Gestão e Desenvolvimento Tecnológico – UNIJUI – RS

Marcia Cristina Bizinotto
Ciências Biológicas – PUCCAMP
Mestre em Biologia Celular e Estrutural na Área de Histologia – UNICAMP
Doutoranda em Biologia Celular e Estrutural – UNICAMP

Maria Fernanda Cury Boaventura
Nutrição – FSP – USP/SP
Doutoranda em Fisiologia – ICB – USP/SP

Marina Costa Xavier de Oliveira
Graduanda em Farmácia e Bioquímica – FCF – USP/SP
Iniciação Científica – USP/SP

Patrícia Léo
Ciências Biológicas – USP
Mestre em Biotecnologia – USP/ICB
Doutoranda em Biotecnologia – USP/ICB

Primavera Borelli
Professora Doutora – Hematologia Clínica – Departamento de Análises Clínicas e Toxicológicas – FCF – USP/SP

Renata Gorjão
Doutoranda em Fisiologia Humana – ICB – USP/SP

Roberto Barbosa Bazotte
Farmacêutico-Bioquímico – UEM – Maringá/PR
Mestre e Doutor em Fisiologia Humana – ICB – USP/SP
Pós-Doutor em Metabolismo Hepático pela Universidade do Texas – EUA
Professor Titular do Departamento de Farmácia e Farmacologia – UEM

Rosemari Otton
Biologia – UFPR/PR
Mestre e Doutora em Fisiologia Humana – ICB – USP/SP
Pós-Doutoranda em Fisiologia Humana – ICB – USP/SP
Professora Titular do Centro de Ciências Biológicas e da Saúde – CCBS – Universidade Cruzeiro do Sul – UNICSUL

Rozangela Verlengia
Bióloga – Universidade Metodista de Piracicaba (UNIMEP)
Mestre e Doutora em Biologia e Patologia Bucodental – FOP/UNICAMP
Pós-Doutora em Biologia Molecular – ICB – USP/SP
Professora Doutora do Curso de Mestrado em Edução Física – Núcleo de Performance Humana – Faculdade de Ciências da Saúde (UNIMEP)

Rui Curi
Farmácia e Bioquímica – UEM – Maringá/PR
Mestre e Doutor em Fisiologia Humana – ICB – USP/SP
Pós-Doutor em Bioquímica – Universidade de Oxford – Inglaterra
Professor Visitante – Merton College e Dunn School of Pathology – Oxford
Universidade Livre de Bruxelas – Bélgica, NIH e USUHS – Washington/EUA
Professor Titular do Departamento de Fisiologia e Biofísica – ICB – USP/SP
Comenda do Mérito Farmacêutico

Sandra Andreotti
Biologia – Centro Universitário São Camilo
Pesquisadora Especialista ICB – USP/SP

Sandra Coccuzzo Sampaio
Biomédica – UNISA
Mestre em Farmacologia – ICB – USP/SP
Doutora em Farmacologia – ICB – USP/SP

Tatiana Carolina Alba-Loureiro
Biologia – Universidade Metodista de São Paulo – (UMESP) – São Bernardo do Campo/SP
Mestre em Farmacologia – ICB – USP/SP
Doutoranda em Fisiologia Humana – ICB – USP/SP

Thais Martins de Lima
Farmácia e Bioquímica – USP/SP
Doutoranda do Departamento de Fisiologia e Biofísica – ICB – USP/SP

William Nassib William Junior
Medicina – FMUSP/SP

AGRADECIMENTOS

Agradecemos a cada colaborador deste livro pela dedicação e solicitude que tiveram durante a elaboração do texto e organização do trabalho.

Somos gratos a Geraldina de Souza, Valéria da Silva Ferreira, José Roberto Mendonça, Itamar Klemps, a Secretaria do Departamento de Fisiologia e Biofísica e bibliotecários do Instituto de Ciências Biomédicas da Universidade de São Paulo.

Agradecimento especial à Prof.ª Marilene G. Vecchia, que contribuiu de forma pioneira e imprescindível para a implementação e o aprimoramento da cultura de células em nosso laboratório. Esta foi a primeira etapa que nos conduziu a este livro.

Para realizar o nosso trabalho de pesquisa é fundamental o apoio financeiro da FAPESP, CNPq, CAPES e Pró-Reitoria de Pesquisa.

Os editores são gratos ao Sr. Ramilson Almeida, agente literário, que sempre nos incentivou a produzir este livro, e a todos os funcionários da Editora Guanabara Koogan, pelo empenho, atenção e profissionalismo constantes.

APRESENTAÇÃO

Os cultivos de células têm sido usados cada vez com maior freqüência em laboratórios, em substituição ao emprego de animais de experimentação, por diversos motivos que não nos cabe analisar nesta Apresentação. Essa tendência se nota tanto entre os pesquisadores ligados às universidades e aos institutos de pesquisa, como nos que trabalham em laboratórios das empresas de produtos farmacêuticos, produtos alimentares, cosméticos, entre outros.

Para o estudo das funções celulares, geralmente os cultivos são imprescindíveis, porque é muito difícil a análise das atividades celulares em tecidos de animais vivos, em que simultaneamente atuam fatores tão diversificados.

O presente livro, organizado por pesquisadores com experiência pessoal nos diversos assuntos abordados, vem preencher uma lacuna na literatura científica especializada. Traz informações práticas e objetivas sobre a organização de um laboratório para cultivo de células, tanto cultivos primários como cultivos permanentes. As informações são completas, não somente do ponto de vista prático, mas também quanto às bases teóricas fundamentais. Não se trata de um livro de "receita", mas sim de um manual que ensina como fazer e por que fazer.

Além de informar sobre as técnicas de cultivo, os Autores abordam, em diversos capítulos, temas importantes sobre as atividades celulares, como apoptose, ciclo celular e curvas de crescimento, por exemplo. Graças à boa organização desta obra, os Autores separaram claramente a parte prática das informações teóricas, o que torna o livro agradável de usar, sendo fácil ainda para o leitor a busca do que ele deseja. Ainda como ajuda preciosa ao leitor, o livro apresenta um glossário e endereços de fornecedores.

Prof. José Carneiro

PREFÁCIO

A escolha da cultura e células como ferramenta de estudo dos processos biológicos permite que se façam várias abordagens relacionadas à avaliação das atividades celulares, tais como: expressão gênica, fluxo e transferência de metabólitos, deslocamento do RNA, tráfego através da membrana, transdução de sinais, translocação de receptores, adesão, interação receptor–ligante, carcinogênese, captação de moléculas do meio externo, interação célula–célula, proliferação, controle parácrino de crescimento e diferenciação, interações de matrix e geração e exocitose de moléculas.

A aplicação não se restringe à caracterização celular. As possibilidades do emprego de células-tronco como recurso terapêutico no tratamento de neoplasias e doenças degenerativas são promissoras. Técnicas que empregam o transplante de medula óssea utilizando células-tronco hemopoéticas obtidas do sangue de cordão umbilical, da medula óssea, ou do sangue periférico, após terapia com fatores de crescimento, já estão bem estabelecidas. Além disso, a utilização da cultura celular como etapa dos processos de terapia gênica e reposição tecidual faz desse modelo uma estratégia essencial para o tratamento de diversas patologias.

A estrutura deste livro fornece ao leitor informações técnicas e práticas sobre cultura de células, incluindo a descrição de protocolos de obtenção de vários tipos celulares ilustrados com fotografias preparadas pelos próprios editores. Este livro descreve os princípios básicos da cultura celular (normas, técnicas, preparo e padronizações), as características da cultura de células permanentes e primárias, a contaminação por micoplasma e a aplicação da cultura como estratégia de estudo (análise da proliferação, fagocitose, metabolismo, diagnóstico virológico, transfecção, fusão nuclear, morte celular, uso de marcadores fluorescentes e citometria de fluxo). Além disso, o livro contém um apêndice com uma extensa lista de instituições e fornecedores e um glossário destinado ao esclarecimento rápido dos conceitos relacionados com a cultura de células.

Os editores

CONTEÚDO

Parte 1
Introdução, 1

1 Cultura de Células – História e Perspectivas, 3
Rui Curi
Anna Karenina Azevedo Martins

Referências Bibliográficas, 4

Parte 2
Princípios Básicos, 5

2 Normas Básicas para se Trabalhar com Culturas Celulares, 7
Érica Paula Portioli Silva

Normas para Procedimento em uma Sala de Cultura, 9
Referências Bibliográficas, 9

3 Técnicas Básicas em Cultura de Células, 10
Anna Karenina Azevedo Martins

Aquisição de Linhagens Celulares, 10
Congelamento e Descongelamento, 10
Montagem do Banco de Células, 12
Transporte de Células, 12
Referências Bibliográficas, 12

4 Esterilização de Materiais para a Cultura de Células, 13
Renata Gorjão
Marina Costa Xavier de Oliveira

Introdução, 13
Aplicação de Calor para Esterilização: Calor Úmido × Calor Seco, 13
  Autoclave, 14
Radiação/Irradiação, 15
  Radiações Ionizantes, 16
  Radiação Gama, 16
  Radiação UV, 16
Álcool, 17
Filtração, 17
  Membranas Filtrantes, 18

Câmara de Fluxo Laminar, 18
  Funcionamento, 19
  Procedimentos para Operação na Câmara de Fluxo Laminar, 20
Referências Bibliográficas, 20

5 Contagem de Células, 22
Renata Gorjão

Introdução, 22
Preparação das Células em Suspensão, 22
Preparação das Células Aderidas, 22
  Protocolo, 22
A Câmara de Neubauer, 23
Referências Bibliográficas, 24

6 Ciclo Celular, 25
Débora Cristina Gonçalves de Almeida

Fases do Ciclo Celular Eucariótico, 25
Controle do Ciclo Celular, 27
Referências Bibliográficas, 28

7 Sincronismo Celular, 30
Débora Cristina Gonçalves de Almeida

Métodos, 31
  Sincronização das Células na Fase G_0/G_1, 31
  Sincronização das Células na Fronteira entre as Fases G_1/S, 31
  Sincronização das Células Através da Retirada por Agitação de Células Mitóticas (*mitotic "shake off"*), 32
Referências Bibliográficas, 34

8 Fases do Crescimento Celular – Curva de Crescimento, 35
Débora Cristina Gonçalves de Almeida
Maria Fernanda Cury Boaventura

Fase Lag, 35
Fase Log, 35
Fase Estacionária ou *Plateau*, 35
Fase de Declínio ou Fase de Morte Celular, 36
Curva de Crescimento, 36
Referências Bibliográficas, 36

Parte 3
Culturas Permanentes, 39

9 Cultivo de Linhagens Permanentes, 41
Anna Karenina Azevedo Martins
Maria Fernanda Cury Boaventura
Manuela Maria Ramos Lima

Introdução, 41
  Biologia da Célula em Cultura, 41
  Controle do Número de Passagens, 42
  Aplicações e Áreas de Interesse, 42
  Linhagens Celulares, 43
Manutenção de Células Aderentes, 44
  Subcultivo, 44
  Superfície para Aderência Celular, 45
    Vidros, 45
    Plásticos, 45
    Metais, 45
  Linhagens Aderidas, 45
Cultura de Células em Suspensão, 45
  Manutenção da Cultura de Células em Suspensão, 45
  Facilidades da Cultura em Suspensão, 46
  Dificuldades da Cultura em Suspensão, 46
  Exemplo de Linhagem Celular Tumoral: Raji, 46
  Tratamento das Células em Cultura, 47
    Experimento 1, 47
Outras Considerações, 48
  Meio de Cultura, 48
  pH, 48
  Concentração Celular, 48
  Morfologia Celular, 48
  Volume e Área de Superfície, 49
  Recipiente de Cultivo Celular, 49
Referências Bibliográficas, 49

Parte 4
Cultura Primária: Obtenção de Células, 51

Cultura Primária, 53

10 Célula-tronco, 54
Primavera Borelli

Aspectos da Biologia da Célula-tronco, 54
Origem da Célula-tronco, 55
Caracterização da Célula-tronco, 55
Célula-tronco: Perspectivas para a Terapia Celular, 55
Obtenção de Célula-tronco Hemopoética, 57
Obtenção das Células da Medula, 57
Referências Bibliográficas, 57

11 Obtenção de Células Endoteliais, 59
Francisco Garcia Soriano

Introdução, 59

Obtenção de Células Endoteliais de Veia de Cordão
  Umbilical Humano, 60
Referências Bibliográficas, 61

12 Cultura de Células Trofoblásticas de
   Roedores, 62
Andréa Mollica do Amarante Paffaro
Cláudia Regina Gonçalves
Estela Bevilacqua

Do Blastocisto à Placenta, 62
Coleta de Mórulas Tardias e Blastocistos, 64
  Superovulação, 64
  Flushing dos Cornos Uterinos, 65
  Cultura dos Embriões, 66
  Curva de Crescimento, 67
Coleta de Cones Ectoplacentários, 67
Coleta de Células Placentárias, 69
  Caracterização das Culturas de Células
    Placentárias, 72
    Sugestão de Protocolo de Caracterização, 72
    Procedimento Imuno-histoquímico, 72
Referências Bibliográficas, 73

13 Obtenção de Hepatócitos em Perfusão de
   Fígado de Rato *in situ* com Colagenase, 75
Roberto Barbosa Bazotte

Perfusão de Fígado *in situ*, 75
Isolamento de Hepatócitos, 76
Estudos de Neoglicogênese com Hepatócitos
  Isolados, 76
Referências Bibliográficas, 77

14 Obtenção e Cultivo de Ilhotas Pancreáticas, 78
Edgair Fernandes Martins
Anna Karenina Azevedo Martins
Henriete Rosa de Oliveira

Introdução, 78
Considerações Gerais, 78
Obtenção de Ilhotas Pancreáticas, 78
  Protocolo 1, 78
  Protocolo 2, 80
  Cultura de Ilhotas, 80
  Metodologia para Cultura de Ilhotas, 80
  Dissociação de Ilhotas Pancreáticas para a
    Obtenção de Células Beta, 82
Referências Bibliográficas, 82

15 Obtenção de Adipócitos, 83
William Nassib William Junior
Aurélio Pimenta
Sandra Andreotti
Fábio Bessa Lima

Introdução, 83

Preparação dos Meios, 83
  Meio de Digestão, 83
  Meio de Cultura, 83
Isolamento dos Adipócitos, 83
  Extração do Tecido Adiposo, 84
  Digestão do Tecido Adiposo, 84
  Lavagem das Células Isoladas, 85
Contagem do Número de Adipócitos Isolados, 86
Referências Bibliográficas, 88

16 Isolamento de Enterócitos, 89
Jussara Gazzola
Cristian Rafael Martins
Marco Aurélio E. Montano

Introdução, 89
Culturas Primárias de Enterócitos, 89
Técnicas de Isolamento de Enterócitos, 91
  Metodologia para Obtenção de Enterócitos, 91
  Chen, Yang, Braunstein, Georgeson, Harmon
    (2001), 91
  Gastaldi, Ferrari, Verri, Casirola, Orsenigo,
    Laforenza (2000), 92
  Luxon, Milliano (1999), 92
  Kumar, Mansbach II (1999), 92
  Amelsberg, Jochims, Richter, Nitsche, Fölsch
    (1999), 93
  Evans, Flint, Somers, Eyden, Potten (1992), 93
  Fukamachi (1992), 94
  Kumagai, Jain, Johnson (1989), 94
  Watford, Lund, Krebs (1979), 94
  Hoffman, Kuksis (1979), 95
  Weiser (1973), 96
  Considerações Importantes sobre o Crescimento
    Celular de Enterócitos, 96
Referências Bibliográficas, 96

17 Obtenção de Neutrófilos, 100
Tatiana Carolina Alba-Loureiro

Origem e Características, 100
Metabolismo e Funções, 100
Obtenção de Neutrófilos, 101
  A Partir do Peritônio, 101
  A Partir do Pulmão, 101
    Instilação Intratraqueal, 102
  Cultura Primária de Neutrófilos, 104
Referências Bibliográficas, 104

18 Obtenção de Linfócitos de Modelos Animais, 106
Rosemari Otton

Considerações Gerais, 106
O Metabolismo do Linfócito, 106
Cultura Primária de Linfócitos de Ratos, 107

Procedimento para Obtenção de Linfócitos de
  Ratos, 107
    Especificações do Material Utilizado, 108
Referências Bibliográficas, 110

19 Obtenção de Macrófagos Peritoneais, 111
Sandra Coccuzzo Sampaio

Introdução, 111
Nomenclatura, 111
Estimulação dos Macrófagos, 111
Modelos Animais, 112
  Camundongos, 112
    Obtenção de Macrófagos Elicitados/
      Inflamatórios, 112
    Macrófagos Ativados, 112
  Ratos, 112
    Obtenção de Macrófagos Elicitados/
      Inflamatórios, 112
    Macrófagos Ativados, 112
Obtenção das Células, 112
  Determinação do Número de Células
    Peritoneais, 112
Soluções, 113
  Tioglicolato, 113
  BCG (Onco BCG Oral), 113
Referências Bibliográficas, 113

20 Obtenção de Células do Sangue Periférico, 114
Rosemari Otton
Fábio E. P. de Mello
Tatiana C. Alba-Loureiro,
Sandra Coccuzzo Sampaio

Introdução, 114
  O Sangue, 114
    Plasma Sanguíneo, 114
    Células do Sangue, 114
    Hemopoese, 115
Coloração de Lâminas de Extensão Sanguínea e de
  Exsudato, 117
  Extensão Sanguínea, 117
  Obtenção de Linfócitos a partir do Sangue
    Periférico, 118
Referências Bibliográficas, 121

21 Co-culturas Celulares, 122
Carmem Maldonado Peres

Introdução, 122
Planejamento da Co-cultura: Considerações Gerais, 122
Protocolo Experimental de Co-cultura entre
  Macrófagos e Linfócitos, 123
    Protocolo, 123
Referências Bibliográficas, 125

Parte 5
Coloração de Células, 127

22 Principais Métodos de Coloração de Células, 129
Sandra Coccuzzo Sampaio

Introdução, 129
Tipos de Corantes, 129
  Corantes Utilizados para Corar Extensões
    Sanguíneas e de Exsudato, 129
  Corantes Utilizados para Identificar e Contar
    Elementos Figurados, 131
  Corantes Utilizados para Exclusão (Viabilidade
    Celular), 133
  Informações Gerais sobre Coloração, 133
Referências Bibliográficas, 133

Parte 6
Micoplasma, 135

23 Micoplasma, 137
Jorge Timenetsky

Propriedades Gerais dos Micoplasmas, 137
Micoplasmas e Culturas Celulares, 138
  Métodos de Eliminação, 139
  Métodos de Detecção, 140
Referências Bibliográficas, 141

24 Detecção de Micoplasma em Culturas Celulares, 143
Érica Paula Portioli Silva

Introdução, 143
  Culturas Celulares, 143
Métodos Utilizados para Detecção de Micoplasma, 144
  Hoechst 33342, 144
  Reação em Cadeia da Polimerase (PCR), 144
  Extração de DNA, 144
  Oligonucleotídeos Iniciadores Genéricos, 144
  Preparo da Reação, 145
  Programa de Amplificação do DNA, 145
  Cuidados no Preparo da Reação, 145
Referências Bibliográficas, 146

Parte 7
Análise Funcional, Aplicações e Bases Teóricas, 147

25 Proliferação Celular, 149
Rosemari Otton
Carmem Maldonado Peres

Considerações Gerais, 149
Proliferação de Linfócitos, 149

Protocolo Experimental de Avaliação da Taxa de
  Incorporação de [2-^{14}C]-Timidina em Linfócitos de
  Ratos Estimulados com Con A, 150
Especificações do Material Utilizado, 152
Referências Bibliográficas, 152

26 Espraiamento, Fagocitose, Atividade Fungicida e Metabólitos Reativos do Oxigênio e do Nitrogênio – Como Avaliar Função de Macrófagos, 153
Sandra Coccuzzo Sampaio

Histórico, 153
Introdução, 153
  Espraiamento e Fagocitose, 153
Receptores Envolvidos com a Fagocitose por
  Macrófagos, 154
  Mecanismo de Reconhecimento, 154
    Metabólitos Reativos do Oxigênio, 157
    Metabólitos Reativos do Nitrogênio, 158
    Atividade Fungicida e Microbicida por
      Macrófagos, 158
    Protocolos Experimentais, 159
Referências Bibliográficas, 163

27 Cultura de Células Aplicada ao Diagnóstico Virológico, 166
Cristóvão Alves da Costa

Introdução, 166
  Detecção da Replicação Viral em Cultura de
    Células, 166
  Conservação dos Espécimes Destinados à Detecção
    Viral, 167
  Colheita de Espécime Biológico, 167
  Transporte do Espécime e Meios, 167
  Amostras Biológicas, 168
  Diagnóstico Virológico em Cultura de Células, 168
  Replicação Viral em Cultura de Células, 168
  Inoculação e Incubação das Células com
    Espécimes, 169
  Reação da Imunofluorescência Indireta – IFI, 169
  Reação em Cadeia pela Polimerase – PCR, 170
  Obtenção do DNA Complementar – cDNA, 170
  Amplificação por Meio da Reação em Cadeia pela
    Polimerase, 170
  Detecção do Produto da Reação da PCR, 171
  Separação Eletroforética em Gel de Agarose dos
    Produtos da PCR, 171
  Fotodocumentação da Separação Eletroforética, 172
Referências Bibliográficas, 172

28 Transferência de Genes em Células de Mamíferos: Transfecção, 173
Patrícia Léo
Anna Karenina Azevedo Martins

Introdução, 173
Sistemas de Transfecção, 174
Vetores, 174
Métodos de Transfecção, 175
    Transfecção com DEAE-dextran, 175
    Eletroporação, 175
    Transfecção Mediada por Lipossomo, 176
    Transfecção com Fosfato de Cálcio, 176
Protocolos Básicos, 178
    Transfecção Utilizando Precipitado de Fosfato de
        Cálcio e DNA Formado em Tampão HEPES, 178
        "Choque" de Glicerol ou de DMSO em Células de
        Mamíferos, 179
    Transfecção Utilizando Precipitado de Fosfato de
        Cálcio e DNA Formado em Tampão BES, 180
    Reagentes e Soluções, 180
Seleção das Células de Mamíferos Transfectadas, 181
    Marcadores de Seleção, 181
    Tipos de Marcadores de Seleção, 181
        Aminoglicoside Fosfotransferase (Neo, G418,
        APH), 181
        Diidrofolato Redutase (DHFR), 182
        Higromicina-B-fosfotransferase (HPH), 182
        Timidina Quinase (TK), 182
        Xantina-guanina Fosforribosiltransferase
        (XGPRT, GPT), 183
        Adenosina Deaminase (ADA), 183
Eficiência da Transfecção, 183
    Protocolo de Coloração com X-gal, 183
Comentários, 183
    Parâmetros Críticos e Problemas, 184
Uso de DNA e RNA *Antisense* para Inibir a Expressão de
    Genes, 185
    Farmacocinética dos Oligos *Antisense*, 185
    Captação Celular, 185
    Mecanismos de Ação, 185
Referências Bibliográficas, 186

29 Fusão Nuclear, 188

Rozangela Verlengia
Erica Paula Portioli Silva
Marcia Cristina Bizinotto

Introdução, 188
Aplicação da Fusão Nuclear no Mapeamento
    Genético, 191
Fusão Nuclear entre Fibroblastos Humanos e
    Fibroblastos de Hamster Chinês, 191
Protocolo, 192
Anticorpos Monoclonais e Policlonais, 193
Protocolo de Produção de Anticorpos Monoclonais, 195
    Fusão de Linfócito B de Camundongo com Células
    de Mieloma, 195
    Imunização de Animais, 196
Cuidados Laboratoriais na Experimentação de Fusão
    Nuclear, 198
Referências Bibliográficas, 199

30 Morte Celular: Apoptose e Necrose, 200

Ligia Maura Primo Maluf
Celine Pompéia

Introdução, 200
Apoptose, 200
    Agentes Causadores da Apoptose, 200
    Aspectos Morfológicos, 201
    Aspectos Bioquímicos e Mecanismos de Indução:
        Via Intrínseca e Via Extrínseca, 201
           Família das Caspases, 202
           Via Intrínseca, 203
           Via Extrínseca, 207
           Interligação entre as Vias Intrínseca e
           Extrínseca, 209
           Indução de Apoptose pelo Retículo
           Endoplasmático, 209
           Reconhecimento Fagocítico das Células
           Apoptóticas, 211
           Reguladores da Apoptose, 211
           p53 e Apoptose, 214
           Apoptose e Transcrição Gênica, 214
           Desregulação do Processo Apoptótico, 215
Morte Celular Programada Não Apoptótica, 215
Necrose, 216
    Agentes Causadores de Necrose, 216
    Características Morfológicas, 217
    Características Bioquímicas, 217
    Mecanismos de Indução, 218
        Ação de Radicais Livres, 218
        Isquemia, Hipóxia e Alteração no Volume
        Celular, 218
        Agentes Químicos, 219
Considerações sobre Senescência, 221
    Características Morfológicas e Bioquímicas da
    Senescência, 223
Conclusões, 223
Referências Bibliográficas, 223

31 Uso de Marcadores Fluorescentes em Cultura de Células–Análise de Imagem, 227

Érica Paula Portioli Silva

Medidas de Fluorescência, 228
Absorção e Emissão, 228
Mecanismo de Coloração por Corantes
    Fluorescentes, 228
    Corantes Fluorescentes, 228
    Corantes Vitais, 229
    Incorporação de Corantes por Células Intactas, 229
    Indicadores Intracelulares de Íons, 229
    Análogos Fluorescentes, 229
Probes e *Labels* Fluorescentes, 229
Marcadores (*Labels*) Fluorescentes, 230
    Acridine Orange (AO–Alaranjado de Acridina), 231
    AMCA (Ácido 3-acético 7-amino-
    4-metilcoumarina), 231

xviii *Conteúdo*

BODIPY (4,4-difluoro, 5-7, dimetil-4-bora 3a, 4a, diaza-5-indaceno), 231
Cascade Blue, 231
Coumarina, 231
DAPI (4'-6-diamidino-2-fenilindol), 231
Eosina e Eritrosina, 231
Fluoresceína, 231
Ficobiliproteínas, 231
Hoechst, 232
NBD [6-N-(7-nitrobenz-2-oxa-1,3-diazol-4-il) Amina, 232
Perileno e Pireno, 232
Rodamina, 232
Sulforodamina, 232
Tetrametilrodamina (TMR), 232
Texas Red, 232
Amplificação do Sinal, 232
Múltipla Marcação, 232
Photobleaching (Fotodesbotamento), 234
Microscopia, 235
    Microscópio Tradicional Fluorescente, 235
    Microscópio Confocal, 237
Referências Bibliográficas, 238

32 Citometria de Fluxo, 239
Thais Martins de Lima

Introdução, 239
Princípios da Citometria de Fluxo, 239
  Sistema de Fluxo, 240
  Sistema de Iluminação, 240
  Sistemas Óptico e Eletrônico, 241
  Armazenamento de Dados e Sistema de Controle Computacional, 242
    Controles Negativos, 243
    Controles Positivos, 243
    Controles Especiais, 243
  Análise de Dados, 244
Parâmetros Mensuráveis, 246
  Requisitos Básicos de um Corante, 246

Fixação e Permeabilização, 246
Marcação Estrutural, 246
Marcação Funcional, 248
Determinação da Razão de Linfócitos T CD4/CD8 por Citometria de Fluxo, 249
Determinação da Integridade de Membrana Celular por Citometria de Fluxo, 250
Determinação da Fragmentação de DNA por Citometria de Fluxo, 250
Determinação do Potencial Transmembrânico da Mitocôndria por Citometria de Fluxo, 252
Detecção da Externalização de Fosfatidilserina por Citometria de Fluxo, 252
Referências Bibliográficas, 253

Glossário, 254

Apêndices, 265

Apêndice I – Meios de Cultura, 267
Meios de Cultura mais Comuns, 268
Preparação de um Meio de Cultura, 268

Apêndice II – Antibióticos e Antimicóticos, 269

Apêndice III – Tampões, 270

Apêndice IV – Dados Práticos de Radioatividade, 272

Apêndice V – Centrifugação, 274

Apêndice VI – Lista de Entidades, Empresas e Fornecedores, 275

Índice Alfabético, 279

Como Cultivar Células

Parte 1

Introdução

Capítulo 1

Cultura de Células — História e Perspectivas

RUI CURI, ANNA KARENINA AZEVEDO MARTINS

Passados quase 100 anos desde que os primeiros experimentos de cultivo de células foram realizados por Ross Granviele Harrison, na Universidade Johns Hopkins, o uso desta técnica continua sendo uma importante ferramenta de estudo.

A técnica foi desenvolvida pela desagregação de fragmentos de tecidos e o crescimento ficou restrito às células que migraram do tecido para o meio. Certamente, por isso, durante muito tempo, usou-se chamar cultura de tecido. Em inglês este termo — *tissue culture* — ainda é usado para denominar cultura de células.

A cultura de células iniciou-se com os experimentos de Harrison[1] com tecido de anfíbio. Embora a decisão de investigar a biologia de células nervosas de anfíbio não tenha, provavelmente, levado em consideração a irrelevância do controle da temperatura nestes animais, isto foi de grande valia para o sucesso dos experimentos.

Em 1906, os embriologistas, quase todos mais taxonômicos do que experimentais em sua abordagem do desenvolvimento do embrião, estavam fascinados com os processos responsáveis pelo desenvolvimento de uma fibra nervosa. Eles sabiam que no desenvolvimento final do sistema nervoso todas as fibras terminavam ou se estendiam a partir de células nervosas. No entanto, qual era a origem das longas fibras nervosas que se viam estendendo em todos os órgãos e tecidos do embrião? Talvez a maioria pensasse que os tecidos locais e os órgãos de alguma forma dessem origem às fibras nervosas que atravessavam suas partes.

Harrison sabia que observações microscópicas de tecidos portadores de fibras nervosas jamais revelariam o que teria originalmente formado os nervos. Se conseguisse obter tecido que contivesse apenas células nervosas e observasse as células como organismos vivos durante um período suficientemente

longo, talvez pudesse descobrir que a própria célula nervosa dava origem a uma fibra nervosa. Pensando assim, ele dissecou o tubo medular de um embrião de sapo de cerca de meio centímetro e o mergulhou em linfa fresca de sapo, que logo coagulou. Harrison tampou e selou a tampa com parafina para evitar a evaporação e ficou observando essa preparação inédita sob a objetiva de seu microscópio. Em seu breve artigo de 1907, escreveu: "quando se tomam as precauções assépticas adequadas, os tecidos sobrevivem nessas condições por uma semana e, em alguns casos, foram mantidos espécimes vivos durante aproximadamente quatro semanas." Foi essa frase que deu início à ciência e arte da cultura de células.

Harrison verificou que as fibras nervosas efetivamente emergiam das células nervosas do tubo medular à velocidade de 25 micrômetros a cada período de 25 min de observação. Ele havia encontrado a resposta para a procedência da fibra nervosa: ela nascia da própria célula nervosa!

Depois do sucesso dos experimentos de Harrison, cresceu o interesse dos cientistas no cultivo de tecidos *in vitro*. Poucos anos depois, Alexis Carrel[2] publicava um trabalho em que ele, baseado na descoberta de Harrison, buscava formas de prolongar o tempo de vida das células em cultura.

Carrel trabalhou com vários tecidos conectivos de fetos de galinha, alguns tecidos de cachorro e ainda com o sarcoma de Rous. Em seus experimentos, ele já controlava a temperatura do cultivo e mantinha as células a 38°C. O meio era composto de uma ou duas partes de água destilada e de três partes de plasma normal, suplementado com extrato de embrião ou de músculo. Carrel verificou que a troca do meio onde eram mantidas as células favorecia o prolongamento do tempo de vida das células.

Depois, vieram os trabalhos de George Gey com células tumorais (estabelecendo a linhagem HeLa), e isso aumentou o interesse em cultivar tecidos humanos.[3] Mais tarde, os estudos clássicos de Hayflick e Moorhead[4] com linhagens humanas deram grande contribuição para o uso do cultivo celular como importante ferramenta ao entendimento de processos biológicos.

Em nossos dias, o uso de células em cultivo vai além do entendimento e do estudo de processos biológicos. Chega à sua aplicação na reposição de tecidos em indivíduos e transplantes. Isto tudo nos faz concluir que, tanto para fins experimentais, como clínicos, a cultura de tecidos, desenvolvida há anos, é bastante atual.

REFERÊNCIAS BIBLIOGRÁFICAS

1. Harrison, R. G. Observations on the living developing nerve fiber. Proceedings of the Society for Experimental Biology and Medicine, 4: 140-13, 1907.
2. Carrel, A. On the permanent life of tissues outside the organism. Journal of Experimental Medicine, 15: 516-28, 1912.
3. Gey, G.O., Coffman, W. D., Kubicek, M. T. Tissue culture studies of the proliferative capacity of cervical carcinoma and normal epithelium. Cancer Research, 12: 364-5, 1952.
4. Hayflick, L., Moorhead, P. S. The serial cultivation of human diploid cell strains. Experimental Cell Research, 25: 585-621, 1961.

Parte 2

Princípios Básicos

Capítulo 2

Normas Básicas para se Trabalhar com Culturas Celulares

Érica Paula Portioli Silva

O trabalho com culturas celulares requer uma série de cuidados para que não haja ou, pelo menos, se reduzam os riscos de contaminação e, conseqüentemente, a perda de tempo, de reagentes e de material biológico.

As fontes mais comuns de contaminação com bactérias, micoplasma e fungos podem ser introduzidas pelo operador, ar, bancadas, soluções ou vidraria. As contaminações podem ser mínimas (ocorrer em apenas uma ou duas culturas celulares), como também em grande escala, e infectar um experimento ou a sala de cultura. Esses desastres podem ser diminuídos se alguns cuidados forem tomados:

1. As culturas devem ser visualizadas sob microscópio óptico em contraste de fase, cada vez que forem manipuladas, a fim de se observar a presença de fungos e/ou bactérias, antes que as células sejam utilizadas para análise;
2. As garrafas de meio de cultura não devem ser compartilhadas com outras pessoas ou utilizadas em diferentes procedimentos laboratoriais;
3. As técnicas assépticas reduzem a probabilidade de infecção. Os padrões de técnicas assépticas devem ser mantidos a todo momento, antes, durante e ao término do experimento.

As infecções com micoplasma são as mais difíceis de serem detectadas, pois não são visualizadas ao microscópio, e, muitas vezes, o crescimento da célula é aparentemente normal. Além disso, o micoplasma pode se espalhar para outras culturas celulares. É essencial que o laboratório que faz cultura celular teste periodicamente suas células para micoplasma (veja Caps. 23 e 24, Micoplasma e Detecção de Micoplasma).

As técnicas assépticas nos fornecem uma barreira entre os microrganismos no ambiente externo e a cultura em garrafas ou placas. Todo o material usado para as culturas celulares deve ser estéril.

A limpeza da sala de cultura deve ser feita pelo menos uma vez por semana. Essa limpeza consiste em varrer, passar pano embebido em álcool a 70% e lisofórmio a 10% (desinfetante) nas bancadas, câmara de fluxo laminar, geladeiras, estufas e microscópio. Passar, no chão, pano embebido em lisofórmio (um copo de lisofórmio em 1/2 balde de água quente). Trocar a água do banho-maria (água com antifúngico) uma vez por mês ou sempre que necessário. Verificar o filtro do ar-condicionado a cada três meses.

Os desinfetantes são necessários para a descontaminação de superfícies em que ocorre o extravasamento de material biológico ou outro material potencialmente infectante. Os desinfetantes são mais eficientes do que os detergentes na redução da quantidade microbiana do solo (99% de redução *versus* 80%); entretanto, poucas horas após a desinfecção, a carga microbiana retorna aos valores de pré-tratamento. Os detergentes são menos tóxicos do que os desinfetantes para os profissionais que manipulam estes produtos, geralmente são mais baratos, e o odor é mais agradável. Alguns autores sugerem que os desinfetantes possam selecionar germes resistentes. Uma vez estabelecidas todas as precauções, as contaminações se tornarão mais raras. Antes de iniciar o trabalho, faça uma limpeza completa na bancada de trabalho ou fluxo laminar. Limpe bem, com álcool a 70%, a bancada e as paredes. Leve para dentro do fluxo laminar apenas o material necessário ao procedimento e, antes disso, limpe com álcool a 70%. Limpe a bancada de trabalho antes e durante o trabalho, particularmente se houver qualquer respingo de líquido, e limpe novamente ao término do trabalho. Limpe as garrafas com álcool a 70% antes do primeiro uso.

Não basta fazer uma limpeza na área de trabalho, sem que o operador faça uma higiene pessoal. A lavagem das mãos remove a pele seca, que poderia cair na cultura; com a lavagem, se reduz o número de microrganismos presentes na pele, diminuindo o risco de contaminação nas culturas. Existem três maneiras de se realizar a higiene das mãos: a lavagem com água e sabonete com anti-sépticos, a aplicação de álcool em gel, e a aplicação de álcool sob forma líquida. O gel contém álcool etílico em concentrações que variam de 60 a 75%. O álcool na forma líquida apresenta em sua fórmula propanolol a 75%. Os sabonetes anti-sépticos contêm, além do germicida, surfactantes, corantes e perfumes. Foi feito um estudo comparando os três tipos de limpeza das mãos, e ficou comprovado que tanto para a limpeza das mãos, antes do trabalho, como para limpeza das mãos durante o trabalho, o álcool a 70% líquido foi a melhor opção entre as disponíveis atualmente.

As luvas cirúrgicas podem ser usadas e limpas com álcool constantemente. Toucas, aventais e máscaras são usados em muitos casos. Pessoas com cabelos compridos devem prendê-los enquanto se executa o experimento.

Durante o trabalho, deve-se continuar com todo o cuidado no manuseio. A pipetagem deve ser feita com muita cautela e atenção. As pipetas de vidro ou de plástico são ainda a forma mais fácil de manipular líquidos. As pipetas de 1 mL, 2 mL, 5 mL, 10 mL e 25 mL são usadas na maioria dos experimentos. **Nunca** pipetar com a boca, pois isto contribui para a infecção de micoplasma e pode introduzir um elemento de risco para a saúde do operador; por exemplo, linhagens celulares infectadas com vírus, espécimens de biópsia ou autópsia humana, ou outros contaminantes biológicos. As "pêras" de borracha são baratas e os pipetadores automáticos são disponíveis, embora caros. A velocidade de processo reduz o risco de contaminação.

É necessário inserir uma "ponta" de algodão hidrofóbico na parte superior das pipetas de vidro antes da esterilização. Se o algodão for molhado com qualquer líquido durante o uso, é melhor trocar ou descartar a pipeta. Existem disponíveis no mercado pipetas estéreis prontas para uso.

Seringas muitas vezes são utilizadas, porém o risco de auto-inoculação é alto.

Ao trabalhar em local aberto, o cuidado para a não contaminação deve ser aumentado, as bocas das garrafas e as tampas devem ser flambadas antes e após a abertura, e antes e após o fechamento.

As pipetas devem ser flambadas antes do uso. Trabalhe sempre próximo à chama onde haja uma corrente de ar com sentido de baixo para cima e nunca deixe as garrafas abertas. As tampas das garrafas devem ser colocadas de ponta-cabeça em uma superfície limpa, ou então segure na mão durante a pipetagem (veja Fig. 2.1).

Não é necessário flambar toda a instrumentação ao se trabalhar em câmara de fluxo laminar.

As garrafas, quando abertas, não devem permanecer na vertical, e, sim, em um ângulo mais baixo possível, sem riscos de espirrar os líquidos. Os frascos de cultura devem permanecer na horizontal e ser abertos inclinados, como as garrafas, durante a manipulação (veja Fig. 2.1).

Ao trabalhar em câmara de fluxo laminar, não deixe suas mãos ou qualquer outro item entre um frasco aberto ou pipetas estéreis e o filtro de ar.

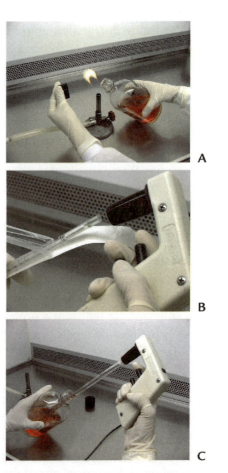

Fig. 2.1 Manuseio de frascos e pipetas estéreis. (**A**) Garrafa com meio de cultura sendo flambada; (**B**) Acoplamento asséptico do pipetador automático a uma pipeta com algodão hidrofóbico; (**C**) Retirada do meio de cultura com a pipeta estéril.

Sempre que possível, não entorne um conteúdo estéril dentro de outro frasco, a menos que a garrafa em que você está vertendo o líquido seja usada apenas uma vez e todo o conteúdo seja despejado de uma só vez. O maior risco desse procedimento é a ponte que o líquido forma entre o exterior e o interior da garrafa, o que aumenta a chance de contaminação.

A maior vantagem de se trabalhar em câmara de fluxo laminar é que o ambiente de trabalho fica todo o tempo protegido contra poeira e contaminação, devido ao isolamento causado pelo fluxo laminar de ar estéril, que passa sobre a superfície de trabalho. Há, basicamente, dois tipos de câmaras de fluxo laminar: horizontal e vertical (veja Cap. 4, Esterilização de Materiais para a Cultura de Células).

Alguns procedimentos são essenciais para se evitar a contaminação de culturas celulares. Segue adiante uma lista de normas que devem ser empregadas para se trabalhar em uma sala de cultura celular.

NORMAS PARA PROCEDIMENTO EM UMA SALA DE CULTURA

1 — Manter a porta sempre fechada (sem correntes de ar). Não fumar ou comer na sala. Evitar a permanência de pessoas que não estejam diretamente envolvidas no trabalho naquele momento (APENAS **DUAS** PESSOAS TRABALHANDO AO MESMO TEMPO).

2 — Lavar mãos e braços com água e sabão anti-séptico antes de entrar na sala de cultura.

3 — Usar aventais próprios para a área de trabalho. NUNCA entrar na sala vestindo o avental que estava sendo usado para manipular outro material biológico. NUNCA sair da sala usando o avental próprio para a sala de cultura.

4 — Usar máscara e luvas.

5 — Limpar mãos e câmara de fluxo laminar com álcool a 70% antes de iniciar o trabalho.

6 — Limpar as mãos com álcool a 70% antes de abrir as incubadoras, onde se encontram as células.

7 — NÃO FALAR, enquanto estiver com a incubadora aberta.

8 — Planejar as etapas necessárias à realização do protocolo para evitar a saída do fluxo laminar.

9 — Todo o material deverá ser rigorosamente limpo com álcool a 70% antes de ser levado à área interna da câmara de fluxo laminar.

10 — Evitar debruçar-se sobre a mesa da câmara de fluxo laminar, ou tocar em outra pipeta a não ser aquela que será usada.

11 — Limitar a entrada de papel e de barbante dentro da capela. Não usar lápis ou borracha, pois soltam partículas.

12 — Abrir as embalagens de material descartável (tubos cônicos, frascos de cultura) dentro do fluxo laminar e SEMPRE fechá-las com fita adesiva, antes de retirá-las de dentro do fluxo laminar.

13 — Evitar o contato das mãos com solventes, que ressecam e promovem a descamação da pele, a qual se desprende na área de trabalho. O uso de luvas é conveniente por evitar este problema, além de proteger o usuário dos possíveis agentes biológicos ou tóxicos utilizados.

14 — Loções, cremes ou sabonetes contendo lanolina poderão ser usados para diminuir a descamação da pele.

15 — Ao devolver garrafas de cultura às incubadoras, limpá-las com álcool a 70%.

16 — Controlar o bom funcionamento dos aparelhos (fluxo laminar, estufas, microscópio, ar-condicionado, bomba de aspiração, banho-maria, fornecimento de CO_2/ar para as incubadoras) e o suprimento de materiais.

17 — Antes de descartar material biológico na pia, adicionar hipoclorito de sódio a 5%.

18 — Limpar e guardar tudo ao terminar.

REFERÊNCIAS BIBLIOGRÁFICAS

Freshney, R. I. Culture of Animal Cells: a manual of basic technique. 3. ed. New York, Wiley-Liss, 1994.

Pietsch, H. Hand antiseptics: rubs versus scrubs, alcoholic solutions versus alcoholic gels. J Hosp Infect, 48 (Supplement A): S33-S36, 2001.

Rutala, W. A., Weber, D. J. Surface disinfection: should we do it? J Hosp Infect, 48 (Supplement A): S64-S68, 2001.

Capítulo 3

Técnicas Básicas em Cultura de Células

ANNA KARENINA AZEVEDO MARTINS

AQUISIÇÃO DE LINHAGENS CELULARES

Depois que se estabelece uma linhagem celular ou se seleciona um determinado clone com características específicas, devem-se estocar amostras congeladas para uso posterior. Uma vez que o cultivo de células passou a ser uma ferramenta importante para pesquisa, e que o número de linhagens estabelecidas aumentou enormemente nas últimas décadas, foram criados vários bancos de células em todos os continentes com o objetivo de facilitar a compra e aquisição de linhagens e de controlar o acesso a patentes de hibridomas e células geneticamente modificadas.

Antes de começar seus experimentos, é sempre importante conhecer as características da célula a ser utilizada. Para isso, pode-se fazer uso das informações contidas na literatura científica em geral ou das informações disponibilizadas por cada banco de células. Atualmente, estas instituições têm mantido sítios na *internet* nos quais se podem encontrar todas as informações necessárias tanto para aquisição, como para o manuseio da linhagem escolhida.

Na Tabela 3.1, estão disponíveis alguns bancos de dados que podem ser consultados para a aquisição de linhagens celulares.

Nos sítios desses bancos de dados, serão encontradas informações importantes para o sucesso do cultivo da linhagem adquirida. Estarão disponíveis informações sobre o meio de cultura ideal, o organismo e o tecido que a linhagem deriva, a morfologia e produtos desta célula. Estes bancos podem ser consultados não apenas para a compra de linhagens, mas também para o esclarecimento de dúvidas a respeito de particularidades no cultivo de cada linhagem. O acesso é, em geral, gratuito.

CONGELAMENTO E DESCONGELAMENTO

O armazenamento em N_2 líquido é a melhor forma de estocar células, de modo a preservar a capacidade proliferativa e a viabilidade celulares, possibilitando a descontinuidade no cultivo. O congelamento é um processo tradicionalmente lento, em que se sugere a redução de 1°C por minuto. No entanto, outros procedimentos menos demorados, atualmente, também são aceitos.

As células devem ser congeladas em condições que facilitem o crescimento posterior em cultura. Um número suficiente de células congeladas e o uso de um crioprotetor são fatores importantes no estabelecimento de condições apropriadas de congelamento. As células podem ser congeladas em meio completo (RPMI 1640 contendo 10% de SFB e 10% de DMSO), alternativamente, em SFB contendo 10% de DMSO, ou ainda em meio contendo 10% de glicerol.

Os procedimentos de congelamento e descongelamento são os mesmos, tanto para as células que crescem em suspensão, como para aquelas que crescem aderidas. A seguir, descreveremos um método simplificado para o congelamento de células.

1. No caso de células aderidas, tripsinizar* e ressuspender em meio.
2. Centrifugar a suspensão de células por 5 min, a 200 *g*.
3. Remover o sobrenadante e ressuspender as células na solução de congelamento numa concentração aproximada de 10^6 a 10^7 células por mL.

---

*Este procedimento está detalhado no Cap. 9, Cultivo de Linhagens Permanentes.

Tabela 3.1 Bancos de dados de linhagens celulares disponíveis

American Type Culture Collection — ATCC	http://www.atcc.org	USA
Cell Line Data Base — CLDB	Http://www.biotech.ist.unige.it/interlab/cldb.html	IT
Common Access to Biological Resources and Information — CABRI	http://www.cabri.org	—
European Collection of Cell Cultures — ECACC	http://www.ecacc.org.uk/	UK
German Collection of Microorganisms and Cell Cultures — DSMZ	http://www.dsmz.de/	GER
Interlab Cell Line Collection — ICLC	http://www.iclc.it	IT
Japanese Collection of Research Bioresources — JCRB	http://cellbank.nihs.go.jp/	JP
Japanese Tissue Culture Association — JTCA	http://www.wdcm.riken.go.jp/wdcm/JTCA.html	JP
Riken Bioresource Center	http://www.brc.riken.jp	JP
The National Laboratory for the Genetics of Israeli Populations	Http://www.tau.ac.il/medicine/NLGIP/nlgip.htm	IS
United Kingdom National Culture Collection — UKNCC	http://www.ukncc.co.uk/	UK

4. Colocar 1 mL em cada tubo de congelamento (usar tubos com tampa de rosca).
5. Deixar por 30 min, na geladeira.
6. Deixar a −70°C, durante a noite.
7. Guardar no N_2 líquido, no dia seguinte.

Por sua vez, o descongelamento deve ser um processo rápido.

1. Antes de retirar as amostras do banco, tomar nota do frasco que será utilizado. Isso facilitará o controle das amostras presentes no banco de células, sem que seja necessário verificar antes de cada descongelamento.
2. Retirar a amostra do N_2 líquido e descongelá-la em banho-maria, a 37°C, sempre com o cuidado de não molhar a tampa do tubo, evitando assim a possível contaminação da amostra com a água do banho.
3. Uma vez descongelada a amostra, borrifar o tubo com álcool (70%) e levá-lo ao fluxo laminar. É importante assegurar que, antes de abrir, o tubo estará seco. Proceder de acordo com as normas de cultivo celular, em **condições estéreis**.

4. Coletar a amostra em tubo contendo 10 mL de meio.
5. Centrifugar a 200 *g*, por 5 min. Estes dois passos têm o objetivo de lavar as células, eliminando o crioprotetor utilizado. Alternativamente, no caso de células aderidas, é possível eliminar o crioprotetor, trocando o meio de cultivo logo após a adesão das células ao frasco.
6. Eliminar o sobrenadante e semear as células em frasco de cultura.

O crescimento das células, após descongelamento, em geral é lento. Por isso, se indica o uso de meio com 20% de soro, até que o crescimento volte ao normal. Com este mesmo objetivo, a troca de meio nos primeiros dias deve ser evitada, permitindo o acúmulo de fatores de crescimento produzidos pelas células. De um modo geral, células descongeladas levam cerca de 7 dias para se recuperarem e voltarem a crescer normalmente.

Amostras congeladas já contaminadas ou contaminadas durante os processos de congelamento ou descongelamento irão manifestar a presença de microrganismos (bactérias ou leveduras) já nos primeiros dias ou após a primeira troca de meio. No entanto, contaminações com micoplasma não são tão aparentes. Um aspecto que pode levantar suspeitas desta contaminação é o retardo prolongado no crescimento de células descongeladas.

Portanto, a observação desses aspectos será muito útil para o sucesso do cultivo celular.

MONTAGEM DO BANCO DE CÉLULAS

No item aquisição de linhagens celulares, foram citados alguns bancos em que podem ser adquiridas várias linhagens celulares. De preferência, o estoque inicial deve ser adquirido de um banco bem conceituado. Isto irá garantir a caracterização e o controle de qualidade do material comprado. No entanto, doações entre laboratórios são comuns.

Os bancos de células devem ser mantidos sob temperaturas bem baixas. Para isso, tem-se utilizado o N_2 líquido. Os frascos de amostras devem ser eficientemente etiquetados com as informações necessárias para uma correta identificação posterior.

Cada frasco de congelamento deve estar marcado com as seguintes informações:

a) nome da linhagem congelada;
b) número de passagens;
c) data de congelamento;
d) número de células congeladas;
e) procedência;
f) nome de quem congelou.

Um banco de dados contendo todas as informações referentes a cada linhagem deve ser criado para facilitar o controle do banco de células. Assim, a cada frasco congelado ou descongelado, toma-se nota, mantendo-se o banco de dados sempre atualizado. Num laboratório com muitos usuários, a desorganização deste banco de dados é muito freqüente. Deixar sob a responsabilidade de uma única pessoa o controle destes dados talvez seja uma idéia útil na manutenção de bancos de células.

O armazenamento em N_2 líquido é feito em tambores metálicos de paredes duplas. Dentro destes tambores, são acondicionadas colunas para caixas ou estantes contendo os frascos de congelamento. Portanto, além da etiqueta de identificação, os dados de cada linhagem devem incluir também sua localização dentro do tambor de N_2, ou seja, número da caixa e número da coluna. Todas estas informações servirão para que o manipulador possa trabalhar com objetividade, reduzindo ao máximo o tempo em que as outras amostras ficarão fora do N_2.

Dessa forma, antes de começar os experimentos com a nova linhagem adquirida, deve-se, em primeiro lugar, congelar amostras de células em boas condições, garantindo o seu uso no futuro.

TRANSPORTE DE CÉLULAS

Células para cultura podem ser transportadas como amostras congeladas ou diretamente em cultura. Amostras congeladas devem ser enviadas em caixa de isopor contendo gelo seco suficiente para mantê-las congeladas durante os dias de transporte. Prepare todas as etiquetas e informações do envio antes de retirar os frascos do N_2 líquido. Se no recebimento as amostras ainda estiverem congeladas, estocá-las diretamente em N_2 líquido até serem usadas. Caso as amostras cheguem descongeladas, semeie as células em meio adequado suplementado com 20% de soro. Neste caso, sempre há perda de viabilidade.

Alternativamente, as células podem ser enviadas em frascos de cultura. Neste caso, é necessário considerar o tempo de duplicação das células, e que elas estarão proliferando durante os dias de transporte. Portanto, não se deve semear um grande número de células para serem transportadas. Para este tipo de transporte, os frascos devem estar cheios com meio e bem vedados com fita impermeável, para evitar vazamentos, mudanças de pH e contaminação.

Ao serem recebidas, estas amostras devem ser imediatamente postas em cultura. Reduza o volume de meio para a quantidade normal, mas não troque o meio até que as células mostrem sinais de recuperação de estresse da viagem. É comum que células aderidas se soltem da base do frasco, durante o transporte. Por isso, antes de remover parte do meio, espere um pouco até que as células precipitem para o fundo do frasco. O mesmo vale para células em suspensão.

É desaconselhável o envio de células pelo sistema de correios comum, dada a demora na prestação deste serviço. Algumas empresas, como Fedex, DHL e UPS, prestam este serviço de forma mais eficiente. Pacotes enviados da Europa para o Brasil pela UPS demoram em média 7 a 10 dias para chegar.

REFERÊNCIAS BIBLIOGRÁFICAS

Freshney, R. I. Culture of animal cells: a manual of basic technique. 3. ed. New York, Wiley-Liss, 1994.

http://www.iq.usp.br/www.docentes/mcsoga/apostila.html

Capítulo 4

Esterilização de Materiais para a Cultura de Células

RENATA GORJÃO E MARINA COSTA XAVIER DE OLIVEIRA

INTRODUÇÃO

Ao se trabalhar com cultura de células, tanto primária quanto permanente, é necessário um ambiente estéril. Isto porque, uma vez que estas células são cultivadas em meios ricos em nutrientes, a possibilidade de ocorrer propagação de microrganismos contaminantes é alta.

No local reservado à cultura de células, a conduta durante a execução dos experimentos é fundamental para a manutenção da esterilidade do ambiente. Isto inclui a cuidadosa e permanente limpeza do local, de objetos e equipamentos utilizados. Assim, vários equipamentos e procedimentos são necessários para a esterilização do material e ambiente de trabalho, alguns dos quais descreveremos adiante.

Esterilização é a destruição de todas as formas de vida microbianas, incluindo bactérias, fungos e principalmente esporos; estes últimos são as formas mais resistentes (Tortora *et al.*, 2000). Portanto, um objeto estéril está totalmente livre de microrganismos viáveis e outros agentes infectantes, podendo ser utilizado na realização de experimentos que envolvem cultura de células com segurança.

Os agentes físicos normalmente empregados para a esterilização destes objetos são: aquecimento por autoclavação, radiação ultravioleta, radiação ionizante e filtração (Prescott *et al.*, 1996).

APLICAÇÃO DE CALOR PARA ESTERILIZAÇÃO: CALOR ÚMIDO × CALOR SECO

O aumento da temperatura é uma medida extremamente utilizada para esterilização de materiais, visto que o calor pode ser aplicado tanto em condições úmidas (vapor), quanto secas.

O calor úmido causa desnaturação e coagulação de proteínas vitais, como as enzimas. O calor seco, por sua vez, provoca oxidação dos constituintes orgânicos das células (Pelczar *et al.*, 1997).

O calor úmido é bem mais eficiente do que o calor seco, isto porque o processo de desnaturação exige temperaturas e tempos de exposição menores, ao contrário da oxidação, que exige temperatura e tempo de exposição muito elevados. Além disso, a propagação do calor em ambiente úmido é mais rápida.

Um exemplo da eficiência da aplicação do calor úmido é notado em endosporos de *Bacillus anthracis*, que são destruídos entre 2 a 15 min a 100°C nesta condição. Em calor seco, por sua vez, são eliminados em 180 min a 140°C (Pelczar *et al.*, 1997).

Portanto, devido a eficiência da aplicação do calor úmido, o calor seco é somente aplicado em casos de materiais impermeáveis ou danificáveis pela umidade (óleos, vidrarias, instrumentos cortantes e metais).

As células vegetativas de bactérias, leveduras e fungos são destruídas a temperaturas mais baixas pelo calor úmido (50-70°C), entre 5 e 10 min. Já os endosporos, que são formas muito resistentes, precisam de temperaturas mais elevadas (120°C).

O calor úmido utilizado pode ser vapor d'água, H_2O fervente ou água aquecida. A ferventação mata as formas vegetativas, mas não alguns endosporos bacterianos que podem resistir a temperaturas de 100°C. Desta forma, este não é um procedimento de esterilização, e sim um método de desinfecção. Portanto, o método mais utilizado é a esterilização por vapor d'água, e o aparelho utilizado para este fim é a autoclave, a qual descreveremos a seguir.

Autoclave

A autoclave consiste em um sistema fechado no qual o vapor d'água sob aumento de pressão fornece temperaturas elevadas que permitem a esterilização. Por este motivo, a autoclave é considerada por muitos como uma "grande panela de pressão". Soluções, meios de cultura que não contêm materiais termossensíveis e materiais contaminados são esterilizados freqüentemente por este aparelho.

A autoclave é constituída por uma câmara de parede dupla. A água presente nesta câmara entra em ebulição para produzir vapor. Em um primeiro momento, a câmara da autoclave é lavada com vapor fluente a fim de remover todo o ar contaminado existente no seu interior. Após a saída de todo o ar, a câmara é preenchida com vapor e mantida a uma temperatura elevada por tempo suficiente para promover a esterilização (Pelczar et al., 1997). É importante notar que todo o ar inicial deve ser removido e trocado pelo vapor de água, para que ocorra uma esterilização eficiente. A temperatura elevada, e não a pressão, é que promove a morte dos microrganismos.

Quanto maior é a pressão no interior da autoclave, maior a temperatura. A pressão geralmente operada pela autoclave é de 15 psi (103,5 kPa) a uma temperatura de 121°C por 15 min (Tortora et al., 2000).

O tempo necessário para a esterilização por este método depende do tipo de material que será autoclavado, assim como do microrganismo e da forma que se encontra (vegetativa ou esporos). Por exemplo, o calor leva mais tempo para penetrar em um material viscoso ou sólido do que em um material fluido. O tempo para a esterilização depende também do volume do material. Não se podem autoclavar líquidos em volume muito grande; o procedimento mais adequado é dividir todo o volume que se deseja autoclavar em vários frascos menores, isto porque um único frasco requer mais tempo para o calor penetrar no centro do material. Assim, 1 L de solução em alíquotas de 100 mL pode ser esterilizado em 15 min, mas, se estiver contido em um único frasco, o tempo aumenta para 25 min, visto que a distribuição do calor é mais lenta. A autoclavação de instrumentos, bandejas de tratamento, utensílios e líquidos em garrafas de aproximadamente 500 mL é realizada à temperatura de 121°C e pressão de 15 psi por 15 a 30 min.

Este método de esterilização é ineficiente para microrganismos presentes em materiais impermeáveis ao vapor.

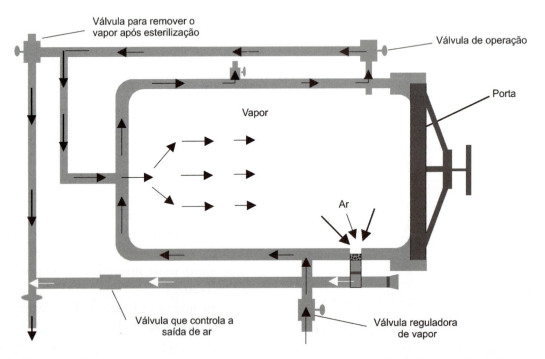

Fig. 4.1 Esquema de uma autoclave. O ar existente no interior da autoclave é forçado para fora da câmara pelo vapor formado. A válvula que controla a saída do ar fecha assim que toda a câmara é preenchida com o vapor estéril, fazendo com que a pressão no interior da autoclave aumente.

Além disso, não pode ser utilizado para materiais termossensíveis, como vitaminas e proteínas, que possam estar contidos em meios de cultura. Desta forma, é importante notar que nem todos os meios de cultura podem ser autoclavados, principalmente aqueles que contêm glutamina e tripsina, pois são destruídas ou desnaturadas quando submetidas a estas condições. Uma alternativa de esterilização destes meios é a filtração, utilizando-se membranas filtrantes (veja item Filtração, adiante).

Os materiais geralmente autoclavados são pipetas de vidro, béqueres e também algumas garrafas de meio de cultura resistentes a temperaturas de 180°C. Garrafas quando são autoclavadas devem ter suas tampas levemente abertas. Outros itens são ponteiras de micropipetas, água, meios de cultura para bactérias, solução salina tamponada com sais de fosfato (PBS) e outros líquidos. Alguns plásticos quando autoclavados tornam-se distorcidos, perdendo a sua conformação. Os plásticos autoclaváveis são: polipropileno, policarbonato, *nylon*, PTFE (Teflon), TPX e tubo de vinil. Aqueles que não podem ser autoclavados são: polietileno, acrilonitrila, poliestireno e cloreto de polivinil.

Para verificar se a autoclave está sendo eficiente à esterilização, um indicador biológico é freqüentemente autoclavado juntamente com o material. Este indicador consiste em um tubo de cultura que contém uma ampola com meio estéril e uma fita de papel coberta de esporos de *Bacillus stearothermophilus* ou *Clostridium* PA3679. Depois de autoclavada, a ampola é quebrada em um fluxo laminar, e a cultura incubada por vários dias. Se a bactéria não crescer no meio, a esterilização foi realizada com sucesso (Prescott *et al.*, 1996). Na maioria das vezes, utiliza-se uma fita especial com a palavra "*sterile*" que aparece após a autoclavação, indicando que o material está estéril.

RADIAÇÃO/IRRADIAÇÃO

A irradiação é o processo de aplicação da energia radiante a um alvo qualquer. Este é um processo extremamente empregado na esterilização de materiais para uso em cultura de células. Pode ser denominado como "esterilização a frio" por não necessitar de aumento de temperatura (Block, 1991).

A quantidade de energia contida em uma radiação é inversamente proporcional ao comprimento de onda, e as de ondas mais curtas têm maior conteúdo energético e são mais nocivas aos microrganismos. De interesse especial, são as radiações ionizantes que apresentam comprimento de onda de 2.000 Å ou menos (veja Fig. 4.2).

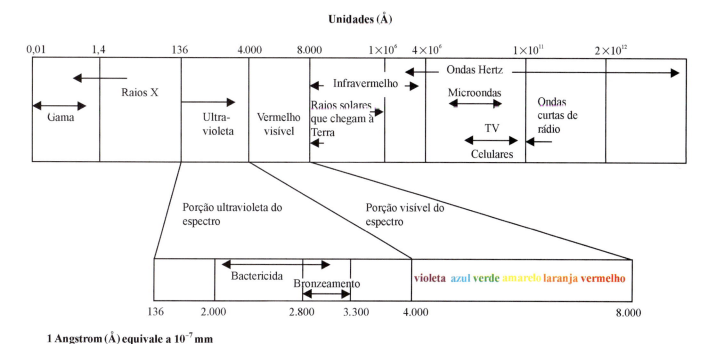

Fig. 4.2 Representação do espectro eletromagnético formado por ondas de comprimentos distintos. (Adaptado a partir de Tipler, 1995.)

RADIAÇÕES IONIZANTES

As radiações ionizantes são de alta energia e incluem raios gama e raios X.

Estas radiações causam ionização das moléculas, pois conduzem elétrons constantemente e rompem as moléculas em átomos ou grupos de átomos. Um exemplo é o que ocorre em uma molécula de água, a qual sob a radiação é quebrada em radical •OH (hidroxila) e íons H^+. Os radicais hidroxila são muito reativos e destroem o DNA e proteínas.

Estes raios podem penetrar através de materiais empacotados e esterilizam o seu interior; por isso, este método é muito empregado para a esterilização de materiais utilizados em cultura de células.

RADIAÇÃO GAMA

A radiação gama é a forma mais barata de radiação, pois é emitida espontaneamente de isótopos radioativos, como o ^{60}Co e o ^{137}Cs. Além disso, apresenta alto poder de penetração. A meia-vida do ^{60}Co é de cinco anos e a do ^{137}Cs, de aproximadamente 37 anos.

Normalmente, a radiação gama é obtida do ^{60}Co acondicionado em unidades controladas em edificações com paredes de concreto com 1 metro de espessura, sendo a fonte mantida em tanques com água a 6 metros de profundidade e com paredes de 2 metros. Existe treinamento específico para os operadores que trabalham com radioatividade.

Alguns cuidados devem ser tomados com os materiais antes de serem submetidos à irradiação:

— Limpeza e lavagem dos materiais, o que diminui o número de microrganismos presentes.
— Deve-se proteger o material da contaminação pósprocessamento, envolvendo-o com uma embalagem bem vedada.
— Vidros e plásticos de cor clara podem ter sua cor alterada quando expostos à radiação, mas isto não indica necessariamente danificação do material.
— Algumas vezes, a radiação gama danifica alguns tipos de plásticos, tornando-os quebradiços, ou interfere na atividade biológica de produtos quando descontaminados por esse processo. Quando as garrafas de cultura são irradiadas muitas vezes, a estrutura do plástico é alterada, impedindo a adesão das células.

Inicialmente, a radiação gama foi utilizada para descontaminação de produtos sensíveis ao calor. Atualmente, é aplicada sobre algumas rações animais e alguns alimentos devido à grande vulnerabilidade de deterioração. A quantidade de material que pode ser tratada por este processo de descontaminação é grande, o que favorece o seu uso.

A eficiência da esterilização pelo método de irradiação sobre os microrganismos depende de alguns fatores, como:

— Radiorresistência dos microrganismos: as células têm diferentes respostas à radiação ionizante de cepa para cepa e mesmo dentro de uma mesma espécie. Isto está relacionado à extensão do dano produzido no alvo vital do microrganismo. A variação de radiorresistência é ampla, mas não tanto quanto a que ocorre na termorresistência. As bactérias Gram-negativas parecem ser mais sensíveis do que as células vegetativas das bactérias Gram-positivas. Microrganismos radiossensíveis parecem ser incapazes de superar o efeito deletério causado pela formação de radicais livres e peróxidos provenientes da radiólise.
— Presença ou ausência de oxigênio: a ausência de oxigênio torna o microrganismo mais resistente à radiação.
— Número de microrganismos presentes: quanto maior é o número, maior a dose necessária para sua destruição.
— Os microrganismos são mais resistentes quando estão na fase *lag*, isto é, a fase imediatamente antes da divisão celular ativa. As células atingem o mínimo de sensibilidade no fim desta fase, visto que se tornam mais sensíveis conforme progridem na fase logarítmica.

RADIAÇÃO UV

Uma forma efetiva de esterilizar ou reduzir a flora microbiana em quase todas as substâncias é o uso de radiação ultravioleta.

O efeito letal da luz solar nas bactérias foi observado primeiramente por Downes e Blunt (1877). No entanto, somente muitos anos depois, descobriu-se que o efeito sobre os microrganismos era resultado direto da ação fotoquímica dos raios ultravioleta.

A luz ultravioleta é um componente da luz solar cujo comprimento de onda que alcança a superfície da Terra é de 295 a 400 nm. Parte dessas ondas é filtrada por substâncias da camada atmosférica, como ozônio, gotículas de água das nuvens, e fumaças; mesmo assim, uma dose excessiva desse tipo de radiação pode provocar doenças cutâneas, como câncer de pele.

O intervalo de 200 a 300 nm é conhecido por possuir a ação bactericida mais eficiente. Nessa faixa, a radiação UV possui energia suficiente para causar danos ao DNA, já que o "espectro de ação" para o efeito bactericida segue a curva de absorção do DNA, cujo valor máximo de absorção é de 260 nm. A luz ultravioleta absorvida pelo DNA produz a dimerização de seus resíduos de pirimidinas adjacentes. A menos que esses dímeros sejam removidos por enzimas específicas de reparo intracelular, a replicação do DNA pode ser inibida ou alterada, causando mortes ou mutações.

O efeito da radiação ultravioleta nas bactérias varia bastante. Elas podem ser mortas permanentemente com uma dose letal, ou então ser desativadas com uma dose subletal, com a possibilidade de uma subseqüente reativação por um processo de fotorreparo pela exposição à luz visível.

Deve ser reconhecido, contudo, que estas radiações têm pequeno poder de penetração, ou seja, não penetram efetivamente em vidros, filmes escuros, água e outras substâncias. Este tipo de radiação é eficaz somente quando há contato direto com as partículas portadoras de microrganismos. Portanto, a radiação ultravioleta é útil na desinfecção de superfícies e ar. Fluxos laminares e salas podem ser equipados com lâmpadas germicidas (que emitem a faixa de 250 a 260 nm) para descontaminar a superfície antes e depois do seu uso.

Uma vez que o olho humano e, em menor grau, a pele são sensíveis à irritação pela radiação ultravioleta, devem ser tomadas precauções que possam evitar prejuízos às pessoas que utilizam salas ou aparelhos onde estão instaladas lâmpadas germicidas. A aplicação direta da desinfecção por UV pode ser feita em locais que estejam desocupados ou ocupados por curtos períodos de tempo e nos quais as pessoas devem estar devidamente protegidas (p. ex., com avental e óculos de proteção). A aplicação indireta deve ser empregada em locais ocupados por períodos maiores, como enfermarias de hospitais e escritórios. Um exemplo de aplicação indireta consiste no tratamento do ar antes de sua entrada no local a ser utilizado; sistemas de circulação de ar em que as lâmpadas germicidas são instaladas em ductos aéreos.

O uso de UV tem um número grande de desvantagens se comparado ao uso de desinfetantes químicos, como cloreto. A ação bactericida do UV dura somente o período da irradiação e uma recontaminação pode ocorrer após o tratamento. Além disso, a radiação ultravioleta é efetiva somente se puder ser absorvida pelo microrganismo. Por isso, é difícil esterilizar soluções contidas em frascos.

ÁLCOOL

Os alcoóis possuem muitas das qualidades desejáveis dos desinfetantes: são baratos, facilmente obtidos e bactericidas frente às formas vegetativas. Nos alcoóis alifáticos, este último efeito cresce com o aumento da cadeia carbônica. Deve-se ressaltar a atividade bactericida dos alcoóis, pois freqüentemente as preparações de outros anti-sépticos ou desinfetantes são feitas em soluções alcoólicas.

O etanol é o álcool mais aceito para a desinfecção em ambientes nos quais se realizam as culturas celulares. A desnaturação de proteínas é a explicação mais aceita para a ação antimicrobiana. Na ausência de água, as proteínas não são desnaturadas tão rapidamente quanto na sua presença, e isto explica por que o etanol absoluto é menos ativo do que a mistura de etanol e água. Por isso, deve-se sempre usar álcool a 70% (veja Tabela 4.1).

FILTRAÇÃO

A filtração é utilizada na descontaminação do ar ambiente (câmara de fluxo laminar) e de líquidos que apresentam componentes termossensíveis, que não podem ser esterilizados por autoclavação (meios de cultura, que contêm vitaminas e proteínas, e soro animal) e não há morte de microrganismos.

O processo de filtração consiste na passagem de líquido ou gás por material com pequenos poros que impedem a passagem de microrganismos (Tortora *et al.*, 2000).

O uso de um filtro para remover microrganismos de água potável foi desenvolvido por Charles Chamberland (o mesmo que desenvolveu a autoclave) em 1884 (Pelczar

Tabela 4.1 Ação germicida de várias concentrações de etanol em solução aquosa contra *Streptococcus pyogenes*

Concentração de etanol (%)	Tempo (segundos)				
	10	20	30	40	50
100	−	−	−	−	−
95	−	−	+	+	+
90	−	+	+	+	+
80	+	+	+	+	+
70	+	+	+	+	+
50	−	−	+	+	+
40	−	−	−	−	−

et al., 1997). Atualmente, todos os laboratórios utilizam a filtração por meio de membranas filtrantes, para a remoção de microrganismos dos líquidos utilizados na cultura de células.

Filtros reutilizáveis podem ser esterilizados por autoclavação; filtros descartáveis e pré-esterilizados também são muito utilizados, pois, apesar de serem mais caros, a filtração é mais rápida e os erros são menores.

Membranas Filtrantes

Hoje, a maior parte dos filtros utilizados são membranas de ésteres de celulose que contêm poros de diâmetros uniformes. Existem membranas com diferentes tamanhos de poros disponíveis no mercado. Membranas filtrantes com poros de tamanhos de 0,22 μm e 0,45 μm são destinadas à retenção de bactérias e leveduras dos fluidos biológicos. As bactérias mais flexíveis (espiroquetas e micoplasma sem parede) algumas vezes passam por estes filtros. A filtração de um soro, utilizando-se filtro de porosidade de 0,22 μm, retém as possíveis bactérias contaminantes, mas, se houver a presença de partículas virais viáveis e o soro for utilizado para o cultivo de células, poderá ocorrer uma contaminação indesejada. Existem filtros com poros de tamanho de 0,01μm que podem reter também algumas moléculas grandes de proteínas; por isso, devem ser utilizados com cautela (Tortora *et al.*, 2000).

A filtração pode ser realizada sob pressão negativa, utilizando-se bomba a vácuo. Este é um método rápido e eficiente, indicado para a filtração de pequenos volumes; além disso, requer um aparato simples que é composto de partes estéreis e não estéreis. Todo o procedimento de filtração deve ser realizado dentro do fluxo laminar, para manter a esterilidade do material filtrado (Fig. 4.3 A e B).

Na filtração por pressão positiva, a membrana filtrante é acoplada a uma seringa, e o líquido é forçado através do filtro pela impulsão do êmbolo (Pelczar *et al.*, 1997) (Fig. 4.3 C).

A aplicação mais comum da esterilização por filtração no laboratório inclui meios de cultura e soro. Após a realização da filtração, é fundamental testar o material filtrado para verificar a eficiência do procedimento (principalmente no caso de meio de cultura). Para isto, retira-se uma alíquota do líquido colocando-a em um frasco estéril fechado durante 24 h em estufa. Se o líquido permanecer limpo após este período, a filtração foi realizada com sucesso.

Câmara de Fluxo Laminar

As câmaras de fluxos laminares são os principais equipamentos utilizados para a manutenção da esterilidade de materiais durante o manuseio e também para a contenção de agentes infecciosos. Este sistema permite a remoção das partículas do ar originadas na área de trabalho, desde que estas sejam de dimensões tais, que o fluxo de ar possa removê-los. Além disso, permite a proteção contra a contaminação cruzada, evitando que as partículas geradas na área de trabalho se desloquem lateralmente, contaminando outros processos ou produtos. A maioria das câmaras de fluxo laminar é utilizada para proteger o experimento e não o operador. O uso mais comum deste equipamento dentro

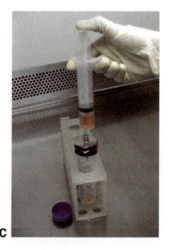

Fig. 4.3 Filtração a vácuo (pressão negativa) e na seringa (pressão positiva).

de um laboratório é no manuseio de cultura de células para proteger da contaminação durante as repicagens e experimentos (Barker, 2002).

FUNCIONAMENTO

O ar é succionado através dos pré-filtros por meio de um ventilador centrífugo, depois atravessa um filtro absoluto e é distribuído a uma velocidade constante (0,45 m/s).

As câmaras podem apresentar um fluxo laminar horizontal (veja Fig. 4.4), e este sistema pode ser usado para montagem, inspeção e teste de pequenos componentes. É utilizado sempre que a substância manipulada não oferece risco de contaminação ao operador. O deslocamento do ar segue da parte posterior do equipamento em direção à frente da cabine (Pinto *et al.*, 2002). Neste caso, qualquer material pode alcançar o operador.

Existe também a câmara de fluxo vertical (Fig. 4.4), que é mais efetiva do que a horizontal. É usada quando o processo gera fumaças, bactérias que não podem ser sopradas sobre o operador, e quando a substância manipulada oferece pequeno risco de contaminação. O deslocamento do ar ocorre da parte superior do equipamento para a região inferior, onde está posicionada a bancada de trabalho, mas o ar circulante é deslocado para o ambiente de trabalho sem qualquer tratamento (Pinto *et al.*, 2002).

Há três tipos de câmaras de fluxo laminar, designadas como classes I, II e III.

1) As câmaras de fluxo laminar classe I têm entrada frontal de ar que circula dentro da área de trabalho e é aspirado através de filtro HEPA, protegendo o meio ambiente da contaminação com microrganismos. Como não geram cortina de ar, protegem o operador da contaminação, mas em menor grau a cultura celular (Morgan & Darling, 1993).

2) As câmaras de fluxo laminar classe II têm abertura frontal, fonte de ar com filtro HEPA e exaustão também com filtro HEPA. Há duas variações das câmaras classe II, designadas como A e B. A câmara classe II tipo A recircula 70% do ar e pode ser usada com microrganismos de risco 2 e 3, substâncias químicas em pequena quantidade, e substâncias com traços de material radioativo. O ar contaminado após filtragem pelo filtro HEPA do exaustor passa ao ambiente onde a cabine está instalada (a cabine deve ter pelo menos 20 cm de afastamento do teto). Não se deve usar este tipo de cabine com substâncias tóxicas, explosivas, inflamáveis ou radioativas devido à elevada percentagem de recirculação do ar. A câmara classe II tipo B recircula 30% do ar e é adequada para quantidades maiores de substâncias tóxicas, voláteis e radioativas por possuir duplo filtro HEPA na exaustão do ar. Este tipo de câmara oferece proteção tanto para o operador, quanto para a cultura de células manuseada (Morgan & Darling, 1993). A câmara de fluxo laminar classe II é o principal tipo encontrado nos laboratórios de cultura celular (veja Fig. 4.4).

3) As câmaras de fluxo laminar classe III são usadas para trabalhar com organismos altamente pa-

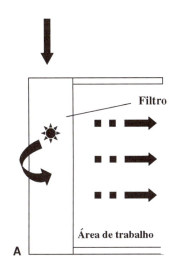
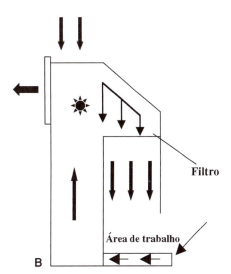

Fig. 4.4 Diagramas de câmaras de fluxo laminar. (**A**) Câmara de fluxo laminar horizontal; (**B**) Câmara de fluxo laminar vertical (Classe II).

togênicos. É uma câmara de contenção máxima. O operador é protegido do material contaminante por uma barreira física. O sistema é totalmente fechado, com ventilação própria, construído em aço inox à prova de escape de ar e opera com pressão negativa. O trabalho se efetua com luvas de borracha presas à cabine. Para purificar o ar contaminado, são instalados 2 filtros HEPA em série ou um filtro HEPA e um incinerador. A introdução e retirada de materiais se efetuam por meio de autoclaves de porta dupla ou comporta de ar de porta dupla e recipiente de imersão com desinfetante. Pode conter todos os serviços, como: refrigeradores, incubadoras, *freezers*, centrífugas, banho-maria, microscópio e sistema de manuseio de animais. Não pode conter gás. Os dejetos líquidos são recolhidos em um depósito para sofrerem descontaminação antes de serem lançados ao sistema de esgoto. Máxima proteção ao operador, meio ambiente e produto (Collins *et al.*, 1991).

Os equipamentos classes II e III devem oferecer proteção ao produto, ao operador e ao ambiente de trabalho, e devem obedecer à norma constitutiva NFS 49 (ASHP, 1990).

PROCEDIMENTOS PARA OPERAÇÃO NA CÂMARA DE FLUXO LAMINAR

O pesquisador que utilizará estes tipos de equipamentos deverá ser adequadamente treinado na execução das atividades (Bryan & Marback, 1984). A durabilidade deste equipamento está relacionada ao uso adequado de seus recursos; portanto, os seguintes passos para a instalação e operação no fluxo devem ser rigorosamente respeitados:

- A câmara de fluxo laminar deve ser colocada em uma área livre de correntes de ar e de contaminação excessiva, para não criar interferência ou turbulência na área de trabalho e para prolongar a vida útil dos filtros. Não usar o equipamento antes de ser instalado pelos fornecedores e estar funcionando adequadamente.
- As câmaras devem ser limpas com álcool a 70% (com exceção do visor acrílico) antes do início das atividades e ao final de cada período de trabalho.
- Antes de ligar o sistema de fluxo, deve-se acender a luz UV existente dentro da câmara e deixar funcionando por 20-30 minutos. O processo de descontaminação

deve ser repetido diariamente ao ligar a câmara e caso esta fique desligada por algumas horas.
- Evitar ligar e desligar o sistema; quanto mais tempo ligado, maior a segurança oferecida e maior a durabilidade dos filtros.
- É recomendável que todos os frascos de soluções, reagentes e outros materiais que entrarão na câmara sejam previamente limpos com álcool a 70%.
- Os coletores de pérfuro-cortantes e as cubas para descarte de pipetas devem ficar dentro da câmara a fim de evitar a entrada e retirada das mãos durante a operação. Entretanto, devem ser retirados ao final de cada procedimento, deixando novamente limpa a área de trabalho.
- Nunca abrir o visor frontal durante o uso da câmara.
- Reduzir ao mínimo os materiais que ficarão dentro da câmara durante o procedimento. Tais objetos devem ficar no fundo do fluxo, sem obstruir as saídas de exaustão (grades na mesa).
- Evitar usar bico de Bunsen na câmara, pois o ar quente distorce a cortina de ar que o fluxo gera e pode ainda danificar os filtros.
- Manipular os objetos utilizando a região central da câmara, de modo visível através do visor frontal.
- O trânsito atrás do operador deve ser minimizado. O local onde a câmara será instalada deve ser previsto antes que novas reformas na área sejam efetuadas.
- O operador não deve atrapalhar o fluxo de ar gerado, com movimentos repetidos de retirada e introdução das mãos dentro da câmara.
- O fluxo deve continuar funcionando por pelo menos mais 5 min após o término do procedimento, antes de ser desligado.
- Os prazos estipulados pela assistência técnica para as visitas de revisão e de trocas de filtros devem ser respeitados.

REFERÊNCIAS BIBLIOGRÁFICAS

American Society of Hospital Pharmacists. ASHP technical assistance bulletin on handling cytotoxic and hazardous drugs. Am J Hosp Pharm 47: 1033-49, 1990.

Barker, K. Na Bancada. Porto Alegre, Artmed, 2002.

Block, S. S. Disinfection, sterilization and preservation. 4. ed., Lea & Febiger, 1991.

Bryan, D., Marback, R. C. Laminar-airflow equipment certification: What the pharmacist need to know. Am J Hosp Pharm, 41: 1343-48, 1984.

Collins, C. H., Lyne, P. M., Grange, J. M. Microbiological Methods. Oxford, Butterworth-Heinemann, 1991.

Morgan, S. J., Darling, D. C. Animal Cell Culture. Oxford, BIOS Scientific Publ., 1993.

Pelczar, M. J., Chan, E. C., Krieg, N. R. Microbiologia: conceitos e aplicações. 2. ed., São Paulo, Makron Books, 1997.

Pinto, T. J. A., Kaneko, T. M., Bou-Chacra, N. A. Medicamentos, correlatos e cosméticos. *In*: Hirata, M. H. e Mancini Filho, J. (eds.). Manual de Biossegurança. Barueri, Manole, pp. 281-88, 2002.

Prescott, L. M., Harley, J. P., Klein, D. A. Microbiology. 3. ed., Dubuque, Wm. C. Brown Publ., 1996.

Tipler, P. A. Física. 3. ed., v. 4, Rio de Janeiro, LTC Livros Técnicos e Científicos, 1995.

Tortora, G. J., Funke, B. R., Case, C. L. Microbiologia. 6. ed., Porto Alegre, Artes Médicas Sul, 2000.

Capítulo 5

Contagem de Células

RENATA GORJÃO

INTRODUÇÃO

Geralmente, antes da utilização das células para a montagem de um experimento, é realizada a contagem destas células. A câmara de Neubauer é o instrumento mais utilizado para tal fim. Este é o método mais simples, barato e antigo de se realizar a contagem das células. Além disso, pode-se visualizar o que está sendo contado, e a viabilidade celular também pode ser analisada por este método.

PREPARAÇÃO DAS CÉLULAS EM SUSPENSÃO

Para a realização da contagem celular utilizando-se a câmara de Neubauer, a solução contendo as células deve estar homogênea. Para isto, deve-se pipetar a suspensão celular para cima e para baixo. Em algumas linhagens celulares, é necessário dar leves batidas na garrafa de cultura para que as células fiquem bem soltas e separadas umas das outras, facilitando o processo de contagem (Morgan & Darling, 1993). Um pequeno volume é então retirado com pipeta estéril e separado em um tubo para que seja feita a diluição necessária à realização da contagem. Esta diluição será realizada de acordo com a concentração das células no meio de cultura no qual se encontram.

PREPARAÇÃO DAS CÉLULAS ADERIDAS

Antes da realização da contagem, as células aderidas devem ser "liberadas" da superfície em que se encontram aderidas. Geralmente, utiliza-se tripsina-EDTA (0,05% de 1:250 de tripsina; isto é, tripsina que sob condições testadas pode digerir 250 g de substrato para cada 1 g de tripsina adicionada e 0,02% de EDTA). Este reagente pode ser aliquotado em volumes de 10 mL e congelado. Nunca se deve descongelar e congelar novamente, pois ocorre perda de atividade (Morgan & Darling, 1993).

As proteínas de adesão destas células necessitam de cálcio e magnésio para exercerem sua função. Devido a estas características, a tripsina e o EDTA são utilizados em conjunto. A tripsina age digerindo e clivando as proteínas de adesão; o EDTA, por sua vez, quela os cátions divalentes livres. Dependendo do experimento que será feito, a tripsina não poderá ser utilizada para a remoção das células; portanto, métodos alternativos devem ser adotados.

Protocolo

Para a liberação das células do substrato, o meio de cultura deve ser cuidadosamente retirado, e meio livre de soro deve ser adicionado para que toda a área do frasco de cultura seja lavada. Este meio é então removido e a tripsina-EDTA é adicionada (5 mL num frasco de 75 cm²), permitindo que toda a área em que as células se encontram entre em contato com a solução. Em seguida, o frasco é incubado a 37°C com atmosfera umidificada contendo 5% de CO_2 e 95% de ar atmosférico por 5 min. Após este período, a cultura deve ser examinada no microscópio para verificar se as células foram removidas da superfície da garrafa. Em seguida, 5–10 mL de meio com soro devem ser adicionados com uma pipeta misturando-se suavemente a solução. As proteínas do soro são clivadas pela tripsina e acabam competindo com as moléculas de adesão das células. Assim, previne-se a degradação excessiva da superfície celular. Portanto, é fundamental que o meio de cultura nesta última etapa seja acrescido de soro, a fim de que as células permaneçam viáveis para a realização dos futuros experimentos. A tripsina deve ser mantida em contato com a célula, por um curto período de tempo. Por isso, após o recolhimento, as células devem ser centrifugadas (200 g por 8 min). A seguir, o sobrenadante contendo a tripsina deve ser desprezado, e o precipitado celular lavado com solução salina (PBS). A ressuspensão em PBS deve ser novamente centrifugada. Para a contagem, as células podem ser ressuspensas em PBS ou em meio de cultura.

Um pequeno volume da suspensão celular é então retirado com pipeta estéril e colocado em um tubo para a realização da contagem.

A CÂMARA DE NEUBAUER

A câmara de Neubauer pode ser definida como um *slide* de vidro que apresenta duas superfícies separadas; cada uma é dividida em um *grid*. Este é composto por nove quadrados; cada qual mede 1 mm de lado e é limitado por três linhas muito próximas (veja Fig. 5.1). As células são então observadas utilizando-se objetiva de 10 ×.

Uma lamínula de vidro é posicionada sobre a área central da câmara. O espaço formado entre a lamínula e a câmara é de 0,1 mm. Este espaço é muito importante para

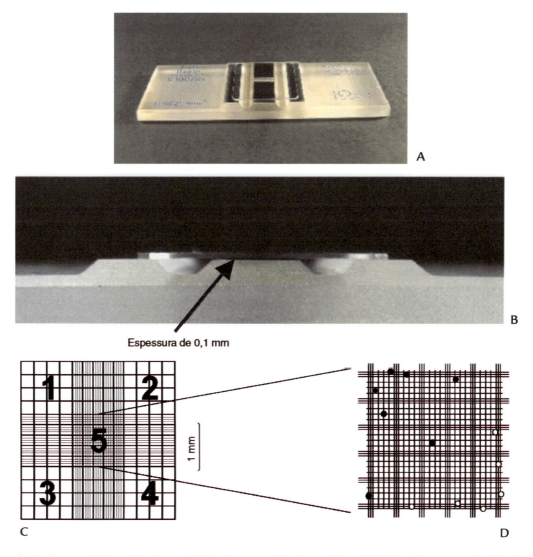

Fig. 5.1 Câmara de Neubauer. (**A**) Foto da câmara de Neubauer espelhada tradicional. (**B**) Posição longitudinal da câmara mostrando a distância de 0,1 mm entre a lamínula de cristal e a superfície da câmara contendo o *grid*. (**C**) Área total do *grid*. O quadrado central (5) possui 25 pequenos quadrados dentro de uma área total de 1 mm^2. Os quatro quadrados externos (1, 2, 3 e 4) têm 16 pequenos quadrados em seu interior dentro de uma área total de 1 mm^2, igual à área do quadrado central. O volume formado entre a lamínula sobre o hemocitômetro e a área do quadrado 5 representa 0,1 mm^3 (10^{-4} cm^3 ou 10^{-4} mL). (**D**) Aumento do quadrado central (5) indicando quais células são contadas (●) e aquelas que não são contadas (○).

se determinar o número de células contido no volume formado entre a câmara e a lamínula. Portanto, aumentos maiores no microscópio com óleo de imersão não devem ser utilizados para contar as células, isto porque estas objetivas pressionam a lamínula contra a câmara, alterando o espaço entre elas. Desta forma, o volume determinado por cada quadrado quando coberto pela lamínula é equivalente a 1 mm $\times$ 1 mm $\times$ 0,1 mm que é igual a 0,1 mm^3, ou seja, 0,1 μL. Logo, uma vez que as células existentes em um quadrado tenham sido contadas, o número de células contidas em 1 mL é igual a este valor multiplicado por 10^4 (Freshney, 1994).

Na contagem das células, pode-se utilizar o quadrado central ou os quatro quadrados dos cantos. A escolha depende da concentração de células na suspensão. Caso conte os quadrados externos, é necessário realizar-se a média desta contagem. Geralmente, a contagem de mais de um quadrado garante um resultado mais confiável e exato.

Existem três linhas ao redor de cada quadrante, o que permite que a contagem de células seja padronizada. Devem-se excluir as células que estiverem sobre as linhas inferiores e as da direita ou sobre as superiores e da esquerda (veja Fig. 5.1, D). A concentração total de células na suspensão original é calculada da seguinte maneira:

$$\frac{\text{n.}^\circ \text{ total de células contadas} \times 10^4 \times \text{fator de diluição}}{\text{número de quadrados contados}} = \text{n.}^\circ \text{ de células/mL}$$

Quando as células estiverem muito concentradas, recomenda-se fazer uma diluição com o próprio meio de cultura ou PBS; este procedimento facilita a contagem celular.

Na análise da viabilidade celular por contagem manual através da câmara de Neubauer, geralmente utiliza-se o reagente azul de tripan. Este reagente é excluído do citoplasma de células viáveis; já as células mortas são incapazes de excluí-lo e aparecem azuis. Para a realização da análise da viabilidade celular, partindo-se de uma solução em que

as células não estejam muito concentradas, misturam-se 50 μL da suspensão de células com igual volume de azul de tripan; o fator de diluição será igual a 2. A seguir, pipetam-se 15 μL da suspensão com o azul de tripan na superfície da câmara. O líquido atravessa o *grid* por capilaridade, e fica retido entre a câmara e a lamínula. A proporção entre o número de células vivas e o total (vivas e mortas) fornecerá uma porcentagem da viabilidade celular, a qual deve ser superior a 90% (veja exemplo no quadro). O azul de tripan é utilizado na concentração de 1% em solução salina (PBS).

Exemplo

Realizou-se a contagem de uma suspensão de células e obteve-se um número de 160 células ao todo. Foram contados os quatro quadrados do *grid*. Deste total de células, foram contadas 10 células azuis (mortas) e 150 células sem coloração (vivas). A seguir, a viabilidade foi calculada da seguinte maneira:

$$\frac{160 \times 2 \times 10^4}{4} = 80 \times 10^4 \text{ total de células}$$

$$\frac{150 \times 2 \times 10^4}{4} = 75 \times 10^4 \text{ células vivas}$$

$$\frac{75 \times 10^4}{80 \times 10^4} = 0,93 \quad \boxed{93\% \text{ de células viáveis}}$$

Alguns corantes alternativos são utilizados em substituição ao tripan. No capítulo sobre coloração de células, estão descritos o preparo e uso de vários corantes utilizados para a contagem e identificação das células.

REFERÊNCIAS BIBLIOGRÁFICAS

Freshney, R. I. Culture of Animal Cells. 3. ed. New York, Wiley-Liss, 1994.

Morgan, S. J., Darling, D. C. Animal Cell Culture. Oxford, BIOS Scientific Publ., 1993.

Capítulo 6

Ciclo Celular

DÉBORA CRISTINA GONÇALVES DE ALMEIDA

A dinâmica de uma célula pode ser mais bem compreendida examinando-se o curso de sua vida. Uma nova célula surge quando outra se divide ou quando duas células se fundem. Ambos os eventos têm seu início em um programa de replicação celular. Esse programa geralmente envolve um período de *crescimento celular*, durante o qual proteínas são construídas e o DNA é replicado, seguido pela *divisão celular*, quando uma célula se divide em duas células filhas (Lodish *et al.*, 2000). Esta seqüência ordenada de eventos, que duplicam os componentes de uma célula e depois a dividem em duas, constitui um ciclo, conhecido como *ciclo celular*, que é o mecanismo essencial pelo qual todos os seres vivos se reproduzem.

Alguns detalhes do ciclo celular variam com o organismo, o tipo celular ou as diferentes épocas na vida de um organismo. Entretanto, os processos moleculares que caracterizam os principais eventos do ciclo celular — replicação do DNA e mitose — são fundamentalmente similares em todas as células. Para produzir duas células filhas geneticamente idênticas, o DNA de cada cromossomo deve ser fielmente replicado e os cromossomos replicados devem ser segregados igualmente em duas células filhas, de maneira que cada célula receba uma cópia completa do genoma (Alberts *et al.*, 1999).

A regulação do ciclo celular é crítica para o desenvolvimento normal dos organismos multicelulares. A perda de seu controle pode acarretar uma superprodução desnecessária de células, freqüentemente com resultados maléficos como a formação de tumores (câncer).

Nas bactérias, o ciclo celular é simples e rápido, já que não possuem núcleo e contêm um único cromossomo. Este cromossomo circular, contendo uma única molécula de DNA, se duplica ancorado à membrana plasmática enquanto a célula cresce. Quando a célula atinge aproximadamente o dobro de seu tamanho, novas paredes celulares e membranas plasmáticas são depositadas entre os dois cromossomos, e a divisão celular ocorre por fissão binária. Em condições favoráveis de crescimento, o ciclo celular das bactérias se repete a cada 30 min (Alberts *et al.*, 1999).

Já nas células eucarióticas, o ciclo é mais complexo e sua duração varia entre os tipos celulares, podendo levar de 1,5 a 3 h em células de levedura até um ano em células hepáticas humanas.

FASES DO CICLO CELULAR EUCARIÓTICO

O ciclo celular eucariótico é tradicionalmente dividido em duas etapas principais: **mitose** e **intérfase**. A mitose é o estágio em que surgem dois eventos significativos do ciclo celular que correspondem à separação dos cromossomos filhos e à divisão da célula em duas (citocinese). Estes dois processos compõem a **fase M** (mitose).

Os primeiros sinais detectáveis de que uma célula está entrando na fase M é a progressiva condensação dos cromossomos. Nesta etapa do ciclo celular, os cromossomos são visualizados por microscópio óptico, como longos filamentos que, gradualmente, se tornam menores e mais espessos. Esta condensação impossibilita o emaranhamento dos cromossomos, facilitando sua separação durante a mitose (Alberts *et al.*, 1999).

A intérfase é o período entre uma fase M e a próxima fase M. Sob observação microscópica, a célula, durante este período, parece simplesmente aumentar de tamanho; no entanto, a intérfase é um período de intenso metabolismo para a célula e é dividida nas três fases remanescentes do ciclo celular. Durante a **fase G_1** ("*gap*": intervalo, lacuna), posterior à fase M, ocorre a descondensação dos cromossomos, e o núcleo aparece morfologicamente uniforme. A célula está metabolicamente ativa e em contínuo crescimento, mas não replica seu DNA.

Este período caracteriza-se pelo reinício da síntese de RNA e proteínas, que estavam interrompidas durante a mitose. A síntese de algumas enzimas imprescindíveis para a fase de duplicação do DNA também surge neste período (Jordão *et al.*, 2000). Geralmente, esta é a fase mais longa do ciclo celular, e muito da importância do período G_1 deriva do controle de uma importante decisão celular: continuar se proliferando ou interromper a fase G_1 e entrar em um estado quiescente que será descrito mais adiante.

G_1 é seguida da **fase S** (síntese), durante a qual a célula realiza a replicação de seu DNA nuclear, um pré-requisito essencial para a divisão. As células na fase S podem ser prontamente identificadas porque incorporam timidina radioativa, usada exclusivamente para a síntese de DNA. Por exemplo, se uma população de células humanas em cultura e em proliferação é exposta à timidina radioativa por um curto período de tempo (p. ex., 15 minutos) e depois analisada por radioautografia, por volta de um terço dessas células estarão marcadas radioativamente, correspondendo à fração de células na fase S (Cooper, 2000).

Esta fase tem uma duração constante na maioria das células adultas e, tão logo se complete a duplicação do DNA, dá-se início à **fase G_2**. Por ser este o intervalo entre a fase S e o início da fase M, G_2 caracteriza-se pelo crescimento celular e pela síntese de proteínas em preparação para a mitose.

São sintetizadas as proteínas não-histônicas, que irão se associar aos cromossomos durante a sua condensação na mitose, e também ocorre o acúmulo de um complexo protéico citoplasmático, denominado *fator promotor de maturação* (MPF), responsável por quatro eventos típicos da fase M: condensação cromossômica, ruptura do envoltório nuclear, montagem do fuso e degradação da proteína ciclina (Jordão *et al.*, 2000).

Ainda durante G_2, ocorre a síntese de RNAs, principalmente daqueles extranucleares. Esses processos sintéticos só se interrompem no período seguinte, a mitose, em que novo ciclo tem seu início.

Juntas, as fases G_1 e G_2 proporcionam um período adicional para a célula crescer e duplicar suas organelas citoplasmáticas. Sem a possibilidade de dobrar sua massa, a célula se tornaria menor a cada divisão. Isso é o que acontece em alguns embriões animais; após a fertilização, as primeiras divisões (clivagens) aparecem sem o crescimento anterior das células. Nestes ciclos celulares, as fases G_1 e G_2 são drasticamente diminuídas (Alberts *et al.*, 1999).

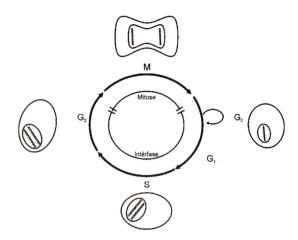

Fig. 6.1 As fases do ciclo celular. A intérfase corresponde a todo o ciclo celular, exceto à fase M. É um período contínuo de crescimento celular, incluindo a fase S, em que ocorre a replicação do DNA. O núcleo e o citoplasma dividem-se na fase M. A fase G_1 é o intervalo entre as fases M e S; a fase G_2 é o intervalo entre as fases S e M; G_0 é a fase quiescente em que a célula não se prolifera. (Adaptada a partir de Alberts *et al.*, 1999.)

Em contraste à rápida proliferação de células embriogênicas, algumas células em animais adultos dividem-se apenas ocasionalmente, podendo permanecer por longos períodos em um estado não-proliferante. Essas células saem de G_1 e entram em estágio quiescente ou de dormência em relação ao crescimento denominado G_0. Neste período, as células são desprovidas de fatores de crescimento e, portanto, mantêm um baixo metabolismo, com baixa velocidade de síntese de macromoléculas (Jordão *et al.*, 2000).

Nutrientes, hormônios de crescimento ou um estímulo mecânico podem ser estímulos suficientes para que essas células reingressem no ciclo de divisão celular, como é o caso de fibroblastos da pele ou células de órgãos internos, como fígado e pulmão, que passam a repor as células perdidas por algum dano ou intervenção cirúrgica (Cooper, 2000). Fatores de crescimento estimulam a síntese de ciclinas (descritas mais adiante), envolvidas na reentrada das células quiescentes no ciclo celular.

A fase de reentrada no ciclo celular sempre é a fase G_1, em um momento pouco anterior ao de transição da fase G_1/S, chamado de *ponto de restrição*, um ponto crítico a ser vencido pela célula para que a fase S possa ser iniciada. O processo de progressão até a fase S é lento e irreversível.

Por fim, há tecidos cujas células perdem permanentemente a capacidade reprodutiva, interrompendo o ciclo. Essas células permanecem indefinidamente no período G_0 e são consideradas terminalmente diferenciadas. É o caso dos neurônios e das células das musculaturas esquelética e cardíaca que, em caso de perda celular por lesão, nunca serão substituídas (Jordão *et al.*, 2000).

A duração do ciclo celular varia muito de um tipo celular para outro. Em uma célula de mamífero em cultivo, com um tempo total de vida de 16 h, a fase G_1 dura 5 h; a fase S, 7 h; a fase G_2, 3 h; e a fase M, 1 h (De Robertis *et al.*, 2001). Os períodos S, G_2 e M são relativamente constantes na maioria dos tipos celulares. O mais variável é o período G_1, que pode durar dias, meses ou anos (devido à fase G_0).

Células em diferentes estágios do ciclo celular podem ser distinguidas por seu conteúdo de DNA, por exemplo. Células animais em G_1 são diplóides (contêm duas cópias de cada cromossomo), ou seja, 2N (N designa o conteúdo de DNA haplóide do genoma). Durante a fase S, a replicação eleva o conteúdo de DNA de 2N para 4N; portanto, em S o conteúdo de DNA está entre 2N e 4N. O conteúdo de DNA permanece em 4N em G_2 e M, diminuindo para 2N após a citocinese (divisão do citoplasma). Experimentalmente, o conteúdo de DNA celular pode ser determinado pela incubação das células com um marcador fluorescente que se liga ao DNA, seguida pela análise da intensidade de fluorescência de células individuais em um citômetro de fluxo. Este procedimento permite fazer a distinção das células nas fases G_1, S e G_2/M do ciclo celular. Para mais detalhes, veja Cap. 32, Citometria de Fluxo.

CONTROLE DO CICLO CELULAR

O ciclo celular é regulado por sinais extracelulares como fatores de crescimento e disponibilidade de nutrientes. Além disso, as fases ocorrem em uma seqüência determinada, mantendo-se a ordem mesmo que um estágio se estenda mais do que o normal. Para que isto seja garantido, o controle do ciclo celular ocorre por meio de "freios moleculares" que podem parar o ciclo em vários *pontos de checagem* (*checkpoints*), pontos específicos do ciclo que permitem o desencadeamento do próximo passo somente após o término do estágio precedente.

Sabe-se, por exemplo, que, antes de as células estarem no ponto de transição G_2/M, é fundamental a replicação ter sido completada e possíveis danos do DNA terem sido completamente reparados. Um dos mais bem definidos pontos de checagem do ciclo celular ocorre em G_2. Nesta fase, a célula permanece até que todo o seu genoma seja completamente replicado antes de ser transmitido às células filhas (Jordão *et al.*, 2000).

Outro ponto de checagem, desta vez em G_1, detecta o DNA danificado, suspendendo o sistema e permitindo que o reparo seja feito antes de a célula entrar na fase S. Isto impossibilita a replicação do DNA danificado (Cooper, 2000).

Portanto, através deste sistema, as células são forçadas a percorrerem o ciclo celular em uma única direção apenas.

São responsáveis diretas por este controle proteínas quinases ativadas ciclicamente que possuem atividade catalítica. Estas proteínas são conhecidas como *proteínas quinases dependentes de ciclina* (Cdk — *cyclin-dependent kinases*), pois sua ativação enzimática é promovida pela ligação às ciclinas, que formam um segundo grupo de componentes protéicos assim chamados por estarem envolvidos com ciclos de síntese e degradação durante o ciclo celular (Lewin, 2000).

O complexo ciclina-Cdk regula a atividade de múltiplas proteínas envolvidas na replicação do DNA e na mitose, fosforilando-as em sítios específicos, ativando algumas

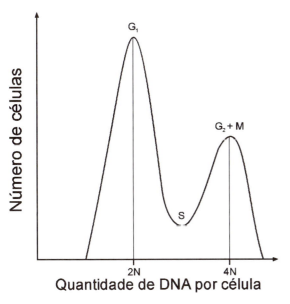

Fig. 6.2 Determinação do conteúdo de DNA celular. A população de células é marcada com um marcador fluorescente que se liga ao DNA. As células são então analisadas por um citômetro de fluxo, o qual mede a intensidade de fluorescência das células individualmente. As informações obtidas são representadas através do número de células *versus* intensidade de fluorescência, que é proporcional ao conteúdo de DNA. A distribuição mostra dois picos, correspondentes às células com conteúdo de DNA de 2N e 4N; estas células estão nas fases G_1 e G_2/M, respectivamente. Células na fase S têm conteúdo de DNA entre 2N e 4N, e estão distribuídas entre os dois picos. (Adaptada a partir de Cooper, 2000.)

e inibindo outras para coordenar os eventos do ciclo celular.

Diferentes complexos ciclinas-Cdks desencadeiam diferentes estágios do ciclo celular. Enquanto o complexo MPF ciclina-Cdk atua na fase G_2 e promove a passagem para a fase M, por exemplo, um outro conjunto de ciclinas, denominadas ciclinas de fase S, liga-se a moléculas de Cdk ao final da fase G_1 para promover a progressão para a fase S.

Os complexos ciclinas-Cdks podem ainda ter sua montagem ou atividade bloqueada por proteínas inibidoras de Cdk. Como, por exemplo, na parada que ocorre no ponto de checagem em G_1, quando o DNA está danificado; a proteína inibidora de Cdk denominada p21 se liga ao complexo ciclina-Cdk de fase S, responsável pelo avanço para a fase S, bloqueando sua ação (Alberts *et al.*, 1999). Assim, a célula não avançará, enquanto seu DNA não for reparado.

Em G_0, o sistema-controle do ciclo celular está parcialmente desmontado, porque houve desaparecimento de várias Cdks e ciclinas, demonstrando, mais uma vez, serem estas substâncias essenciais ao controle da indução das células para determinada fase do ciclo celular.

Como já mencionado, é possível realizar a análise do ciclo celular através da citometria de fluxo, medindo-se o conteúdo de DNA. Porém, em algumas situações em que células em fases diferentes do ciclo apresentam o mesmo conteúdo de DNA, apenas este método não é suficiente para fazer a distinção entre as células. Por isso, e baseado no fato de que a expressão de várias proteínas varia durante o ciclo celular, a detecção imunocitoquímica, também por citometria de fluxo, é uma alternativa para discriminar estas células e fornecer mais informações quanto ao exato estado proliferativo de cada uma das células.

Durante o crescimento de células normais, a expressão de muitas ciclinas, particularmente as ciclinas D, E, A e B, é descontínua, ocorrendo em períodos bem definidos do ciclo celular. Essa periodicidade na expressão das ciclinas fornece novos marcos no ciclo celular que podem ser usados para subdividir o ciclo em vários subcompartimentos, além da subdivisão nas quatro fases principais (Darzynkiewicz *et al.*, 1996). Além disso, a análise bivariada da expressão de ciclinas *versus* conteúdo de DNA torna possível discriminar entre células que contêm mesmo conteúdo de DNA, mas residem em fases diferentes do ciclo celular, tais como entre células G_2 e M; a ciclina A é expressa nas células em G_2 e é rapidamente degradada durante a prometáfase (Pines, 1995); portanto, as células mitóticas são ciclinas A negativas. Igualmente, células em G_0, por não expressarem ciclinas do tipo D ou E, podem ser distinguidas das células

que "entraram" no ciclo celular e se tornaram ciclinas D e, subseqüentemente, ciclinas E, positivas.

Este método imunocitoquímico detecta ciclinas ou outras proteínas marcadoras de um determinado estágio da célula no ciclo celular através de sua ligação com um anticorpo (Juan & Darzynkiewicz, 1998).

Os marcadores mais comuns utilizados neste método são (*a*) o antígeno nuclear de célula proliferativa (PCNA — *proliferating cell nuclear antigen*) (Celis *et al.*, 1984), (*b*) o antígeno detectado pelo anticorpo ki-67 (Gerdes *et al.*, 1983) e (*c*) certas ciclinas (Darzynkiewicz *et al.*, 1996; Sherwood *et al.*, 1994).

A escolha do anticorpo adequado é crítica para a detecção de ciclinas específicas. Freqüentemente, o anticorpo aplicável para *immunoblotting* falha na aplicação imunocitoquímica e vice-versa. Isto pode ser devido a diferenças na acessibilidade *in situ* do epítopo ou diferenças no grau de desnaturação do antígeno nos *immunoblots* comparados com aqueles do interior da célula. Alguns epítopos podem ser acessíveis *in situ*, enquanto a acessibilidade de outros podem variar dependendo de seus estados funcionais, por exemplo, devido a fosforilação ou envolvimento na formação de complexos.

Estratégias do uso de ciclinas como marcos adicionais da posição no ciclo celular estão discutidas em detalhe por Darzynkiewicz *et al.* (1996). Deve ser ressaltado, no entanto, que algumas linhagens de células tumorais, ou células normais quando a progressão de seu ciclo celular é perturbado, podem expressar ciclinas D, E e B1 de uma maneira desregulada (p. ex., ciclina B1 durante G_1 e ciclina E durante G_2; Darzynkiewicz *et al.*, 1996).

REFERÊNCIAS BIBLIOGRÁFICAS

Alberts, B., Bray, D., Johnson, A., Lewis, J., Raff, M., Roberts, K., Walter, P. Fundamentos da Biologia Celular — uma introdução à biologia molecular da célula. Porto Alegre, Artmed, 1999.

Celis, J. E., Bravo, R., Larsen, P. M., Fey, S. J. Cyclin: a nuclear protein whose level correlates directly with proliferative state of normal as well as transformed cells. *Leuk Res*, 8(2):143-57, 1984.

Cooper, G. M. The Cell — A Molecular Approach. 2. ed. Washington DC, ASM Press, 2000.

Darzynkiewicz, Z., Gong, J., Juan, G., Aldert, B., Traganos, F. Cytometry of cyclin proteins. Cytometry, 25:1-13, 1996.

De Robertis, E. M. F., Hib, J. Bases da Biologia Celular e Molecular. 3. ed. Rio de Janeiro, Guanabara Koogan, 2001.

Gerdes, J., Schwab, U., Lemke, H., Stein, H. Production of a mouse monoclonal antibody reactive with human nuclear antigen associated with cell proliferation. Int J Cancer, 31:13-20, 1983.

Jordão, B. Q., Andrade, C. G. T. J. Ciclo Celular e Meiose. *In*: Junqueira, L. C., Carneiro, J. Biologia Celular e Molecular. 7. ed. Rio de Janeiro, Guanabara Koogan, 2000.

Juan, G., Darzynkiewicz, Z. Cell cycle analysis by flow and laser scanning cytometry. *In*: Celis, J. E. Cell Biology — a laboratory handbook. 2. ed. San Diego, Academic Press, vol. 1, 1998.

Lewin, B. Genes VII. New York, Oxford University Press, 2000.

Lodish, H., Berk, A., Zipursky, S. L., Matsudaira, P., Baltimore, D., Darnell, J. Molecular Cell Biology. 4. ed. New York, Media Connected, 2000.

Pines, J. Cyclins and cyclin — dependent kinases: Theme and variations. Adv Canc Res, 66:181-211, 1995.

Sherwood, S. W., Kung, A. L., Schimke, R. T. Cyclin B1 expression in Hela S3 cells studied by flow cytometry. Exp Cell Res, 211:275-81, 1994.

Capítulo 7

Sincronismo Celular

Débora Cristina Gonçalves de Almeida

Em cultura, uma população de células apresenta-se, normalmente, em diferentes fases do ciclo celular. Se todas as células de uma determinada população estiverem atravessando as etapas do ciclo celular ao mesmo tempo, esta população é denominada sincrônica.

A sincronização celular permite identificar e caracterizar os eventos celulares, bioquímicos e moleculares que ocorrem durante estágios específicos do ciclo (Stein, 1990). Assim, células sincronizadas são um modelo essencial para o estudo da regulação da proliferação celular.

Para esse fim, pode ser usada uma população celular naturalmente sincrônica. Isso ocorre no fungo *Physarum*, por ser um plasmódio, ou, ainda, no início do desenvolvimento embrionário, quando a sincronia se mantém por uns 10 ciclos celulares consecutivos após a fertilização da célula-ovo (Jordão *et al.*, 2000).

Já que os casos de sincronia natural são pouco freqüentes, a sincronização pode ser induzida. Essa indução pode ser por *seleção* ou *química*. No primeiro caso, as células de uma cultura que estejam em um determinado estágio do ciclo celular são selecionadas e removidas. Posteriormente, são cultivadas separadamente como uma cultura sincrônica (Mitchison, 1971).

Na indução química, são usados inibidores metabólicos específicos de uma determinada etapa, que, ao serem retirados, possibilitam a progressão das células do ciclo de maneira sincrônica.

A sincronização por indução química requer:

1. detenção completa em um ponto definido do ciclo celular;
2. que o processo de detenção seja completamente reversível; e
3. que as células liberadas se reestabeleçam e prossigam uniformemente no ciclo celular (O'Connor, 1996).

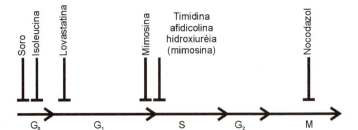

Fig. 7.1 Agentes e condições que arrastam a progressão no ciclo celular. Uma variedade de técnicas pode ser utilizada para sincronizar células em fases específicas do ciclo celular. O arraste reversível de células em G_0 pode ser realizado com a inanição de soro ou do aminoácido isoleucina. O arraste reversível de células em G_1 pode ser efetuado utilizando-se agentes químicos, lovastatina ou mimosina, e células sincronizadas na fase G_1/S podem ser obtidas usando-se inibidores de síntese de DNA, afidicolina, hidroxiuréia, ou excesso de timidina. O ponto exato de arraste da mimosina ainda não está esclarecido. O inibidor de microtúbulos, nocodazol, pode ser utilizado para sincronizar células na mitose. (Adaptada a partir de O'Connor, P. M. Jackman, J. *In*: Pagano, M., 1996.)

Para uma linhagem celular ainda não caracterizada para sincronização, devem-se experimentar diferentes procedimentos a fim de se obter a técnica mais apropriada.

Para essa seleção do método, alguns fatores devem ser considerados:

1. qual fase do ciclo celular será o foco do estudo;
2. qual é o grau de sincronização necessário; e
3. qual é o número de células necessárias para a análise.

Os protocolos discutidos aqui são recomendados para células com tempo de dobramento menor do que 30 h. Geralmente, a sincronia diminui cada vez que as células passam pela fase G_1. Algumas técnicas são favoráveis à produção de grande volume de células sincronizadas, mas requerem equipamentos especiais ou preparação prolongada. Outras técnicas produzem somente pequeno número de células sincronizadas, mas são rápidas e baratas. Produtos químicos que inibem a progressão celular são vantajosos para sincronização, porque são efetivos para uma grande variedade de tipos celulares, não necessitam de equipamentos especiais e são úteis para aplicações que precisem de um grande número de células. De fato, o uso de inibidores químicos é freqüentemente o método principal para sincronizar células em um estágio específico do ciclo celular. As desvantagens da sincronização química são o possível rompimento ou distorção dos processos regulatórios do ciclo celular normal (Schimke *et al.*, 1991), e, para alguns produtos químicos como a mimosina, a dificuldade em elucidar o exato alvo celular atingido.

MÉTODOS

Sincronização das Células na Fase G_0/G_1

Dois dos métodos mais comumente utilizados para sincronizar células no estado G_0/G_1 é a inanição de soro e a privação do aminoácido isoleucina. Antes de aplicar qualquer uma dessas técnicas, é importante determinar tanto o tempo de dobramento de uma cultura em crescimento exponencial, quanto a máxima densidade celular que as células irão atingir (células/mL ou células/cm²) (veja capítulo sobre Crescimento celular). O primeiro método baseia-se na inanição de soro (Campisi *et al.*, 1984). Podem-se levar 24 a 48 h para uma população inteira responder à retirada do soro (Pardee, 1989). A retirada de soro requer otimização tanto para a quantidade de soro que será retirada, quanto para a duração dessa retirada. Freqüentemente, a retirada de soro por períodos extensos irá realmente reduzir a sincronicidade da população reestimulada. Para alguns tipos celulares, a inanição de soro não é um método eficaz de sincronização, pois as células podem permanecer em G_0 ou serem induzidas à apoptose.

O método descrito a seguir (O'Connor *et al.*, 1996) aplica-se à cultura em suspensão, embora o procedimento possa ser adaptado para cultura em monocamada.

1. Centrifugar as células em crescimento exponencial ($600\,g$, 5 min) e lavá-las duas vezes com tampão salina fosfato (estéril e filtrado), pH 7,4 ou meio sem soro a $37°C$ e, depois, ressuspendê-las até 30% de sua densidade máxima em meio que contenha de 0 a 0,5% de soro dependendo do tipo celular. Por exemplo, células REF-52 serão estavelmente levadas à quiescência em meio sem soro (Girard *et al.*, 1991), ao passo que células NIH-3T3 (Morla *et al.*, 1989) podem ser arrastadas pela cultura em meio contendo 0,5% de soro.

2. As células são mantidas sem soro por 24–48 h para serem "seqüestradas" no estado G_0. As células que tiverem passado pelo ponto de restrição atravessarão o restante do ciclo e irão se dividir. Ao reentrarem em G_1 do próximo ciclo celular, as células serão totalmente arrastadas.

3. As células são estimuladas a reentrarem no ciclo por ressuspensão em meio contendo a quantidade apropriada de soro usada em condições de crescimento exponencial. As células chegarão à fase S em aproximadamente 12 h após estimulação; entretanto, este tempo pode variar entre 6 e 20 h, dependendo do tipo celular.

O procedimento provou ser aplicável em muitos estudos relacionados ao ciclo celular, incluindo a análise do ciclo celular dependente da fosforilação reversível de Cdc2 por tirosina (Morla *et al.*, 1989) e regulação de ciclina A (Girard *et al.*, 1991). Tais estudos provam utilidade para informações adicionais.

Sincronização das Células na Fronteira Entre as Fases G_1/S

Os procedimentos utilizados para sincronizar células no limite das fases G_1/S baseiam-se na inibição da síntese de DNA. Esta pode ser efetuada com uma variedade de inibidores químicos, incluindo afidicolina, hidroxiuréia, ou excesso de timidina. Historicamente, a sincronização celular com timidina provou que é o primeiro método confiável a ser largamente utilizado (Bootsma *et al.*, 1964; Stein & Borun, 1972). O procedimento é bom para apenas uma passagem pelo ciclo celular; logo após, as células perdem sincronia rapidamente. O método envolve duas exposições seqüenciais com altas concentrações de timidina; cada exposição separada por um intervalo determinado através do conhecimento da distribuição normal do ciclo celular das células em crescimento exponencial e do tempo de recuperação ao bloqueio da timidina. O procedimento descrito adiante (O'Connor *et al.*, 1996) é utilizado na sincronização de células HeLa baseado no seu tempo de dobramento de 24 h. Neste exemplo, a linhagem de células de carcinoma cervical humano, HeLa

S3, a qual pode crescer em suspensão, tem 35% das células em G_1, 50% das células na fase S e 15% das células em G_2/M. A mitose tem provavelmente a duração de 45-60 min, restando ao período G_2 por volta de 2,5-3 h. Todo o procedimento de lavagem, diluição e centrifugação das células deve ser realizado a 37°C.

1. A timidina (Sigma Chemical Company) pode ser preparada como uma solução estoque a 100 mM em tampão salina fosfato, pH 7,4, estéril e filtrado (ou autoclavado) e estocado a −20 ou −80°C por pelo menos 3 meses. Células em crescimento exponencial devem ser diluídas para 2,5 × 10^5/mL com meio suplementado com 2 mM de timidina por 12 h. Durante este período, as células em G_2/M irão progredir para G_1 e, depois, juntamente com a população original de G_1, irão adquirir um estado bioquímico equivalente às células do limite entre as fases G_1/S (G_2/M = 3,6 h + G_1 = 8,4 h, Total = 12 h). Qualquer célula que estiver na fase S, após adição da timidina, ficará bloqueada em S.

2. A liberação das células após o primeiro bloqueio com a timidina é feita através da centrifugação das células em suspensão (600 g, 5 min), descartando-se o meio contendo a timidina e lavando duas vezes com igual volume de meio completo. Para culturas em monocamada, a timidina é removida entornando-se o meio com timidina e depois adicionando-se novo meio sobre a monocamada. O novo meio deve ser utilizado para lavar o frasco antes de descartar. Repetir este procedimento mais duas vezes, num total de três lavagens.

3. As células devem ser incubadas em meio novo, por 16 h. Durante este período, as células irão se recuperar do bloqueio da timidina (aproximadamente, 1-2 h) e percorrer o ciclo celular, dividir e entrar em G_1 do próximo ciclo celular.

   A entrada em G_1 do próximo ciclo irá se iniciar com as células que foram bloqueadas no final da fase S (células de posição liderante — *leading-edge cells*). Isto levará cerca de 5-6 h após a liberação do bloqueio da timidina (1-2 h de reestabelecimento + 4 h de progressão através de G_2/M). A entrada em G_1 do próximo ciclo celular terminará com as células que foram levadas a G1/S (células de posição retardatária — *lagging-edge cells*) atravessando o ciclo celular e dividindo-se (entre 16 e 18 h). As células de posição liderante estarão no limite das fases G_1/S do próximo ciclo celular ao final das 16 h. As células de

posição retardatária estarão em G_2/M ao final das 16 h. A contagem das células em suspensão antes e depois das 16 h de incubação dá um indício do grau de progressão através do número de células que se dividiram. O melhor artifício neste procedimento é evitar que as células de posição liderante entrem na fase S do próximo ciclo celular, enquanto não estiver assegurado que as células de posição retardatária deixaram a fase S do ciclo celular anterior. A regulação do tempo é essencial.

4. Ao final desse período de liberação de 16 h, as células são diluídas para 2,5 × 10^5/mL e reincubadas com 2 mM de timidina em meio por 12-14 h. Células em G_2/M ou G_1 serão levadas à fronteira entre as fases G_1/S. A determinação por citometria de fluxo da posição no ciclo celular entre 8 e 10 h após a readição de timidina irá assegurar que a população de células está suficientemente sincronizada para se iniciar qualquer estudo sobre o ciclo celular.

5. A liberação das células do segundo bloqueio com timidina segue essencialmente os procedimentos de lavagem descritos no Passo 2.

Uma técnica variante comumente utilizada envolve um primeiro bloqueio com timidina e um segundo bloqueio com afidicolina (Heintz *et al.*, 1983), ou, alternativamente, um bloqueio duplo com afidicolina (O'Connor *et al.*, 1993a). Essencialmente, os mesmos princípios básicos descritos anteriormente para o bloqueio duplo com timidina aplicam-se à afidicolina. O uso dos procedimentos com timidina e afidicolina para sincronizar as células no limite das fases G_1/S provou grande utilidade na determinação da regulação de vários processos relacionados com ciclo celular, incluindo a regulação da expressão do gene para a histona (Heintz *et al.*, 1983), regulação da ciclina B (Pines & Hunter, 1989) e o efeito de danos no DNA na formação e ativação das quinases dependente de ciclina A e ciclina B (O'Connor *et al.*, 1993a).

Sincronização das Células Através da Retirada por Agitação de Células Mitóticas (*mitotic "shake off"*)

A coleta de populações puras de células mitóticas permite avaliar eventos relacionados ao ciclo celular durante as transições entre as fases mitose-G_1-S. As células perdem a sincronia rapidamente, logo que atravessam a fase S. Sendo assim, este procedimento não é útil para a análise da transição entre as fases G_2 e M. O procedimento baseia-se na característica de que as células em monocamada agrupam-se à medida que passam pela mitose. Isso torna a ancoragem das células com a superfície do frasco enfraquecida e ideal para desalojar as células mitóticas para a suspensão. Conseqüentemente, as células em suspensão podem ser recuperadas por centrifugação. Este procedimento tem a vantagem de não utilizar agentes químicos que possam perturbar a bioquímica celular. Entretanto, apenas uma pequena proporção das células podem estar em mitose num determinado tempo, e, por esta razão, uma limitação do procedimento é o baixo rendimento de células obtidas de uma cultura em crescimento exponencial. Para aumentar a população de células mitóticas, podem-se efetuar pequenas incubações com inibidores mitóticos, e/ou liberar células de um procedimento de sincronização na fase G_1/S e coletar as células assim que atravessarem a mitose. O procedimento descrito a seguir (O'Connor *et al.*, 1996) aplica-se a quase todas as células em monocamada e é baseado em uma linhagem de carcinoma de cólon humano, HT-29.

1. Células semi-aderentes (70–80%) são tripsinizadas de placas de 162 cm², removendo-se o meio de crescimento, lavando-se uma vez com meio sem soro e então incubando-se as células com 3 mL de solução de tripsina por 5 min a 37°C. Ao final da incubação, deve-se bater levemente nos frascos para soltar aquelas células que ficaram frouxamente aderidas, depois adicionar 20 mL de meio completo e centrifugar as células (600 g, 5 min). Descartar o sobrenadante e adicionar 20 mL de meio completo para lavar as células. Recentrifugar as células e então ressuspendê-las em 20 mL de meio completo. Contar as células e diluí-las para $2,5 \times 10^5$/mL.

   A tripsina pode ser comprada na forma liofilizada, de várias fontes. Para a seleção de células mitóticas, reidratar 5 g de pó de tripsina liofilizada com 40 mL (duas vezes o volume recomendado pelo fabricante) de água estéril filtrada e desionizada. Adicionar 2 g de EDTA. 4 Na, 8,5 g NaCl/L. A solução pode ser estocada a $-20°C$ por pelo menos 3 meses.

2. Adicionar de volta a frascos de 162 cm² 20–40 mL as células a $2,5 \times 10^5$/mL e deixar por 6 h a 37°C. Isto permite que as células possam readerir-se à superfície do frasco. Remover as células não aderidas, agitando-se o frasco e rotacionando-se o meio sobre a superfície do frasco antes de retirar o meio. Repetir mais duas vezes, com meio novo, antes de incubar as células em novo meio por mais 10 h.

3. Após este período, deve-se agitar os frascos, de maneira que o meio percorra toda a superfície. O meio de vários frascos é agrupado e centrifugado (600 g, 5 min) para sedimentar as células mitóticas. As células são então ressuspensas a 5×10^5/mL e analisadas em citometria de fluxo, e/ou em microscopia de contraste de fase.

Para se obter um melhor rendimento de células mitóticas, pode-se realizar a adição de agentes químicos no procedimento de retirada por agitação de células mitóticas. Por exemplo, durante a incubação de 10 h mencionada no final do Passo 2, um inibidor de mitose, tal como nocodazol (40 ng/mL, Aldrich), pode ser adicionado. A preferência é dada para a adição de nocodazol no período das últimas 6 h, a fim de se obter o maior número de células mitóticas viáveis. O Passo 3 é realizado essencialmente como descrito, exceto que mais um passo de centrifugação/lavagem é incluído para assegurar a remoção de nocodazol das células.

Uma outra alternativa emprega um bloqueio com timidina ou afidicolina por 12 h, anteriormente ao Passo 1, a fim de se obterem células em G_1/S. Quando essas células são liberadas no ciclo, durante o Passo 2 até Passo 3, as células irão atravessar o ciclo celular, e mais células estarão em mitose no momento da retirada por agitação de células mitóticas. Cada tipo celular irá necessitar de certa caracterização para garantir os tempos mais apropriados em que as células devem ser coletadas.

Populações puras de células em G_1 podem ser obtidas usando-se a técnica de retirada por agitação de células mitóticas, colocando-se as células mitóticas em um frasco e incubando-as por 2 h a 37°C. As células mitóticas irão readerir aos frascos e achatar-se à medida que entram na fase G_1. Restos mitóticos podem ser removidos rotacionando-se suavemente o meio sobre as células aderidas e descartando-se esse meio. As células aderidas que permaneceram constituirão células primariamente em G_1, e isto pode ser confirmado por citometria de fluxo.

O uso dos procedimentos de retirada por agitação de células mitóticas para sincronizar células na fronteira metáfase–anáfase e para a obtenção de células G_1 provou ser de grande utilidade na determinação da regulação de vários processos relacionados com ciclo celular, incluindo a regulação da proteína quinase Cdc2 (Morla *et al.*, 1989), e das proteínas Ciclina A (Pagano *et al.*, 1992) e Ciclina B (Pines & Hunter, 1989).

REFERÊNCIAS BIBLIOGRÁFICAS

Bootsma, D., Budke, L. Studies of synchronized divisions of tissue culture cells initiated by excess thymidine. Expt Cell Res. 33:301-4, 1964.

Campisi, J., Morreo, G., Pardee, A. B. Kinetics of G_1 transit following brief starvation for serum factors. Expt Cell Res. 152:459-62, 1984.

Girard, f., Strausfeld, V., Fernandez, A., Lam, N. J. C. Cyclin A is required for the onset of DNA replication in mammalian fibroblats. Cell, 67:1169-1179, 1991.

Heintz, N. H., Hamlin, J. L. An amplified chromosomal sequence that includes the gene for dihydrofolate reductase initiates replication within specific restriction fragments. Proc Natl Acad Sci USA, 79(13):4083-7, 1982.

Heintz, N., Sive, H. C., Roeder, R. G. Regulation of human histone gene expression: kinetics of accumulation and changes in the rate of synthesis and in the half-lives of individual histone mRNAs during the HeLa cell cycle. Mol. Cell Biol. 3(4):539-50, 1983.

Jordão, B. Q., Andrade, C. G. T. J. Ciclo Celular e Meiose. *In*: Junqueira, L. C., Carneiro, J. Biologia Celular e Molecular. 7. ed. Rio de Janeiro, Guanabara Koogan, 2000.

Mitchison, J. M. The Biology of the Cell Cycle. Cambridge, Cambridge University Press, 1971.

Morla, A. O., Dratta, G., Beach, D., Wang, J. Y. J. Reversible tyrosine phosphorilation of dcd2: dephosphorylation accompanies activation during entry into mitosis. Cell, 58:193-203, 1989.

O'Connor, P. M., Ferris, D. K., Pagano, M., Draetta, G., Pines, J., Hunter, T., Longo, D. L., Kohn, K. W. G2 delay induced by nitrogen mustard in human cells affects cyclin A/cdk2 and cyclin B1/cdc2-kinase complexes differently. J Biol Chem. 268(11):8298-308, 1993.

O'Connor, P. M., Jackman, J. Synchronization of mammalian cells. *In*: Pagano, M. Cell Cycle — Material and Methods. New York, Springer-Verlag Berlin Heidelberg, 1996.

Pagano, M., Pepperkok, R., Verde, F., Ansorge, W., Draetta, G. Cyclin A is required at two points in the human cell cycle. EMBO J. 11(3): 961-71, 1992.

Pardee, A. B. G_1 events and regulation of cell proliferation. Science, 246:603-8, 1989.

Pines J., Hunter, T. Isolation of a human cyclin cDNA: evidence for cyclin mRNA and protein regulation in the cell cycle and for interaction with p34cdc2. Cell, 58(5):833-46, 1989.

Schimke, R. T., Kung, A. L., Rush, D. F., Sherwood, S. W. Differences in mitotic control among mammalian cells. Cold Spring Harbor Symp Quant Biol. 56:417-25, 1991.

Stein, G. S., Borun, T. W. The synthesis of acidic chromosomal proteins during the cell cycle of HeLa S-3 cells. I. The accelerated accumulation of acidic residual nuclear protein before the initiation of DNA replication. J Cell Biol. 52(2):292-307, 1972.

Stein, G. S., Stein, J. C. Cell Synchronization. *In*: Baserga, R. Cell Growth and Division — A Practical Approach. 2. ed. Oxford, IRL Press, 1990.

Capítulo 8

Fases do Crescimento Celular — Curva de Crescimento

DÉBORA CRISTINA GONÇALVES DE ALMEIDA E MARIA FERNANDA CURY BOAVENTURA

Células normais em cultura apresentam um padrão sigmoidal de atividade proliferativa denominada **curva de crescimento**. Essa curva reflete a adaptação à cultura, as condições do ambiente, a disponibilidade de substrato físico e suprimentos de nutrientes necessários para promover a produção de novas células.

A determinação de uma curva de crescimento é importante para se avaliarem as características específicas de uma cultura celular. O comportamento e a bioquímica celular alteram-se significativamente em cada fase da curva e por isso é essencial obter-se o controle do estágio em que as células serão coletadas ou quando as drogas ou reagentes serão adicionados.

As fases do crescimento celular em cultura estão definidas a seguir.

FASE LAG

Durante um certo período de tempo, o número de células não varia muito, pois não há proliferação imediatamente após a adição das células a um meio de cultura. Este período de adaptação em que ocorre pouca ou ausência de divisão celular pode-se estender por uma hora até alguns dias. A duração da *fase lag* depende do estágio de crescimento em que se encontra a cultura que lhe deu origem e da densidade celular. Células provenientes de uma cultura em fase lag, estacionária ou de declínio, demoram um tempo para se adaptarem e iniciarem a multiplicação, e células originadas de uma cultura em crescimento ativo possuirão uma fase lag menor. Culturas com baixa densidade também apresentam fase lag lenta e longa.

Neste período, há produção de proteínas estruturais e de enzimas, tais como DNA polimerase, e um aumento na síntese de DNA.

A fase lag deve ser encarada como um período que não é de repouso, mas, ao contrário, de intensa atividade metabólica.

FASE LOG

A fase logarítmica ou exponencial é aquele período durante o qual a multiplicação é máxima e constante. A porcentagem de células que estão no ciclo celular está entre 90 e 100%, e em um dado tempo as células estão distribuídas ao acaso ao longo das fases do ciclo celular. Para determinadas finalidades, portanto, pode ser necessário que as células sejam sincronizadas (veja Cap. 7, Sincronismo Celular).

Esta é a fase de maior viabilidade e atividade metabólica da população celular e, por isso, é o período ideal para experimentação e estudo. As cinéticas de proliferação celular, durante a fase log, são características da linhagem celular, e é durante esta fase que o tempo de dobramento é determinado.

A duração desta fase depende da densidade inicial das células, da taxa de crescimento celular e da densidade de saturação da linhagem.

FASE ESTACIONÁRIA OU *PLATEAU*

Em determinado momento, ocorrerá a formação de um grande número de células, e a velocidade de crescimento diminuirá; o número de morte celular tende a ser equivalente ao número de células novas.

Durante a fase estacionária, a atividade metabólica também decresce, e esta é a fase em que as células estão mais susceptíveis a danos.

Esta redução no crescimento normal das células após confluência não se dá somente devido à implicação do contato entre célula-célula como fator limitante, mas também pode envolver redução na capacidade de dispersão das células (Stoker *et al.*, 1968; Folkman & Moscona, 1978), diminuição da quantidade de nutrientes, e, particularmente, fatores de crescimento (Dulbecco & Elkington, 1973; Stoker, 1973; Westermark & Wasteson, 1975) no meio. Para algumas linhagens celulares, a fase *plateau* pode ser estendida se o meio for suplementado novamente.

Culturas que tenham sido transformadas espontaneamente ou por vírus ou produtos carcinogênicos comumente atingirão uma densidade celular mais alta do que o normal (Westermark, 1973), além de obterem uma fração de crescimento maior e perda do limite de densidade. O *plateau*, nessas culturas, é o equilíbrio entre proliferação e perda celular. Essas culturas são, com freqüência, independentes de ancoragem para crescimento e podem, facilmente, crescer em suspensão (Freshney, 1994).

FASE DE DECLÍNIO OU FASE DE MORTE CELULAR

Caracteriza-se por ocorrer redução drástica no número de células, já que a quantidade de células mortas excede a de células novas.

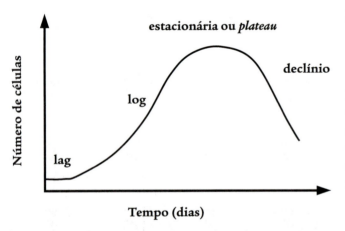

Fig. 8.1 Curva de crescimento padrão de células normais de mamíferos em cultura. A *fase lag* corresponde ao período de adaptação à cultura; a *fase log* caracteriza uma proliferação exponencial; a *fase estacionária* ou *plateau* não apresenta aumento líquido no número celular; e, na *fase de declínio*, o número de morte celular é maior do que o de células em divisão.

CURVA DE CRESCIMENTO

A construção de uma curva de crescimento permite a medição de certos parâmetros característicos de uma população sob dadas condições de cultura.

A quantificação do crescimento é também importante para manutenção de rotina e para se saber o número de células no futuro. Em geral, as células de linhagens celulares contínuas são satisfatoriamente cultivadas na concentração de 1×10^5 a 1×10^6 células/mL, mas dependerão do tipo de linhagem celular.

Para se determinar a curva de crescimento de um tipo celular, deve-se semear uma suspensão de células (4×10^4 células/mL) em garrafas de 50 mL.

Determinar o número de células a cada 24 h por microscopia óptica utilizando um hemocitômetro—câmara de Neubauer por 5 a 10 dias.

Verificar a viabilidade celular por exclusão do azul de tripan a 1%, em tampão salina fosfato pH 7,4 ou analisando integridade de membrana com iodeto de propídio (veja Cap. 5, Contagem de Células, e Cap. 32, Citometria de Fluxo). Se utilizar o método de exclusão do azul de tripan a 1%, calcular a porcentagem de células viáveis (não coradas) pelo número de células totais.

Para calcular o tempo de dobramento (PDT; do inglês, *population doubling time*), proceder conforme descrito:

$$PDT = 1/r \qquad r = 3{,}32\,(\log Nh - \log Ni)/(t_2 - t_1)$$

Nota:

r = taxa de multiplicação celular

Nh = número de células coletadas em um determinado período de tempo (t_2)

Ni = número de células inoculadas no tempo zero (t_1)

3,32 = uma constante

As curvas de crescimento são diferentes para linhagens primárias e permanentes. As linhagens primárias, provenientes de células animais derivadas de um tecido ou sangue, geralmente morrem após algumas gerações; portanto, a curva irá depender do tempo em que estas células estão em cultura. Já as linhagens permanentes podem ser mantidas indefinidamente.

REFERÊNCIAS BIBLIOGRÁFICAS

Dulbecco, R., Elkington, J. Conditions limiting multiplication of fibroblastic and epithelial cells in dense cultures. Nature, 246(5430):197-9, 1973.

Folkman, J., Moscona, A. Role of cell shape in growth control. Nature, 273(5661):345-9, 1978.

Freshney, R. I. Culture of animal cells: A manual of basic technique. 3. ed., New York, Welly-Liss, 1994.

Stoker, M. G. Role of diffusion boundary layer in contact inhibition of growth. Nature, 246(5430):200-3, 1973.

Stoker, M., O'Neill, C., Berryman, S., Waxman, V. Anchorage and growth regulation in normal and virus-transformed cells. Int J Cancer. 3(5):683-93, 1968.

Westermark, B. The deficient density-dependent growth control of human malignant glioma cells and virus-transformed glia-like cells in culture. Int J Cancer. 12(2):438-51, 1973.

Westermark, B., Wasteson, A. The response of cultured human normal glial cells to growth factors. Adv Metab Disord. 8:85-100. Review, 1975.

Parte 3

Culturas Permanentes

Capítulo 9

Cultivo de Linhagens Permanentes

ANNA KARENINA AZEVEDO MARTINS, MARIA FERNANDA CURY BOAVENTURA E
MANUELA MARIA RAMOS LIMA

INTRODUÇÃO

Neste capítulo, serão tratados aspectos práticos da manutenção de células em cultura permanente, descrevendo de forma detalhada e separadamente o cultivo de células aderidas e em suspensão.

Biologia da Célula em Cultura

É necessário conhecer a biologia da célula em cultura e os vários aspectos de sua fisiologia, para se ter clareza do tipo de resultado que se está obtendo. É fácil pensar que uma célula em cultura funcione de forma distinta de uma no organismo. No organismo, a célula faz parte de uma estrutura que mantém contato direto, ou indireto, com diversos tipos celulares que interferem na manutenção de um microambiente não completamente reproduzido em cultura. Por essa razão, o uso da cultura de células, como ferramenta de estudo das funções celulares ou do comportamento celular em condições que simulam uma determinada situação, tem sido freqüentemente criticado.

Por outro lado, é muito válido dispor de um sistema livre de interferências externas, que permita a investigação de uma única variável de forma precisa. Para isto, o cultivo de células é bastante indicado.

Embora não seja objetivo deste capítulo uma descrição detalhada da obtenção, estabelecimento e caracterização de novas linhagens celulares, apresentamos na Fig. 9.1 a representação diagramática da evolução de uma linhagem celular, bastante útil para o entendimento da biologia da célula em cultura. Este diagrama foi publicado por Hayflick e Moorhead em 1961. Neste trabalho, os autores estudaram linhagens derivadas de vários tecidos. Avaliaram-se as características gerais, taxas de crescimento, concentração celular e, a partir destas informações, foi traçado este diagrama representativo. É interessante observar nesta figura o ponto em que uma linhagem deixa de ser finita e passa a ser permanente, devido a alterações celulares que podem acontecer em qualquer ponto do cultivo.

A fase I, ou fase de cultura primária, representa o estágio inicial que termina com a formação da primeira camada confluente de células. Neste ponto, é feito o primeiro subcultivo,

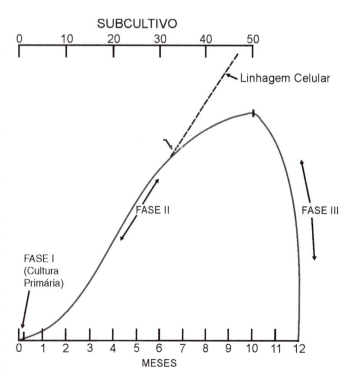

Fig. 9.1 Representação diagramática da evolução de uma linhagem celular. (Adaptada a partir de Hayflick & Moorhead, 1961.)

42 *Cultivo de Linhagens Permanentes*

ou é contada a primeira passagem; as reservas nutritivas do meio foram exauridas, e o espaço na superfície do frasco não é mais suficiente. Começa então a fase II que se caracteriza por crescimento intenso e necessidade de muitos repiques. Em determinado momento, pode acontecer uma alteração que torna a cultura finita numa linhagem celular, cujo potencial de vida passa a ser infinito. Por outro lado, as células que não sofrem alteração entram na fase III e em senescência, após um período limitado de tempo, e morrem.

Numa linhagem celular permanente, todas as células já são capazes de proliferar indefinidamente. Assim, neste tipo de cultivo, precisamos considerar apenas três fases de crescimento celular, que são: fase lag, fase log e fase estacionária. Cada vez que estas fases se completam, é então necessário repicar a cultura, diluindo a suspensão de células ou tripsinizando a cultura aderida para diminuir a densidade celular. Estas fases são mais bem descritas no Cap. 8, Fases do Crescimento Celular.

In vitro, as células se proliferam rapidamente, o que normalmente não acontece *in vivo*. Quando se isola em cultura uma única linhagem celular, perdem-se fatores importantes como: as interações célula-célula, célula-*matrix* e o líquido extracelular, que é uma composição complexa de hormônios, fatores de crescimento e de inibição, fundamentais para a viabilidade e fisiologia de célula no organismo. O ambiente de cultivo favorece o espraiamento e a proliferação das células.

Dentro deste mesmo tema, outro aspecto que deve ser considerado é que, à medida que aumenta o número de passagens de uma linhagem, maior será a probabilidade de acontecerem alterações que podem modificar o comportamento celular. Por exemplo: linhagens derivadas de células secretoras de insulina perdem eficiência de secreção à medida que o número de passagens cresce. Outro exemplo são as linhagens de hibridomas produtores de anticorpos. Se as linhagens perdem suas características originais deixam de ser bons modelos de estudo.

Controle do Número de Passagens

Para que uma linhagem celular permaneça em cultura, virtualmente para sempre, é necessário que ela mantenha sua capacidade de se proliferar. Esta é uma característica de células não diferenciadas. Tais células podem ser induzidas a diferenciar e adquirir características específicas. No entanto, a maior expressão ou o silenciamento de determinados genes pode acontecer espontaneamente, modificando o fenótipo da célula em estudo, o que pode alterar a resposta

celular sob condições experimentais. Quanto mais tempo a linhagem é mantida em cultura, mais susceptível estará a tais alterações.

Portanto, é muito importante controlar o número de passagens da cultura, com o objetivo de manter as características da célula e a reprodutibilidade dos resultados experimentais. Não há um número exato de passagens, além do qual se indique não mais usar aquele tipo celular. Em geral, este número está entre 70 e 80 passagens. Em várias publicações, é possível ver descrito o intervalo de passagens em que foram feitos os experimentos.

Em alguns casos, é necessário fazer periodicamente o controle da funcionalidade celular. Isto pode ser feito determinando-se, por exemplo, a produção de anticorpos por linfócitos, ou a produção de proteínas que sejam específicas da célula em estudo. Como estes procedimentos são mais trabalhosos, o que se faz em geral é estabelecer um período (por exemplo, 3 meses) após o descongelamento ou um número de passagens (70 a 80) dentro dos quais se trabalhará.

Para tanto, é necessária a criação de um estoque particular antes de se começarem os experimentos.

Aplicações e Áreas de Interesse

Vários aspectos da fisiologia celular podem ser estudados se utilizarmos a cultura de células.

Uma das principais preocupações numa abordagem experimental é encontrar um sistema limpo e livre de outras variáveis que não aquela que se está investigando. Apesar de esta não ser a condição do organismo inteiro, o estudo de uma função específica pode se tornar difícil na presença de muitas variáveis.

Neste ponto, a cultura de células surge como uma ferramenta importante na caracterização de um fenômeno biológico, pois se tem um sistema que permite a experimentação de uma única condição.

Nos dias atuais, no entanto, o interesse de pesquisadores não se limita a caracterizar fenômenos biológicos, nem a testar novos fármacos. A possibilidade de se reconstruírem órgãos em indivíduos através do transplante de células provenientes de cultura tem aberto novos horizontes na utilização desta abordagem.

A Fig. 9.2 apresenta um esquema das muitas abordagens no estudo das funções celulares: 1) *atividades intracelulares*, como por exemplo: replicação e transcrição do DNA, metabolismo energético, síntese e degradação de proteínas, atividades enzimáticas, metabolismo de drogas; 2) *fluxo intracelular*: deslocamento do RNA, fluxo de metabólitos,

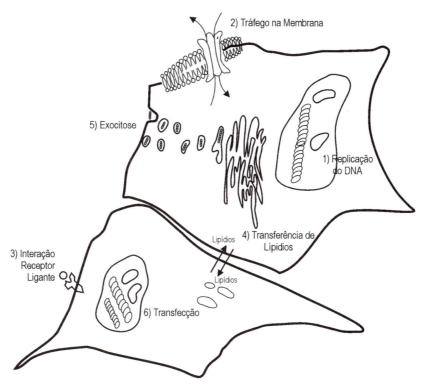

Fig. 9.2 Esquema de possíveis abordagens no estudo das funções celulares. (Adaptado a partir de Freshney, 1994.)

tráfego de membrana, propagação de sinais, translocação de receptores; 3) *interações com o ambiente*: adesão, nutrição, infecção, interação receptor ligante, carcinogênese e captação de moléculas do meio, por exemplo: ácidos graxos; 4) *interação célula-célula*: proliferação, inibição por contato, controle parácrino de crescimento e diferenciação, transferência de metabólitos, interações de *matrix*; 5) *produtos celulares*: geração e exocitose de moléculas, função do citoesqueleto; 6) *aspectos genéticos*: terapia gênica, reposição tecidual, análises genéticas, transfecção, imortalização, diferenciação.

Linhagens Celulares

As linhagens celulares podem ser classificadas em dois tipos: linhagens aderentes e em suspensão (ou não aderentes). Esta classificação se refere à necessidade de ancoragem que as linhagens aderentes apresentam. As células aderentes dependem da fixação à base dos frascos ou placas de cultura, para se proliferarem, e representam a grande maioria das linhagens em estudo.

Já as linhagens em suspensão não dependem de ancoragem e se proliferam, como o próprio nome sugere, em suspensão. Esta habilidade é restrita a células hematopoéticas, linhagens celulares transformadas e células tumorais malignas (Carney *et al.*, 1981). Isso porque muitas das propriedades associadas com a transformação neoplásica, *in vitro*, resultam na modificação da superfície celular, contribuindo para o decréscimo da adesão e aumento da capacidade de as células crescerem em suspensão. Portanto, uma pequena proporção de células do nosso organismo são capazes de se proliferarem em suspensão.

As primeiras tentativas de se estabelecer o crescimento celular *in vitro* se deram com tipos celulares aderentes, e apenas posteriormente vieram as demonstrações de proliferação de células em suspensão derivadas de linfoblastoma e células L (Owens *et al.*, 1953; Earle *et al.*, 1954).

As culturas de células aderidas ou em suspensão são descritas como primária ou permanente (imortal ou transformada). As culturas primárias originam-se de células recentemente isoladas de tecidos e possuem tempo limitado de vida em cultura. São também chamadas de culturas finitas. Já as linhagens ditas permanentes, imortais ou transformadas têm a capacidade ilimitada de crescimento em cultura. Estas linhagens são derivadas de células tumorais ou de células que foram transfectadas com oncogenes ou tratadas com carcinogênicos. As células imortalizadas podem não possuir malignidade, porém possuem crescimento celular contínuo com vida infinita (Pereira-Smith, 1988).

MANUTENÇÃO DE CÉLULAS ADERENTES

A manutenção de células aderentes em subconfluência é simples, uma vez que, estando a cultura nessa condição, apenas a troca de meio se faz necessária. A substituição periódica (a cada 48 h) do meio possibilita a nutrição adequada das células e a eliminação de metabólitos secretados para o meio. Com isso, as condições de cultivo são mantidas estáveis, favorecendo o crescimento celular. Culturas de células aderidas são, normalmente, examinadas em microscópio invertido com fase de contraste óptico, de modo que se possam observar o aspecto geral e a confluência da cultura.

Células aderidas não apresentam uniformidade quanto à morfologia, como, normalmente, se observa em cultivos de células em suspensão. Isto porque, quando em contato umas com as outras ou com material do frasco, as células adquirem formas distintas, o que facilita a aderência (Fig. 9.3A). Quando a cultura atinge confluência, em torno de 90%, é necessário repicar a cultura, tripsinizando-a.

Geralmente, o crescimento das células é inibido pelo contato, o que ocorre em alta confluência. Se as células permanecerem nesta condição, descolam do frasco, o que inviabiliza a cultura.

Subcultivo

Uma cultura de células aderidas pode ser transferida para outro frasco e diluída por dissociação com tripsina ou tripsina e EDTA. O procedimento é simples e exige apenas o cuidado de manter todo o material estéril.

Protocolo:

1. Remover o meio de cultura;
2. Lavar a cultura com PBS, removendo todo o tampão;
3. Incubar a cultura com tripsina (tripsina 0,2% e versene 0,002%) a 37°C por, aproximadamente, 10 min (o tempo de incubação com a tripsina dependerá muito do tipo celular);
4. Inativar a tripsina, adicionando o mesmo volume de meio de cultura com 10% de SFB;
5. Centrifugar a suspensão a 200 g por 10 min e desprezar o sobrenadante contendo a tripsina inativa;
6. Ressuspender as células em meio de cultura.

Ao final deste procedimento, tem-se uma suspensão de células que poderá ser contada para a montagem de um experimento ou, simplesmente, subcultivada em outro frasco para a manutenção da cultura. Os frascos e placas utilizados no cultivo de células aderidas devem ser sempre novos, diferentemente do material empregado para o cultivo de células em suspensão, que pode ser irradiado e reaproveitado.

As células aderidas são normalmente subcultivadas em um número total de 1×10^5 em uma placa de 90 mm, ou 5×10^4 em uma garrafa de 25 cm² ou equivalente. Entretanto, cada linhagem celular deve ser avaliada individualmente. A área disponível para o crescimento é o fator mais importante, mas um volume adequado de meio também pode ser limitante para o crescimento celular.

O intervalo entre cada subcultivo dependerá do número de células semeadas e da taxa de duplicação da linhagem. No caso de linhagens com crescimento rápido, o subculti-

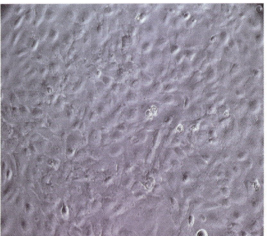

Fig. 9.3 Linhagem celular IEC-6 – (**A**) Células aderidas em fase de crescimento; (**B**) Cultura confluente.

vo deve ser realizado duas vezes por semana. Diferente da cultura em suspensão, numa cultura de células aderidas é fácil saber quando se faz necessário tripsinizar sem necessariamente contar as células. Basta observar a confluência que essas apresentam. A construção de uma curva de crescimento irá possibilitar familiarização com a concentração celular e confluência correspondente.

Superfície para Aderência Celular

As superfícies das células animais e a do material (plástico e vidro) utilizado para cultura são carregadas negativamente. Para a aderência ocorrer, é necessário que haja reação cruzada com glicoproteínas e/ou cátions divalentes (Ca^{2+}, Mg^{2+}). A glicoproteína mais estudada é a fibronectina, um composto de peso molecular elevado (220.000) sintetizado por muitas células, e presente no soro e em outros fluidos fisiológicos. Embora as células possam aderir somente por forças eletrostáticas, o mecanismo de aderência é o mesmo, independente da carga do substrato. O fator importante é a carga líquida negativa. Assim, superfícies como vidro e metal que possuem carga de superfície elevada são apropriadas para aderência celular. Superfícies orgânicas necessitam ser úmidas e negativas, o que pode ser feito por tratamento químico (p. ex., agentes oxidantes ou ácidos fortes) ou tratamento físico (p. ex., descarga de alta voltagem e luz UV). Esses métodos são utilizados por indústrias produtoras de plásticos para cultura de tecidos. O resultado é o aumento da carga líquida negativa da superfície (através da formação de grupos carboxil, por exemplo) para aderência eletrostática.

VIDROS

Vidros ALUM-BOROSILICATO (p. ex., Pirex) são utilizados, preferencialmente, por não conterem soda (soda-lime), o que requereria a detoxificação (por agitação em ácido fraco) antes do uso. Depois do uso repetido da vidraria, a aderência celular pode ser menos eficiente, mas a eficiência pode ser reestabelecida por tratamento com 1 mM de acetato de magnésio. Após várias horas de imersão no acetato, à temperatura ambiente, a vidraria deve ser lavada com água destilada e autoclavada.

PLÁSTICOS

O poliestireno é o plástico mais utilizado para cultura celular, mas polietileno policarbonato, perspex, PVC, teflon, celofane e acetato de celulose são também eficientes quando pré-tratados adequadamente.

METAIS

Aço inoxidável e titânio são adequados para o crescimento celular, porque são relativamente inertes quimicamente e apresentam carga negativa elevada, o que é apropriado para o cultivo. Existem diferentes aços inoxidáveis e deve-se ter cuidado na escolha para que não haja vazamento de íons metálicos tóxicos. O grau mais comum para aplicação em cultura é 316, mas 321 e 304 também podem ser utilizados. O aço também pode ser lavado com ácido (10% de ácido nítrico, 3,5% de ácido hidrofluórico, 86,5% de água) para remover as impurezas da superfície e inclusões adquiridas durante o corte.

Linhagens Aderidas

A IEC-6 (Fig. 9.3A) é uma linhagem celular normal, proveniente do epitélio intestinal de *Rattus Norvegicus* (Quaroni *et al.*, 1978). HeLa é uma célula tumoral proveniente do epitélio uterino humano. Ambas podem ser adquiridas pela ATCC (*American Type Cultures Collection*—Rockville, MD). Embora todos os tipos celulares tenham requerimentos básicos similares para o crescimento, podem diferir, por exemplo, no tipo de meio que oferece os nutrientes apropriados. Normalmente, o meio DMEM é utilizado para células aderentes; entretanto, este é um procedimento geral, e alguns laboratórios desenvolvem formulações particulares, tendo um meio comum como base.

A linhagem IEC-6 deve ser cultivada em meio DMEM (*Invitrogen*, CA, EUA), tamponado com bicarbonato de sódio 44 mM, suplementado com 4 mM de L-glutamina, 24 mM de glicose, 1 mM de piruvato de sódio, 0,1 U/mL de insulina bovina, 10% v/v de SFB, 10 U/mL de penicilina e 10 μg/mL de estreptomicina, segundo a ATCC. A cultura deve ser mantida em estufa com temperatura controlada de 37°C, com atmosfera umedecida e com 5% de CO_2.

CULTURA DE CÉLULAS EM SUSPENSÃO

Manutenção da Cultura de Células em Suspensão

No início dos estudos com uma linhagem celular, convém determinar a curva de crescimento característico desta (veja Cap. 8, Fases do Crescimento Celular). Em geral, as células de linhagens celulares contínuas são satisfatoriamente cultivadas na concentração de 1×10^5 a 1×10^6 células/mL, mas há ajustes dependendo da linhagem celular.

A manutenção do meio é realizada com as células que estão em alta densidade através de adição de meio e diluição do número de células. Previamente, deve-se examinar a cultura em microscópio invertido, observando-se cuidadosamente se existe a contaminação ou deterioração e alterações do pH do meio.

As células em suspensão devem ser cuidadosamente agitadas com a pipeta ou agitando cuidadosamente o frasco. A agitação é necessária para desagrupar as células em grumos. Posteriormente, deve-se remover na câmara de fluxo laminar uma alíquota para contagem, calcular a concentração celular, e, baseado em outros conhecimentos específicos da cultura (como tempo de duplicação e em que concentração esta cultura pode ser diluída), decidir se deverá ser feita a manutenção do meio.

Quando a cultura está em baixa densidade e em crescimento lento, não deve ser adicionado meio de cultura, uma vez que isso indica que as células se encontram na fase lag. Já em alta densidade, na câmara de fluxo laminar, deve-se adicionar o meio de cultura específico, preaquecido a 37°C, suficiente para atingir uma concentração final de 1×10^5 células/mL para aquelas de crescimento lento (tempo de duplicação de 24 a 48 h) ou uma concentração de 2×10^4 células/mL para aquelas de crescimento rápido (tempo de duplicação de 12 a 18 h). Após a adição do meio, deve-se, rapidamente, retornar os frascos de cultura para a incubadora.

Nas linhagens celulares com crescimento frágil ou lento, a diluição das células deve ser feita na razão de 1:2 (meio com células/meio de cultura novo); já as de crescimento rápido, na razão de 1:8 ou 1:16. Entretanto, não se devem diluir as células em concentrações abaixo das quais ocorra o recomeço do crescimento com a fase lag num período de 24 h ou menos, ou em concentrações próximas à da fase estacionária.

A manutenção de rotina permite a familiarização com o crescimento das linhagens celulares. Isto é essencial, pois células em fases distintas de crescimento podem ter diferentes respostas à proliferação, atividade enzimática, atividade respiratória, síntese de produtos específicos e outras propriedades.

O cultivo inadequado das células em suspensão pode ocorrer devido à superpopulação, inibindo assim a proliferação celular.

Facilidades da Cultura em Suspensão

A cultura de células em suspensão tem inúmeras vantagens. No cultivo, a concentração celular pode ser constante, sendo estável, uma vez que nas diferentes fases do ciclo celular as células não estão sincronizadas. A diluição das células é simples, depende apenas do volume de meio adequado ao frasco. A cultura é homogênea com apenas um tipo celular. A agitação não causa danos às células. Estas podem ser produzidas em grande escala e as amostras são fáceis de serem coletadas.

Dificuldades da Cultura em Suspensão

A cultura de células em suspensão também pode apresentar algumas dificuldades, como crescimento lento das células. O mesmo acontece com células aderidas. Neste caso, devem-se alterar procedimento ou equipamento; meio adequado; freqüência de repique correta; pH; osmolaridade; contaminação; soro; concentração das células, se muito alta ou baixa; temperatura; umidade e concentração de CO_2 na incubadora.

Exemplo de Linhagem Celular Tumoral: Raji

A Raji é uma célula B humana de linhagem linfoblástica, derivada do linfoma de Burkitt (Epstein *et al.*, 1965). As células Raji crescem em suspensão; portanto, são cultivadas em meio líquido, RPMI-1640, suplementado com 10% de soro fetal bovino (necessário para o seu crescimento ótimo).

As células Raji possuem por volta de 10 a 13 μm de diâmetro, contêm citoplasma basófilo, vacúolos e nucléolo proeminente. São raras as células multinucleadas e numerosas as células em mitose durante a fase lag. Além disso, se agrupam em formato de "cachos" (Epstein *et al.*, 1965) (Fig. 9.4).

O meio RPMI-1640 deve ser ajustado para o pH de 7,2 (coloração vermelha). Para as células Raji que ficam cerca de 48 a 72 horas sem serem repicadas, o pH do meio diminui e adquire coloração laranja ou amarela, indicando a necessidade de adição de meio fresco com o pH ajustado para 7,2. As células em baixa densidade e com crescimento muito lento podem aumentar o pH, tornando o meio de cultura de coloração rósea.

As células Raji são arredondadas, encontram-se em grumos, são satisfatoriamente cultivadas na concentração de 1×10^5 a 1×10^6 células/mL e duplicam a cada 24 a 36 h. Portanto, a manutenção das células Raji é feita aproximadamente a cada 48 h, com a adição do meio fresco. A fase lag ocorre entre $0,5 \times 10^5$ a 2×10^5 células mL; a fase log, entre 2×10^5 e 10×10^5; e a fase estacionária, de 10×10^5

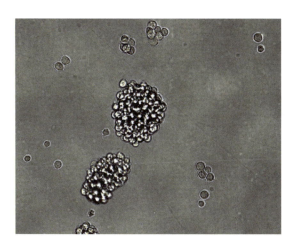

Fig. 9.4 Formação dos "cachos" celulares da linhagem Raji durante a proliferação. Microscopia óptica (200×).

em diante, iniciando o processo de morte celular a partir de 20×10^5 células por mL, como mostrado na Fig. 9.5. A partir da fase estacionária, as células Raji apresentam-se em grumos menores, com algumas células soltas, mais escuras, ou seja, com mais grânulos, além de apresentarem irregularidades na superfície, perdendo sua forma arredondada e adquirindo tamanhos menos homogêneos.

Tratamento das Células em Cultura

Freqüentemente se adicionam drogas ou nutrientes às células. Porém, muitas destas substâncias podem ser tóxicas ou mesmo ser insolúveis em meio de cultura. Desta forma, previamente, devem ser realizados ensaios de viabilidade celular nos diferentes períodos de tratamento (6, 12, 24 ou 48 h), observando-se a toxicidade das drogas. Deve se observar se as substâncias adicionadas não se precipitam no meio de cultura.

Aconselha-se manusear a cultura 24 h antes do tratamento das células com as drogas, observando-se a concentração celular em que se deseja tratá-las.

Geralmente, a melhor concentração para o tratamento é aquela em que as células encontram-se na fase exponencial ou log; porém, também pode depender da fase do crescimento que o pesquisador deseja investigar.

As substâncias adicionadas ao meio de cultivo devem ser estéreis. Este procedimento também deve ser feito em câmara de fluxo laminar, se as células não forem utilizadas imediatamente após o tratamento, e os frascos retornados à incubadora.

EXPERIMENTO 1

Examinar as células Raji em microscópio invertido, fazer a contagem, diluí-las, tratá-las com ácido linoléico a 100 µM por 24 h e avaliar a viabilidade por exclusão de azul de tripan.

Materiais

Pipetas (estéreis)
Meio de cultura RPMI-1640 com 10% de soro fetal bovino (SFB) (estéreis)
Frascos de 25 cm² e 50 cm² (estéreis)
Câmara de Neubauer
Ácido linoléico
Etanol

Protocolo

1. Examinar cuidadosamente a cultura, observando sinais de contaminação e deterioração;
2. Agitar levemente o frasco de 50 cm² com 20 mL de células em meio de cultura RPMI-1640 com 10% de SFB;
3. Contar as células em câmara de Neubauer;
4. Considerando que o frasco tem 20 mL com 8×10^5 células/mL, adicionar 60 mL de meio de cultura novo, para se obterem 80 mL com 2×10^5 células/mL (diluição de 4 vezes);
5. Com a pipeta, colocar 10 mL em 8 frascos de 25 cm² e retorná-los para a incubadora;
6. Diluir o ácido linoléico em etanol cerca de 200 vezes a concentração desejada, ou seja, a 20 mM;
7. Após 24 h, em 4 frascos de 25 cm² com 4×10^5 células/mL, considerando que as células Raji duplicam

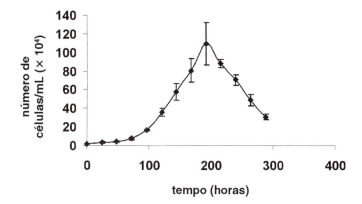

Fig. 9.5 Curva de crescimento da linhagem celular Raji.

em 24 h, são adicionados 50 µL de ácido linoléico, não ultrapassando portanto 0,05% do volume total;

8. Em outros 4 frascos, adicionar 50 µL de etanol como tratamentos controle;

9. Após mais 24 h de tratamento, cada amostra contém cerca de 8×10^6 células (teremos 4 controles e 4 tratados);

10. Avaliar a viabilidade das células por ensaio de azul de tripan, para posterior coleta das células para análise. (veja Cap. 5, Contagem de Células.)

OUTRAS CONSIDERAÇÕES

Meio de Cultura

Muitos meios excelentes são disponíveis para o crescimento de linhagens celulares já estabelecidas. O RPMI-1640 suplementado com soro de cavalo (*horse serum*—HS), soro fetal bovino (*fetal bovine serum*—FBS) ou soro fetal de bezerro (*fetal calf serum*—FCS), é utilizado para uma grande variedade de células em cultura e é rotineiramente usado nos laboratórios. Enquanto algumas linhagens celulares possuem necessidades nutricionais específicas para o crescimento, outras já estabelecidas crescem em vários meios suplementados com diferentes soros. Por exemplo, a linhagem BW5147 obtida do Cell Distribution Center, Slak Institute, em meio Dulbecco Eagle's Medium (D-MEM) suplementado com 10% de FCS ou 10% de HS, também foi adaptada em meio RPMI-1640 suplementado com 10% de FCS ou 10% de HS. Para avaliar a eficácia de outro meio, é necessário observar a curva de crescimento, que deve ser semelhante a outra obtida em meio já preestabelecido. É preferível utilizar um meio de cultura mais econômico, desde que este gere o número máximo de células por unidade de volume em um curto espaço de tempo (Acton *et al.*, 1979).

Os principais indicadores da necessidade de reposição do meio de cultura são o pH, a densidade e a morfologia celular.

pH

O pH geralmente diminui à medida que as células começam a metabolizar os substratos disponíveis. Muitas células param de crescer se o pH oscila de 7 para 6,5 e começam a perder a viabilidade entre o pH 6,5 e o 6. A maneira mais comum de se verificar o pH da cultura é através da mudança de cor do meio de cultivo. Geralmente, os meios que são vermelhos passam para alaranjado e posteriormente amarelo, à medida que diminui o pH, indicando assim que há necessidade de adição de meio fresco. O meio de cultivo em que o pH diminui de 0,1 unidade por dia não será prejudicado, caso não haja repique em 2 ou 3 dias. Já a cultura em que o pH oscila de 0,4 unidade em apenas um dia necessita ser repicada com maior freqüência, em intervalos menores de 24 a 48 h.

Concentração Celular

Nas culturas com altas concentrações celulares, a quantidade de nutrientes disponíveis está diminuída em comparação àquelas mais diluídas. Isso faz com que ocorram exaustão do meio de cultura e redução do pH. A proliferação celular também diminui ou cessa em altas concentrações, devido à escassez dos fatores de crescimento e outros substratos. O bloqueio das células na fase G1 do ciclo celular e a deterioração celular podem ocorrer se ultrapassar 2 a 3 semanas. Dependendo do tipo, as células tendem a se deteriorar mais rapidamente quando há aumento da concentração destas. Assim, os intervalos entre a diluição das células variam de uma linhagem para outra, dependendo da taxa de crescimento e do metabolismo. As células transformadas, algumas imortalizadas e certas embrionárias são deterioradas rapidamente em altas concentrações, se a manutenção do meio não foi feita diariamente.

Morfologia Celular

A observação da morfologia é uma técnica simples e direta para a identificação e caracterização das células. Alterações no substrato (Gospodarowicz *et al.*, 1978; Freshney, 1980) e na constituição do meio de cultura (Coon *et al.*, 1966) podem alterar a morfologia celular. Portanto, observações comparativas devem ser feitas em diferentes estágios de crescimento, concentrações celulares ou mesmo em diferentes meios de cultura.

A manutenção rotineira das células pode ser auxiliada pelos sinais de deterioração morfológica observados, como granulosidade em volta do núcleo, formação de vacúolos citoplasmáticos e volume celular alterado. Estas alterações indicam a necessidade da manutenção do meio ou problemas mais sérios, como meio ou soro inadequado, contaminação microbiológica ou mesmo senescência da linhagem celular (veja Cap. 30, Morte Celular: Apoptose e Necrose).

Além disso, pode ser feita a análise fenotípica das células. Diversos componentes da superfície celular demostram alterações durante os vários estágios do ciclo. Embora a análise fenotípica seja impraticável para a manutenção das células em suspensão, essa condição é apropriada à verificação de procedimentos previamente descritos, uma vez que as células podem perder suas propriedades funcionais. Por exemplo, a expressão de Thy-1 (antígeno em células linfoblastóides de camundongos) é menor na fase lag e estacionária do crescimento, e a máxima expressão ocorre quando as células são mantidas na fase exponencial do crescimento (Acton *et al.*, 1979).

Se as linhagens celulares forem utilizadas por um longo período de tempo, as análises periódicas de marcadores de superfície e cariótipo devem ser feitas. Se várias linhagens celulares forem utilizadas no laboratório ao mesmo tempo, é importante avaliar se não há contaminação cruzada entre as linhagens através do cariótipo. Existem inúmeros procedimentos disponíveis para preparação e avaliação dos cariótipos celulares.

Volume e Área de Superfície

A razão normal do volume do meio para a área de superfície do frasco é de 0,2–0,5 mL/cm². O limite superior é estabelecido pela difusão gasosa através da camada de líquido, e o volume ótimo dependerá da necessidade de oxigênio das células. Os tipos celulares com maior necessidade de oxigênio são preferencialmente cultivados em meio raso (2 mm), e os que possuem pouca necessidade de oxigênio podem ser mais bem cultivados em meio profundo (5 mm).

Recipiente de Cultivo Celular

Um aspecto da cultura celular em suspensão que deve ser freqüentemente observado é o tamanho e a configuração dos frascos. Ao serem descongeladas, o primeiro crescimento das células é feito em frascos de poliésteres em incubadora umedecida com 5% de CO_2 e 95% de ar atmosférico. Esta condição fornece pH aceitável, além de CO_2 e oxigênio para o crescimento. No progresso da cultura, aumentam-se o volume e a quantidade de oxigênio disponível para as células, e este fator se torna limitante (Acton *et al.*, 1979).

REFERÊNCIAS BIBLIOGRÁFICAS

Acton, R. T., Barstad, P. A., Zwerner, R. K. Propagation and scalling-up of suspension cultures. Methods Enz, 50:211-21, 1979.

Carney, D. N., Burn, P. A., Gazdar, A. F., Pagan, J. A., Minna, J. D. Selective growth in serum-free hormone-supplemented medium of tumor cells obtained by biopsy from patients with small cell carcinoma of lung. Proc Natl Acad Sci USA, 78:3185-9, 1981.

Coon, H. G., Cahn, R. D. Differentiation in vitro: Effects of sephadex fractions of chick embryo extract. Science, 153:116-9, 1966.

Earle, W. R., Schillings, R. L., Bryant, J. C., Evans, V. J. The growth of pure strain L cells in fluid-suspension cultures. J Natl Cancer Inst. 14:1159-71, 1954.

Epstein, M. A.; Barr, Y. M. Characteristics and mode growth of a tissue culture strain (EB1) of human lymphoblasts from Burkitt's lymphoma. J Natl Cancer Inst, 34:231-40, 1965.

Freshney, R. I. Use of tissue in predictive testing of drug sensivity. Cancer Topics, 1:5-7, 1978.

Freshney, R. I. Culture of Animal Cells: A manual of basic technique. 3. ed. New York, Welly-Liss, 1994.

Freshney, R. I., Sherry, A., Hassanzadah, M., Freshney, M., Crilly, P., Morgan, D. Control of cell proliferation in human by glucocorticoids. Br J Cancer, 41(6):857-66, 1980.

Gospodarowicz, P., Greenburg, G., Berdewell, C. R. Determination of cell shape by extracellular matrix and its correlation with the control of cellular growth. Cancer Res, 38:4155-71, 1978.

Hayflick, L., Moorhead, P. S. The serial cultivation of human diploid cell strains. Experimental Cell Research, 25:385-621, 1961.

Owens, O. V. H., Gey, G. O., Gey, M. K. A new method for the cultivation of mammalian cells suspended in agitated fluid medium. Proc Am Assn Cancer Res, 1:41, 1953.

Pereira-Smith, O. M., Smith, J. R. Genetic analysis of indefinite division in human cells: identification of four complementation groups. Proc Natl Acad Sci USA, 85(16):6042-6, 1988.

Quaroni, A., Isselbacher, K. J., Ruoslahti, E. Fibronectin synthesis by epithelial crypt cells of rat small intestine. Proc Natl Acad Sci USA, 75(11):5548-52, 1978.

Schaeffer, W. I. Terminology associacion with cell, tissue and organ culture, molecular biology and molecular genetics. In Vitro Cell. Dev Biol, 26:97-101, 1990.

www.iq.usp.br/www.docentes/mcsoga/apostila.html

Parte 4

*Cultura Primária
Obtenção de Células*

Cultura Primária

As culturas preparadas diretamente das células obtidas de tecido de um organismo, com ou sem etapa inicial de desagregação, são chamadas de culturas primárias. As células da cultura primária crescem durante um tempo variável, mas finito em cultura, mesmo lhes sendo oferecidos todos os nutrientes necessários para a sua sobrevivência. A maioria das células normais não dá origem a linhagens celulares contínuas. Após um certo período, as células em cultura entram em senescência e morrem. Algumas células apresentam capacidade proliferativa (por exemplo, enterócitos e linfócitos). Outras podem sobreviver mas não proliferam em meio de cultura, por estarem em estágio final de diferenciação (por exemplo, macrófagos). Em ambos os casos, as células apresentam as características dos tecidos que lhes deram origem.

As células da cultura primária podem ser obtidas do sangue, órgãos (rins, coração, fígado, linfonodos, baço, timo, pâncreas) e organismos (embriões), mediante desagregação enzimática ou mecânica do tecido ou através de lavados (por exemplo, lavados broncoalveolares e peritoneais). Esses procedimentos originam suspensões de células que podem ser cultivadas em monocamadas, sobre um substrato sólido ou em suspensões em meio de cultura. As enzimas mais freqüentemente utilizadas para a desagregação de tecidos são: tripsina, colagenase, hialuronidase, elastase ou a combinação dessas. Quanto à desagregação mecânica de tecido, podem ser utilizados: a compressão mecânica de tecido entre malhas resistentes, pipetagem vigorosa sucessiva de fragmentos de tecido ou a passagem forçada de pequenos pedaços de tecido usando seringa e agulha. Deve-se ressaltar que cada tecido apresenta características particulares, e, portanto, para cada procedência, deve-se utilizar um método de isolamento adequado.

Capítulo 10

Célula-Tronco

PRIMAVERA BORELLI

Nos organismos multicelulares, vários tecidos renovam-se fisiologicamente, preservando função, forma e relações arquiteturais entre células, tecidos e órgãos. Em alguns tecidos, como pele e sangue, a renovação é contínua.

A renovação celular implica a ocorrência dos processos de proliferação e de diferenciação celular, uma vez que, fisiologicamente, deve-se manter o número das células ou das diferentes células que constituem o tecido, bem como a composição da matriz extracelular e, dessa maneira, a organização arquitetural, permitindo a formação de células maduras em número e em função dentro dos limites da normalidade. Por outro lado, em situações patológicas que resultam em destruição celular e tecidual, faz-se necessária a reposição celular, reparando a lesão e normalizando a fisiologia do tecido e/ou órgão. Esses dois processos, a renovação e a reparação celular, decorrem de uma série de fenômenos que visam a manter a integridade anatômica e funcional, sendo ambos dependentes da existência de células que tenham a capacidade de proliferar e de diferenciar. Esta célula tem recebido diversas denominações: célula totipotente, célula pluripotencial, célula multipotente, célula de reserva e célula-tronco (*stem cell*).

A existência de uma célula primitiva capaz de se auto-renovar e de originar outras células tem sido aventada desde o século XIX com Wilson (1896), que reservou o nome de célula ancestral às células germinativas de *Ascaris megalocephala*, e com Boveri (1887), que demonstrou, nesse nematóide, a persistência de cromossomos em apenas uma população celular durante mitoses sucessivas. Atualmente, os estudos evidenciam que, tanto as populações descritas por Wilsom como por Boveri, enquadram-se mais no conceito de células progenitoras do que em células-tronco.

ASPECTOS DA BIOLOGIA DA CÉLULA-TRONCO

As células-tronco apresentam-se morfologicamente como um blasto indiferenciado, praticamente não expressando ou expressando poucos marcadores específicos de linhagem, sendo, portanto, difíceis sua caracterização e reconhecimento. Além disso, os autores preferem caracterizá-las por suas propriedades funcionais. Assim, células-tronco são células: (*i*) indiferenciadas, (*ii*) que apresentam alta capacidade de proliferação, (*iii*) capazes de se auto-reno-varem, (*iv*) que podem originar células progenitoras, (*v*) capazes de regenerar um tecido após uma lesão, (*vi*) e que são capazes de modular estas atribuições (Lajtha, 1979a, 1979b, 1979c; (Loeffler & Potten, 1997). Contudo, tais atributos podem não ser expressos simultaneamente, mesmo *in vivo* (Quesenberry *et al.*, 2002). Adicionalmente, as técnicas disponíveis para a obtenção de células-tronco induzem modificações no sistema biológico que, invariavelmente, alteram o comportamento e, provavelmente, o número da população obtida, resultando em situação análoga ao princípio da incerteza de Heisenberg na física quântica, ou seja, ao analisar-se determinado parâmetro, provavelmente, o processo irá modificar outros aspectos da célula-tronco. Em virtude de limitações experimentais, alguns autores preferem chamar de "células-tronco potenciais" as células que não apresentam algumas dessas características, como, por exemplo, estarem quiescentes em uma determinada situação, mas que podem, sob estímulo determinado, prosseguir nas fases do ciclo celular (Loeffler & Potten, 1997; Quesenberry *et al.*, 2002).

Das propriedades funcionais da célula-tronco, talvez a auto-renovação e a capacidade de modulação lhe sejam inerentes e fundamentais. Entretanto, a capacidade de auto-renovação da população de célula-tronco constitui um paradoxo quanto ao dogma de que "a mitose origina duas células exatamente iguais". Várias teorias procuram explicar essas propriedades, destacando-se o conceito determinista de crescimento baseado na existência de compartimentos fixos de células multipotentes, regulado por processos de retroalimentação (Paulus *et al.*, 1992; Wichmann & Loeffler, 1985), e o conceito estocástico, tendo como premissa a existência de uma população flutuante de células-tronco e como base a divisão assimétrica dessas células-tronco (Vogel *et al.*, 1969; Wichmann & Loeffler, 1985). Quesenberry *et al.* (2002) propõem, ao menos para a célula-tronco hemopoética, a hipótese da existência de um *continuum* reversível, em que as células da medula óssea poderiam modificar-se continuamente, na dependência de fatores externos agindo em diferentes pontos do ciclo celular. Na verdade, é possível que, dependendo do tecido e do microambiente regulatório, ambas as situações possam coexistir.

Outro aspecto fundamental é a capacidade de a célula-tronco manter a celularidade do tecido e originar a(s) diferente(s) célula(s) desse tecido, implicando a capacidade de diferenciação. A proliferação e a diferenciação celular são processos independentes, mas não obrigatoriamente excludentes. A proliferação é um processo cíclico dependente da ativação de genes e que resulta na divisão celular. Durante o ciclo, tanto a quantidade de DNA, como a de vários produtos gênicos, por exemplo, ciclinas e oncogenes associados à proliferação, se modificam e podem ser utilizados como indicadores da fase do ciclo celular em que as células se encontram. Já a diferenciação celular pressupõe a ativação seletiva de genes de forma não cíclica, resultando no aparecimento de marcadores de diferenciação. Enquanto a diferenciação pode ser compreendida como a expressão qualitativa do fenótipo, a maturação é a expressão quantitativa do fenótipo, ou seja, a célula madura expressa a totalidade de seus constituintes, possibilitando a plena funcionalidade celular (Lajtha, 1979c). Os mecanismos moleculares que controlam a auto-renovação e diferenciação das células-tronco ainda são pouco conhecidos (Quesenberry *et al.*, 2002; Smith, 2003).

ORIGEM DA CÉLULA-TRONCO

Células com características funcionais de células-tronco foram isoladas do epiblasto imediatamente antes da gastrulação, sendo denominadas células-tronco embrionárias (Hogan *et al.*, 1994; Lawson *et al.*, 1991). Também têm sido isoladas do trofoectoderma em camundongos células com alta capacidade de auto-renovação *in vitro*, sendo chamadas de células-tronco trofoblásticas (Rossant 1986, 1995).

Durante o desenvolvimento embrionário e fetal, ocorrem eventos de proliferação e diferenciação que resultam, em mamíferos, no aparecimento de cerca de 200 tipos celulares distintos, os quais podem originar várias outras células progenitoras. Com a especialização funcional, vários tecidos cessam a atividade proliferativa após o nascimento, e em outros, como o sangue e pele, em que fisiologicamente há a renovação celular, as células permanecem com capacidade de auto-renovação, proliferação e diferenciação. As evidências de que em vertebrados adultos existam células-tronco semelhantes às células-tronco embrionárias não são conclusivas. Entretanto, tecidos como o epitélio intestinal, o tecido germinativo masculino e o sangue possuem população de células-tronco, restando saber se, fisiologicamente, essas células seriam capazes de originar outros tecidos além daqueles de onde foram isoladas (Frisen, 2002; Holden & Vogel, 2002).

CARACTERIZAÇÃO DA CÉLULA-TRONCO

A caracterização das células-tronco baseia-se em suas propriedades funcionais de auto-renovação e de diferenciação capaz de originar diferentes linhagens celulares (Potten & Hendry 1985). Os sistemas mais utilizados são para célula hemopoética (Dexter & Spooncer, 1987; Till & McCulloch, 1961), para célula-tronco do epitélio intestinal (Evans *et al.*, 1994) e para epiderme (Fuchs, 1990), sendo a caracterização realizada por algumas poucas características fenotípicas como a incorporação de rodamina, detecção de marcadores CD, ou pelo fenótipo da progênie resultante.

CÉLULA-TRONCO: PERSPECTIVAS PARA A TERAPIA CELULAR

As possibilidades do emprego de células-tronco são inúmeras, envolvendo modelos que permitem avançar nos conhecimentos acerca dos mecanismos de proliferação e diferenciação celular imprescindíveis para a compreensão e tratamento de neoplasias e doenças degenerativas (Schindhelm & Nordon, 1999; Vogel, 2002). Ganham destaque os estudos que utilizam a célula-tronco como possibilidade terapêutica, estando bem estabelecido e reconhecido como recurso terapêutico o transplante de medula óssea, tanto

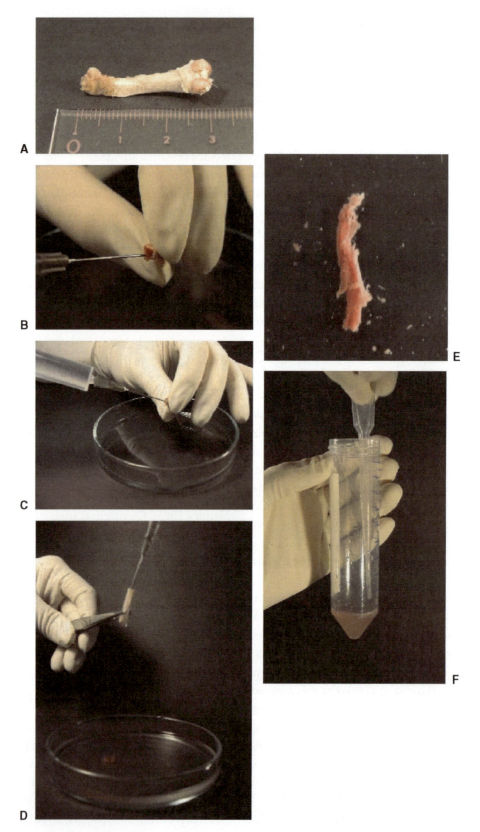

Fig. 10.1 Etapas da obtenção de células-tronco presentes na medula óssea do fêmur de ratos: **(A)** Fêmur isolado; **(B)**, **(C)** e **(D)** Introdução de agulha em uma das epífises para lavagem da cavidade medular; **(E)** Aspecto do tecido mielóide íntegro, antes da dissociação mecânica; **(F)** Aspecto da suspensão celular após a dissociação do tecido.

autólogo como heterólogo, empregando células-tronco hemopoéticas obtidas da medula óssea, de sangue de cordão umbilical ou do sangue periférico após terapia com fatores de crescimento. Na última década, intensificaram-se os estudos empregando células-tronco como possibilidade para terapia celular na restauração de tecidos outros que não o sanguíneo (Terada *et al.*, 2002; Kawada & Ogawa, 2001), especialmente na reconstituição de células beta da ilhotas pancreáticas em pacientes diabéticos; na reconstituição da musculatura cardíaca em pacientes com insuficiência cardíaca avançada (Orlic *et al.*, 2001); e em lesões do sistema nervoso (Bjornson *et al.*, 1999; Mezey *et al.*, 2000).

OBTENÇÃO DE CÉLULA-TRONCO HEMOPOÉTICA

Embrionariamente, o sangue deriva da mesoderme, possuindo uma célula hemopoeticamente comprometida e precursora pluripotencial comum a todas as linhagens sanguíneas. Esta célula é denominada hemocitoblasto ou célula-tronco hemopoética.

A célula-tronco hemopoética é caracterizada pelo fenótipo CD34+ e CD38− (Nakauchi *et al.*, 1999; Terstappepen *et al.*, 1991), exibindo baixa fluorescência à Rodamina 123 (Rh123) (Moore, 1991). Funcionalmente, a caracterização pode ser obtida por ensaios de proliferação de longa duração em sistemas de cultura tipo Dexter (Dexter & Spooncer, 1987), por subclonagens ou, ainda, por transplantes (Till & McCulloch, 1961).

Nos mamíferos, a hemopoese assume diversas localizações conforme o desenvolvimento. No período embrionário e fetal, a hemopoese ocorre transitoriamente na região da esplancnopleura para-aorta/região aorta-gônada mesonéfrica, surgindo a seguir no fígado, baço, para finalmente localizar-se, de forma definitiva, na medula óssea (Cumano *et al.*, 1995; Medvinsky & Dzierzak, 1996). Em seres humanos, após o nascimento, a medula óssea constitui-se no principal local de produção das células sanguíneas, ao passo que, em ratos e camundongos, tanto o baço como a medula óssea são hemopoéticos.

Diferentemente da obtenção de células-tronco embrionárias (Thomson *et al.*, 1995), a obtenção de células-tronco da medula óssea é bastante confortável devido à presença de um grande número dessas células (1/1.000 células nucleadas) e à facilidade técnica de acesso e, especialmente, aos aspectos éticos. Em ratos e camundongos, as células-tronco geralmente são obtidas da medula óssea do fêmur, podendo-se utilizar ainda a tíbia e, menos freqüentemente, o baço. Para a obtenção de células a partir da medula óssea, emprega-se a lavagem da cavidade óssea seguida da dispersão mecânica do tecido.

OBTENÇÃO DAS CÉLULAS DA MEDULA

Material

Agulha 25 × 7 e seringa de 20 mL
Material cirúrgico (tesouras e pinças)
Meio de cultura (Fischer, Gibco® ou Mcoy 5'A, Sigma®)
Soro fetal bovino
Antibióticos: 100 UI/mL de penicilina G sódica e 100 µg/mL de estreptomicina (Sigma®, Chemical Company, EUA)
50 UI de heparina (Liquemine®, Roche do Brasil)
Placas de Petri de plástico de 60 mm, estéreis
Tubos plásticos, estéreis
Pipeta tipo Pasteur

Procedimento

1. Anestesiar os ratos.
2. Em condições assépticas, realizar incisão cutânea da região anterior da coxa, seccionando-se a camada muscular e expor o fêmur.
3. A seguir, seccionar o fêmur entre a articulação fêmur-ilíaca e fêmur-tibial.
4. Com auxílio de uma agulha e seringa (veja Fig. 10.1 A, B, C), injetar 2 mL de meio de cultura suplementado com 10% de soro fetal bovino contendo 100 UI/mL de penicilina G sódica e 100 µg/mL de estreptomicina, além de 50 UI de heparina.
5. Colocar a suspensão em placas de Petri (veja Fig. 10.1 D e E) ou em tubos plásticos, estéreis.
6. Homogeneizar cuidadosamente com pipeta tipo Pasteur para dispersão mecânica do tecido (veja Fig. 10.1 F).

REFERÊNCIAS BIBLIOGRÁFICAS

Bjornson, C. R.; Rietze, R. I., Reynolds, B. A. *et al.* Turning brain into blood: a hemopoietic fate adopted by adult neural stem cells in vivo. Science, 283:534-53, 1999.

Boveri, T. Ueber Differenzierung der Zellkerne Wahrend der Furchung Der Eies von *Ascaris Megalocephala*. Anat Anz, 2:688-93, 1887.

Cumano, A., Garcia-Porrero, J., Dieterlen-Lievre, F., Godin, I. Intra-embryonic hematopoiesis in mice. C. R. Seances. Soc Biol Fil, 189(4):617-27, 1995.

Dexter, T. M., Spooncer, E. Growth and differentiation in the hemopoietic system. Annu Rev Cell Biol, 3:423-41, 1987.

Evans, G. S., Flint, N., Potten, C. S. Primary cultures for studies of cell regulation and physiology in intestinal ephitelium. Annu Rev Physiol, 56:399-417, 1994.

Frisen, J. Stem cell plasticity? Neuron, 35:415-8, 2002.

Fuchs, E. Epidermal differentiation: the bare essentials. J Cell Biol, 111:2807-14, 1990.

Hogan, B., Beddington, R., Constantini, F., Lacy, E. Manipulating the mouse embryo: A laboratory manual. New York, Cold Spring Harbor Laboratory Press, 1994.

Holden, C., Vogel, G. Stem Cell. Plasticity: time for a reappraisal? Science, 296:2126-9, 2002.

Kawada, H., Ogawa, M. Bone marrow origin of hemopoietic progenitors and stem cells in murine muccle. Blood, 98:2008-13, 2001.

Lajtha, L. G. Haemopoietic stem cells: concept and definitions. Blood Cells, 5(3):447-55, 1979a.

Lajtha, L. G. Stem cell concepts. Nouv Rev Fr Hematol, 21(1):59-65, 1979b.

Lajtha, L. G. Stem cell concepts. Differentiation, 14(1-2):23-34, 1979c.

Lawson, K. A, Meneses, J. J. Pedersen, R. A. Clonal analysis of epiblast fate during germ layer formation in the mouse embryo. Development, 113(3):891-911, 1991.

Loeffler, M., Potten, C. S. Stem Cell, Academic Press, 1997.

Medvinsky, A., Dzierzak, E. Definitive hematopoiesis is autonomously initiated by the AGM region. Cell, 86(6):897-906, 1996.

Mezey, E., Chandross, K. J., Harta, G. *et al.* Turning blood into brain: cells bearing neuronal antigens generated in vivo bone marrow. Science, 290:1770-82, 2000.

Moore, M. A. S. Clinical implications of positive and negative hematopoietic stem cell regulators. Blood, 78(1)1-19, 1991.

Nakauchi, H., Takano, H., Ema, H., Osawa, M. Further characterization of CD34-low/negative mouse hematopoietic stem cells. Ann NY Acad Sci, 30(872):57-66, 1999.

Orlic, D., Kajstura, J., Chimenti, S. *et al.* Bone marrow cell regenerate infacted myocardium. Nature, 410:701-5, 2001.

Paulus, U., Potten, C. S., Loeffler, M. A model of the control of cellular regeneration in the intestinal crypt after perturbation based solely on local stem cell regulation. Cell Prolif. 25(6):559-78, 1992.

Potten, C. S., Hendry, J. H. Manual of Mammalian Cell Techniques Cell Clones. Edinburgh, Churchill-Livingstone, 1985.

Quesenberry, P. J., Colvin, G. A., Lambert, J. F. The chiaroscuro stem cell: a unified stem cell theory. Blood, 100(13):4266-71, 2002.

Rossant, J. Experimental Approaches to Mamalian Embryonic Development, London, Cambridge University Press, 1986.

Rossant, J. Development of the extraembrionic lineages. Semin Dev Biol, 6:237-47, 1995.

Schindhelm, K., Nordon, R. Ex Vivo Cell Therapy, California, Academic Press, 1999.

Smith, C. Hematopoietic stem cells and hematopoiesis. Cancer Control, 10(1):9-16, 2003.

Terada, N., Hamazaki, T., Oka, M. Bone marrow cells adopt the phenotype of other cells by spontaneous cell fusion. Nature, 416:542-5, 2002.

Terstappepen, L. W., Huang, S., Safford, M., Lansdorp, P.M., Loken, M.R. Sequential generations of hematopoietic colonies derived from single nonlineage-committed CD34+ CD38−progenitor cells. Blood, 77:1218-27, 1991.

Thomson, J. A., Kalishman, J., Golos, T. G. *et al.* Isolation of a primate embryonic stem cell line. Proc Natl Acad Sci USA, 92:7844-8, 1995.

Till, J. E., McCulloch, E. A. A direct measurement of the radiation sensitivity of normal mouse bone marrow cells. Radiat Res, 14:213-22, 1961.

Vogel, G. Stem cell research. Studies cast doubt on plasticity of adult cell. Science. 295:1989-91, 2002.

Vogel, H., Niewisch, H., Matioli, G. Stochastic development of stem cells. J Theor Biol, 22(2):249-70, 1969.

Wichmann, H. E., Loeffler, M. Mathematical modeling of cell proliferation: stem cell regulation in hemopoiesis. Vols. I e II, CRC Press, 1985.

Wilson, E. B. The cell in development and inheritance. New York, Macmillan, 1896.

Capítulo 11

Obtenção de Células Endoteliais

FRANCISCO GARCIA SORIANO

INTRODUÇÃO

A evolução de seres unicelulares para multicelulares acarretou a necessidade de um sistema que assegurasse a adequada oferta de nutrientes e a remoção dos produtos do catabolismo celular. Assim, encontra-se em animais de até 1 kg o desenvolvimento de simples canalículos e a presença de líquido sem carregador especializado para oxigênio. O movimento do fluido pelos canalículos é aleatório e é dependente da movimentação do animal, já que não existe pulsação. Animais maiores necessitam do desenvolvimento de algum transportador de oxigênio, como, por exemplo, a hemoglobina. Também, ocorre o desenvolvimento de um sistema de propulsão deste líquido, dando origem ao sistema cardiovascular.

Os vasos sanguíneos encontram-se em todos os órgãos e tecidos dos mamíferos, sendo estes recobertos por um epitélio de caraterísticas específicas. No ser humano, constitui uma área de 1.000 m², peso de 100 g e 10^{12} células aproximadamente para um indivíduo de 70 kg.[1]

O endotélio é a camada de revestimento da face interna dos vasos e portanto está em contato direto com o sangue. Deste fato, surge uma de suas funções: ser semipermeável e assim "selecionar" as substâncias que podem chegar ao interstício e às células.[2,3] A célula endotelial tem enzimas em sua membrana com o sítio ativo extracelular direcionado para a luz dos capilares; desta forma, participa na metabolização de substâncias circulantes, regulando suas concentrações e ações.[4,5,6,7,8,9,10,11] Como exemplo disto, temos: a presença da enzima conversora de angiotensina I para II (especialmente no endotélio pulmonar, por onde obrigatoriamente passa todo o sangue); outro exemplo é a enzima difosfo-hidrolase (ou ecto-ATPase), que hidrolisa o ATP e ADP até AMP, que seqüencialmente é metabolizado

por nucleotidase para adenosina e então transportado para o interior da célula. Estas ações permitem uma regulação do tônus vascular sistêmico e da homeostasia da coagulação. A célula endotelial também produz e secreta endotelina, um potente vasoconstritor, e óxido nítrico, que é vasodilatador, atua como sinalizador celular, participa da homeostase da coagulação e como agente bactericida. O endotélio participa da resposta inflamatória, pois, ao ser ativado por citocinas ou constituintes bacterianos, passa a expressar moléculas de adesão que atuam na migração de células inflamatórias para os locais agredidos (diapedese).

Com o advento da cultura de células endoteliais, pode-se demonstrar a capacidade específica destas células em produzir estas substâncias descritas anteriormente. A cultura pode isolar células de veias, artérias ou mesmo capilares, e, quando cultivadas sobre membranas que reproduzam as condições ou locais de origem, podem assumir morfologia típica, como, por exemplo, de capilares, estando no formato de anel, ou espraiada, em formato de paralelepípedo caracteristíco do revestimento de vasos grandes.[1,2,3] A célula endotelial tem também a propriedade de expressar moléculas de acordo com o órgão em que se encontra, sendo curioso que, se removidas, cultivadas e depois implantadas em outro órgão, expressam moléculas de acordo com a indução do novo órgão.

Há linhagens imortalizadas de células endoteliais humanas; contudo, em algumas situações, é necessária a obtenção de células para cultura primária. Podem-se obter por explante a partir de grandes vasos ou tecidos ou por remoção de células da veia do cordão umbilical humano. A seguir, descreveremos a metodologia específica para obtenção de células endoteliais de veia de cordão umbilical humano.

OBTENÇÃO DE CÉLULAS ENDOTELIAIS DE VEIA DE CORDÃO UMBILICAL HUMANO

Material
2 agulhas curvas com pontas arredondadas
2 seringas estéreis (20 mL)
2 *clamps* (grampos) para prender as agulhas inseridas nas veias do cordão umbilical.
Frascos estéreis de 50 mL ou béquer para a coleta das células
Material cirúrgico (pinça e tesoura)
PBS
Tripsina a 0,25%
Soro fetal bovino

Protocolo

1. Coletar cordão umbilical de 20 a 25 cm de comprimento, a partir de partos normais ou cesariana.
2. Mantê-lo em 50 mL de PBS, com procedimento estéril.
3. Realizar a extração das células no mesmo dia da coleta (de preferência, com menos de 8 h).
4. Para extrair as células endoteliais, realizar canulação das duas pontas da veia, clampeando sobre as agulhas para que estas não escapem na hora da perfusão (veja Fig. 11.1).
5. Lavar a veia com PBS, removendo o sangue do seu interior.

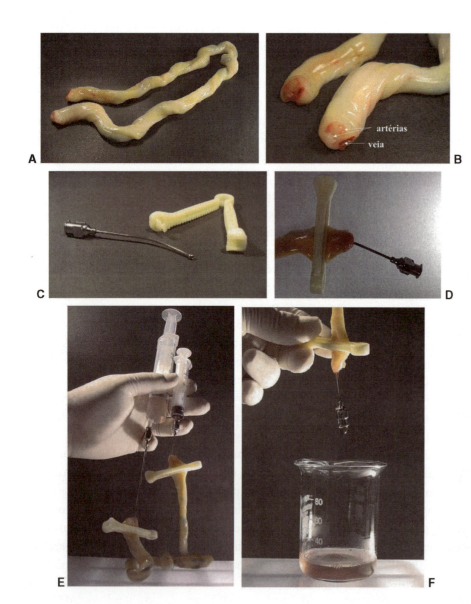

Fig. 11.1 Etapas da obtenção de células endoteliais presentes na veia do cordão umbilical humano. (**A**) Cordão umbilical inteiro; (**B**) Detalhe do cordão com indicação da veia e das duas artérias; (**C**) Agulha curva com ponta arredondada e *clamp* para cordão umbilical; (**D**) Detalhe de uma das extremidades do cordão umbilical com inserção da agulha arredondada e *clamp*; (**E**) Cordão umbilical inteiro com as duas extremidades com agulhas e *clamps*; (**F**) Remoção do soro fetal bovino por uma das extremidades contendo as células.

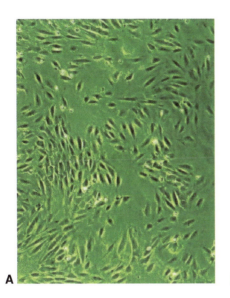 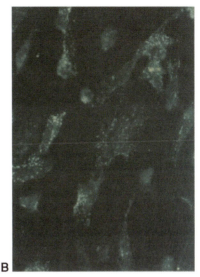

Fig. 11.2 (A) Microscopia óptica de células endoteliais em cultura (60×) e **(B)** Células endoteliais preparadas com anticorpo marcado com fluoresceína antifator de von Willebrand (400×).

6. Fechar uma das extremidades e, pela outra, introduzir solução de tripsina a 0,25% até deixar a veia bem cheia.
7. A seguir, manter o cordão a 37°C, por 30 min.
8. Após este período, remover a tripsina usando soro fetal bovino.
9. Para separar as células, realizar centrifugação a 200 g, durante 10 min.
10. Ressuspender as células em meio de cultura RPMI ou M199, com 20% de soro humano, heparina 15.000 UI/L e antibióticos.
11. Manter em estufa a 37°C e CO_2 a 5%.

REFERÊNCIAS BIBLIOGRÁFICAS

1. Jaffe, E. A. Cell biology of endothelial cells. Hum Pathol, 18:234-44, 1987.
2. Gimbrone, M. A. Jr., Cotran, R. S., Folkman, J. Human vascular endothelial cells in culture—Growth and DNA synthesis. J Cell Biol, 60:673-84, 1974.
3. Jaffe, E. A. Biology of endothelial cells, Boston, Nijhoff, 1984. p. 1-13.
4. Hall, J. E., Granger, J. P. Renal hemodynamics and arterial pressure during chronic intrarenal adenosine infusion in conscious dog. Am J Physiol, 250:F32-9, 1986.
5. Furchgott, R. F., Zawadzki, J. V. The obligatory role of endothelial cells in the relaxation of arterial smooth muscle by acetylcholine. Nature, 288:373-6, 1980.
6. Aalto, T. K., & Raivio, K. O. Metabolism of extracellular adenine nucleotides by human endothelial cells exposed to reactive oxygen metabolites. Am J Physiol, 264:C282-6, 1993.
7. Brotherton, A., Hoak, J. C. Role of Ca^{2+} and cyclic AMP in the regulation of the production of prostacyclin by the vascular endothelium. Proc Natl Acad Sci USA, 79:495-9, 1982.
8. Busse, R., Ogilvic, A., Pohl, U. Vasomotor activity of diadenosine triphosphate and diadenosine tetraphosphate in isolated arteries. Am J Physiol, 254:H828-32, 1988.
9. Daele, P. V., Coevorden, A. V, Roger, P. P., Boeynaems, J. M. Effects of adenine nucleotides on the proliferation of aortic endothelial cells. Circ Res, 70:8290, 1992.
10. Davies, P. F., Tripathi, S. C. Mechanical stress mechanism and the cell—An endothelial paradigm. Circ Res, 72:239-45, 1993.
11. Dieterle, Y., Ody, C., Ehrensberger, A., Stalder, H., Junod, A. F. Metabolism and uptake of adenosine triphosphate and adenosine by porcine aortic and pulmonary endothelial cells and fibroblasts in culture. Circ Res, 42:869-76, 1978.

Capítulo 12

Cultura de Células Trofoblásticas de Roedores

ANDRÉA MOLLICA DO AMARANTE PAFFARO, CLÁUDIA REGINA GONÇALVES E ESTELA BEVILACQUA

Para a compreensão das implicações envolvidas com as diferentes fases de coleta das células trofoblásticas de roedores para a preparação de culturas primárias, iniciaremos este capítulo com uma breve revisão sobre a contribuição das células embrionárias na formação da placenta (veja Fig. 12.1) e sobre a diferenciação destas células na gestação (veja Fig. 12.2), utilizando o camundongo como modelo.

DO BLASTOCISTO À PLACENTA

O embrião de roedores chega ao útero por volta do 4º dia de gestação, sob a forma de uma *mórula* compactada ou em processo de compactação, contendo 8 a 32 blastômeros e ainda revestido pela *zona pelúcida*. No útero, a mórula bombeia íons e água para o interior da vesícula embrionária, em um processo dependente de bombas ATPase Na^+/K^+ e

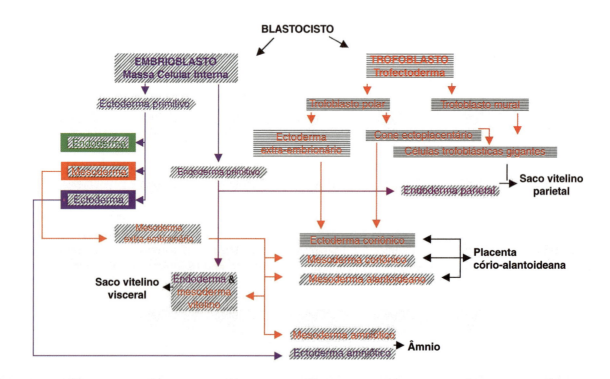

Fig. 12.1 Contribuição das diferentes populações de células embrionárias na formação da placenta e anexos embrionários.

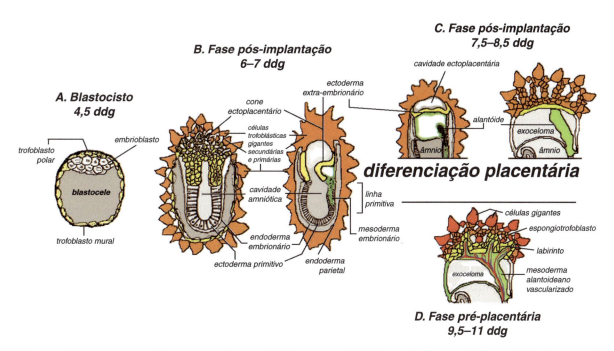

Fig. 12.2 Desenvolvimento placentário em camundongo. (**A**) Blastocisto; (**B**) Diferenciação das células trofoblásticas com formação de células gigantes ao redor do embrião e do cone ectoplacentário; (**C**) Proliferação das células do cone ectoplacentário distanciando a população de células gigantes periféricas das demais células do cone. As células mais próximas do ectoderma extra-embrionário mantêm a atividade proliferativa, e as intermediárias começam a se organizar em colunas; (**D**) O mesoderma alantoideano vascularizado atinge a região basal do ectoderma extra-embrionário, invadindo esta camada e a de células trofoblásticas, dando início à formação do labirinto placentário. As células trofoblásticas não gigantes, que se mantêm em associação com as gigantes periféricas, formam o espongiotrofoblasto.

que contribui para o acúmulo de líquido em uma cavidade denominada *blastocele*.[1,2] O embrião, agora chamado de *blastocisto*, apresenta-se constituído por células de revestimento, o **trofoblasto**, que envolve não somente a blastocele, mas também um pequeno grupo de células designado de *massa celular interna* ou *embrioblasto* (veja Fig. 12.2A). O blastocisto segue seu desenvolvimento, livrando-se da zona pelúcida que o contém e iniciando o processo de implantação embrionária.[3] Chamamos de pólo embrionário aquele que mantém proximidade com o embrioblasto, e, de abembrionário o pólo oposto. O trofoblasto que reveste o embrioblasto é denominado polar em oposição ao que reveste a blastocele que é chamado de mural.[4]

Em contato com o epitélio uterino, células trofoblásticas murais e abembrionárias tornam-se firmemente aderidas a esta estrutura e iniciam a invasão do endométrio. Estas células, conhecidas por *gigantes primárias*, perdem a atividade proliferativa, tornam-se poliplóides, atingem grandes dimensões, exibem características de células produtoras de proteínas e esteróides, e passam a exibir atividades adesiva, invasiva e fagocitária[5,6,7,8] (veja Fig. 12.2B).

O contato do trofoblasto polar com o endométrio é um pouco mais tardio do que o do trofoblasto mural. O trofoblasto polar mantém sua atividade proliferativa e forma uma excrescência denominada *cone ectoplacentário* (veja Fig. 12.2B), na qual apenas as células periféricas se diferenciam em *células gigantes (secundárias)*, e as mais internas dão origem a tipos celulares específicos que irão formar as diferentes regiões da placenta.[4,9] Células trofoblásticas gigantes, primárias e secundárias invadem o endométrio, alcançam e rompem os vasos endometriais, de modo que o sangue materno extravasado passa a percolar estas células.[10] A Fig. 12.2 resume as etapas de desenvolvimento do embrião de camundongo, nos dias 4,5 a 11 de gestação, com ênfase na diferenciação do trofoblasto.

Em camundongos, o processo de gastrulação geralmente se inicia ao redor do 6º dia de gestação, envolvendo, assim como em outros mamíferos, eventos de proliferação e migração celular no ectoderma primitivo, que, em roedores, ocupa uma posição interna em relação ao endoderma que é externo (entipia).[11] O aumento do número de células e o movimento destas células em direção à região mediana caudal do disco germinativo levam à formação de um aglomerado em forma de taça, a *linha primitiva* (Fig. 12.2B). As células ectodérmicas desta região se desprendem, migram para se posicionar entre o ectoderma e o endoderma, e se espalham por todo o interior do disco germinativo, formando um terceiro folheto, o mesodérmico, que gerará inicialmente os somitos e, mais tarde, tecidos como o muscular, o conjuntivo e o sanguíneo.[11,12,13,14]

Células mesodérmicas também participam da formação dos anexos embrionários (âmnio, alantóide, cório e saco vitelino). O *alantóide* se desenvolve como uma projeção mesodérmica em forma de vilo, a partir da margem posterior do ectoderma embrionário do qual a linha primitiva se origina (veja Fig. 12.2C). Esta estrutura se expande e cresce em direção ao cone ectoplacentário (veja Fig. 12. 2D), estabelece ligações de contato com as células da base desta estrutura (*placa coriônica*) e torna-se ricamente vascularizada.[9] As células trofoblásticas que repousam sobre este tecido formam colunas de arranjo aleatório que se projetam para espaços preenchidos por sangue materno, e em cujo interior há mesoderma alantoideano vascularizado. Em conjunto, esta região é denominada *labirinto placentário* (veja Fig. 12.2D) e está relacionada com funções de transferência de nutrientes e metabólitos entre os organismos materno e fetal.[15]

Entre o labirinto e as células gigantes periféricas, de aspecto estrelado e dispostas sob a forma de uma rede, forma-se também uma terceira população celular, o **espongiotrofoblasto** (veja Fig. 12.2D). Juntamente com as células gigantes, esta região forma a **zona juncional** da placenta.[16,17] Nesta região, o arranjo labiríntico é perdido e substituído por uma camada de células de pequenas dimensões, de citoplasma basófilo ou de aspecto espumoso, dispostas sob a forma de ninhos (*células do espongiotrofoblasto*), as quais também coexistem com células que acumulam glicogênio (*células de glicogênio*). Permeando as células da região juncional, também há sangue materno extravasado. Não se observa tecido mesenquimal nesta região ou vasos fetais em contato com o trofoblasto. Células gigantes predominam na interface materno-fetal e regularmente adentram extensões variáveis de vasos maternos, que descarregam seu conteúdo diretamente nos interstícios da malha trofoblástica. São funções atribuídas a estas células: síntese de hormônios esteróides, peptídicos (hormônios da família da prolactina, como o placentário lactogênico) e prostaglandinas necessários para a coordenação das fisiologias materna e fetal durante a gestação.[18]

A placenta de camundongos está plenamente formada ao redor do 14º dia de gestação e constituída pelas zonas: placa coriônica, labirinto e zona juncional.[19,20,21]

COLETA DE MÓRULAS TARDIAS E BLASTOCISTOS

Embriões de 16–32 células, nas fases de mórula compactada e blastocisto, estão presentes nos cornos uterinos 3,5 a 4 dias após o coito.[22,23] Estes embriões ainda estão envoltos pela zona pelúcida e, geralmente, não constituem uma população completamente homogênea (veja Fig. 12.3). Parte dos embriões pode apresentar blastômeros em números bizarros (clivagem assincrônica), pode conter anomalias morfológicas, tais como fragmentação nuclear, degeneração, ou ainda pode estar em etapas muito precoces do desenvolvimento (2 ou 4 células, embriões anômalos de desenvolvimento ou interrompidos). A coleta destes espécimes pode ser realizada por *flushing*, ou seja, pela lavagem dos cornos uterinos com uma solução fisiológica ou meio de cultura (veja Fig. 12.3), por meio de uma seringa e agulha hipodérmica de calibre próprio.[24,25]

Superovulação

Para aumentar o número de embriões coletados ou sincronizar a amostra de trabalho, gonadotrofinas podem ser utilizadas para induzir uma superovulação e desta forma aumentar a probabilidade de formação de embriões.[25,26]

Soluções e Reagentes

Hormônios: Gonadotrofina sérica de égua prenhe (PMSG) pode ser utilizada para mimetizar o hormônio folículo estimulante (FSH), assim como a gonadotrofina coriônica humana, para agir como o hormônio luteinizante (LH). FSH e LH recombinantes ou isolados da urina de mulheres na menopausa também são comercialmente disponíveis. Solução salina (NaCl 0,9%).

Material

Seringas hipodérmicas de insulina de 1 mL.

Procedimento

1. Selecionar os animais a serem utilizados. Fêmeas entre 4 e 8 semanas costumam responder melhor ao estímulo hormonal do que as mais velhas. No entanto, esta resposta varia com a linhagem e condições dos animais; portanto, consultar a literatura.
2. Administrar o hormônio folículo estimulante (PMSG ou FSH recombinante ou obtido de soro ou urina) nas fêmeas. A dose recomendada é de 5 UI, injetada

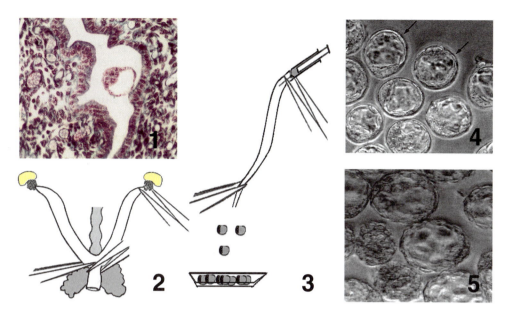

Fig. 12.3 Coleta de blastocistos aos 4,5 dias de gestação, para cultivo. Nesta etapa, os blastocistos estão livres na cavidade uterina (**1**). Para removê-los, retirar os cornos uterinos do corpo do animal (**2**), por meio de incisões na conexão tuba-útero e útero-vagina. Isolar os 2 cornos uterinos. (**3**) Introduzir uma seringa com PBS na extremidade tuba-útero e injetar o tampão. Recolher o lavado em placas de Petri ou vidros de relógio. (**4**) Classificar e coletar os embriões sob microscopia de luz invertida e, se necessário, remover a zona pelúcida com pronase (**5**). **1**, microscopia de luz convencional, tricrômico de Gomori, × 450; 4-5, microscopia de fase, × 160.

intraperitoneal ou subcutaneamente, entre 15:00 e 17:00 h. O hormônio deve ser diluído em solução salina estéril (50 UI/mL), subdividido em alíquotas e estocado a −20°C. Usar 0,1 mL/animal.

3. Administrar o hormônio luteinizante ou equivalente (hCG) 46 h após a injeção de FSH, ou seja, entre 13:00 e 15:00 h. As doses podem variar de acordo com a linhagem utilizada, de 2,5 UI/mL a 7,5 UI/mL. Iniciar seus protocolos com 5 UI/mL e avaliar os resultados. Preparar o hormônio a 50 UI/mL em solução salina estéril, aliquotar, proteger da luz e estocar a −20°C. Usar 0,1 mL/animal.
4. Imediatamente após a administração de LH, distribuir as fêmeas nas gaiolas dos machos (não o contrário) na proporção de até 3 fêmeas por macho. Ovulação em geral ocorre 10 a 13 h após a injeção de LH, e a cópula durante o período de escuro que se segue à injeção (ao redor das 2:00 h).
5. Checar a presença da rolha vaginal na manhã seguinte, o que indica que houve cópula. A manhã em que a rolha vaginal é encontrada é geralmente designada como a **metade do primeiro dia de gestação**. Na literatura, no entanto, este momento também é designado como dia 0 ou dia 1 da gestação.

Flushing dos Cornos Uterinos

Soluções e Reagentes

Solução salina, solução tampão fosfato salina (PBS), albumina sérica bovina (BSA) ou de soro bovino fetal (SBF), pronase, meio de cultura (*Dulbecco's Modified Eagles's Medium* [D-MEM] ou *Basal Medium Eagle* [BME]), antibióticos (50 mUI/mL de penicilina G/50 μg/mL de estreptomicina) e etanol a 70% para limpeza.

Materiais

Seringas hipodérmicas de 1 mL com agulhas 32 e 25 *gauge* de ponta rombuda (previamente lixada e esterilizada); placas de Falcon; placas de Petri; material cirúrgico; pipetas Pasteur; pipetas Pasteur de ponta especialmente fina, acopladas a um tubo de silicone transparente de 60-80 cm de comprimento, interceptado próximo às suas extremidades livres por um filtro de membrana (45 μm); microscópio estereoscópico de luz transmitida ou microscópio de luz invertida. Todo o material deve ser estéril.

Procedimento

1. Anestesiar os animais aos 3,5 dias de gestação (dose letal de anestésico ou de CO_2 ou deslocamento cervi-

cal); lavar a região abdominal do animal com etanol a 70%, antes da laparotomia.
2. Em câmara asséptica, dissecar o sistema genital feminino, isolando os ovários, tubas e cornos uterinos seccionados na região de contato com a vagina (veja Fig. 12.3).
3. Colocar estes órgãos em PBS, remover o excesso de tecido adiposo e peritônio aderido; lavar até que o excesso de sangue seja removido.
4. Trocar o meio (meio de cultura contendo PBS-BSA 3% ou SBF 10%) e remover cuidadosamente os ovários; isolar as tubas uterinas por meio de uma incisão na altura da junção tubo-uterina; separar os dois cornos uterinos, seccionando-os na região do cérvix.
5. Introduzir a agulha (25 *gauge*) nos cornos uterinos e injetar cerca de 1 mL de PBS-BSA ou meio de cultura. Repetir o procedimento pelo menos duas vezes para cada corno uterino.
6. Tampar os frascos contendo o lavado uterino e esperar durante 10 min os embriões sedimentarem.
7. Sob microscópio estereoscópico ou de luz invertida, identificar os embriões e removê-los do meio com o auxílio da pipeta Pasteur de ponta fina acoplada ao tubo de silicone.
8. Transferir os embriões para placas de Falcon contendo meio de cultura e, a cada 15 min, repetir a transferência para novas placas, a fim de lavar os embriões.
9. Para remover a zona pelúcida das mórulas e blastocistos (veja Fig. 12.3), incubar os embriões em solução de pronase (0,5% em meio de cultura) por 3 a 10 min, a 37°C; este procedimento deve ser efetuado sob microscopia de luz invertida, de modo que o tempo de incubação possa ser controlado; após, adicionar imediatamente PBS ou meio de cultura contendo 20% de SBF.

Cultura dos Embriões

Soluções e Reagentes

Solução salina, PBS, BSA, SBF, meio de cultura (*Dulbecco's Modified Eagles's Medium* [D-MEM] ou *Basal Medium Eagle* [BME], antibióticos (50 mUI/mL de penicilina G/50 μg/mL de estreptomicina), lactato de cálcio (520 μg/mL), piruvato de sódio (56 μg/mL), aminoácidos não essenciais (1%), nucleosídeos (1%) (0,24 mg/mL timidina, 0,80 mg/mL adenosina, 0,85 mg/mL guanosina, 0,73 mg/mL uridina) e insulina (0,2 μg/mL) e etanol a 70% para limpeza.

Materiais

Placas de Falcon; placas de cultura de 12 ou 24 poços (2 cm² ou 4,5 cm²); pipetas Pasteur; tubos para pipetar embriões [pipetas Pasteur de ponta especialmente fina acopladas a tubos de silicone transparente de 60–80 cm de comprimento, interceptado próximo à sua extremidade livre por um filtro de membrana (45 μm)]; lamínulas redondas descartáveis de 13 ou 18 mm de diâmetro (para a remoção de parte dos embriões cultivados do sistema); microscópio estereoscópico de luz transmitida ou microscópio de luz invertida. Todo o material deve ser estéril.

Procedimento

1. Coletar os embriões, lavá-los em PBS (ou meio de cultura-SBF) e transferi-los em número adequado para placas de cultivo contendo meio de cultura acrescido de SBF 10%, antibióticos (50 mUI/mL de penicilina G/50 μg/mL estreptomicina), lactato de cálcio (520 μg/mL), piruvato de sódio (56 μg/mL), aminoácidos não essenciais (1%), nucleosídeos (1%) (0,24 mg/mL timidina, 0,80 mg/mL adenosina, 0,85 mg/mL guanosina, 0,73 mg/mL uridina) e insulina (0,2 μg/mL).
2. Mantê-los em estufa a 37°C, com 5% de CO_2, em atmosfera úmida.
3. Se, com 24 h de cultivo, os blastocistos estiverem aderidos à placa de cultura, trocar o meio de cultura. Após este período, as trocas podem ser realizadas a intervalos de 48 h (veja Fig. 12.4).

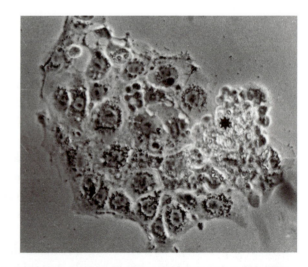

Fig. 12.4 Blastocisto cultivado por 48 h. Notar uma região mais condensada de células (*) que representa a região da massa celular interna. Ao contrário, as células trofoblásticas se espraiam sobre a placa de cultivo, formando uma monocamada. Microscopia de fase, × 160.

Curva de Crescimento

Soluções e Reagentes

Solução salina, PBS, BSA, SBF, meio de cultura (*Dulbecco's Modified Eagles's Medium* [D-MEM] ou *Basal Medium Eagle* [BME]), citrato de sódio, tripsina 0,2%/versene 0,02%, azul de toluidina 0,25%, resina ou bálsamo para inclusão, e etanol a 70% para limpeza.

Materiais

Placas de Falcon; tubos de congelamento; lâminas e lamínulas histológicas; pipetas Pasteur; tubos para pipetar embriões; microscópio estereoscópico de luz transmitida ou microscópio de luz invertida. Todo o material deve ser estéril. Câmara de Neubauer.

Procedimento

Pode ser realizado obtendo-se o número de células no momento em que os embriões são coletados (*tempo 0*) e após o período de cultivo, de duas formas diferentes:

a) *Dissociação com citrato de sódio*: incubar os embriões recém-coletados, individualmente, em lâminas de vidro com 1 gota de uma solução de citrato de sódio 0,6% em água, por 15 min, à temperatura ambiente. Após este período, adicionar suavemente 200 µL de PBS e com muito cuidado pipetar toda a solução em excesso. Este processo pode ser acompanhado sob o microscópio estereoscópico. Fixar as células embrionárias com poucas gotas (1–3) de etanol-ácido acético (3:1) e esperar o fixador evaporar completamente. Corar com azul de toluidina 0,25% em água destilada por cerca de 30 s; lavar imediatamente com água destilada. Deixar a lâmina secar e montá-la utilizando resina ou bálsamo e lamínula. Com este procedimento, as membranas celulares se rompem e os núcleos corados ficam mais evidentes e espalhados, facilitando a contagem do número de blastômeros.[27] No caso de blastocistos, cultivá-los em lamínulas ou lâminas histológicas de vidro. Retirar as lamínulas da cultura, lavar com PBS, incubar com citrato de sódio e seguir as etapas posteriores anteriormente citadas.

b) *Dissociação enzimática*: o número de células de blastocistos pode ser também estimado dissociando-se as células embrionárias por tratamento com tripsina. Para isto, colocar pelo menos 50 blastocistos recém-coletados em um tubo de congelamento de 200 µL,

completando o volume final para 100 µL com PBS depois do depósito dos embriões. Adicionar 100 µL de tripsina 0,2%/versene 0,02% por 10 min a 37°C; agitar a suspensão celular para facilitar a separação das células; utilizar uma alíquota de volume conhecido e contar o número de células em câmara de Neubauer. Para blastocistos cultivados e aderidos a placas de cultura, o procedimento é semelhante. Primeiramente, contar o número de blastocistos cultivados para que ao final possa ser calculado o número de células/blastocisto. Retirar o meio de cultura e lavar os blastocistos com PBS; incubar com tripsina 0,2%/versene 0,02% por 10 min a 37°C; agitar, utilizar uma alíquota de volume conhecido e contar o número de células em câmara de Neubauer.

Vários componentes (aminoácidos essenciais, vitaminas, fator de crescimento epidérmico, estradiol, ácidos graxos, insulina, ácido retinóico, transferrina, substratos com matriz extracelular, entre outros) têm sido testados para melhorar o desenvolvimento de blastocistos *in vitro*.[23,28,29] Particularmente interessantes, são os resultados obtidos com concentrações mais altas de aminoácidos essenciais, que afetam apreciavelmente o crescimento embrionário, favorecendo o desenvolvimento da massa celular interna. A adição de β-mercaptoetanol e de uridina ao meio de cultura também estimula a diferenciação da massa celular interna.[23] Ao contrário, meios em que estes componentes estão ausentes ou minimizados, tais como M2 e M16, favorecem a diferenciação das células do trofoblasto. O meio de cultura M2 também pode ser utilizado para coletar e manipular embriões por períodos prolongados.

COLETA DE CONES ECTOPLACENTÁRIOS

Soluções e Reagentes

PBS, SBF, meio de cultura (D-MEM) e todos os suplementos adicionados ao meio de cultura anteriormente citados para a cultura de blastocistos, e etanol a 70% para limpeza.

Materiais

Placas de Petri; pipetas Pasteur; material cirúrgico para laparotomia; tesouras, pinças e bisturi oftálmicos para a dissecção do cone ectoplacentário; microscópio estereoscópico com transiluminação, lamínulas redondas descartáveis de 13 ou 18 mm de diâmetro (caso necessite remover parte dos cones ectoplacentários durante o procedimento experimental); placas de cultura de 12 ou 24 poços (2 ou 4,5 cm², respectivamente).

Procedimento

1. Anestesiar as fêmeas prenhes no dia 7,5 de gestação (dose letal de anestésico ou de CO_2, ou provocar deslocamento cervical).
2. Laparotomizar e remover os cornos uterinos (veja Fig. 12.5A), imergindo-os imediatamente em PBS 0,1 M, pH 7,2, a 37°C.
3. Cuidadosamente, fazer uma incisão longitudinal na parede uterina e isolar os sítios de implantação do miométrio (veja Fig. 12.5A).
4. Coletar os sítios e mantê-los em meio de cultura ou PBS acrescido de BSA ou SBF 10%.
5. Sob microscópio estereoscópico e com o auxílio de uma tesoura oftálmica, cortar uma pequena secção do endométrio, de modo a expor a região onde o embrião está inserido, ou puxar cuidadosamente com pinças as duas hemipartes da câmara de implantação (veja Fig. 12.5B–C); expor completamente o sítio de implantação.
6. Na região mediana, está o embrião (veja Fig. 12.5D–G); nele, duas estruturas podem ser morfologicamente reconhecidas: *o tecido embrionário [propriamente dito]* de aspecto claro, esbranquiçado e de forma cilíndrica (veja Fig. 12.5H–2), e o *cone ectoplacentário* de coloração avermelhada, em forma

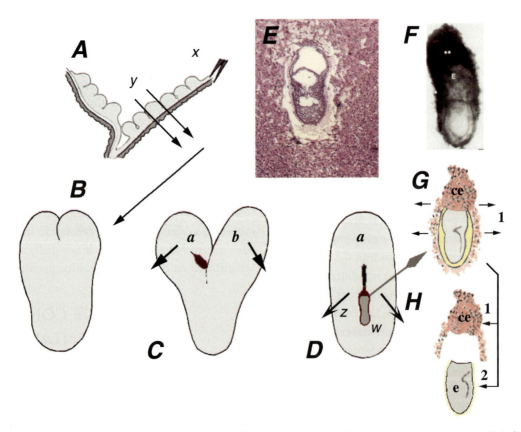

Fig. 12.5 Coleta de cones ectoplacentários para cultivo. (**A**) Esquema representativo dos cornos uterinos aos 7,5 dias de gestação, onde se observam dilatações seqüenciais referentes aos sítios de implantação; as setas indicam locais de incisão para isolamento destes sítios; (**B**) Uma vez isolados, o miométrio solta-se facilmente, ao passo que o embrião e a decídua formam uma unidade coesa; (**C**) Separando-se as duas hemifaces da decídua (por incisão ou tensão *a vs. b*), pode-se identificar a olho nu a região de inserção do embrião (*a*) e, sob microscopia estereoscópica, facilmente as células trofoblásticas devido a sua intensa coloração. No preparado histológico (**E**), observar as relações do embrião com o endométrio, nesta etapa da gestação; (**D**) Cortando-se a decídua (*z vs. w*), solta-se o embrião (**F**); (**G–H**) Cuidadosamente, isolar a região do cone ectoplacentário, incluindo (**2**) ou não (**1**) parte das células trofoblásticas gigantes murais.

de cone e localizado em uma das extremidades do tecido embrionário, na região mesometrial uterina (veja Fig. 12.5H-1).

7. Com o auxílio de pinça e bisturi oftálmicos, isolar do tecido uterino a região embrionária, juntamente com o cone ectoplacentário; com o auxílio de dois bisturis oftálmicos, dissecar então o cone ectoplacentário dos demais tecidos embrionários (veja Fig. 12.5F-H).
8. Transferir os cones ectoplacentários para uma placa de Petri contendo PBS-SBF 10%; substituir este meio pelo menos três vezes para retirar células sanguíneas e restos celulares.
9. Transferir os cones ectoplacentários para placas de cultura de 12 ou 24 poços contendo meio de cultura acrescido de SBF 20%, antibióticos (50 mUI/mL de penicilina G/50 µg/mL estreptomicina), lactato de cálcio (520 µg/mL), piruvato de sódio (56 µg/mL), aminoácidos não essenciais (1%), nucleosídeos (1%) e insulina (0,2 µg/mL).
10. Manter em estufa a 37°C, com 5% de CO_2, em atmosfera úmida.
11. Após 24 h, lavar as culturas duas vezes, com meio acrescido de 10% SBF1,* a fim de remover do sistema as células sanguíneas persistentes e eventuais cones ectoplacentários que não aderiram à placa de cultura; finalmente, substituir o meio da cultura.
12. Nas primeiras 24 h de cultivo, há um aumento no número de células trofoblásticas, com uma taxa de proliferação de aproximadamente 25%. Após este período, o cone ectoplacentário tende a estabilizar o número de suas células, embora ocorra um aumento gradativo na área ocupada pelo trofoblasto, devido a espraiamento e agigantamento celular (veja Fig. 12.6).
13. Sob estas condições de cultivo, cerca de 95% das células trofoblásticas mantêm-se viáveis. Após 144 h de cultivo, no entanto, observam-se, cada vez mais, células soltando-se da placa de cultivo.

Curvas de crescimento podem ser facilmente realizadas, utilizando-se dissociação enzimática e contagem em câmara de Neubauer, conforme descrito anteriormente para blastocistos cultivados.

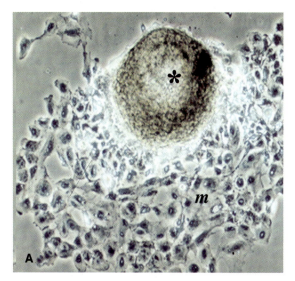
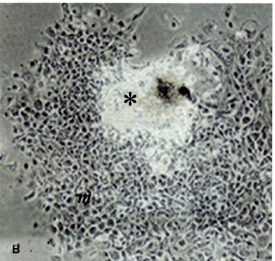

Fig. 12.6 Cones ectoplacentários após 48 (**A**) e 72 h (**B**) de cultivo. Notar que o centro do cone ectoplacentário permanece como um aglomerado de células (*), que diminui gradativamente com o tempo de cultivo. As células que irradiam a partir deste aglomerado formam uma monocamada (**m**) onde predominam células gigantes. É entre o período de 48 e 72 h de cultivo que se observa o maior crescimento do explante. Microscopia de fase **A**, × 160; **B**, × 64.

COLETA DE CÉLULAS PLACENTÁRIAS

Soluções e Reagentes

PBS, tripsina, D-MEM e suplementos anteriormente citados, SBF, TBS, saponina, acetona, metanol, ácido acético, paraformaldeído, peróxido de hidrogênio, glicina, DBA (3,3' *diaminobenzidine tetrahydrochloride*), ácido clorídrico, *fast red,* hematoxilina de Mayer, anticorpos primários anticitoqueratina, antivimentina e anticorpos secundários,

---

*Obs.: A lavagem deve ser efetuada com bastante cuidado para evitar que cones recém-aderidos se soltem da placa de cultivo. Para isto, aconselha-se pipetar o meio vagarosamente e, *nunca*, diretamente sobre o cone ectoplacentário. Após as 24 h iniciais, o meio de cultura pode ser renovado a intervalos de 48 h.

e as lectinas PHL-4 (*Phaseolus vulgaris leucoagglutinin*), MAM (*Mackia amurensis*), PNA (*Arachis hypogaea*) e DBA (*Dolichos biflorus aglutinin*).

Material

Placas de Petri; tubos de centrífuga de 15 mL; parafilme; material cirúrgico apropriado (tesouras, pinças e bisturi); placas de cultura de 55 mm; lamínulas descartáveis ou de vidro de 18 mm; microscópio estereoscópico com transiluminação; câmara de fluxo laminar; banho-maria – a 37°C; estufa de CO_2; microscópio de luz invertida e convencional; e centrífuga.

Procedimento

1. Anestesiar as fêmeas prenhes no dia 13,5 de gestação (dose letal de anestésico ou CO_2, ou promover deslocamento cervical).
2. Laparotomizar e remover os cornos uterinos, imergindo-os imediatamente em PBS 0,1 M, pH 7,2, a 4°C.
3. Cuidadosamente, sob microscópio estereoscópico, fazer uma incisão na musculatura uterina e expor os fetos e placentas (veja Fig. 12.7).
4. Ainda sob microscópio, isolar os discos placentários (veja Fig. 12.7) e, com cuidado, remover as membranas fetais associadas e a decídua que constitui a porção materna da placenta (a decídua apresenta uma coloração diferente da porção fetal).
5. Transferir os discos, em placas de Petri, para um fluxo laminar e fragmentá-los com lâminas descartáveis.
6. Transferir os fragmentos de cada disco para um tubo de centrífuga de 15 mL contendo 2 mL de tripsina 0,2% em EDTA, e mantê-los por 20 min, à temperatura ambiente, e por 40 min, em banho-maria – a 37°C.
7. Desativar a ação da tripsina com meio de cultura (D-MEM) contendo 20% SBF.
8. Centrifugar o material a 1.000 g por 10 min e ressuspender o precipitado celular em 1 mL de meio de cultura suplementado [20% SBF, 0,5 mg/mL lactato de cálcio, 0,05 mg/mL piruvato de sódio, 4 mg/mL BSA, 1% aminoácidos não essenciais, 1% nucleosídios (0,24 mg/mL timidina, 0,80 mg/mL adenosina, 0,85 mg/mL guanosina, 0,73 mg/mL uridina), 1 μg/mL Mitos (suplementos de crescimento celular: suplemento de crescimento de célula endotelial, fator de crescimento epidermal, insulina, transferrina humana, triiodotironina, progesterona, estradiol-17β, testosterona, hidrocortisona, ácido selênico e o-fosforiletanolamina), 0,2 μg/mL insulina e 5 ng/mL gentamicina].
9. Plaquear as células em placas de 55 mm contendo lamínulas de 18 mm de diâmetro em seu interior e mantê-las em incubadora a 37°C, com 5% de CO_2, em atmosfera úmida.
10. A cada 48 h, o meio deve ser substituído para não comprometer a viabilidade das células em cultivo; a cultura pode ser mantida por mais de 120 h antes de chegar à confluência.

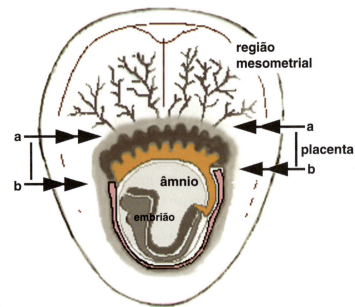

Fig. 12.7 Esquema ilustrando a coleta de placentas para cultivo. Em cortes transversais, observa-se na região mesometrial a inserção placentária, bem definida e facilmente dissecada, a partir do 10,5º dia de gestação. Para tal, usar como referência o âmnio e, em microscópio estereoscópico, fazer incisões nos planos *a* e *b*, conforme indicado no esquema. Uma vez isolada a placenta, separar, sob microscopia, os tecidos maternos dos fetais.

De cada disco placentário aos 14 dias de gestação, obtêm-se em média cerca de 3×10^5 células, com um índice de viabilidade, obtido pelo método de exclusão pelo azul de tripan, de aproximadamente 98%.

Durante as primeiras 72 h, cerca de 85% das células cultivadas são células trofoblásticas (veja Fig. 12.8A–B). Nestas culturas, é possível flagrar células gigantes, células do labirinto e células do espongiotrofoblasto; após 72 h, as células gigantes são mais escassas. Os restantes 15% correspondem a células mesenquimais, macrófagos fetais e células endoteliais fetais.

Cultura de Células Trofoblásticas de Roedores 71

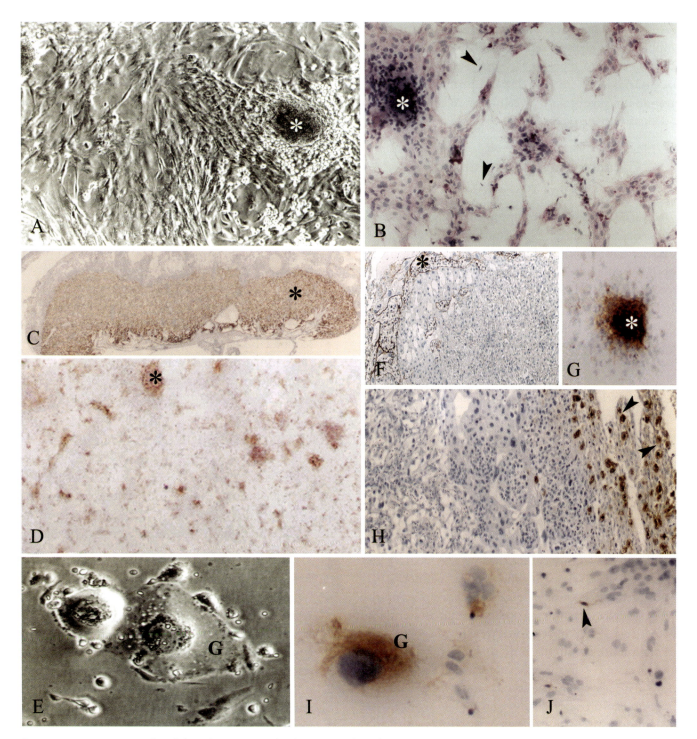

Fig. 12.8 Caracterização de células placentárias obtidas aos 14 dias de gestação. (**A–B, D–E, G, I–J,** culturas de 72 h; **C, F e H,** preparados histológicos). (**A**) Visão panorâmica, mostrando arranjo das células cultivadas em grumos (*) ou em monocamadas; (**B**) Imunolocalização de filamentos de citoqueratina mostrando que a maioria das células crescidas na cultura são células trofoblásticas em monocamadas (*). As cabeças de setas indicam células fusiformes citoqueratina-negativas; (**C**) Região do labirinto trofoblástico (*) reativo à lectina MAM; (**D**) Células placentárias cultivadas, MAM positivas, nos grumos placentários (*); (**E**) Células gigantes facilmente identificadas nas culturas devido às dimensões alcançadas; (**F**) Células de glicogênio, do espongiotrofoblasto, reativas à lectina PNA (*); (**G**) Células dos grumos celulares reativas ao PNA (*); (**H**) Células NK uterinas (cabeça de seta) e células gigantes reativas à lectina DBA; (**I**) Célula trofoblástica gigante (G) reativa ao PNA; (**J**) Poucas células, provavelmente provenientes do endoderma parietal, reagiram com a lectina DBA (cabeça de seta). **A,** × 400; **B, G,** × 320; **C,** × 32; **D, F,** × 120; **E, I,** × 840; **H,** × 360; **J,** × 480.

72 *Cultura de Células Trofoblásticas de Roedores*

Após 1 semana, estas culturas geralmente atingem a confluência e podem ser repicadas ou dissociadas e congeladas. No entanto, a proporção entre as diferentes células placentárias se altera em relação à primeira passagem, havendo um predomínio de células mesenquimais sobre os demais tipos celulares.

Caracterização das Culturas de Células Placentárias

A diversidade de células comprometidas com a formação da placenta em roedores[20,21,30] cria uma certa dificuldade para a caracterização das culturas primárias de células trofoblásticas (CTs) obtidas a partir de placentas maduras. Para este procedimento, especial atenção deve ser dada à caracterização não só das diferentes populações de células trofoblásticas, como também de possíveis células deciduais, fibroblastos, macrófagos, células mesenquimais e endoteliais.[31,32,33]

Culturas primárias de placenta, obtidas da forma descrita anteriormente, são culturas mistas, uma vez que não há processo seletivo prévio para isolar células específicas da população total de células placentárias. Portanto, a proporção das diferentes células cultivadas crescidas no sistema utilizado tem que ser obtida por meio de análise morfológica e localização de marcadores específicos.[31,32,33] No procedimento descrito, a população das células cultivadas mostra-se proporcionalmente constituída pelos seguintes elementos: células trofoblásticas (85%), fibroblastos (10–12%) e macrófagos fetais (< 1%), células do endotélio fetal (1–2%) e ocasionalmente células endodérmicas (< 1%) e deciduais (1–2%), dependendo da precisão e habilidade do dissecador.

A caracterização morfológica das células placentárias pode ser realizada sob microscopia de luz invertida ou microscopia de luz convencional (veja Fig. 12.8A–J).

Para análise ao microscópio de luz convencional, as culturas devem ser fixadas em paraformaldeído 4% em PBS 0,1 M, pH 7,2 por 30 min, e coradas com azul de toluidina 0,25% em PBS 0,1 M pH 7,4.

Além do aspecto morfológico, as células cultivadas também podem ser caracterizadas por meio de marcadores celulares específicos, tais como o hormônio placentário lactogênico, proliferinas, fosfatase alcalina, prolactinas, proteína 4311 etc.[18,32,34,35]

SUGESTÃO DE PROTOCOLO DE CARACTERIZAÇÃO

1. Imunodetectar a presença de filamentos intermediários específicos nas células placentárias, separando inicialmente a população de células citoqueratina e vimentina positivas. Na placenta, são células citoqueratina positivas: todas as células trofoblásticas e células endodérmicas.[36] São células vimentina positivas: células deciduais, fibroblastos, macrófagos e células endoteliais.

2. A morfologia permite confortavelmente avaliar a população de células trofoblásticas e endodérmicas. As endodérmicas exibem forma arredondada, núcleos regularmente esféricos e são muito menores do que as trofoblásticas. Caso o grau de seleção deva ser mais complexo, sugere-se utilizar a lectina DBA (veja Fig. 12.8J) como marcador específico das células endodérmicas.[37]

3. Determinar a natureza das células vimentina-reativas imunolocalizando os antígenos específicos: fator VIII para células endoteliais, MAC-1 para macrófagos, lectina DBA para células *natural killer* uterinas.

4. Determinar o tipo de célula trofoblástica, citoqueratina positivas, utilizando o padrão específico de marcação da Tabela 12.1.

PROCEDIMENTO IMUNO-HISTOQUÍMICO

Para os ensaios imuno-histoquímicos ou de lectinas, crescer as células placentárias sobre lamínulas. Este procedimento traz a vantagem de permitir a remoção de amostras da cultura sem interromper o desenvolvimento da cultura, que pode ser utilizada para novas abordagens experimentais.

1. Fixar o material aderido às lamínulas em paraformaldeído 4% em PBS 0,1 M, pH 7,2, ou outro fixador recomendado pelo fabricante do anticorpo ou lectina; lavar em TBS 0,02 M, pH 8,2, e submeter o material à permeabilização com saponina 0,05% em TBS, durante 5 min, ou com acetona-metanol (1:1) a −20°C, por 10 min.

2. Para a revelação de anticorpos ou lectinas em sistemas que utilizam a fosfatase alcalina como marcador, inibir a enzima endógena com ácido acético a 5%, por 8 min. Para sistemas que usam a peroxidase, incubar as amostras em peróxido de hidrogênio a 0,03%. O bloqueio de reações inespecíficas deve ser realizado por meio da incubação das amostras em TBS contendo: 1% de BSA, 0,05% saponina e 0,2% glicina, pH 8,2, durante 1 h, a 37°C, ou com soro não imune da mesma espécie na qual o anticorpo secundário foi produzido.

Tabela 12.1 Análise de lectinas nas células trofoblásticas *in vivo* e *in vitro*: Observe a analogia das marcações (destacadas com símbolos específicos) entre os tipos de células trofoblásticas placentárias e os seus correspondentes na cultura. PHL-4 (*Phaseolus vulgaris leucoagglutinin*), MAM (*Mackia amurensis*), PNA (*Arachis hypogaea*) e DBA (*Dolichos biflorus aglutinin*)

Lectinas		PHL-4	PNA	MAM	DBA
P L A C E N T A	Tipos celulares				
	Endoderma parietal	+	+	−	+
	CTGs*	+	+	+	−
	Espongiotrofoblastoᐃ	−	−	−	−
	Céls. de glicogênioᐃ	−	+	−	−
	LabirintotrofoblastoO	+	+/−	+/−	−
C U L T U R A	Morfologia				
	Grumos celularesO	+/−	+/−	+/−	−
	CTGs redondas e isoladas/CTGs estreladas*	+	+	+	−
	Células poligonaisᐃ	−	+/−	−	−
	Células poligonais multinucleadasO	+	−	+	−

3. Incubar com o anticorpo primário, lectina ou anticorpo secundário *overnigth*, a 4°C, ou por 1-2 h, a 37°C, em câmara úmida. Diluições dos anticorpos e lectinas devem seguir sugestões dadas pelo fabricante.

4. A revelação da fosfatase alcalina deve ser realizada utilizando-se o substrato alfa-naftil e o cromógeno *fast red* (Sigma) durante 20 min, à temperatura ambiente, e o da peroxidase com 0,5 mg/mL DAB (*3,3' diaminobenzidine tetrahydrochloride*) contendo 0,01% peróxido de hidrogênio diluído em Tris-HCl, pH 7,4.

5. Lavar as amostras em água destilada, contracorar com hematoxilina de Mayer e montar sobre lâminas histológicas para observação ao microscópio de luz.

6. Controles negativos podem ser realizados utilizando-se procedimento semelhante em amostras que não receberam o anticorpo primário ou receberam o açúcar ligante de cada lectina.

REFERÊNCIAS BIBLIOGRÁFICAS

1. Coucouuvanis, E., Martin, G. R. Signals for death and survival: a two-step mechanism for cavitation in the vertebrate embryo. Cell, 83:279-87, 1995.

2. Pederson, R. A., Burdsal, C. A. Mammalian embryogenesis. *In*: KNOBIL, E., NEIL, J. (eds.). The Physiology of Reproduction, 2. ed., New York, Raven, 1988. p. 319-90.

3. Pratt, H. P. M. Isolation, culture and manipulation of preimplantation mouse embryos. *In*: Monk, M. (ed.). Mammalian Development a Practical Approach. Oxford, IRL Press, 1987. p. 13-42.

4. Gardner, R. L., Papaionnou, V. E., Barton, S. C. Origin of the ectoplacental cone and secondary giant cells in mouse blastocysts reconstituted from isolated trophoblast and inner cell mass. J Embriol Exp Morphol, 30:561-70, 1973.

5. Schlafke, S., Enders, A. C., Given, R. L. Cytology of the endometrium of delayed and early implantation with special reference to mice and mustelids. J Reprod Fertil Suppl, 29:135-41,1981.

6. Ilgren, E. B. Control of trophoblast growth. Placenta, 4:307-28, 1983.

7. Kaufman, M. H. The origin, properties and fate of trophoblast in the mouse: *In*: Loke, Y. W., White, A. (eds.). Biology of Trophoblast. Amsterdam, Elsevier, 1983. p. 23-69.

8. Bevilacqua, E. M. A. F., Abrahamsohn, P. Trophoblast invasion during implantation of the mouse embryo. Arch Biol Med Exp, 22:107-18, 1989.

9. Gardner, R. L. Origin and differentiation of extraembryonic tissues in the mouse. Int Rev Exp Pathol, 133:24-63, 1983.

10. Bevilacqua, E., Abrahamsohn, P. A. Ultrastructure of trophoblast giant cell transformation during invasive stage of implantation of the mouse embryo. J Morphol, 198:341-5, 1988.

11. Tam, P. P., Meier, S. The establishment of a somitomeric pattern in the mesoderm of the gastrulating mouse embryo. Am J Anat. 164:209-25, 1982.

12. Beddington, S. P. An autoradiographic analysis of the potency of embryonic ectoderm in the 8th day postimplantation mouse embryo. J Embryol Exp Morphol, 64:87-104, 1981.

13. Tam, P. P., Snow, M. H. Proliferation and migration of primordial germ cells during compensatory growth in mouse embryos. J Embryol Exp Morphol, 64:133-47, 1981.

14. Mason, I., Murphy, D., Hogan, B. L. Expression of c-fos in parietal endoderm, amnion and differentiating F9 teratocarcinoma cells. Differentiation, 30:76-81, 1985.

15. Hernandez-Verdun, D. Morphogenesis of the syncytium in the mouse placenta. Ultrastructural study. Cell Tissue Res, 148:81-96, 1974.

16. Rossant, J., Tamura-Lis, W. Effect of culture conditions on diploid to giant-cell transformation in postimplantation mouse trophoblast. J Embryol Exp Morphol, 62:217-27, 1981.

17. Rossant, J., Croy, B. A. Genetic identification of tissue of origin of cellular populations within the mouse placenta. J Embryol Exp Morphol, 86:177-89, 1985.

18. Soares, M. J., Chapman, B. M., Rasmussen, C. A., Dai, G., Kamei, T., Orwig, K. E. Differentiation of trophoblast endocrine cells. Placenta, 17:277-89, 1996.

19. Davies, J., Glasser, D. R. Histological and fine structural observations on the placenta of rat. ACTA Anat, 69:542-608, 1968.

20. Muntener, M., Hsu, Y. C. Development of trophoblast and placenta of the mouse. A reinvestigation with regard to the in vitro culture of mouse trophoblast and placenta. Acta Anat, 98:241-52, 1977.

21. Georgiades, P., Ferguson-Smith, A. C., Burton, G. J. Comparative developmental anatomy of the murine and human definitive placentae. Placenta, 23:3-19, 2002.

22. Rugh, R. The Mouse: Its Reproduction and Development. Minneapolis, Burgess Publishing, 1968. p. 44-101.

23. Spindle, A. An improved culture medium for mouse blastocysts. In vitro, 16:669-74, 1980.

24. Brinster, R. L. Mammalian embryo culture. In: Hafez, E. S. A., Blandau, R. J. (eds.). The Mammalian Oviduct. Chicago, The University of Chicago Press, 1969. p. 419-44.

25. Rafferty, K. A. Methods in Experimental Embryology of the Mouse. Baltimore, John Hopkins University Press, 1970.

26. Tarin, J. J., Perez-Albala, S., Cano, A. Stage of the estrous cycle at the time of pregnant mare's serum gonadotropin injection affects the quality of ovulated oocytes in the mouse. Mol Reprod Dev, 61:398-405, 2002.

27. Giavini, E., Prati, M., Vismara, C. Effects of actinomycin D and chloramphenicol on the rat preimplantation embryos. Experientia, 35:1649-50, 1979.

28. Wilson, I. B., Jenkinson, E. J. Blastocyst differentiation in vitro. J Reprod Fert, 39:243-9, 1974.

29. Carson, D. D., Tang, J. P., Gay, S. Collagens support embryo attachment and outgrowth in vitro: effects of the Arg-Gly-Asp sequence. Dev Biol, 127:368-75, 1988.

30. Pell, S., Bulmer, D. Proliferation and differentiation of trophoblast in establishment of rat chorio-allantoic placenta. J Anat, 124:675-87, 1977.

31. Zuckermann, F. A., Head, J. R. Isolation and characterization of trophoblast from murine placenta. Placenta, 7:349-64, 1986.

32. Hunt, J. S., Deb, S., Faria, T. N., Wheaton, D., Soares, M. J. Isolation of fenotypically distinct cell lines from normal rat chorioallantoic placentas. Placenta, 10:161-77, 1989.

33. Athanassakis, I., Papadimitriou, L., Boris, G., Vassiliadis, S. Interferon-y induces differentiation of ectoplacental cone cells to phenotypically distinct trophoblasts. Developmental and Comparative Immunology, 24:663-72, 2000.

34. Soares, M. J., Glasser, D. R. Placental lactogen production and functional differentiation of rat trophoblast cells in vitro. J Reprod Fertil, 79:335-41, 1987.

35. Teesalu, T., Blasi, F., Talarico, D. Expression and function of the uroquinase type plasminogen activactor during mouse hemochorial placenta development. Dev Dyn, 213:27-38, 1998.

36. Kemler, R., Brûlet, P., Schnebelen, M. T., Gaillard, J., Jacob, F. Reactivity of monoclonal antibodies against intermediate filament proteins during embryonic development. J Embryol Exp Morph, 64:45-60, 1981.

37. Amarante, A. M., Paffaro Jr., V. A., Yamada, A., Bevilacqua, E. Caracterização histoquímica e imunohistoquímica das células placentárias de camundongo in vitro. Bras J Morphol Sci, 17(suppl.), 197:2000.

Capítulo 13

Obtenção de Hepatócitos em Perfusão de Fígado de Rato in situ *com Colagenase*

ROBERTO BARBOSA BAZOTTE

PERFUSÃO DE FÍGADO *IN SITU*

Esta técnica baseia-se no método de obtenção de hepatócitos, descrito por Berry & Friend (1969), e é constituída das seguintes etapas:

1. Anestesiar o rato com tionembutal (injeção intraperitoneal: 35 mg/kg).
2. Fixar o rato em mesa cirúrgica e proceder laparotomia para exposição do fígado.
3. Fazer ligaduras frouxas ao redor da veia porta, cava (porção infra-hepática) e artéria hepática.
4. Canular a veia porta [ver Observação 1] (fluxo 1 mL/minuto × grama de fígado) com líquido de perfusão [v. Obs. 2] (LP) livre de cálcio e imediatamente cortar os vasos sanguíneos abdominais inferiores ao fígado.
5. Ocluir a artéria hepática [v. Obs. 3].
6. Abrir o tórax e ocluir a veia cava (porção supra-hepática).
7. Canular a veia cava (porção infra-hepática) e, após o fígado dessangrar totalmente, elevar o fluxo [v. Obs. 4] para 4 mL/min × grama de fígado.
8. Após o término da cirurgia, manter a perfusão com LP livre de cálcio [v. Obs. 5] em sistema aberto [v. Obs. 6] por mais 15 min e, em seguida, fazer perfusão em sistema fechado [v. Obs. 6], utilizando LP regular (com cálcio [v. Obs. 5]) contendo glicose 10 mM e colagenase tipo 2 [v. Obs. 7] 0,05%.
9. Interromper a perfusão à medida que o fígado se apresentar gelatinoso [v. Obs. 8].

Observações

1. O fluxo é no sentido veia porta ⇨ veia cava (anterógrado), em oposição ao fluxo retrógrado (veia cava ⇨ veia porta).

2. O LP regular contendo cálcio apresenta a seguinte composição: $NaHCO_3$, 23 mM; $NaCl$, 116 mM; KCl, 4,7 mM; $CaCl_2$, 2,5 mM; KH_2PO_4, 1,2 mM; $MgSO_4$, 1,15 mM.

   O LP livre de cálcio se diferencia do LP regular pela ausência de $CaCl_2$ 2,5 mM e presença de EGTA 1,3 mM.

   Os líquidos de perfusão anteriormente descritos podem ainda conter glicose (10 mM) e/ou colagenase, conforme a etapa da obtenção de hepatócitos.

3. O fígado recebe o fluido de perfusão apenas pela veia porta (monovascular), em oposição à perfusão bivascular (Strümpel *et al.*, 1996), em que se realiza perfusão pela veia porta e artéria hepática.

4. O fluxo fisiológico é de aproximadamente 1,5 mL/min, dos quais cerca de 1,0 mL/min chega ao fígado pela veia porta. Considerando que o fígado de um rato adulto, alimentado, de 250 g, pesa cerca de 10 g (para 4 mL/g de fígado), o fluxo pela veia porta é ao redor de 40 mL/min, o que está muito acima dos valores fisiológicos. Este alto fluxo visa a compensar a ausência de eritrócitos no LP.

5. O LP livre de cálcio promove separação parcial dos hepatócitos, facilitando a ação da colagenase. Porém, o LP contendo colagenase, que é empregado a seguir, deve conter cálcio por duas razões: a) deve se realizar uma reposição do cálcio intracelular perdido durante o período de perfusão com LP sem cálcio, porque o metabolismo celular normal depende da manutenção do conteúdo de cálcio intracelular; b) a colagenase é uma enzima cuja atividade é cálcio dependente.

6. O sistema aberto é aquele em que o LP passa pelo fígado uma única vez. Já o sistema fechado é caracte-

rizado pela recirculação do LP. Este sistema permite empregar um volume de apenas 70 mL de LP contendo colagenase. No sistema aberto, a quantidade necessária de LP para um fluxo de 4,0 mL/min $\times$ grama de fígado (cerca de 40 mL/min) seria ao redor de 1.200 mL. Desta forma, considerando-se o alto custo da colagenase, este procedimento é vantajoso.

7. Embora a colagenase tipo 2 seja indicada para adipócitos, é possível obter com esta enzima alto rendimento e ótima viabilidade (98–100%).

Esta colagenase apresenta as seguintes especificações:
a) Fonte: *Clostridium histoliticum*.
b) Atividade: 190 unidades/mg de peso seco (unidade: é uma medida de atividade biológica. Cada unidade libera 1 µmol de L-leucina a partir de colágeno, em 5 h, a 37°C, pH 7,5).
c) Estocagem: 2 a 8°C.

8. Este é o momento mais importante, pois se a perfusão for interrompida precocemente, o número de hepatócitos obtidos é baixo. Porém, se interrompida tardiamente, a viabilidade dos hepatócitos diminui drasticamente. Um indicador de que o momento de interromper a perfusão se aproxima é o aumento do parafluxo na preparação *in situ*. Isto ocorre, em média, após 30 min de perfusão com colagenase.

ISOLAMENTO DE HEPATÓCITOS

Protocolo

1. Transferir o fígado para uma placa de Petri, contendo LP e colagenase (0,05%) e remover o fino tecido conjuntivo que envolve o parênquima hepático.
2. Filtrar a suspensão de hepatócitos, utilizando duas camadas de gaze que farão a retenção dos outros tipos celulares.
3. Centrifugar a suspensão de hepatócitos por 1 min (máximo de 100 rpm) e ressuspender o precipitado em LP regular sem colagenase. Repetir este procedimento mais duas vezes, para eliminar a colagenase excedente, sempre mantendo as células em banho de gelo (volume final de 25 mL).
4. Agitar suavemente o frasco contendo 25 mL de suspensão de hepatócitos e coletar amostra de 50 µL dessa suspensão e misturar com 50 µL do corante azul de tripan. Transferir a mistura para uma câmara de Neubauer (veja Cap. 5, Contagem de células).

5. O número total de hepatócitos obtidos a partir de um único fígado poderá ser calculado multiplicando-se o número total de hepatócitos em 1 mL pelo volume final da suspensão de hepatócitos (neste exemplo: 25 mL $\times$ 10^6 hepatócitos/mL = 2,5 $\times$ 10^7 hepatócitos).

Observações

Nos experimentos de avaliação da neoglicogênese, o LP regular também deverá estar isento de glicose, pois a presença desta no meio de incubação dificulta a avaliação da glicose produzida a partir de substratos da neoglicogênese.

Foi verificado que a concentração ideal de hepatócitos para avaliação da neoglicogênese deve ser de 2 $\times$ 10^6 células viáveis/mL. Porém, este número varia dependendo do tipo de experimento. Por exemplo, no caso de dosagem da concentração de cálcio citosólico, o número de células em cada suspensão deve ser de 0,5 $\times$ 10^6 células viáveis/mL (Bazotte *et al.*, 1990), pois um maior ou menor número de células compromete a obtenção de resultados confiáveis.

ESTUDOS DE NEOGLICOGÊNESE COM HEPATÓCITOS ISOLADOS

Protocolo

1. Aliquotar 5 mL de suspensão de hepatócitos (2 $\times$ 10^6 hepatócitos viáveis/mL) e incubá-los a 37°C, com agitação e oxigenação (CO_2/O_2 5/95%), durante 1 h, em LP regular isento de glicose (contendo substratos para a neoglicogênese).
2. Em seguida, adicionar 0,35 mL de ácido tricloroacético (TCA) a 70%, com o objetivo de se interromper a atividade celular.
3. Manter os frascos em gelo, durante 30 min, para promover a completa precipitação das proteínas.
4. Centrifugar as amostras e coletar o sobrenadante para dosagem de glicose (Bergmeyer & Bernt, 1974). A atividade neoglicogênica de cada amostra será proporcional à concentração de glicose presente no sobrenadante.

Cálculos

A atividade da neoglicogênese expressa em µmol de glicose/h $\times$ 10^6 células é realizada da seguinte forma: Supondo que a dosagem de glicose em um frasco (de 5 mL), contendo hepatócitos (2 $\times$ 10^6 células/mL) incubados por 1 h, na ausência e presença de piruvato 5 mM, foi, respectivamente, de zero e 8 mg/dL. Em uma primeira etapa, é feita a conversão de 8 mg/dL em μg/5 mL (volume de incubação dos hepatócitos).

Assim:

$$8 \text{ mg} \Rightarrow \quad 100 \text{ mL}$$
$$X \Rightarrow \quad 5 \text{ mL}$$
$$X = 0,4 \text{ mg ou } 400 \text{ μg}$$

Portanto, a produção de glicose, pela suspensão de hepatócitos (5 mL), no presente exemplo foi de 400 μg em 1 h.

O próximo passo é converter μg em μmol.

$$180 \text{ μg de glicose} \Rightarrow \quad 1 \text{ μmol}$$
$$400 \text{ μg de glicose} \Rightarrow \quad X = 2,2 \text{ μmol}$$

Portanto, a produção de glicose, pela suspensão de hepatócitos (5 mL), foi de 2,2 μmol/h.

Como em 5 mL há $5 \times (2 \times 10^6$ células/mL), o resultado final será 2,2 μmol/10^7 células $\times$ h ou 0,22 μmol/$10^6 \times$ células $\times$ h.

Finalmente, a atividade neoglicogênica será expressa pela diferença entre o valor obtido entre o frasco incubado com piruvato e o frasco incubado na ausência de piruvato (controle). Neste caso (0,22-0). O mesmo raciocínio se estende para avaliações de neoglicogênese, a partir de outros substratos, empregando esta metodologia.

REFERÊNCIAS BIBLIOGRÁFICAS

Bazotte, R. B., Constantin, J., Hell, N. S., Bracht, A. Hepatic metabolism of meal fed rats: studies in vivo and in isolated perfused liver. Physiol Behav, 48(2):247-53, 1990.

Bazotte, R. B., Pereira, B., Higham, S., Shoshan-Barmatz, V., Kraus-Friedmann, N. Effects of ryanodine on calcium sequestration in the rat liver. Biochem Pharmacol, 42(9):1799-803, 1991.

Bergmeyer, H. U., Bernt, E. Determination of glucose with glucose-oxidase and peroxidase. *In*: Bergmeyer, H. U. (ed.). Methods of Enzymatic Analysis. New York, Verlag Chemie-Academic Press, 1974. p. 1205-15.

Berry, M. N., Friend, D. S. High-yeld preparation of isolated rat liver parenchymal cells. A biochemical and fine structural study. J Cell Biol, 43:506-20, 1969.

Stümpel, F., Kucera, T., Bazotte, R., Püschel, G. P. Loss of regulation by sympathetic hepatic nerves of liver metabolism and haemodynamics in chronically streptozotocin-diabetic rats. Diabetologia, 39(2):161-5, 1996.

Souza, H. M. Efeito da administração de hormônios contra-reguladores na recuperação da hipoglicemia induzida por insulina: estudos *in vivo*, em perfusão de fígado *in situ* e em hepatócitos isolados. Curso de Mestrado em Ciências Biológicas da UEM, Maringá, PR, 1995.

Souza, H. M., Hell, N. S., Lopes, G., Batista, M. R., Bazotte, R. B. Synergistic effect of combined administration of counter-regulatory hormones during insulin-induced hypoglycemia (IIH) in rats: The participation of lipolysis and gluconeogenesis to the hyperglycemia. Acta Pharmacol Sin, 17(5):455-9, 1996.

Mine, T., Kojima, I., Ogata, E. Difference in sensitivity action in three rat liver systems. Metabolism, 39(3):321-6, 1990.

Quistorff, B., Dich, J., Grunnet, N. Preparation of isolated rat liver hepatocytes. *In*: Polland, J. W., Walker, J. M. (eds.). Animal Cell Culture. Clifton, N. Jersey, Humana Press, 1990. p. 151-60.

Ross, B. D. Techniques for investigation of tissue metabolism. *In*: Kornberg, H. L., Metcalfe, J. C., Northcote, D. H., Pogson, C. I., Tipton, K. G. (editorial board). Techniques in the life sciences. County Clare, Ireland, Elsevier/North-Holland Scientific Publ., 1990. p. B203, 1-22.

Queral, A. E., Deangelo, Garret, C. T. Effect of different collagenase on the isolation of viable hepatocytes from rat liver. Analytical Biochemistry, 138, 225-37, 1984.

Carlsen, S. A., Schmell, E., Weigel, P. H., Roseman, S. The effect of the method of isolation on the surface properties of isolated rat hepatocytes. The Journal of Biological Chemistry, 256(15): 8058-62, 1981.

Marsh, D. C., Lindell, S. L., Fox, L. E., Belzer, F. O., Southard, J. H. Hypothermic preservation of hepatocytes. 1. Role of cell swelling. Cryobiology, 26, 524-34, 1989.

Capítulo 14

Obtenção e Cultivo de Ilhotas Pancreáticas

EDGAIR FERNANDES MARTINS, ANNA KARENINA AZEVEDO MARTINS E HENRIETE ROSA DE OLIVEIRA

INTRODUÇÃO

Neste capítulo, serão apresentados protocolos para obtenção e cultivo de ilhotas pancreáticas, que podem servir como abordagem inicial para vários estudos da fisiologia do pâncreas endócrino. Adicionalmente, será apresentado um protocolo de dissociação de ilhotas para obtenção de células B isoladas, o que abrange outros aspectos destes estudos.

CONSIDERAÇÕES GERAIS

O pâncreas é uma glândula que se desenvolve embriologicamente como uma evaginação do intestino primitivo anterior. Esta glândula possui uma porção exócrina, formada pelos ácinos pancreáticos, que representam cerca de 98% do volume do pâncreas, responsáveis pela produção de enzimas digestivas. E uma porção endócrina, constituída pelas ilhotas pancreáticas, que secretam quatro peptídeos com atividade hormonal e ocupam os 2% restantes do volume do órgão.

Nos seres humanos, existem entre 1,5 e 2 milhões de ilhotas pancreáticas, que formam conjuntos de aproximadamente 2.500 células, compostas por quatro tipos celulares distintos (veja Tabela 14.1).

A insulina e o glucagon participam da regulação do metabolismo de carboidratos, proteínas e lipídios. A somatostatina participa da regulação da secreção das células componentes das ilhotas pancreáticas, e o polipeptídeo pancreático parece estar envolvido com funções gastrintestinais (Kacsoh, 2000).

Tabela 14.1 Proporção dos tipos celulares componentes das ilhotas pancreáticas e os seus respectivos hormônios

Tipo celular	Proporção	Hormônio
A ou α	20–25%	Glucagon
B ou β	60–70%	Insulina
D ou δ	10%	Somatostatina
F ou PP	Restante	Polipeptídeo pancreático

OBTENÇÃO DE ILHOTAS PANCREÁTICAS

Diferentes animais podem ser utilizados para obtenção e estudo das ilhotas pancreáticas, sendo a maioria dos estudos realizados em camundongos e ratos de diversas linhagens.

PROTOCOLO 1
(Descrito por Lacy & Kostianovsky, 1967.)

Material Utilizado

1. Cânula de polietileno n.º 10 — acoplada a agulha 12 × 4,5.
2. Seringa plástica de 20 mL.
3. Tesoura pequena — ponta fina.
4. Tesoura média — ponta romba.
5. Tesouras tipo pinça hemostática.
6. Pinça dente de rato.
7. Pinça anatômica pequena.
8. Placas de Petri.

9. Tubo de ensaio 10×1 cm.
10. Béquer de 100 mL (2 unidades).
11. Pipeta Pasteur de plástico.
12. Fio fino de platina torcido cuidadosamente e fixado a uma haste de plástico ou micropipeta.
13. Lupa com aumento mínimo de 10 vezes.
14. Banho-maria a 37°C.
15. Tubos ou placas de cultura para coleta das ilhotas.
16. Gás carbogênio (95% O_2 e 5% CO_2).
17. Colagenase tipo V.
18. Solução de Hanks.

Solução de Hanks

A solução de Hanks é composta por: 137 mM de NaCl; 5,4 mM de KCl; 0,8 mM de $MgSO_4$; 0,3 mM de Na_2HPO_4; 0,4 mM de KH_2PO_4. Solubilizar os sais em água destilada (metade do volume final da solução). Gaseificar essa solução por 10 min com carbogênio (95% O_2 e 5% CO_2). Após gaseificação, adicionar 1 mM de $CaCl_2$ e 4 mM de $NaHCO_3$, completar o volume e manter a mistura sob agitação até completa solubilização dos sais. Medir o pH, que deve estar entre 7 e 7,4. Essa solução está concentrada e, antes de ser utilizada, deverá ser diluída em H_2O, destilada na proporção de 1:1. Acrescentar 5,6 mM de D-glicose anidra e manter essa solução sob refrigeração (4 a 10°C).

Observações importantes:

a) O pH dessa solução deve estar entre 7 e 7,4; caso apresente valores fora desta faixa, não é indicado acertar o pH, pois tal procedimento poderia acarretar a precipitação dos reagentes.

b) Os sais $MgSO_4$, Na_2HPO_4 e $CaCl_2$ são, em geral, comercializados na forma hidratada. Sendo assim, é importante ajustar a quantidade a ser utilizada de acordo com o peso molecular de cada uma das formas (seja ela anidra ou hidratada) e da concentração indicada acima.

Obtenção das Ilhotas Pancreáticas

1. Após a morte do animal, realizar, com auxílio de tesoura e pinça dente de rato, uma laparotomia mediana (abrindo região peritoneal e cortando o tórax), deixando aparente toda a região ao redor do pâncreas.
2. Utilizando uma pinça pequena, identificar a bifurcação do ducto colédoco (Y) que conduz ao pâncreas.
3. Identificar o ponto de inserção do ducto pancreático na alça intestinal (junção duodenal).

4. Ocluir com tesoura hemostática o ducto pancreático na altura da inserção com a alça intestinal.
5. Colocar o tubo de ensaio sob o animal, facilitando a exposição do ducto colédoco, e seccioná-lo superficialmente, sem rompê-lo, com auxílio de tesoura de ponta fina e pinça.
6. Identificar o ponto seccionado e, utilizando uma pinça pequena, inserir a ponta da cânula no ducto.
7. Acoplar a cânula na seringa e injetar lentamente de 12 a 15 mL de solução de Hanks até o preenchimento de todo o tecido pancreático. A solução flui de maneira retrógrada através dos ductos pancreáticos, promovendo a divulsão do tecido acinar.
8. Soltar a tesoura hemostática.
9. Extrair cuidadosamente o pâncreas e colocá-lo em placa de Petri com solução de Hanks.
10. Retirar do pâncreas o excesso de gorduras, linfonodos e vasos sanguíneos muito evidentes (não há necessidade de uma "limpeza" muito profunda, evitando-se perda excessiva de tecido).
11. Transferir o pâncreas limpo para um béquer de 100 mL com cerca de 60 mL de solução de Hanks.
12. Picotar o órgão em pequenos pedaços ($\pm$ 1,5 mm³ aproximadamente) com auxílio de uma tesoura de ponta romba.
13. Transferir os fragmentos para um tubo de ensaio de 10×1 cm, retirando o excesso de solução de Hanks com uma pipeta Pasteur.
14. Adicionar 3,5 mg de Colagenase tipo V para cada cm³ de tecido.
15. Manter por 12–13 min em banho-maria a 37°C, gaseificando com carbogênio, sem agitação.
16. Após atingir o ponto de digestão (pastoso), agitar manualmente por mais 1 min dentro do banho-maria e mais 1 min à temperatura ambiente.
17. Colocar o conteúdo do tubo em um béquer com solução de Hanks gelada para interromper a ação da colagenase.
18. Lavar de 4 a 6 vezes com solução de Hanks, aspirando o sobrenadante (para cada lavagem, agitar a solução contendo o produto digerido com auxílio de uma pipeta Pasteur, esperar cerca de 1 min e realizar a aspiração do sobrenadante com cuidado para não aspirar as ilhotas).
19. Ao término das lavagens, se obtém uma solução com ilhotas e sobras de tecido pancreático digerido; esta deve ser mantida sob gelo.

80 Obtenção e Cultivo de Ilhotas Pancreáticas

20. Aspirar parte do conteúdo decantado e colocá-lo numa placa de Petri com um pouco de solução de Hanks.
21. Com auxílio de uma lupa, as ilhotas devem ser identificadas, separadas do material residual e coletadas uma a uma com o auxílio de um fio de platina torcido cuidadosamente e fixado a uma haste de plástico ou com micropipeta.

PROTOCOLO 2

Este protocolo tem por base o método descrito por Lacy & Kostianovsky, 1967, com uma modificação na composição da solução injetada no pâncreas. Dessa forma, antes de iniciar o experimento, deve-se preparar uma solução de colagenase 0,7 mg/mL de solução de Hanks com 5,6 mM de glicose, considerando-se que serão injetados, aproximadamente, 15 mL em cada pâncreas. No caso deste protocolo, trabalhar com, no máximo, três pâncreas de cada vez. O rendimento de ilhotas pancreáticas neste método é mais elevado do que no protocolo 1, já que a colagenase foi injetada dentro do pâncreas. No entanto, deve-se ressaltar que o risco de ocorrer uma destruição das ilhotas pancreáticas pela ação da colagenase é maior, sendo importante o cumprimento rigoroso do protocolo descrito.

1. Injetar a solução de colagenase, diretamente, no pâncreas, via ducto colédoco (15 mL/pâncreas).
2. Retirar o pâncreas e limpá-lo em placa de Petri, eliminando ao máximo a presença de vasos, gordura e linfonodos.
3. Colocar o pâncreas em tubo de 50 mL (tipo Falcon).
4. Cortar o material de 4 a 6 vezes.
5. Incubar o tubo fechado a 37°C (sem agitação) por 25 min.
6. Após esta incubação, adicionar solução de Hanks completando 30 mL e agitar (na mão) durante 30 s no banho-maria e mais 30 s fora do banho.
7. Colocar a preparação em recipiente de vidro, agitar com pipeta Pasteur plástica e lavar com solução de Hanks.
8. Deverão ser feitas 3 ou 4 lavagens e cada lavagem consiste em acrescentar Hanks, esperar o material precipitar durante 3 min e aspirar, aproximadamente, dois terços da solução.
9. Deste ponto em diante, a coleta será igual ao protocolo anterior.

Observação

Os protocolos descritos para obtenção de ilhotas pancreáticas são os mais usados pela facilidade do método e baixo custo. Há métodos que proporcionam maior rendimento no número de ilhotas pancreáticas, como o descrito por Tze *et al.* (1976), que se baseia no uso de um gradiente de densidade para separação das ilhotas.

CULTURA DE ILHOTAS

Material Utilizado

1. Tubos estéreis de 50 mL (tipo Falcon).
2. Garrafa de cultura de poliestireno.
3. Solução fosfato salina (PBS) estéril, pH de 7,4.
4. Meio de cultura RPMI-1640 (0,4 mM Ca^{2+}) com pH de 7,4, suplementado com antibióticos (1%) e 10% de soro bovino de recém-nascido (SBRN).
5. Centrífuga refrigerada.
6. Pipeta.
7. Estufa incubadora estéril.
8. Câmara de fluxo laminar.

Solução Fosfato Salina (PBS)

A solução é composta por: 136 mM de NaCl; 2,7 mM de KCl; 6,4 mM de Na_2HPO_4; 0,9 mM de KH_2PO_4, acertar o pH para 7,4. Esta solução deve ser esterilizada por autoclavagem.

METODOLOGIA PARA CULTURA DE ILHOTAS
(Garcia *et al.*, 2001.)

1. Obter as ilhotas como descrito nos protocolos 1 ou 2.
2. Coletá-las para um tubo estéril de 50 mL e adicionar 20 mL de PBS estéril para lavagem.
3. Centrifugar a 200 *g* por 2 min em centrífuga refrigerada a 4°C.
4. Desprezar o sobrenadante com auxílio de uma pipeta, cuidando para não aspirar as ilhotas.
5. Transferir as ilhotas para outro tubo estéril. A partir deste ponto, todos os procedimentos devem ser realizados em câmara de fluxo laminar para prevenir contaminações.
6. Repetir os procedimentos descritos em 2, 3, 4 e 5 por mais duas vezes.
7. Repetir mais uma vez o procedimento de lavagem (fases 2, 3, 4 e 5) das ilhotas, substituindo o PBS pelo meio de cultura RPMI-1640 suplementado com antibiótico e SBRN.

Obtenção e Cultivo de Ilhotas Pancreáticas 81

Fig. 14.1 Protocolo de obtenção das ilhotas pancreáticas. (**A**) Abrir o peritôneo do animal, expondo a região do fígado; (**B**) Ocluir com auxílio de tesoura hemostática o ducto pancreático na alça intestinal; (**C**) Seccionar o ducto colédoco sem rompê-lo e, com auxílio de uma pinça anatômica, inserir a cânula no ducto. Injetar lentamente a solução de Hanks para insuflar o tecido pancreático; (**D**) Tecido pancreático preenchido com solução de Hanks; (**E**) Após o preenchimento do pâncreas, removê-lo cuidadosamente com o auxílio de tesoura e pinça anatômica a partir do baço; (**F**) Remoção do pâncreas na área intestinal com o cuidado de não perfurar o intestino, a fim de evitar contaminação; (**G**) Pâncreas após retirada; (**H**) Coleta das ilhotas pancreáticas com auxílio de lupa e micropipeta.

8. Desprezar o sobrenadante como descrito no item 4.
9. Ressuspender no mesmo tubo com 40 mL do meio de cultura.
10. Transferir para uma garrafa de cultura de poliestireno e manter em estufa incubadora estéril.

Uma vez isoladas, as ilhotas podem ser utilizadas em diversos experimentos, com uma abordagem diferente da cultura de tecidos. Entre estes, podemos citar: experimentos de perfusão de ilhotas com diferentes concentrações de glicose, ou outros fatores que modifiquem a secreção de insulina (Carpinelli *et al.*, 1980; Curi *et al.*, 1990); incubação das ilhotas após tratamento dos animais, observando se há modificação no perfil secretório das ilhotas (El Razi *et al.*, 1992; Oliveira *et al.*, 1999); co-cultivo das ilhotas pancreáticas com outros tipos celulares (Garcia *et al.*, 2001), entre outros.

DISSOCIAÇÃO DE ILHOTAS PANCREÁTICAS PARA A OBTENÇÃO DE CÉLULAS BETA
(Gobbe & Herchuelz, 1989.)

Durante a coleta, as ilhotas deverão ser mantidas em cubetas plásticas de base plana, preenchidas com solução de Hanks.

Após a retirada do pâncreas e isolamento das ilhotas, proceder da seguinte forma:

1. Remover o máximo da solução Hanks com pipeta, sem perder ilhotas.
2. Lavar duas vezes o sedimento de ilhotas com 800 µL de tampão A; sempre com muita atenção para não perder ilhotas junto com a solução.
3. Remover o tampão A e substituí-lo por 800 µL de tampão B.
4. Deixar as ilhotas nesta solução, sem agitação, durante 30 min e em temperatura ambiente.
5. Recuperar a suspensão de células em tubo contendo meio de cultura (RPMI-1640 contendo 10 mM de glicose, 10% de soro fetal bovino e 2 mM de glutamina), e centrifugar.
6. O sedimento precipitado já são as células que deverão ser coletadas e colocadas em cultura.

Obs.: O meio de cultura já deve conter antibiótico.

Tampão A

NaCl	124 mM
KCl	5,4 mM
$MgSO_4$	0,8 mM
Na_2HPO_4	1 mM
HEPES	10 mM

Esta solução deve ser mantida em geladeira (4 a 10°C)

Tampão B

Tampão A	19,6 mg
Glicose	11 mg
$NaHCO_3$	24 mg
EGTA (solução 50 mM, pH 7,4)	400 µL

Esta solução deve ser mantida em *freezer* ($-20°C$).

REFERÊNCIAS BIBLIOGRÁFICAS

Carpinelli, A. R., Malaisse, W. J. Regulation of [86]RB[+] outflow from pancreatic islets. I—Reciprocal changes in the response to glucose, tetraethylammonium and quinine. Mol Cell Endocrinol, 17:103-10, 1980.

Curi, R., Rocha, M. S., Vecchia, M. G., Carpinelli, A. R. Inhibition of insulin secretion by rat mesenteric lymphocytes in incubated pancreatic islet cells. Horm Metab Res, 22:356-7, 1990.

El Razi, S., Curi, R., Carpinelli, A. R. Utilization of rat and human serum to carry out incubation and perfusion of pancreatic islets. J Pharmacol Toxicol Methods, 28:181-4, 1992.

Garcia Jr., J. R., Curi, R., Martins, E. F., Carpinelli, A. R. Macrophages transfer [^{14}C]-labelled fatty acids to pancreatic islets in culture. Cell Biochem Funct, 19:11-7, 2001.

Gobbe, P., Herchuelz, A. Effects of verapamil and nifedipine on gliclazide-induced increase in cytosolic free Ca2+ in pancreatic islet cells. J Endocrinol Invest, 12:469-74, 1989.

Kacsoh, B. The endocrine pancreas. Endocrine Phisiology. McGraw Hill, NY, p. 189-250, 2000.

Lacy, P. E., Kostianovsky, Y. Method for the isolation of intact islets of Langerhans from rat pancreas. Diabetes, 16:35-9, 1967.

Mathias, P. C. F., Salvato, E. M., Curi, R., Malaisse, W. J., Carpinelli, A. R. Effect of epinefrine on [86]RB[+] efflux, [45]Ca[2+] outflow and insulin release from pancreatic islets perfused in the presence of propranolol. Horm Metab Res, 25:138-41, 1993.

Oliveira, H. R., Curi, R., Carpinelli, A. R. Glucose induces an acute increase of superoxide dismutase activity in incubated rat pancreatic islets. Am J Physiol, 276(2 Pt 1):C507-10, 1999.

Tze, W. J., Wong, F. C., Tingle, A. J. The use of Hypaque-Ficoll in the isolation of pancreatic islets in rats. Transplantation, 22:201-05, 1976.

Capítulo 15

Obtenção de Adipócitos

WILLIAM NASSIB WILLIAM JUNIOR, AURÉLIO PIMENTA,
SANDRA ANDREOTTI E FÁBIO BESSA LIMA

INTRODUÇÃO

O método de isolamento de adipócitos foi primeiramente desenvolvido e publicado por Martin Rodbell em 1964. Até então, os estudos *in vitro* com células adiposas eram realizados com tecido adiposo intacto ou fragmentado. A demonstração de que os adipócitos isolados mantêm suas características metabólicas intrínsecas e sua responsividade aos hormônios tornou o método de Rodbell amplamente utilizado e difundido pela literatura especializada (Arner, 1995). Uma vez separados das células estromais e vasculares, os adipócitos podem ser utilizados em cultura primária, permitindo o estudo específico, por exemplo, do metabolismo e expressão gênica das células isoladas (Ceddia *et al.*, 2000).

Neste capítulo, apresentaremos um método com algumas adaptações em relação aos procedimentos originais de Rodbell. As modificações feitas não comprometem o rendimento final do número de células obtidas.

PREPARAÇÃO DOS MEIOS

Meio de Digestão

Reagente	Quantidade	Conc. final
DMEM (com glutamina, piruvato e glicose, e sem NaHCO$_3$)	1 g	1%
HEPES	0,6 g	0,6%
Albumina sérica bovina	4 g	4%
NaHCO$_3$	0,035 g	4,2 mM
Água q.s.p.	100 mL	

Nota: Acertar o pH para 7,4, filtrar com membrana 0,2 μm, adicionar penicilina 10.000 UI/mL/estreptomicina 10.000 μg/mL (1%), aliquotar e congelar.

Na ocasião do experimento, descongelar o meio e adicionar colagenase tipo II na concentração de 1 mg/mL.

Meio de Cultura

Reagente	Quantidade	Conc. final
DMEM (com glutamina, piruvato e glicose, e sem NaHCO$_3$)	8,3 g	0,83%
HEPES	4,8 g	0,48%
Soro fetal bovino	50 mL	5%
NaHCO$_3$	0,35 g	4,2 mM
Albumina sérica bovina	10 g	1%
Água q.s.p.	1.000 mL	

Nota: Acertar o pH para 7,4, filtrar com membrana 0,2 μm, adicionar penicilina 10.000 UI/mL/estreptomicina 10.000 μg/mL (1%).

ISOLAMENTO DOS ADIPÓCITOS

O método de isolamento dos adipócitos baseia-se na digestão do tecido adiposo com colagenase tipo II e na separação das células adiposas das células vasculares e estromais por centrifugação. Após estes procedimentos, os adipócitos tendem a flutuar no meio de incubação por terem baixa densidade, ao passo que as outras células formam um sedimento no fundo do tubo. Isto permite o isolamento das células adiposas com taxas mínimas de contaminação por outros tipos celulares presentes no tecido adiposo, como mastócitos, macrófagos, células do tecido conjuntivo e vascular (Rodbell, 1964).

Podem-se utilizar amostras de tecido de diferentes regiões, como, por exemplo, o tecido adiposo subcutâneo ou o retroperitoneal, atentando-se ao fato de que o metabolismo dos adipócitos varia conforme sua localização. A técnica de extração descrita a seguir será a do tecido adiposo periepididimal, utilizado na maioria dos estudos. A partir da etapa de digestão, o procedimento é idêntico para todos os tecidos adiposos.

Extração do Tecido Adiposo

1. Abrir a cavidade abdominal do animal e retirar o tecido adiposo sob condições estéreis.

2. Separar o tecido das estruturas adjacentes — epidídimo, ducto deferente e vasos próximos (Fig. 15.1A–D) e mergulhar os fragmentos de tecido retirados imediatamente em um recipiente de plástico contendo 3 mL de MD. A partir deste ponto, é recomendado que todas as etapas sejam realizadas em frascos de plástico, pois o contato dos adipócitos com o vidro pode ocasionar rompimento da membrana celular (Rodbell, 1964).

Digestão do Tecido Adiposo

1. Picar o tecido adiposo separado em pequenos pedaços com uma tesoura afiada e de ponta fina, até que tome uma consistência homogênea, sem "grumos" (Fig. 15.2A). Essa fragmentação do tecido adiposo aumenta

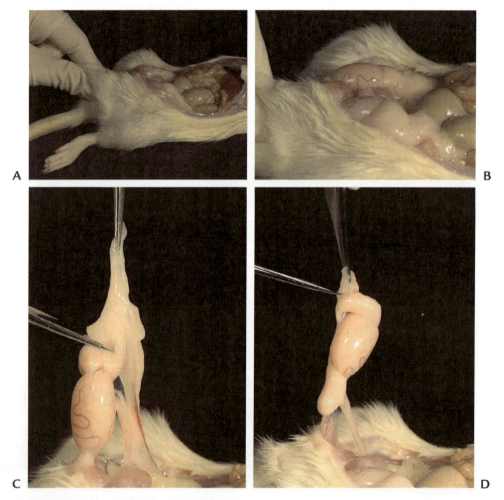

Fig. 15.1 Isolamento de adipócitos do tecido adiposo periepididimal. (**A**) Exposição do epidídimo do animal através do deslocamento dos testículos; (**B**). Identificação do tecido adiposo periepididimal; **C** e **D** Separação do tecido adiposo das estruturas adjacentes (epidídimo, ducto deferente e vasos).

a sua área de contato com o meio e facilita sua digestão. Durante a fragmentação, deve-se evitar a compressão do tecido com a tesoura contra a parede do recipiente. Isso minimiza a lise celular, que pode ser constatada pela visualização de grandes gotas de óleo.

2. Transferir o tecido picado para um frasco coletor, adicionar 2,5 mL de MD para cada 1 g de tecido adiposo e colocar o recipiente em banho-maria a 37°C, sob agitação orbital de 110 rpm, por aproximadamente 30 min. A agitação orbital mantém o meio mais homogêneo, diminui o choque entre os adipócitos e previne lise celular. Devem-se evitar agitação vigorosa e tempo de incubação prolongado (acima de 60 min) a fim de não ocasionar rompimento dos adipócitos.

Lavagem das Células Isoladas

1. Após a digestão, transferir as células para um tubo cônico de 50 mL de capacidade, filtrando-as através de uma malha fina de plástico ou *nylon* (Fig. 15.2B).
2. Adicionar meio de cultura para um volume final de 25 mL e agitar suavemente o tubo para uma distribuição de células mais uniforme. Centrifugar a suspensão celular por 30 s a 400 g. Após a centrifugação, os adipócitos estarão na superfície do meio de incubação, ao passo que as células estromais e vasculares formarão um sedimento no fundo do tubo (Fig. 15.2C).
3. Aspirar cuidadosamente o sedimento e o infranadante.
4. Repetir as etapas 2 e 3 duas vezes, a fim de assegurar lavagem adequada dos adipócitos e a retirada efetiva da colagenase do meio.
5. Ressuspender as células em 25 mL de meio de cultura. Se as células forem utilizadas logo em seguida para testes biológicos, deixar o tubo na estufa a 37°C, em posição horizontal, por 30–60 min para que qualquer atividade metabólica hormônio-dependente gerada *in vivo* seja estabilizada nas células. Em caso de cultura primária, este procedimento não é necessário.
6. Em seguida, centrifugar novamente, aspirar o infranadante e ressuspender em meio de cultura para o volume final de suspensão desejado. Não deixar os adipócitos em gelo em qualquer etapa dos procedimentos, a fim de evitar enrijecimento do conteúdo de gordura dos adipócitos e conseqüente ruptura celular.

A

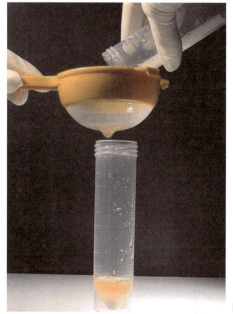
B

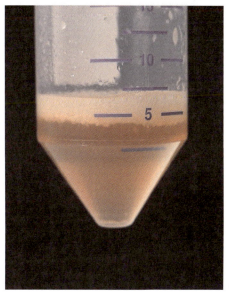
C

Fig. 15.2 (**A**) Fragmentação do tecido adiposo com tesoura; (**B**) Filtração dos adipócitos digeridos através de uma peneira; (**C**) Adipócitos em suspensão após a centrifugação.

CONTAGEM DO NÚMERO DE ADIPÓCITOS ISOLADOS

A determinação do número de adipócitos isolados pode ser feita conforme o método descrito por Di Girolamo *et al.* (1971).

1. Sob agitação, aspirar 50 μL da suspensão celular em um capilar. Vedá-lo em uma das extremidades, espetando-o em sabão de pedra.
2. Colocar o capilar com a parte vedada para baixo em um tubo de ensaio e centrifugá-lo a 400 *g*, durante 1 min. Os adipócitos formarão uma fase na parte superior do capilar.
3. Determinar o lipócrito, ou seja, a fração do volume total da solução ocupada pelos adipócitos. Com uma régua, medir a coluna que contém o volume total da solução e a coluna que contém o volume apenas de adipócitos e determinar a razão entre elas, como representado na Fig. 15.3.

O fato de o capilar ser um cilindro quase perfeito nos permite obter uma relação direta entre o comprimento e o volume de cada coluna.

4. Colocar um reforço plástico transparente adesivo em outra lâmina e pipetar outra alíquota celular no espaço delimitado. Assim, evita-se que a lamínula pressione as células, alterando o diâmetro. Analisar as células assim preparadas, em um microscópio óptico dotado de objetiva graduada com escala micrométrica. O diâmetro médio dos adipócitos é estimado medindo-se os diâmetros individuais de 100 células aleatoriamente escolhidas, como representado na Fig. 15.4.
5. Considerando-se o adipócito uma esfera, pode-se calcular o volume médio dos adipócitos (em μm³) com base no diâmetro médio estimado (em μm) através da seguinte fórmula:

$$V = \frac{\pi \times Dm^3}{6}$$

V = Volume (μm³)
π = 3,14
Dm = Diâmetro médio (μm)

O número de células em cada mL da suspensão celular pode ser obtido combinando-se as informações do lipócrito e do volume celular médio através da seguinte fórmula:

$$\text{número de células} = (\text{lipócrito}/V) \times 10^{12}$$

Fig. 15.3 Determinação do lipócrito pela medida das colunas de adipócitos e solução total. Exemplo: coluna de adipócitos = 0,8 cm; coluna da solução total = 6,1 cm; lipócrito = 0,13.

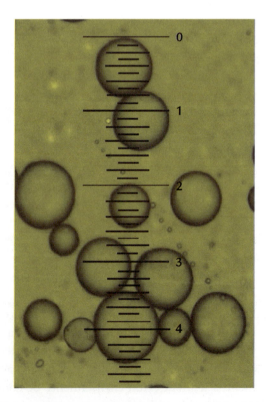

Fig. 15.4 Adipócitos visualizados pelo microscópio óptico com escala micrométrica.

Alternativamente, a solução contendo os adipócitos já isolados e lavados pode ser centrifugada novamente e o infranadante completamente aspirado. Com isso, temos apenas os adipócitos no fundo do tubo. Esta condição pode ser considerada como equivalente a um lipócrito de 100%. Desta suspensão, conhecendo-se o diâmetro médio (Dm) dos adipócitos ali presentes, pode-se recolher uma quantidade conhecida de células que serão semeadas nos meios de cultura. Isso pode ser feito facilmente a partir da fórmula de cálculo de volume de cada adipócito e posterior cálculo do número de células através de uma regra de três. A Tabela 15.1 relaciona o Dm (μm) dos adipócitos com o volume (μL) necessário para se obter determinada quantidade de células, especificada em cada coluna.

Como utilizar esta tabela?
Ex.: Se você deseja transferir 3×10^6 células com Dm de 56 μm para um frasco de cultura, proceda da seguinte forma:
Verifique a linha que corresponde ao Dm de 56 μm. Em seguida, verifique nas colunas ao lado qual delas corresponde a 3×10^6 células. Cruze as linhas e você irá obter o volume necessário, 275,9 μL, de uma suspensão de lipócrito 100%.

Tabela 15.1 Volume (μL) de suspensão celular (lipócrito de 100%) para se obter o número de adipócitos desejados para o experimento

Dm (μm)	Número de adipócitos desejados para o experimento					
	1×10^6	2×10^6	3×10^6	4×10^6	5×10^6	$7,5\times10^6$
40	33,5	67,0	100,5	134,0	167,6	251,3
41	36,1	72,2	108,3	144,3	180,4	270,7
42	38,8	77,6	116,4	155,2	194,0	290,9
43	41,6	83,3	124,9	166,5	208,1	312,2
44	44,6	89,2	133,8	178,4	223,0	334,5
45	47,7	95,4	143,1	190,9	238,6	357,8
46	51,0	101,9	152,9	203,9	254,8	382,2
47	54,4	108,7	163,1	217,4	271,8	407,7
48	57,9	115,8	173,7	231,6	289,5	434,3
49	61,6	123,2	184,8	246,4	308,0	462,0
50	65,4	130,9	196,3	261,8	327,2	490,9
51	69,5	138,9	208,4	277,8	347,3	520,9
52	73,6	147,2	220,9	294,5	368,1	552,2
53	78,0	155,9	233,9	311,8	389,8	584,6
54	82,4	164,9	247,3	329,8	412,2	618,4
55	87,1	174,2	261,3	348,5	435,6	653,4
56	92,0	183,9	275,9	367,8	459,8	689,6
57	97,0	193,9	290,9	387,9	484,8	727,3
58	102,2	204,3	306,5	408,6	510,8	766,2
59	107,5	215,1	322,6	430,1	537,7	806,5
60	113,1	226,2	339,3	452,4	565,5	848,2
61	118,8	237,7	356,5	475,4	594,2	891,4
62	124,8	249,6	374,4	499,2	623,9	935,9
63	130,9	261,8	392,8	523,7	654,6	981,9
64	137,3	274,5	411,8	549,0	686,3	1029,4
65	143,8	287,6	431,4	575,2	719,0	1078,4
66	150,5	301,1	451,6	602,1	752,7	1129,0
67	157,5	315,0	472,4	629,9	787,4	1181,1
68	164,6	329,3	493,9	658,5	823,2	1234,8
69	172,0	344,0	516,0	688,0	860,0	1290,1
70	179,6	359,2	538,8	718,4	898,0	1347,0
71	187,4	374,8	562,2	749,6	937,0	1405,5
72	195,4	390,9	586,3	781,7	977,2	1465,7
73	203,7	407,4	611,1	814,8	1018,4	1527,7

Tabela 15.1 Volume (μL) de suspensão celular (lipócrito de 100%) para se obter o número de adipócitos desejados para o experimento (Cont.)

	Número de adipócitos desejados para o experimento					
Dm (μm)	1×10^6	2×10^6	3×10^6	4×10^6	5×10^6	$7,5\times10^6$
74	212,2	424,3	636,5	848,7	1060,9	1591,3
75	220,9	441,8	662,7	883,6	1104,5	1656,7
76	229,8	459,7	689,5	919,4	1149,2	1723,9
77	239,0	478,1	717,1	956,2	1195,2	1792,8
78	248,5	496,9	745,4	993,9	1242,4	1863,6
79	258,2	516,3	774,5	1032,6	1290,8	1936,2
80	268,1	536,2	804,2	1072,3	1340,4	2010,6
81	278,3	556,5	834,8	1113,0	1391,3	2087,0
82	288,7	577,4	866,1	1154,8	1443,5	2165,2
83	299,4	598,8	898,2	1197,5	1496,9	2245,4
84	310,3	620,7	931,0	1241,4	1551,7	2327,5
85	321,6	643,1	964,7	1286,2	1607,8	2411,7
86	333,0	666,1	999,1	1332,2	1665,2	2497,8
87	344,8	689,6	1034,4	1379,2	1724,0	2585,9
88	356,8	713,6	1070,5	1427,3	1784,1	2676,1
89	369,1	738,2	1107,4	1476,5	1845,6	2768,4
90	381,7	763,4	1145,1	1526,8	1908,5	2862,8
91	394,6	789,1	1183,7	1578,3	1972,8	2959,3
92	407,7	815,4	1223,2	1630,9	2038,6	3057,9
93	421,2	842,3	1263,5	1684,6	2105,8	3158,7
94	434,9	869,8	1304,7	1739,6	2174,5	3261,7
95	448,9	897,8	1346,8	1795,7	2244,6	3366,9
96	463,2	926,5	1389,7	1853,0	2316,2	3474,4
97	477,9	955,7	1433,6	1911,5	2389,4	3584,1
98	492,8	985,6	1478,4	1971,2	2464,0	3696,1
99	508,0	1016,1	1524,1	2032,2	2540,2	3810,4
100	523,6	1047,2	1570,8	2094,4	2618,0	3927,0

6. Após a determinação do lipócrito, semear as células de acordo com o número necessário ao experimento em questão.

REFERÊNCIAS BIBLIOGRÁFICAS

Ailhaud, G. Adipose Tissue Protocols. Methods in Molecular Biology. Totowa, New Jersey, Humana Press, Vol. 155, 2001.

Arner, P. Techniques for the measurement of white adipose tissue metabolism: a practical guide. Int J Obes, 19:435-42, 1995.

Ceddia, R. B., William Jr., W. N., Lima, F. B., Flandin, P., Curi, R. Giacobino, J. P. Leptin stimulates uncoupling protein-2 mRNA expression and Krebs Cycle activity and inhibits lipid synthesis in isolated rat white adipocytes. Eur J Biochem, 267, 5952-8, 2000.

Di Girolamo, M., Medlinger, S., Fertig, J. W. A simple method to determine fat cell size and number in four mammalian species. Am J Physiol, 221:850-8, 1971.

Fine, J. B., Di Girolamo, M. A simple method to predict cellular density in adipocyte metabolic incubations. Int J Obes, 21:764-8, 1997.

Rodbell, M. Metabolism of isolated fat cells. Effects of hormones on glucose metabolism and lipolysis. J Biol Chem, 239(2):375-80, 1964.

Capítulo 16

Isolamento de Enterócitos

JUSSARA GAZZOLA, CRISTIAN RAFAEL MARTINS E MARCO AURÉLIO E. MONTANO

INTRODUÇÃO

O desenvolvimento e funcionamento do epitélio do intestino delgado normal depende de uma estreita regulação entre a proliferação e diferenciação das criptas. Embora as propriedades morfológicas e de auto-renovação das células das criptas tenham sido bem caracterizadas em modelos animais, os mecanismos controladores de sua proliferação e diferenciação em diferentes tipos de células ainda são pouco entendidos (Quaroni *et al.* 2000; Tian & Quaroni, 1999; Iavisheva, 1999; Fukamachi, 1992).

Para elucidar estes processos, modelos de cultura de tecidos centrados nas células das criptas imortalizadas de animais ou humanos têm aberto um novo caminho da investigação dos aspectos moleculares da diferenciação de células intestinais (Tian & Quaroni, 1999).

O intestino delgado dos mamíferos fornece um sistema importante para estudar aspectos da biologia das células-tronco ou *stem cells* como o controle da proliferação e diferenciação (Slorach, Campbell & Dorin, 1999). Após o nascimento, a função digestiva e protetora da mucosa intestinal depende de uma constante renovação e diferenciação do epitélio superficial. Este processo inicia-se com um pequeno número de células-tronco pluripotentes, ou uma única célula "máster" (célula filha), todas localizadas um quinto abaixo da posição das criptas.

A capacidade das células-tronco proliferar e diferenciar-se pode ser testada com ensaios de regeneração através dos quais a radiação é administrada *in vivo* para eliminar a maioria destas células, havendo regeneração da mucosa intestinal pela sobrevivência das células-tronco (Slorach, Campbell & Dorin, 1999). A característica mais importante a ser considerada no estudo de células-tronco está na capacidade destas em: (1) manter uma grande capacidade proliferativa, (2) produzir todas as linhagens epiteliais do intestino delgado, e (3) resumir toda a morfologia de criptas-vilos (Slorach, Campbell & Dorin, 1999).

Resumidamente, os vilos prolongam-se dentro do lúmen intestinal para absorver nutrientes, ao passo que as criptas estão ocultas em bolsas protetoras e funcionam como uma casa de força proliferativa do intestino. Células-tronco epiteliais situam-se próximas da base de cada cripta e dividem-se para produzir células filhas, as quais migram em direção à borda superior da cripta. Após completar o ciclo celular-funcional, as células epiteliais são removidas possivelmente por um processo envolvendo apoptose e liberação dentro do lúmen. Estes eventos estabelecem uma hierarquia de células-tronco, as quais exibem o máximo de pluripotência e potencial proliferativo em zonas próximas à base das criptas (Slorach, Campbell & Dorin, 1999).

CULTURAS PRIMÁRIAS DE ENTERÓCITOS

As culturas primárias de células do intestino tiveram início com Capdeville *et al.* (1967), sendo continuamente estudadas há anos. Muitos trabalhos buscam identificar quais são os fatores relacionados aos processos de crescimento e desenvolvimento deste tipo celular.

Muitos autores concordam com a importância das interações do epitélio–mesênquima na regulação, proliferação e diferenciação do epitélio intestinal (Fukamachi & Takayama 1980; Fukamachi, 1992; Sanderson *et al.* 1996). Segundo Kedinger *et al.* (1986, 1987a), o mesênquima do intestino de ratos ou fibroblastos são suportes importantes para a morfogênese e citodiferenciação da endoderme intestinal em cultura de células, e sugerem que alguns hormônios têm ação de ligar células epiteliais via células mesenquimais por (*a*) difusão de fatores solúveis, (*b*) contato com componentes da matriz extracelular e (*c*) direção do contato célula-célula. Porém, permanece para ser determinado qual mecanismo mesenquimal afeta a proliferação e diferenciação do epitélio intestinal.

As células do epitélio intestinal se proliferam na ausência de células heterólogas, mas o mesênquima celular pode ser necessário para sua integridade funcional de diferenciação (Fukamachi, 1992). A importância do mesênquima na regulação e manutenção da diferenciação endodermal sugere que este tenha um papel na função reguladora epitelial das células-tronco (Slorach, Campbell & Dorin, 1999). Tait *et al.* (1994) descreveram um método no qual intestinos de ratos são utilizados e agregados de células epiteliais e mesenquimais isoladas e geram uma neomucosa intestinal.

Evans *et al.* (1992) desenvolveram metodologias para culturas primárias de células do intestino. Estes pesquisadores verificaram a necessidade de manter a estrutura integral do tecido e fatores de crescimento parácrinos produzidos por células mesenquimais heterólogas, sendo a manutenção e a qualidade das interações celulares muito importantes para proliferação do epitélio intestinal. Essas interações do epitélio–mesênquima na regulação, proliferação e diferenciação do epitélio intestinal têm sido repetidamente descritas.

Fukamachi & Takayama (1980) demonstraram que o mesênquima fetal do rato afeta a diferenciação do epitélio nos organismos em cultura. Fukamachi (1992) observou que células do epitélio intestinal são capazes de proliferar na ausência de células heterólogas, mas o mesênquima celular pode ser necessário para sua integridade funcional de diferenciação. Evans *et al.* (1992) consideram o epitélio intestinal um modelo adequado para estudos de mecanismos de interação do epitélio–mesênquima. Isto é absolutamente necessário para o estabelecimento de um sistema primário de culturas em que células do epitélio intestinal proliferam e diferenciam-se na ausência do mesênquima, conduzem a identificação de fatores de crescimento e componentes da matriz extracelular, os quais regulam a proliferação e diferenciação epitelial.

Culturas primárias de células do intestino, geralmente, contêm muitos fibroblastos e células epiteliais se proliferando. Esse sistema de cultura parece ser adequado para determinar fatores de crescimento e/ou componentes da matriz extracelular que afetam diretamente as células epiteliais. Além disso, é possível determinar a influência exercida pelos fibroblastos contaminantes sobre as funções das células epiteliais (Fukamachi, 1992).

Kedinger *et al.* (1987a) utilizaram um sistema de culturas primárias em que o epitélio intestinal isolado foi obtido de fetos de ratos de 14 e 15 dias. As células epiteliais apresentavam-se em forma cubóide simples com localização basal do núcleo. A natureza das células do epitélio intestinal foi confirmada pela presença de vilos em uma face do lúmen. Ultra-estruturalmente, as células formaram conexões em junções firmes e desmossomos da região subluminal e microvilos que se projetavam na face do lúmen, indicando que as células em culturas primárias mantêm a capacidade de absorção (Fukamachi, 1992).

Muitas linhagens celulares do epitélio intestinal derivam de adenocarcinomas colônicos (Rutzky & Moyer, 1990), algumas das quais respondem na diferenciação da morfologia e função *in vitro* (Fukamachi *et al.* 1987; Richman & Bodmer, 1988; Fukamachi & Kim, 1989). Além disso, diversas linhagens epiteliais do intestino de feto de ratos neonatos têm sido estabelecidas (Quaroni & Wands, 1979; Blay & Brown, 1984; Négrel *et al.* 1983). Estas células são submetidas a mudanças na seleção para facilitar longos períodos de proliferação *in vitro*. Evans *et al.* (1992) reportaram que células intestinais em culturas primárias são mais sensíveis à qualidade dos meios de cultura do que linhagens permanentes.

Slorach, Campbell & Dorin (1999) modificaram a técnica proposta por Fukamachi (1992), demonstrando que agregados de células do intestino delgado de camundongos neonatais podem formar dois tipos de estruturas epiteliais ao serem enxertadas subcutaneamente em camundongos. Os mesmos pesquisadores demonstraram que, embora o epitélio neomucosal seja doador de origem, tanto o doador quanto a célula hospedeira contribuem para o componente mesenquimal. Além disso, as interações com o epitélio mesenquimal estão envolvidas na morfogênese da cripta. Estes estudos confirmam a utilidade e a validade do modelo em relação ao desenvolvimento e regeneração intestinal, bem como o potencial para seu uso no estudo de interações entre diferentes tipos celulares.

Células humanas e de diversos animais são utilizadas em culturas primárias. A seguir, serão descritos alguns métodos de obtenção de enterócitos que são encontrados na literatura. Também será descrito o método de isolamento de enterócitos padronizado pelo nosso grupo.

TÉCNICAS DE ISOLAMENTO DE ENTERÓCITOS

Metodologia para Obtenção de Enterócitos

Protocolo

1. *Rattus norvegicus* (Linhagem Wistar), com média de peso de 200 ± 300 g, adultos — 3-4 meses de vida.
2. Para obtenção das fêmeas prenhes, manter os ratos em gaiolas coletivas (3 fêmeas e 1 macho) sob o ciclo claro/escuro de 12/12 h, durante uma semana de acasalamento.
3. Após o acasalamento, retirar os machos e manter as fêmeas em gaiolas individuais com acesso a ração (52% de carboidratos, 21% de proteínas e 4% de lipídios) e água sem restrições.
4. No 20.º dia de gestação, promover o deslocamento cervical das fêmeas. Depois da abertura da cavidade abdominal, retirar os fetos.
5. Após a indução do deslocamento cervical, retirar os intestinos dos fetos com material cirúrgico estéril através de uma incisão na parede abdominal anterior, e submetidos às diferentes técnicas.
6. Para o isolamento dos enterócitos, lavar o intestino delgado dos fetos com HBSS (solução salina balanceada de Hanks) com DEPC (dietil pirocarbonato), contendo (mM): 136,9 NaCl; 5,4 KCl; 0,4 KH_2PO_4; 0,4 $Na_2HPO_4 . 2H_2O$; 5,5 glicose; 4,2 $NaHCO_3$; e água desmineralizada, pH 7,4.
7. Abrir o intestino lateralmente, com o auxílio de uma lupa, e digerir o órgão com solução de colagenase tipo IA 0,1% e hialuronidase 0,1% diluídas em HBSS, durante 60 min, sob agitação constante (90 ciclos/min), a 37°C.
8. Após a incubação, bloquear a atividade das enzimas com meio HF12 suplementado com 10% de SFB (v/v) (Fukamachi, 1992).
9. Centrifugar o material a 259 *g* por 5 min, a 4°C.
10. Ressuspender o precipitado em meio HF12. O sedimento celular deve ser agitado com pipeta Pasteur (100 vezes). O material deve ser ressuspenso novamente em meio HF12. Os restos celulares devem ser retirados após 5 min de decantação.
11. Coletar uma alíquota de 10 μL que é diluída em 90 μL de HBSS e corada com 100 μL de solução de azul de tripan a 1%, para a contagem das células viáveis em câmara de Neubauer.

Cultivo de Enterócitos e Curva de Crescimento

1. Cultivar as células (1×10^6 células/mL) em meio HF12 contendo 10% de soro fetal bovino (SFB), antibióticos (10 U/mL de penicilina e 10 μg/mL de estreptomicina), L-glutamina (2 mM) e bicarbonato de sódio (44 mM), em pH 7,4. Manter a cultura em incubadora com temperatura controlada a 37°C e atmosfera umidificada com 5% de CO_2 e 95% de ar.
2. Para se verificarem o número e viabilidade após o tratamento, as células devem ser desaderidas através da adição de tripsina (0,2% em versene 0,02%), deixando-se agir por 5 min em incubadora a 37°C. A ação da tripsina é bloqueada com HF12 acrescido de 10% de SFB.
3. Coletar uma alíquota de 100 μL do meio de cultura contendo as células e analisá-las em câmara de Neubauer com azul de tripan.
4. Para se determinar a curva de crescimento de enterócitos fetais, as células devem ser contadas em câmara de Neubauer em intervalos de 3, 6, 9, 12, 24, 48 e 72 h. O número inicial de células não deve ser menor do que 1×10^6 células/mL.

Chen, Yang, Braunstein, Georgeson, Harmon (2001)

Animais. Ratos machos Sprague-Dawley (250–300 g) devem ser mantidos em jejum antes de serem sacrificados por deslocamento cervical. As células intestinais devem ser isoladas pelo método de Gore & Hoinard (1993), com modificações.

1. Retirar o duodeno (5 cm), jejuno proximal (5 cm) e íleo distal (8 cm próximo ao cécum).
2. Lavar os fragmentos, imediatamente, duas vezes, com solução tampão salina fosfato estéril (PBS). Estes segmentos intestinais são novamente lavados com 0,154 M NaCl e 1 mM ditiotreitol, e preenchidos com *solução A* (em mM: 1,5 KCl, 96 NaCl, 27 citrato de sódio, 8 KH_2PO_4 e 5,6 NaHPO, pH 7,3) e incubados por 15 min, a 37°C. Após a incubação, eliminar a *solução A* dos segmentos intestinais e preenchê-los com a *solução B* (PBS sem Ca^{2+} ou Mg^{2+}, 1,5 mM EDTA e 0,5 mM ditiotreitol).

3. Incubar os segmentos por 3 min, a 37°C, e apalpá-los, suavemente com os dedos, por 2 min.
4. Filtrar o tampão contendo as células (poro de 70 µm), centrifugá-los (765 g) e lavar os precipitados, duas vezes, com Krebs-Ringer-Henseleit (KRH) estéril (2×10^6 células/mL ou 3 mg de proteína/mL). Ressuspender as células no mesmo tampão. A microscopia demonstra que em torno de 90% das células exibem características típicas de células dos vilos, e a viabilidade delas é definida pela capacidade de exclusão do azul de tripan.

Gastaldi, Ferrari, Verri, Casirola, Orsenigo, Laforenza (2000)

Animais. Devem ser utilizados ratos albinos Wistar de ambos os sexos (300–400 g) alimentados com ração e água *ad libitum*. Todos os animais devem ser privados de ração por 12 h, antes do início dos experimentos, com livre acesso a água.

Soluções. Meio A (mmol/L): 96 NaCl, 1,5 KCl, 27 Na citrato, 0,2 fenil-metil-sulfonil-fluorido, 5,6 K_2HPO_4/$KHPO_4$, pH 7,3.

Meio B (mmol/L): 140 NaCl, 1,5 EDTA, 0,5 ditiotreitol, 0,2 fenil-metil-sulfonil-fluorido, 16 K_2HPO_4/$KHPO_4$, pH 7,3.

Meio C (mmol/L): 137 NaCl, 5,2 KCl, 0,6 $CaCl_2$, 0,8 $MgSO_4$, 10 D-glicose, 5 glutamina, 0,2 fenil-metil-sulfonil-fluorido, 3 K_2HPO_4/$KHPO_4$, pH 7,3.

Preparação dos Enterócitos. Os enterócitos são isolados do intestino delgado usando o método de Rindi & Laforenza (1997), com pequenas modificações. Neste experimento, os ratos são mortos por deslocamento cervical.

1. Retirar o intestino delgado inteiro e lavar com solução salina.
2. Incubar o segmento com o **meio A**, a 37°C, por 10 min.
3. Descartar o conteúdo intraluminal e incubar o intestino com o **meio B**. Repetir estas etapas duas vezes.
4. Apalpar o intestino suavemente por 2 min e filtrar o fluido intraluminal, contendo enterócitos, em malha de *nylon* 250 e 100 µm, sucessivamente.
5. Coletar o filtrado em 50 mL de **meio C**.
6. Lavar as células três vezes com o **meio C** e centrifugá-las cada vez, a 50 g, por 2 min.
7. Medir a quantidade de proteínas de acordo com Lowry *et al.* (1951) com soro bovino e albumina como padrão.

Pré-incubação. Incubar 4 mL de suspensão final de enterócitos (16 mg proteína) em tubos plásticos a 37°C com agitador termostático (90 oscilações/min), durante 10 min, usando o **meio C**.

Luxon, Milliano (1999)

Isolamento das Células. Devem ser utilizados ratos Sprague-Dawley de 55–60 dias de idade para a remoção dos segmentos intestinais e isolamento das células das criptas (15 cm do piloro), da porção média e distal (15 cm do cécum). Os enterócitos devem ser isolados com o uso de método não enzimático modificado por Meddings *et al.* (1990).

1. Lavar o intestino com PBS contendo 1 mM ditiotreitol (DTT).
2. "Virar do avesso" com uma barra de vidro de 4 mm de diâmetro.
3. Preencher os segmentos com tampão citrato (em mM: 96 NaCl, 17 citrato de sódio, 5,6 KH_2PO_4 e 1,5 KCl, pH 7,3), fechar as extremidades e agitar levemente por 15 min, a 37°C, acondicionado em um tubo contendo tampão de isolamento (PBS com 1,5 mM EDTA, 0,5 mM DTT).
4. Coletar as células dos vilos por centrifugação a 500 g. As células do meio dos vilos são removidas com agitação adicional de 20 min. As células das criptas são coletadas raspando-se a mucosa remanescente após os vilos e células do meio dos vilos terem sido removidos. Todas as células devem ser mantidas a 37°C em atmosfera de 95% de O_2 e 5% CO_2 em PBS (pH 7,4) até serem utilizadas.
5. Testar viabilidade com azul de tripan. As preparações que resultam em menos de 85% de células viáveis são descartadas.

Caracterização dos Enterócitos. As células retiradas dos vilos e de outras regiões das criptas dos segmentos intestinais são identificadas pela atividade da fosfatase alcalina. As amostras são homogeneizadas por 30 s, e a enzima é identificada com o uso de um *kit* (Sigma Chemical, n.º 245-10). Para contar o número de células isoladas nas várias secções, as medidas são normalizadas para o total protéico através do método de Bradford.

Kumar, Mansbach II (1999)

Isolamento das Frações Vesiculares do Intestino de Ratos. Devem ser utilizados ratos machos Sprague-Dawley (250–300 g).

1. Canular os animais intraduodenalmente com tubo PE-50 (Clay Adams, Parsippany, NJ).
2. Durante a noite, administrar 0,15 mM NaCl, 5,37 mM KCl e 5% de glicose a 3 mL/h (Bomba de Infusão Harvard 22; Harvard Apparatus) através da cânula.
3. No dia seguinte, administrar infusão intraduodenal com emulsão sonicada de trioleína (em mM, 30 trioleína, 10 taurocolato, 10 Tris-HCl, pH 7,4) suplementada com [oleoil-^{3}H]-trioleína (250 μCi) por 2 h a 4,5 mL/h (esta infusão é específica do estudo).
4. Duas horas após a infusão, anestesiar os animais intraperitonealmente com 50 mg de fenobarbital e remover o intestino proximal.
5. Lavar o lúmen com 10 mM de taurocolato e, posteriormente, com NaCl gelado (150 mM).
6. Preencher o intestino com 150 mM NaCl e 1 mM NaN$_3$ e incubá-lo, por 5 min, a 37°C.
7. Após a incubação, fragmentar o segmento intestinal em pedaços (~8 cm), abri-los e raspar as células da mucosa. Agitar a mucosa, suavemente, por rotação (com tampão) e centrifugar a solução durante 5 min, a 1.000 g, a 4°C, para remover as células remanescentes da membrana basal.

Amelsberg, Jochims, Richter, Nitsche, Fölsch (1999)

Animais. Devem ser utilizados ratos machos Sprague-Dawley (250–275 g) mantidos com ingestão de água e ração *ad libitum*, ciclo de claro/escuro de 12/12 horas. A ração é removida 24 h antes de conduzir o experimento.

Isolamento das Células. Os ratos devem ser mortos por deslocamento cervical.

1. Isolar as células do epitélio intestinal de acordo com o método de Schwenk *et al.* (1983) para a remoção das vesículas da membrana da borda em escova.
2. Abrir o abdômen e coletar segmentos do jejuno (30 cm distais do ligamento *Treitz*) e íleo distal (30 cm proximais da válvula ileocecal).
3. Lavar e preencher o intestino com **solução A** (em mM: 96 NaCl, 27 citrato de sódio, 5,6 KH$_2$PO$_4$-K$_2$HPO$_4$, 1,5 KCl).
4. Substituir a **solução A** pela **solução B** (em mM: 140 NaCl, 16 KH$_2$PO$_4$-Na$_2$HPO$_4$, 1,5 EDTA, 0,5 ditiotreitol) e apalpar os segmentos, suavemente, por 2 min.
5. Drenar o líquido contendo as células.

6. Separar as células e muco por filtração. Ressuspender as células em DMEM a 4°C. O número de células viáveis é >95% através da exclusão por azul de tripan.

Evans, Flint, Somers, Eyden, Potten (1992)

Animais. Devem ser utilizados ratos Wistar machos e fêmeas de seis dias de idade, devendo permanecer durante 12 horas em ciclo de luz/escuro (luz: de 07:00 a 19:00 horas, GMT), água e ração consumidos *ad libitum*. Os animais devem ser mortos por deslocamento cervical e intestino delgado removido, limpo e separado do mesentério.

Isolamento das Células. Esses pesquisadores empregaram várias técnicas para o isolamento das células epiteliais. Estas incluem modificações de Weiser (1973) conduzida a 4°C e 20°C (Flint *et al.*, 1991), 1-5 mM EDTA (sal dissódico, BDH), 0,01-0,1% de tripsina em 4°C e 20°C, colagenase, dispase e uma combinação de colagenase crua e dispase. Com exceção da solução de Weiser, todos os outros agentes são dissolvidos em HBSS (baixa concentração de cálcio).

1. Remover o intestino delgado em segmentos de 2–3 mm, transferi-los para um frasco de 25 mL e lavá-los 8 vezes com 50 mL de HBSS, movimentando-os com agitação vigorosa.
2. Transferir para uma placa de Petri e cortar em partes <1 mm^3 com o auxílio de uma lâmina.
3. Retornar a amostra para um frasco de 25 mL com 20 mL de solução enzimática (SE) e agitar vigorosamente por 25 min, a 25°C.
4. Pipetar a solução vigorosamente (utilizar a ponteira com furo >2 mm) cerca de 150 vezes e transferir o conteúdo para um tubo estéril.
5. Deixar o conteúdo para sedimentar por 60 s e, com cuidado, fazer a remoção de todo o líquido, mantendo no fundo alguns mililitros; repetir este procedimento 2 vezes.
6. Adicionar 10 mL de DMEM e centrifugar a 50 g por 2 min.
7. Remover o sobrenadante com cuidado e ressuspender o precipitado celular (*pellet*) em 20 mL de DMEM.
8. Repetir este procedimento 5 ou 6 vezes até o sobrenadante ser completamente limpo e o *pellet* estar bem definido. Finalmente, ressuspender no meio apropriado para o crescimento.

O isolamento do epitélio intestinal é bem caracterizado como sendo uma mistura de colagenase crua e dispase, e uma combinação de enzimas que foram empregadas em alguns estudos anteriores (Gibson *et al.*, 1989), colagenase crua (tipo XI) e dispase (tipo I). Em pequenas concentrações (300 U/mL colagenase e 0,1 mg/mL dispase), os tecidos podem ser rapidamente desagregados a 20°C. Para assegurar uma máxima recuperação do material (células), os tecidos são colocados em uma plataforma de agitação por 30 min, durante o estágio de digestão enzimática, seguido por vigorosas pipetações por 3 min. Estes procedimentos resultam em células epiteliais destacadas em unidades intactas (vilos e unidades de pré-criptas). O epitélio nestas unidades organóides permanece como camadas polarizadas intactas, e unidas prontamente ao plástico e ao revestimento das garrafas em 24–48 h, formando grandes colônias de epitélio intestinal.

A indicação de que três diferentes concentrações do soro fetal bovino (10%, 5% e 2,5%) em uma concentração de CO_2 entre 5 e 7,5% é a mais apropriada para o crescimento celular.

Fukamachi (1992)

Animais. As fêmeas devem ser mortas por deslocamento cervical, e os tecidos duodenais dos fetos de 16,5 dias devem ser dissecados.

1. Tratar os tecidos duodenais com 0,1% colagenase e solução salina balanceada de Hanks (HBSS), em 37°C, por 70 min.
2. Separar os tecidos epiteliais do mesênquima pela ajuda de fórceps e lupa.
3. Incubar os tecidos epiteliais com 0,75% de colagenase e 0,75% hialuronidase em HBSS, a 37°C, por 50 min e, após obtenção de pequenos fragmentos de tecido, pipetar repetidamente com pipeta Pasteur.
4. Ressuspender as células do epitélio intestinal dos fetos em 1 mL de meio de cultura em placas de 24 cavidades e incubá-las em atmosfera umidificada de 5% CO_2, a 37°C.

Kumagai, Jain, Johnson (1989)

Animais. Devem ser utilizados ratos Sprague-Dawley (200–250 g). Manter os animais em ciclo luz/escuro de 12 h com ração e água *ad libitum*.

Isolamento Celular. Uma modificação do método de Weiser (1973) é utilizada para isolar as células dos vilos da mucosa do intestino delgado.

1. Remover o intestino delgado e lavá-lo com 50 mL de solução salina gelada 0,9% contendo 0,02% azida sódica e 0,05% ditiotreitol (DTT).
2. Remover o terço proximal do intestino e invertê-lo ("virar do avesso") com uma barra de vidro.
3. Amarrar uma das extremidades do segmento e preenchê-lo com **tampão B** (tampão fosfato salina, pH 7,4, contendo 1,5 mM EDTA e 0,5 mM DTT).
4. Após esse procedimento, amarrar a outra extremidade e incubar o segmento invertido por 10 min, a 37°C, em **tampão A** (tampão fosfato salina contendo 37,1 mM de ácido cítrico, pH 7,3).
5. Submeter os segmentos a incubações sucessivas em **tampão B** por 5, 10 e 15 min.
6. Coletar as células dos vilos, agitando o segmento em uma proveta vazia após as primeiras incubações em **tampão B**. Células do meio dos vilos e criptas são obtidas após a segunda e a terceira incubações, respectivamente. As frações celulares são identificadas analisando-se as atividades da sacarase (vilos) e timidina quinase (criptas) como descrito (Fitzpatrick *et al.*, 1986).
7. Ressuspender a fração de células soltas dos vilos em 40 mL de HBSS sem Ca^{2+} e Mg^{2+}, e agitar manualmente para a separação das células.
8. Determinar o número e a viabilidade das células. Após centrifugação a 300 *g*, por 5 min, ressuspender as células em HBSS e obter uma concentração de 10^6 células/mL. Células de três ou quatro intestinos são necessárias para render um adequado número para os experimentos.

Todos os experimentos são realizados usando a primeira fração (vilos) de células para todas as reações. Estas células têm grande viabilidade no início dos estudos e declinam durante os últimos estudos. E, ainda, os mecanismos de transporte e condução na maioria dos solutos são mais expressivos nas frações de células dos vilos.

Watford, Lund, Krebs (1979)

Animais. Devem ser utilizados ratos Wistar de 200 g, recebendo ração e água *ad libitum*. Alguns animais devem ser mantidos em jejum, por 48 h, antes do experimento. O rendimento celular do intestino dos ratos com 48 h de jejum é a metade se comparado com o dos ratos alimentados, mas as taxas metabólicas não são significativamente diferentes.

Preparação das Células do Epitélio do Intestino Delgado dos Ratos. Obter as células e utilizar as soluções salinas (**A, B, C**) sugeridas pelo método de Reiser & Christiansen (1971).

Soluções salinas utilizadas: (**A**) o meio de Krebs & Henseleit (1932) com omissão de $CaCl_2$, (**B**) 0,25% (w/v) de albumina dialisada do soro e 5 mM EDTA foram adicionados, (**C**) o meio de Krebs & Henseleit (1932), 2,5% (w/v) de albumina dialisada de soro.

Animais:

1. Promover o deslocamento cervical dos animais e evitar o uso de anestésicos, o que incrementa o relaxamento das mucosas e causa lentificação do intestino delgado nos 90 cm superiores.
2. Remover o segmento intestinal entre os 5 cm abaixo do piloro e 10 cm anteriores à junção com o cólon;
3. Adicionar, com uma seringa, 40 mL de solução salina (**A**), saturada com O_2/CO_2 (19:1) na extremidade proximal para o enxágüe do lúmen. O fluido de enxágüe que permaneceu no lúmen é removido apertando o intestino gentilmente em todo o segmento.
4. Fechar uma das extremidades e preencher o lúmen com 18 mL de solução salina (**B**). Este volume de fluido é suficiente para distender ligeiramente o segmento intestinal.
5. Fechar a outra extremidade e incubar o intestino a 37°C, por 15 min, com agitaçao (60–70 oscilações/minuto) em um frasco de 250 mL contendo 100 mL de solução salina (**A**). Durante a incubação, o frasco é continuamente gaseificado com O_2/CO_2.
6. Abrir o intestino, drená-lo e lavá-lo com solução salina gelada (**C**). Isto remove as células dos vilos com um pouco de muco.
7. Preencher o intestino novamente com solução salina (**C**) e colocá-lo por 1 min sob um bloco de gelo coberto por poliestireno, como descrito por Reiser & Christiansen (1971). Com este tratamento, as células são lançadas no lúmen.
8. Drenar o lúmen em tubos de poliestireno, evitando contato com as garrafas porque as células isoladas são hábeis em aderir às garrafas, formando *clumps*.
9. Centrifugar as células a 500 *g*, por 3 min, e lavar o precipitado com aproximadamente 4 volumes de solução salina (**C**).
10. Finalmente, ressuspender as células em 4 vol. de solução salina (**C**), e pipetar a solução várias vezes.

Esta suspensão contém aproximadamente 10 a 20 mg de tecido por 2 mL.

Hoffman, Kuksis (1979)

Animais. Devem ser utilizados ratos machos (200–250 g), com livre acesso a ração e água, mantidos sob condições controladas de iluminação e temperatura antes de serem utilizados.

Preparação das Células Isoladas. Os ratos são anestesiados para remoção do intestino delgado.

1. Separar o intestino em jejuno, parte média do intestino, e íleo.
2. Cortar os segmentos em pedaços de 15 cm e lavar o lúmen 2 vezes.
3. Amarrar uma das extremidades com linha cirúrgica. Todas estas etapas devem ser conduzidas em frascos plásticos, com os segmentos intestinais imersos em tampão gelado.
4. Virar o intestino do avesso, com uma escápula de aço, e fazer duas raspagens da mucosa (fórceps) na direção para baixo, sob uma lâmina de *Teflon* (Bel-Art Products, Inc., Pequannock, NJ. USA). Os fórceps produzem fragmentos das porções superiores dos vilos, com células dos meios dos vilos e células de secções abaixo. Ainda permanecem células das regiões das criptas na parede intestinal.
5. Incubar os dois grupos de células das raspagens e o tubo intestinal separadamente, em um tampão contendo 1 mg/mL hialuronidase, 10 μg/mL deoxirribonuclease e 660 unidades[3]/mL de BAEE, um inibidor da tripsina da soja. Incubar em garrafas de vidro cobertas por silicone, em um agitador a 37°C, 100 ciclos/minuto na atmosfera de 95% O_2 e 5% de CO_2. Após 20 min, remover os segmentos intestinais e manter a mucosa contendo as células das criptas removidas sob a barra de *Teflon*.
6. Todo este material deve ser agitado por 10 vezes com uma ponteira plástica de 10 mL e então filtrado em uma malha com poros de 111 μm dentro de tubos próprios para centrífuga com capacidade de 50 mL. As enzimas são removidas por centrifugação a 400 *g* por 2 min, e o *pellet* (células), lavado três a quatro vezes com tampão gelado até o sobrenadante ficar limpo.

Contagem das Células e Viabilidade Celular. Proceder conforme capítulos sobre Contagem de células e Coloração celular. A viabilidade celular é analisada pela exclusão do

96 Isolamento de Enterócitos

azul de tripan como descrito por Merchant *et al.* (1964), usando 0,1% (azul de tripan) em HBSS (contendo 0,95% PVP-40 e 15 mM HEPES). Um teste de exclusão foi feito de acordo com Kaltenbach *et al.* (1958).

Weiser (1973)

Preparação dos Tecidos. Promover o deslocamento cervical de ratas Sprague-Dawley em jejum (175–225 g) para a remoção do intestino delgado. Preparar as células intestinais conforme o método de Stern (1966), o qual usa citrato para dissociar as células da serosa e células intersticiais das células epiteliais. As células são coletadas e tratadas com 1,5 mM etilenodiaminotetracetato em solução tampão fosfato 0,9% NaCl. Nenhum tipo de proteases ou enzimas é utilizado.

Após a dissociação, lavar as células repetidamente com tampão fosfato NaCl ou com o tampão necessário para os experimentos. Incubar as células, a 37°C, por 15 min.

Este método de isolamento das células epiteliais do intestino delgado de ratos não somente separa células das criptas das células dos vilos, mas também separa células em um gradiente de vilos até criptas.

Protocolo de Preparação das Células Isoladas

1. Lavar o intestino delgado, completamente, com 0,154 M NaCl, 1 mM ditiotreitol, e preenchê-lo com **solução A**.
2. Incubá-lo a 37°C, por 15 min, e descartar a solução em seguida.
3. Preencher o intestino com a **solução B** e incubar a 37°C.
4. Colocar as soluções em tubos para centrifugação a 900 g por 5 min.
5. Suspender as células em PBS sem Ca^{2+} e Mg^{2+}, e centrifugar a 900 g, por 5 min (repetir 2 ou 3 vezes).
6. Células isoladas:
   A. ressuspender as células em PBS (sem Ca^{2+} e Mg^{2+}) para concentração de 1 a 2 × 10^6 células por mL.
   B. ressuspender as células em 50 mM Tris-HCl, pH 7,4, e 0,154 M NaCl.
   C. ressuspender as células em tampão 0,1 M cacodilato, pH 7,2 e 0,154 M NaCl.

Solução A

KCl — 1,5 mM, NaCl — 96 mM, Citrato de sódio — 27 mM, KH_2PO_4 — 8 mM, Na_2HPO_4 — 8 mM, $NaHPO_4$ — 5,6 mM, pH 7,3.

Solução B

Tampão fosfato salino (sem Ca^{2+} ou Mg^{2+}) 1,5 mM EDTA 0,5 mM ditiotreitol.

Considerações Importantes sobre o Crescimento Celular de Enterócitos

As principais dificuldades para manter a proliferação das células isoladas estão associadas com a qualidade do meio de cultura e os constituintes adicionados. Pesquisadores como Evans, Flint, Somers, Eyden, Potten (1992) observaram menor crescimento das células se os produtos adicionados ao meio haviam sido estocados. Usando DMEM, insulina (2,5 µg/mL), EGF (10 ng/mL) e soro fetal bovino (2,5% até 10%), foi obtido um incremento no crescimento das culturas intestinais. A presença de soro abaixo de 1% não é capaz de sustentar o crescimento destas culturas primárias além do 10.º dia.

Embora o crescimento seja mais rápido em altas concentrações de soro, estas condições não são mais apropriadas para as células epiteliais. Estabelecer linhagens de células epiteliais de intestino normal tem seguido o uso de digestão por colagenase e técnicas de sedimentação, com as colônias de epitélio sendo bem isoladas de uma mistura de células cultivadas (Quaroni & May, 1980).

REFERÊNCIAS BIBLIOGRÁFICAS

Amelsberg, A., Jochims, C., Richter, C. P., Nitsche, R., Fölsch, U. R. Evidence for an anion exchange mechanism for uptake of conjugated bile acid from the rat jejunum. Am J Physiol, 276: G737-42, 1999.

Bader, A., Hansen, T., Kirchner, G., Allmeling, C., Haverich, A., Borlak, J. T. Primary porcine enterocyte and hepatocyte cultures to study drug oxidation reactions. Br J Pharmacol, 129:331-42, 2000.

Barfull, A., Garriga, C., Mitjans, M., Planas, J. M. Ontogenetic expression and regulation of Na(+)-D-glucose cotransporter in jejunum of domestic chicken. Am J Physiol, 282(3):G559-64, 2002.

Bjerkness, M., Cheng, H. Methods for the isolation of intact epithelium from the mouse intestine. Anat Rec, 199:565-74, 1981.

Blay, J, Brown, K. D. Characterization of an epithelioid cell line derived from rat small intestine: demonstration of cytokeratin filaments. Cell Biol Int Rep, 8:551-60, 1984.

Capdeville, Y, Frézal, J. *et al.* Culture de tissu intestinal de Veau. Étude de la differenciation cellulaire et des activités disaccharasiques. C. R. Acad Sci. Paris, 264, 1967.

Cartwright, I. J., Hebbachi, A. M., Higgins, J. A. Transit and sorting of apolipoprotein B within the endoplasmic reticulum and Golgi compartments of isolated hepatocytes from normal and orotic acid-fed rats. J Biol Chem, 268:20937-52, 1993.

Cartwright, I.J., Higgins, J. A. Intracellular degradation in the regulation of secretion of apolipoprotein B-100 by rabbit hepatocytes. Biochem J, 314:977-84, 1996.

Cartwright, I. J., Higgins, J. A. Isolated rabbit enterocytes as a model cell system for investigations of chylomicron assembly and secretion. J Lipid Res, 40:1357-65, 1999.

Chen, M., Yang, Y., Braunstein, E., Georgeson, K. E., Harmon, C. M. Gut expression and regulation of FAT/CD36: possible role in fatty acid transport in rat enterocytes. Am J Physiol Endocrinol Metab, 281:E916-23, 2001.

Chew, C. S., Nakamura, K., Ljungstrom. Calcium signaling in cultured human and rat duodenal enterocytes. American Physiological Society, 275:G296-304, 1998.

Cid, L. P., Niemeyer M.I., Ramirez, A., Sepulveda, F.V. Splice variants of a ClC-2 chloride channel with differing functional characteristics. Am J Physiol, 279:C1198-210, 2000.

Del Castillo, J. R. The use of hyperosmolar, intracellular-like solutions for the isolation of epithelial cells from guinea-pig small intestine. Biochim Biophys Acta, 23;901:201-8, 1987.

Del Castillo, J.R., Ricabarra, B., Sulbaran-Carrasco, M.C. Intermediary metabolism and its relationship with ion transport in isolated guinea pig colonic epithelial cells. Am J Physiol, 260:C626-34, 1991.

Del Castillo, J. R., Sepulveda, F. V. Activation of an Na+/K+/2Cl-cotransport system by phosphorylation in crypt cells isolated from guinea pig distal colon. Gastroenterology, 109:387-96, 1995.

Dillon, E. L., Knabe, D. A., Wu, G. Lactate inhibits citrulline and arginine synthesis from proline in pig enterocytes. Am J Physiol, 276:G1079-86, 1999.

Evans, G. S., Flint, N., Somers, A. S., Eyden, B., Potten, C. S. The development of a method for the preparation of rat intestinal epithelial cell primary cultures. J Cell Sci, 101:219-31, 1992.

Ferrer, R., Amat, C., Soriano-Garcia, J. F., Boix, A., Moreto, M. Hexose uptake and intestinal epithelial surface area in low Na+ adapted chickens. Biochem Soc Trans, 22:263S, 1994.

Fitzpatrick, L. R., Wang, P., Johnson, L. R. Effect of refeeding on polyamine biosynthesis in isolated enterocytes. Am J Physiol, 252:G709-713, 1986.

Flemström, G., Säfsten, B., Jedstedt, G. Stimulation of mucosal alkaline secretion in rat duodenum by dopamine and dopaminergic compounds. Gastroenterology, 104:825-33, 1993.

Flint, N., Cove, F. I., Evans, G. S. A low temperature method for the isolation of small intestinal epithelium along the crypt-villus axis. Biochem J, 280:331-4, 1991.

Fukamachi, H. Proliferation and differentiation of fetal rat intestinal epithelial cells in primary serum-free culture. J Cell Sci, 103:511-9, 1992.

Fukamachi, H., Kim, Y. S. Importance of desmosome formation for glandular organization of LS174T human colon cancer cells in organ culture. Devl Growth Differ, 31:307-13, 1989.

Fukamachi, H., Mizuno, T., Kim, Y. S. Gland formation of human colon cancer cells combined with foetal rat mesenchyme in organ culture: an ultrastructural study. J Cell Sci, 87:615-21, 1987.

Fukamachi, H., Takayama, S. Epithelial-mesenchymal interaction in differentiation of duodenal epithelium of fetal rats in organ culture. Experientia, 36:335-6, 1980.

Garen, A. M., Levinthal, C. Biochim Biophys Acta, 38, 470-83, 1960.

Gastaldi, G., Ferrari, G., Verri, A., Casirola, D., Orsenigo, M. N., Laforenza, U. Riboflavin phosphorylation is the crucial event in riboflavin transport by isolate rat enterocytes. J Nutr, 130:2556-61, 2000.

Gibson, P. R., Vande Pol, E., Maxwell, L. E., Gabriel, A., Doe, W. F. Isolation of colonic crypts that mantain structural and metabolic viability in vitro. Gastroenterology, 96:283-91, 1989.

Gore, J., Hoinard, C. Linolenic acid transport in hamster intestinal cells is carrier-mediated. J Nutr, 123:66-73, 1993.

Grossmann, J., Maxson, J. M., Whitacre, C. M., Orosz, D. E., Berger, N. A., Fiochi, C., Levine, A. D. New isolation technique to study apoptosis in human intestinal epithelial cells. American Journal of Pathology, 153:53-62, 1998.

Haidari, M., Leung, N., Mahbub, F., Uffelman, K. D., Kohen-Avramoglu, R., Lewis, G. F., Adeli, K. Fasting and postprandial overproduction of intestinally derived lipoproteins in an animal model of insulin resistance. Evidence that chronic fructose feeding in the hamster is accompanied by enhanced intestinal de novo lipogenesis and ApoB48-containing lipoprotein overproduction. J Biol Chem, 277:31646-55, Epub 2002 Jun 17, 2002.

Hoffman A. G., Kuksis A. Improved isolation of villus and crypt cells from rat small intestinal mucosa. Can J Physiol Pharmacol, 57:832-42, 1979.

Iavisheva, T. M., Khlynina, E. G., Semenyak, Oiu. Regulation of differentiation of murine intestinal epitheliocytes. Biophysics and Biochemistry, 128:39-41, 1999.

Imagawa, W., Tomooka, Y., Yang, J., Guzman, R., Richards, J., Nandi, S. Isolation and serum-free cultivation of mammary epithelial cells within a collagen gel matrix. In: Cell Culture Methods for Molecular and Cell Biology, v. 2 (ed. D. W. Barnes, D. A. Sirbasky & G. H. Sato), New York, Alan R Liss, 1984, p. 127-41.

Kaltenbach, J. P., Kaltenbach, M. H., Lyons, W. B. Nigrosin as a dye for differentiating live and dead ascites cells. Exp Cell Res, 15:112-117, 1958.

Kedinger, M., Simon-Assmann, P. M. et al. Fetal gut mesenchyme induces differentiation of cultured intestinal endodermal and crypt cells. Dev Biol, 113:474-83, 1986.

Kedinger, M., Simon-Assmann, P. M. *et al.* Smooth muscle actin expression during rat gut development and induction in fetal skin fibroblastic cells associated with intestinal embryonic epithelium. Differentiation, 43:87-97, 1990.

Kedinger, M., Simon-Assmann, P., Alexandre, E., Haffen, K. Importance of a fibroblastic support for in vitro differentiation of intestinal endodermal cells and for their response to glucocorticoids. Cell Differ, 20:171-82, 1987a.

Kessler, M., Acuto, O., Storelli, O. C., Murer, H., Muller, M., Semenza, G. Biochim Biophys Acta, 506:136-54, 1978.

Kimmich, G. A., Randles, J. Energetics of sugar transport by isolated intestinal epithelial cells: effects of cytochalasin B. Am J Physiol, 237:C56-63, 1979.

Kimmich, G. A., Randles, J. Energy coupling to Na+-dependent transport systems: evidence for an energy input in addition to transmembrane ion gradients. Proc Meeting Federation European Biochem Soc., 9th, Budapest, 1974, p. 117-30.

Kimmich, G. A. Preparation and properties of mucosal epithelial cells isolated from small intestine of the chicken. Biochemistry, 15, 9(19):3659-68, 1970.

Krebs, H. A., Henseleit, K. Hoppe-Seyler's Z Physiol Chem, 210:33-66, 1932.

Kumagai, J., Jain, R., Johnson, L. R. Characteristics of spermidine uptake by isolated rat enterocytes. Am J Physiol, 256: G905-10, 1989.

Kumar, N. S., Mansbach, C. M. II. Prechylomicron transport vesicle: isolation and partial characterization. Am J Physiol, 276:G378-86, 1999.

Lowry, O. H., Rosebrough, N. J., Farr, A. L., Randall, R. J. Protein measurements with the Folin phenol reagent. J Biol Chem, 193:265-75, 1951.

Luxon, B. A., Milliano, M. T. Cytoplasmic transport of fatty acids in rat enterocytes: role of binding to fatty acid-binding protein. Am J Physiol, 277:G361-6, 1999.

Meddings, J. B., Desouza, D., Goel, M., Thiesen, S. Glucose transport and microvillus membrane physical properties along the crypt-villus axis of the rabbit. J Clin Invest, 85:1099-107, 1990.

Merchant, D. J., Kahn, R. H., Murphy, J. R., W. H. Handbook of cell and organ culture. 2. ed. Burgess Publishing Company, Minneapolis, 1964.

Mohammadpour, H., Hall, M. R., Pardini, R. S., Khaiboullina, S. F., Manalo, P., McGregor, B. An atraumatic method to establish human colon carcinoma in long-term culture. J Surg Res, 82:146-50, 1999.

Monaghan, A. S., Mintenig, G. M., Sepulveda, F. V. Outwardly rectifying Cl-channel in guinea pig small intestinal villus enterocytes: effect of inhibitors. Am J Physiol, 273:G1141-52, 1997.

Nagayama, K., Oguchi, T., Arita, M., Honda, T. Purification and characterization of a cell-associated hemagglutinin of Vibrio parahaemolyticus. Infect Immun, 63:1987-92, 1995.

Négrel, R., Rampal, P., Nano, J.-L., Cavenel, C., Aihaud, G. Establishment and characterization of an epithelial intestinal cell line from rat fetus. Exp Cell Res, 143:427-37, 1983.

Perreault, N., Beaulieu, J. F. Primary cultures of fully differentiated and pure human intestinal epithelial cells. Exp Cell Res, 245:34-42, 1998.

Picotto, G., Massheimer, V., Boland, R. Parathyroid hormone stimulates calcium influx and the cAMP messenger system in rat enterocytes. Am J Physiol, 273:c1349-53, 1997.

Quaroni, A., May, R. J. Establishment and characterization of intestinal epithelial cell cultures. Methods Cell Biol, 21B:403-27, 1980.

Quaroni, A., Tian, J. Q., Seth, P., Rhys, C. A. P. p27Kip1 is an inducer of intestinal epithelial cell differentiation. Am J Physiol, 279:C1045-C1057, 2000.

Quaroni, A., Wands, J. *et al.* Epithelioid cell cultures from rat small intestine. J Cell Biol, 80:248-65, 1979.

Reiser, S., Christiansen, P. A. The properties of the preferential uptake of L-leucine by isolated intestinal epithelial cells. Biochim Biophys Acta, 5;225(1):123-39, 1971.

Richman, P. I., Bodmer, W. F. Control of differentiation in human colorectal carcinoma cell lines: epithelial-mesenchimal interactions. J Pathol, 156:197-211, 1988.

Rindi, G., Laforenza, U. *In vitro* systems for studying thiamin transport in mammals. Methods Enzymol, 279:118-31, 1997.

Rutzky, L. P., Moyer, M. P. Human cell lines in colon cancer research. *In*: *Colon Cancer Cells* (ed. M. P. Moyer & G. H. Poste), 155-202. San Diego, Academic Press, 1990.

Sanderson, I. R., Ezzell, R. M., Kedinger, M. *et al.* Human fetal enterocytes *in vitro*: Modulation of the phenotype by extracellular matrix. Proc Natl Acad Sci USA, 93:7717-22, 1996.

Schwemk, M., Hegazy, E., Lopez del Pino, V. Kinectics of taurocholate uptake by isolated ileal cells of guinea pig. Eur J Biochem, 131:387-91, 1983.

Slorach, E. M., Campbell, F. C., Dorin, J. R. A mouse model of intestinal stem cell function and regeneration. J Cell Sci, 112:3029-38, 1999.

Stern, B. K. Some biochemical properties of suspensions of intestinal epithelial cells. Gastroenterology, 51:855-67, 1996.

Tait, I. S., Flint, N., Campbell, F. C., Evans, G. S. Generation of neomucosa in vivo by transplantation of dissociated rat postnatal small intestinal epithelium. Differentiation, 56, 91-100, 1994.

Tian, J. Q., Quaroni, A. A involvement of p21 (WAF1/Cip1) and p27(Kip1) in intestinal epithelial cell differentiation. American Physiological Society. 277:G1027-40 1999.

Watford, M., Lund, P., Krebs, H. A. Isolation and metabolic characteristics of rat and chicken enterocytes. Biochem J, 178:589-96, 1979.

Weiser, M. M. Intestinal epithelial cell surface membrane glycoprotein synthesis. J Biol Chem, 248:2536-41, 1973.

Whitehead, R. H., Brown, A., Batel, P. S. A method for the isolation and culture of human colonic crypts on collagen gels in vitro. Gastroenterology. v. 283-91, 1996.

Wu, G., Knabe, D. A., Flynn, N. E. Synthesis of citrulline from glutamine in pig enterocytes. Biochem J, 1; 299:115-21, 1994.

Youngman, K. R., Simon, P. L., West, G. A., Cominellu, F., Rachmilewitz, D., Klein, J. S., Fiocchi, C. Localization of intestinal interleukin 1 activity and protein and gene expression to lamina propria cells. Gastroenterology, 104:749-58, 1993.

Capítulo 17

Obtenção de Neutrófilos

Tatiana Carolina Alba-Loureiro

ORIGEM E CARACTERÍSTICAS

Os neutrófilos se originam das células pluripotentes chamadas de *stem cells*, localizadas na medula óssea; estas também são precursoras dos leucócitos, eritrócitos e plaquetas. O desenvolvimento de neutrófilos maduros envolve processos de diferenciação, amplificação do número de células e maturação celular; processos que são controlados por fatores de crescimento hematopoéticos e pelo microambiente no qual a hematopoese ocorre. Na seqüência de maturação celular para a formação dos neutrófilos, os mieloblastos são as células mais imaturas, que, ao apresentarem granulações citoplasmáticas específicas, são denominadas promielócitos neutrofílicos; os estágios seguintes da maturação compreendem os mielócitos neutrófilos, metamielócitos neutrófilos, neutrófilos com núcleos em bastão e neutrófilos maduros; os quais se diferem em compartimentos anatômicos e funcionais (Junqueira & Carneiro, 1995).

Os neutrófilos apresentam um núcleo multilobulado, com cromatina densamente compactada, que origina o termo polimorfonuclear, não apresentam nucléolo, contêm aparelho de Golgi pequeno, e, quando os neutrófilos estão maduros, variam em tamanho de 10 a 15 μm de diâmetro. No citoplasma, há grânulos primários ou azurófilos, com enzimas lisossomais e fatores bactericidas (Gabay *et al.*, 1986; Damiano *et al.*, 1988), e secundários ou específicos. A distinção entre os grânulos decorre da maturação dos neutrófilos na medula óssea e da composição química de cada grânulo (Lee *et al.*, 1993; Junqueira & Carneiro, 1995; Bainton, 2001).

METABOLISMO E FUNÇÕES

A principal via de obtenção de energia utilizada pelos neutrófilos é a glicolítica, resultando na conversão de glicose a lactato (Beck & Valentine, 1952; Beck, 1955; Borregaard & Herlin, 1982). Somente 2 a 3% da glicose consumida por estas células é totalmente oxidada pelo ciclo de Krebs (Wood *et al.*, 1953; Beck, 1958; Stjernholm & Manek, 1970), via de grande importância devido à formação de NADPH, usado pelos neutrófilos para geração de oxidantes microbicidas. Além da glicose plasmática, o glicogênio armazenado nos neutrófilos pode servir como fonte de energia (Stjernholm *et al.*, 1972); principalmente durante a fagocitose. No entanto, em 1997, Pithon-Curi *et al.* demonstraram que os neutrófilos também utilizam a glutamina como fonte de energia. Este aminoácido não essencial compreende mais de 60% dos aminoácidos livres no organismo, e a maior parte da glutamina é convertida em glutamato, aspartato (via ativação do ciclo ácido tricarboxílico), lactato e, sob condições apropriadas, CO_2 (Ardawi & Newsholme, 1983; Newsholme *et al.*, 1987; Pithon-Curi *et al.*, 1997).

Os neutrófilos são células fagocitárias que agem na primeira linha de defesa contra os microrganismos invasores. Estas células sintetizam proteínas que participam de suas próprias funções efetoras e polipeptídios pró- e antiinflamatórios, como, citocinas, quimiocinas, fatores de crescimento e interferons, *in vitro* e *in vivo*. Os neutrófilos possuem função importante na elucidação e sustentação do processo inflamatório, além de contribuírem na regulação das reações imunes. Para desempenharem suas funções defensivas, os neutrófilos circulantes necessitam chegar ao foco da lesão e, para isso, aderem ao endotélio de capilares e vênulas adjacentes, e migram para o local inflamado (processo chamado de diapedese), fagocitam, destroem e digerem os microrganismos invasores, e, posteriormente, induzem sua própria morte para a restauração do tecido.

Durante o desenvolvimento do processo inflamatório, os vasos dilatam-se e o fluxo sanguíneo diminui, promovendo a aderência momentânea de leucócitos ao endotélio vascular. Alterações da expressão de moléculas de adesão responsáveis pela interação do leucócito com a célula endotelial são responsáveis pelo aumento da força de adesão. As substâncias envolvidas na interação leucócito-endotélio pertencem a três grupos de estruturas distintas: família das integrinas, moléculas de adesão da superfamília das imunoglobulinas, e família de proteínas denominadas selectinas (Bevilacqua & Nelson, 1993; Granger & Kubes, 1994; Kishimoto & Rothlein, 1994; Malik & Lo, 1996; Celi *et al.*, 1997). Após a adesão, os leucócitos migram para o foco da lesão através das junções interendoteliais, membrana basal e fibras perivasculares do colágeno.

Os neutrófilos, quando no sítio inflamatório, entram em contato com a partícula ou microrganismo invasor, o que promove a extensão de pseudópodes e do englobamento da partícula, formando o fagossomo (Mudd, 1934). Nos neutrófilos, a fagocitose envolve duas classes de receptores, os Fcγ — FcγRIIA e FcγRIIIB, e os receptores do complemento CR1 e CR3 (Witko-Sarsat *et al.*, 2000). As complexas vias de sinalização promovidas pelo englobamento de partículas ou microrganismos invasores desencadeiam a fusão do fagossomo com grânulos ricos em proteases. A desgranulação no fagolisossomo ou no espaço extracelular são eventos-chave para a atividade microbicida (Berton, 1999); mas, além das enzimas e proteínas liberadas pelos grânulos, a ação microbicida dos neutrófilos também depende da ativação da oxidase dependente de NADPH e, por conseqüência, da geração de espécies reativas de oxigênio (EROS) que incluem o ânion superóxido (O_2^-), peróxido de hidrogênio (H_2O_2), hipoclorito (HOCl) e radical hidroxil (OH^-) (Fantone & Ward, 1982).

Recentemente, evidenciou-se que os neutrófilos são capazes de produzir citocinas, como IL-1α, IL-1ra, IL-1β, IL-12, TNF-α, TGFβ1 (*transforming growth factor β1*), quimiocinas (IL-8), MIP-1α (*macrophage inflamatory protein-1α*), MIP-1β, GROα (*growth-related gene product-α*) e IP-10 (*interferon-γ-inducible protein-10*) (Cassatella, 1995, 1996), e que a produção é precedida do acúmulo dos correspondentes RNA mensageiros. A produção de citocinas pelos neutrófilos pode ser facilmente regulada por citocinas imunorreguladoras como IFN-γ, IL-4, IL-10 e IL-13, sugerindo que células T-helper 1 e 2 podem influenciar na produção destas proteínas pelos neutrófilos (Romagnani, 1994).

OBTENÇÃO DE NEUTRÓFILOS

A Partir do Peritônio

Os neutrófilos não são células residentes da cavidade peritoneal. Para que sejam coletados, previamente, se injeta glicogênio de ostra que é um agente irritante local e que promove a migração de neutrófilos circulantes para a cavidade. Esta metodologia é utilizada para coleta de um grande número de células, e que não possuem uma resposta Th1 ou Th2 característica, como a de outros agentes quimiotáxicos; por exemplo, anticorpos, ovalbumina, lipopolissacarídeo (LPS), peptídeo N-formil-metanil-leucil-fenilalanina (FMLP), entre outros.

Materiais

Seringas de 10 mL
Agulha
Material cirúrgico: pinça e tesoura
Pipeta Pasteur de plástico para coleta das células do peritônio
Tubos Falcon de 50 mL
Tampão fosfato salina (PBS, pH 7,4)
Glicogênio de ostra II a 1% em (PBS), pH 7,4
Câmara de Neubauer e Microscópio óptico
Centrífuga

Protocolo

1. Injetar o glicogênio i.p. (10 mL/rato) em cada animal.
2. Após quatro horas, os animais devem ser mortos por deslocamento cervical ou decapitação.
3. Injetar 20 a 35 mL de PBS na cavidade peritoneal dos animais, massagear (para promover o descolamento das células da parede) e abrir a cavidade com material cirúrgico.
4. Coletar o lavado peritoneal com uma pipeta Pasteur, acondicioná-lo em tubos plásticos de 50 mL e colocá-los no gelo até a centrifugação.
5. Centrifugar a 200 g, durante 10 min, a 4°C.
6. Desprezar o sobrenadante e ressuspender as células em PBS ou meio de cultura para contagem em câmara de Neubauer com azul de tripan. Pode-se analisar a viabilidade em citometria de fluxo através da reação com iodeto de propídio (veja Cap. 32, Citometria de Fluxo).

Observação: Este protocolo também é mencionado para a coleta de macrófagos do peritônio (veja Cap. 19, Obtenção de Macrófagos Peritoneais).

A Partir do Pulmão

A obtenção de neutrófilos do pulmão é realizada através do lavado broncoalveolar. Considerando que estas células não residem no pulmão, há a necessidade de promover a migração celular para a árvore brônquica através de um estímulo quimiotáxico.

Obtenção de Neutrófilos

O LPS, situado na superfície externa da maioria das bactérias Gram-negativas, é um estímulo químico que induz a migração celular, sendo os neutrófilos as primeiras células a chegarem ao sítio inflamatório. O LPS, administrado por inalação ou por injeção intratraqueal, causa inflamação pulmonar aguda pela indução de citocinas pró-inflamatórias, como interleucina 1β (*Interleukin-1β*– IL-1β) e fator de necrose tumoral-α (*Tumor Necrosis Factor-α* – TNF-α), que, juntamente com as quimiocinas, induzem a expressão de moléculas de adesão, como selectinas, integrinas e ICAMs (*intracellular adhesion molecules*) (Ulich *et al.*, 1993, 1995; Tang *et al.*, 1995), evidenciada pelo acúmulo de neutrófilos e proteínas séricas no lavado broncoalveolar (Ulich *et al.*, 1991).

A indução da migração de neutrófilos para a região broncoalveolar pode ser feita pela instilação de LPS ou por inalação. A inalação de LPS é um procedimento que deve ser realizado com muita cautela pelo pesquisador, pois há o risco de contaminação pessoal e ambiental por esta substância proveniente de bactérias, como de *Escherichia coli*. Na inalação, os animais são colocados em uma caixa acrílica com um sistema de liberação de vapor acoplado, onde permanecem por até uma hora. Geralmente, a caixa acrílica é colocada em uma capela para evitar que, se houver uma falha no sistema de inalação, o pesquisador não se contamine com o LPS, mas deve-se considerar que a saída de ar do fluxo da capela contamina os arredores do prédio onde está instalada e, conseqüentemente, as pessoas que circulam pelo local.

INSTILAÇÃO INTRATRAQUEAL

A instilação intratraqueal é a metodologia mais indicada. Este procedimento requer que o animal esteja anestesiado e, no caso dos ratos, costuma-se utilizar anestésico injetável, pela via intraperitoneal. Os dois anestésicos mais utilizados são tiopental (30 mg/kg) e pentobarbital (40 a 50 mg/kg), ambos barbitúricos de ação rápida, por 15 e 30 minutos, respectivamente, que promovem hiperalgesia, relaxamento muscular e vasoconstrição; ao considerar os efeitos colaterais, o pesquisador deve estar atento ao bem-estar do animal no decorrer da cirurgia. A instilação é realizada pela injeção, na luz traqueal, da solução de LPS dissolvido em solução salina à concentração de interesse.

Materiais

Material cirúrgico (pinças e tesoura)
Compressas de gaze
Álcool a 70%
Seringa de 1 mL
Agulha de dimensões 13 × 4,5/26G
Agulha e linha para sutura
Tubo de polietileno (cânula plástica)
Stopcock (Válvula de três fluxos)
Seringas de 20 mL
Placa de Petri
Lipopolissacarídeo (LPS)
Tampão fosfato salina (PBS, pH 7,4)
Corante May Grunwald-Giemsa
Lâminas
Centrífuga
Câmara de Neubauer e Microscópio óptico

Protocolo

1. Anestesiar o animal.
2. Proceder à incisão cutânea e muscular, de aproximadamente 0,5 cm, na face ventral do pescoço (Fig. 17.1A-B).
3. Localizar a traquéia e injetar 400 μL de LPS. Este volume é suficiente para atingir a árvore brônquica sem que haja morte do animal. Para se evitar lesão de pequenos vasos sanguíneos, usa-se agulha de dimensões 13 × 4,5/26G, puncionando-se a traquéia em região justaposta a um anel de cartilagem (Fig. 17.1C).

Observação: Apoiar a face dorsal do pescoço do animal na placa de Petri para facilitar a localização da traquéia.

4. Após a injeção (instilação), colocar o animal na posição vertical durante, aproximadamente, 1 min para que não haja refluxo do volume instilado e, em seguida, realizar a sutura da incisão (Fig. 17.1D-E).
5. Decorrido o tempo mínimo de 4 h, abrir a cavidade abdominal e exsanguinar o animal através da artéria aorta (Fig. 17.1F,G). O animal deve ser morto pela aorta abdominal, porque a traquéia não pode ser danificada pela decapitação ou deslocamento cervical, pois será utilizada para colocação da cânula no lavado broncoalveolar, que é realizado após a morte do animal.
6. Realizar o lavado broncoalveolar com 25 mL de PBS, utilizando-se uma cânula de polietileno de 1 mm de diâmetro inserido na traquéia (Fig. 17.1H,I). Geralmente, a primeira lavagem é realizada com 10 mL e as seguintes com 5 mL; na última lavagem, pode ser realizada uma massagem pulmonar para que células que estiverem aderidas à parede pulmonar se soltem. Cada alíquota de PBS é infundida e recolhida uma

Obtenção de Neutrófilos 103

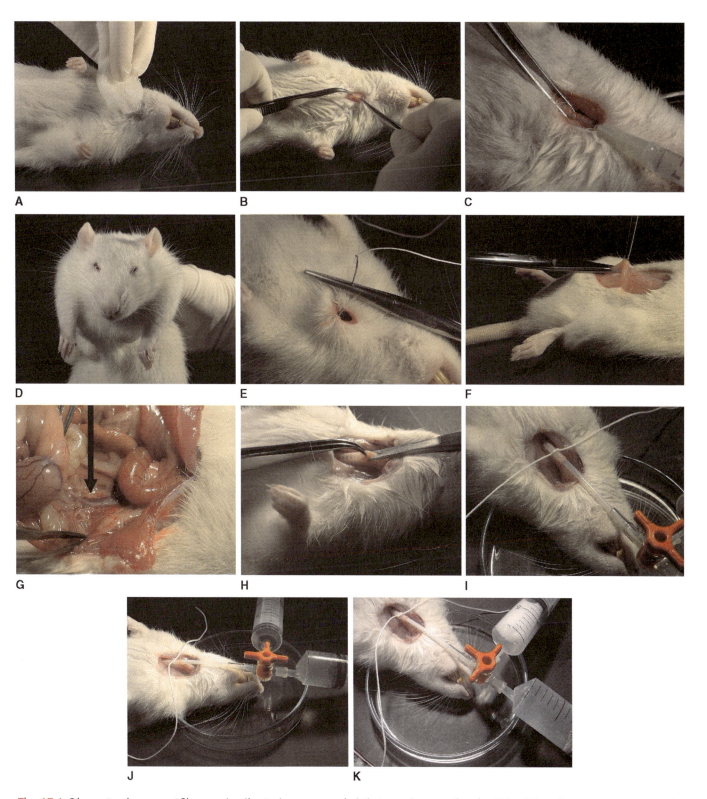

Fig. 17.1 Obtenção dos neutrófilos por instilação intratraqueal. **(A)** Assepsia com álcool a 70%; **(B)** Incisão cutânea e muscular na face ventral do pescoço; **(C)** Instilação intratraqueal; **(D)** Animal em posição vertical; **(E)** Sutura do tecido cutâneo; **(F)** Incisão muscular da região abdominal; **(G)** Localização da aorta abdominal; **(H)** Incisão na traquéia para inserção da cânula; **(I)** Inserção da cânula na traquéia; **(J)** Infusão de PBS nos pulmões; **(K)** Recolhimento do lavado broncoalveolar.

104 Obtenção de Neutrófilos

única vez, e o lavado broncoalveolar é recolhido com volume mínimo de 85% do total infundido. Mas deve-se atentar que o tempo de espera para coleta dos neutrófilos, a quantidade de neutrófilos e a proporção dos neutrófilos das células coletadas dependem, essencialmente, da concentração da solução de LPS instilada (Fig. 17.1J,K).

7. Após a coleta do lavado, centrifuga-se a 200 *g*, durante 10 min, a 4°C, e ressuspende-se em PBS para contagem total de células em contador automático ou câmara de Neubauer. A contagem diferencial é realizada após coloração com May Grunwald-Giemsa. Em cada lâmina, avaliam-se 100 células, diferenciando-se os tipos celulares para verificação da porcentagem de contaminação dos neutrófilos (veja Cap. 22, Principais Métodos de Coloração de Células).

8. Após a verificação da viabilidade celular por contagem em câmara de Neubauer, estas células podem ser submetidas a outros experimentos.

Cultura Primária de Neutrófilos

Materiais

Meio de cultura (RPMI 1640)
Soro fetal bovino inativado à 10%
Penicilina
Estreptomicina
Câmara de Neubauer
Corante azul de tripan
Placas com 24 cavidades

Protocolo

Após a obtenção dos neutrófilos:

1. Manipular as células sempre na câmara de fluxo laminar.

2. Lavar as células duas vezes com PBS estéril, e centrifugá-las a 200 *g*, por 8 min, a 4°C.

3. Desprezar o sobrenadante e ressuspender as células em 1 mL de meio RPMI-1640, suplementado com soro fetal bovino a 10%, penicilina (20 µg/mL) e estreptomicina (20 µg/mL). Retirar uma alíquota e contar as células em câmara de Neubauer.

4. Cultivar os neutrófilos (2×10^6 células/mL) em placas de 24 poços, contendo meio RPMI-1640, a 37°C, em atmosfera umidificada com 5% de CO_2 (Pithon-Curi *et al.*, 2002). Estas células podem ser submetidas a vários estímulos e tratamentos, sendo posteriormente coletadas e analisadas (veja capítulo sobre Fagocitose).

REFERÊNCIAS BIBLIOGRÁFICAS

Ardawi, M. S., Newsholme, E. A. Glutamine metabolism in lymphocytes of the rat. Biochem J, 212:835-42, 1983.

Bainton, D. F. Morphology of neutrophils, eosinophils and basophils. *In*: Beutler, E., Lichtman, M. A., Coller, B. S., Kipps, T. J., Seligsohn, U. (eds.): Williams Hematology, 6th ed. New York; McGraw-Hill, 2001, p. 729-43.

Beck, W. S. A kinetic analysis of the glycolytic rate and certain glycolytic enzymes in normal and leukemic leukocytes. J Biol Chem, 216:333, 1955.

Beck, W. S. Occurrence and control of the phosphogluconate oxidation pathway in normal and leukemic leukocytes. J Biol Chem, 232:271, 1958.

Beck, W. S. Valentine, W. N. The aerobic metabolism of leukocytes in health and leukemia: I. Glycolysis and respiration. Cancer Res, 12:818, 1952.

Berton, G. Desgranulation. *In*: Gallin, J. I., Snyderman, R. (eds.): Inflammation: Basic Principles and Clinical Correlates, 3rd ed. Philadelphia; Lippincott Williams and Wilkins, 703, 1999.

Bevilacqua, M. P., Nelson, R. M. Selectins. J Clin Invest, 91: 379-87, 1993.

Borregaard, N., Herlin, T. Energy metabolism of human neutrophils during phagocytosis. J Clin Invest, 70:550, 1982.

Cassatella, M. A. The production of cytokines by polymorphonuclear neutrophils. Immunol Today, 16:21-6, 1995.

Cassatella, M. A. Cytokines produced by polymorphonuclear neutrophils. Molecular and biological aspects. Berlin Heidelberg New York; Springer, 1996.

Celi, A., Lorenzet, R., Furie, B. Platelet-leukocyte-endothelial cell interaction on the blood vessel wall. Seminars in Hematology, 34:327-35, 1997.

Damiano, V. V., Kucich, U., Murer, E., Laudenslager, N., Weinbaun, G. Ultrastructural quantitation of peroxidase and elastase-containing granules in human neutrophils. Am J Pathol, 131:235, 1988.

Fantone, J. C., Ward, P. A. Role of oxygen-derived free radicals and metabolites in leukocyte-dependent inflammatory reactions. Am J Pathol, 107:397-418, 1982.

Gabay, J. E., Heiple, J. M., Cohn, Z. A., Nathan, C. F. Subcellular location and properties of bactericidal factors from human neutrophils. J Exp Med, 164:1407, 1986.

Granger, D. N., Kubes, P. The microcirculation and inflammation: modulation of leukocyte-endothelial cell adhesion. J Leukoc Biol, 55:662-75, 1994.

Junqueira, L. C., Carneiro, J. Células do sangue. *In:* Histologia Básica, Rio de Janeiro, Guanabara Koogan, 1995, p. 191-204.

Kishimoto, T. K. Rothlein, R. Integrins, ICAMs, and selectins: role and regulation of adhesion molecules in neutrophil recruitment to inflammatory sites. Adv Pharmacol, 25: 117-69, 1994.

Kishimoto, T. K., Hollander, N., Roberts, T. M., Anderson, D.C., Springer, T. A. Heterogenous mutations in the beta subunit commom to the LFA-1, Mac-1, and p150,95 glycoproteins cause leukocyte adhesion deficiency. Cell., 50:193-202, 1987.

Lee, G. R., Bithell, T. C., Foerster, J., Athens, J.W., Lukens, J.N. Leukocytes—The phagocytic and immunologic systems. *In*: Wintrobe's Clinical Hematology, Philadelphia, Lea Febiger, 1993, p. 223-57.

Malik, A. B., Lo, S. K. Vascular endothelial adhesion molecules and tissue inflammation. Pharmacol Rev, 48:213-29, 1996.

Mudd, J., McCutcheon, M., Lucke, B. Phagocytosis. Physiol Rev, 14:210, 1934.

Newsholme, P., Curi, R., Blomstrand, E., Gordon, S., Newsholme, E. A. Localization and characterization of glutaminase activity in the murine macrophage. Biochem Soc Trans, 16:536, 1987.

Pithon-Curi, T. C., Levada, A. C., Lopes, L. R., Doi, S. Q., Curi, R. Glutamine plays a role in superoxide production and the expression of $p47^{phox}$, $p22^{phox}$ and $gp91^{phox}$ in rat neutrophils. Clin. Sci., 103:403-408, 2002.

Pithon-Curi, T. C., Melo, M. P., Azevedo, R. B., Zorn, T. M. T., Curi, R. Glutamine utilization by rat neutrophils: presence of phosphate-dependent glutaminase. Am Physiol Soc, 273: C1124-C1129, 1997.

Romagnani, S. Lymphokine production by human T cells in disease state. Annu Rev Immunol, 12:227-57, 1994.

Stjernholm, R. L., Burns, C. P., Hohnadel, J. H. Carbohydrate metabolism by leukocytes. Enzyme, 13:7, 1972.

Stjernholm, R. L., Manek, R. C. Carbohydrate metabolism in leukocytes: XIV. Regulation of pentose cycle activity and gly-cogen metabolism during phagocytosis. J Reticuloendothel Soc, 8:550, 1970.

Tang, W. W., Yi, E. S., Remick, D. G., Wittwer, A., Yin, S., Qi, M., Ulich, T. R. Intratracheal injection of endotoxin and cytokines. IX Contribution of CD11a/ICAM-1 to neutrophil emigration. Am J Physiol, 269:L653-L659, 1995.

Ulich, T. R., Howard, S. C., Remick, D. G., Wittwer, A., Yi, E. S., Guo, K., Welply, J. K., Williams, J. H. Intratracheal administration of endotoxin and cytokines VI. Antiserum to CINC inhibits acute inflammation. Am J Physiol, 268:L245-L250, 1995.

Ulich, T. R., Watson, L. R., Yin, S., Guo, K., Wang, P., Thang, H., Del Castillo, J. The intratracheal administration of endotoxin and cytokines I. Characterization of LPS-in-duced IL-1 and TNF mRNA expression and the LPS, IL-1 and TNF-induced inflammatory infiltrate. Am J Pathol, 138:1485-96, 1991.

Ulich, T. R., Yin, S., Remick, D. G., Russell, D., Eisenberg, S. P., Thompson, R. C. Intratracheal administration of en-dotoxin and cytokines IV. The soluble TNF receptor type I inhibits acute inflammation. Am J Pathol, 142:1335-38, 1993.

Witko-Sarsat, V., Rieu, P., Descamps-Latscha, B., Lesavre, P., Halbwachs-Mecarelli, L. Nutrophils: molecules, functions and pathophysiological aspects. Lab Invest, 80(5):617-53, 2000.

Wood, H. G., Katz, J., Landau, B. R. Estimation of pathways of carbohydrate metabolism. Biochem J, 338:809, 1963.

Capítulo 18

Obtenção de Linfócitos de Modelos Animais

ROSEMARI OTTON

CONSIDERAÇÕES GERAIS

Este capítulo tem como objetivo principal comentar e demonstrar aspectos importantes na obtenção de linfócitos originários de diferentes modelos animais (rato, camundongo e coelho). Além disso, mostrar como essas células podem ser isoladas de forma rápida e fácil a partir de diferentes sítios (baço, timo, linfonodos). A escolha do sítio de obtenção deve levar em consideração características funcionais e ou metabólicas a serem avaliadas. Timo e medula óssea, que compõem os órgãos linfóides primários, possuem basicamente linfócitos imaturos, ao passo que linfonodos, baço e tonsilas (órgãos linfóides secundários) possuem linfócitos maduros. Escolha órgãos linfóides primários se o objetivo do seu estudo for investigar processos de maturação ou algo que envolva células imaturas. A justificativa para o isolamento e estudo de linfócitos está na importância dessas células na manutenção da integridade do organismo e defesa contra inúmeros antígenos e patógenos. A partir da sua obtenção, linfócitos se tornam ótimos modelos de estudo *in vitro* para o entendimento das reações imunes que ocorrem *in vivo*.

A seguir, será apresentada uma rápida introdução sobre o metabolismo de linfócitos e os protocolos para obtenção de linfócitos do linfonodo mesentérico, baço e timo de ratos.

O METABOLISMO DO LINFÓCITO

Linfócitos são células importantes na resposta imunológica tanto humoral, quanto celular, e sua funcionalidade está relacionada não só com a capacidade de defesa do organismo contra infecções, mas também com o desenvolvimento de doenças auto-imunes. Para maiores informações sobre os tipos de linfócitos bem como sua função, veja Cap. 20, Obtenção de Células do Sangue Periférico.

Apesar da importância dessas células para o organismo, pouco se sabia sobre o seu metabolismo; quais os substratos utilizados por essas células, por quais vias eram oxidados, em que quantidades, e qual a importância para a funcionalidade celular. Com o desenvolvimento e aperfeiçoamento das técnicas de isolamento de linfócitos a partir dos linfonodos mesentéricos, timo e baço, hoje já está bem estabelecido que em linfócitos incubados, a taxa de utilização de glicose e glutamina é alta, mas que a oxidação completa desses substratos é baixa.[1,2] Sabe-se também que o piruvato no linfócito é formado a partir da metabolização de glicose e glutamina; porém, este metabólito não constitui um substrato energético importante para essas células.[3] Este fato foi comprovado pela determinação da atividade máxima de enzimas, pois linfócitos apresentam baixa atividade da piruvato desidrogenase em contraste com elevada atividade da lactato desidrogenase. É importante lembrar que, através da atividade da piruvato desidrogenase, ocorre a formação de acetil coenzima A (acetil-CoA), um importante substrato utilizado na síntese de lipídios; ácidos graxos (AG) e fosfolipídios (FL), além do colesterol.[4] Curi *et al.*[3] demonstraram que a atividade da piruvato desidrogenase é de apenas 5% daquela observada para a fosfofrutoquinase, enzima reguladora do fluxo de substratos pela via glicolítica. Este dado é indicativo de que o fluxo de substratos pela glicólise é muito maior do que a oxidação de piruvato.

Linfócitos incubados com 2 mM de piruvato produzem cerca de 45% de lactato, 15% de aspartato, 5% de alanina e 35% são oxidados pelo ciclo de Krebs.[5] Desta forma, sugeriu-se que o metabolismo do piruvato em linfócitos poderia estar direcionado para a formação de precursores lipídicos, mais do que para a produção de ATP. Além disso, os lipídios são fundamentais no processo de proliferação celular de linfócitos, pois são componentes estruturais das membranas que precisam ser formadas durante a divisão celular.[6,7] Os lipídios também participam da regulação da duplicação do DNA[8] e são fonte de ATP.

A metabolização de glicose e glutamina é dessa forma um evento regulatório para a funcionalidade de linfócitos. Pela via glicolítica, ocorre a oxidação parcial de glicose a piruvato; pela via das pentoses, se formam, entre outros substratos, NADPH e ribose-5-fosfato. O ciclo de Krebs, para a formação de ATP, e a via glutaminolítica, para formação de purinas e pirimidinas, são rotas metabólicas que precisam sempre estar ativas, o que garante a funcionalidade dos linfócitos. Devido à correlação entre o metabolismo e a função celular, conforme descrito por Field *et al.*[9] e Dong *et al.*[10], o estudo de fatores que regulam a utilização de substratos e a atividade das vias metabólicas pode constituir a base para o entendimento dos mecanismos potenciais no controle da funcionalidade de linfócitos e, portanto, da função imune.[11,12]

Os dados apresentados anteriormente, juntamente com inúmeros outros reportados na literatura e cujo modelo experimental utilizado foi o linfócito, só foram obtidos após o isolamento das células de modelos animais e ou humanos.

CULTURA PRIMÁRIA DE LINFÓCITOS DE RATOS

Os linfócitos são heterogêneos em tamanho (6–10 μm de diâmetro) e morfologia. As diferenças entre estas células são observadas quanto à razão núcleo/citoplasma (N/C) e à presença ou não de grânulos citoplasmáticos. Dois tipos morfologicamente distintos de linfócitos podem ser encontrados na circulação: linfócito pequeno agranular com razão N/C elevada, e outros com uma razão N/C menor, contendo grânulos citoplasmáticos, denominados linfócitos grandes granulares. Células de morfologia similar são identificadas no baço, medula óssea, linfonodos, timo e outras áreas como as placas de Peyer e tonsilas. Os linfócitos podem ser classificados de acordo com seus marcadores de membrana, reações a estímulos, padrões de migração e vida

média. Células diferenciadas originam-se a partir de células primitivas localizadas na medula óssea. Diferenciações posteriores ocorrem em sítios específicos do organismo. No timo, estas células adquirem certas características pelas quais se tornam linfócitos T, ou seja, derivadas do timo. Tais células fazem parte da resposta imunológica celular e proliferam-se ativamente se estimuladas pela interleucina-2 ou mitógenos como concanavalina A (con A). Os linfócitos B atingem a maturidade provavelmente na medula óssea e são precursores das células produtoras de anticorpos. Ao serem estimulados com lipopolissacarídeos (LPS), os linfócitos B passam a se dividir (veja Cap. 25, Proliferação Celular). As células T não sintetizam imunoglobulinas, mas atuam como moduladores da resposta imunológica. Isto é feito através de interações entre vários tipos de linfócito T (auxiliar-Th-*helper*, supressor-Ts e citotóxico-Tc) e macrófagos durante a resposta imunológica mediada por células.

Os linfócitos normalmente presentes na circulação e nos tecidos linfóides encontram-se em estado quiescente, situação na qual se apresentam metabolicamente pouco ativos. Um estímulo invasivo ou neoplásico é capaz de promover a ativação dessas células, estimulando-as à proliferação e à síntese e secreção de citocinas envolvidas na resposta imune. A mudança para o estado ativado é também acompanhada por alterações metabólicas caracterizadas por estimulação das vias biossintéticas e energéticas.

PROCEDIMENTO PARA OBTENÇÃO DE LINFÓCITOS DE RATOS

Nota importante: Como este procedimento será realizado para posterior cultura de linfócitos, por um período que pode até chegar a uma semana, deve-se trabalhar assepticamente, com luvas, material cirúrgico autoclavado e soluções contendo antibiótico.

1. Promover o deslocamento cervical do animal ou uma superdosagem de anestésico (éter), desde que este não interfira nos experimentos posteriores.
2. Borrifar álcool a 70% sobre o abdômen, pinçar a pele com pinça "dente de rato" e abrir fazendo um corte medial longitudinal da pele do animal na região (Fig. 18.1A).
3. Retirada dos órgãos linfóides:
   a) *linfonodos mesentéricos*: localizar o ceco intestinal, afastar o intestino e, em seguida, localizar a ca-

deia de linfonodos que se encontra paralela ao íleo (intestino delgado), começando na junção cecal (Fig. 18.1B). Retirar os linfonodos que estão envoltos por uma camada de gordura (Fig. 18.1C) com o auxílio de material cirúrgico adequado. Colocar os linfonodos em tubos plásticos ou em béquer contendo PBS estéril, tampado e em gelo;

b) *baço*: inicialmente, localizar o tecido na porção esquerda do abdômen abaixo do estômago, de coloração vermelho-intensa (Fig. 18.1D). Pinçá-lo com pinça cirúrgica e cortar com tesoura de ponta fina o tecido conectivo que prende o baço ao abdômen. Colocar o órgão em uma placa de Petri contendo PBS, cortando em pedaços pequenos para facilitar a maceração do órgão e obtenção dos linfócitos (Fig. 18.1E);

c) *timo*: cortar o diafragma e as costelas dos dois lados da caixa torácica e remover o esterno. Identificar o timo (branco, bilobado e achatado) que está localizado ao redor da traquéia e próximo ao coração (Fig. 18.1F). Pinçar o órgão com a ajuda de uma pinça de ponta fina e colocá-lo em uma placa de Petri contendo PBS. Tomar cuidado, pois nesta região existem linfonodos paratímicos que podem ser removidos junto com o timo. Se o objetivo do trabalho a ser realizado posteriormente for avaliar apenas linfócitos T imaturos, os linfonodos paratímicos, que contêm T e B maduros, irão contaminar a cultura, e os resultados serão alterados.

4. Isolamento dos linfócitos dos órgãos linfóides:
   a) *dos linfonodos*: colocar os linfonodos sobre um papel de filtro e retirar o tecido adiposo que os envolve (Fig. 18.1C). Separar mecanicamente os linfócitos, pressionando-os entre duas malhas de aço (dispositivo desenvolvido por Vieira).[13] Os linfócitos em suspensão também devem ser mantidos em PBS estéril (Fig. 18.1G-H);
   b) *do baço e timo*: colocar os pedaços do órgão em uma peneira dessas comumente utilizadas em cozinha e, com o auxílio de um êmbolo de seringa de plástico, pressionar o tecido, dentro da placa de Petri contendo PBS. Os linfócitos juntamente com a massa de eritrócitos no caso do baço ficarão facilmente em suspensão. Este procedimento pode ser utilizado nos linfonodos mesentéricos;

c) *no timo*: proceder da mesma forma que com o baço.

5. Na câmara de fluxo laminar, filtrar a suspensão de linfócitos utilizando filtros Whatman 105 ou lenços de lente encontrados em óticas ou ainda entretela vendida em lojas de tecelagem, com o auxílio de um funil em um tubo de 50 mL.

7. Centrifugar a suspensão de linfócitos a 200 *g*, por 8 a 10 min, a 4°C.

8. Ressuspender o precipitado celular em PBS estéril, suplementado com antibióticos.

9. Repetir este procedimento três vezes.

10. Por fim, ressuspender as células em meio RPMI, suplementado com SFB (10%, v/v) e antibióticos.

11. Proceder à contagem das células em câmara de Neubauer e fazer as diluições necessárias para os experimentos (veja Cap. 5, Contagem de Células).

Nota importante: Tanto na obtenção de linfócitos do linfonodo, baço e timo, é comum a contaminação com hemácias. Se essas forem interferir no ensaio a ser realizado, é importante que se utilize uma solução hemolisante. Este procedimento pode ser realizado após a primeira centrifugação e consiste na adição de 10 mL de solução de hemólise (150 mM de NH_4Cl, 10 mM de $NaHCO_3$, 0,1 mM de EDTA, pH 7,4) seguida por incubação de 10 min, a 37°C.

Especificações do Material Utilizado

Animais: ratos Wistar machos adultos, camundongos ou coelhos.

Solução PBS: Composição do PBS (*phosphate-buffered saline* — modificado pela ausência de íons Ca^{+2} e Mg^{+2}): NaCl 136,8 mM, KCl 2,7 mM, KH_2PO_4 0,9 mM e Na_2HPO_4 6,4 mM em água destilada ou desionizada, pH 7,4, suplementado com penicilina (2,5 UI/ml) e estreptomicina (2,5 μg/ml), pH 7,4.

Filtro para linfócitos: filtro de papel Whatman 105.

Material plástico e vidraria: tubos plásticos de 50 mL, placas de Petri, béquer de 50 mL, êmbolos de seringa, funil pequeno.

Meio de cultura: Meio RPMI-1640 adicionado de antibióticos comerciais: 2,5 UI/ml de penicilina e 2,5 μg/ml de estreptomicina (condições finais em cultura). No momento dos experimentos, suplementar os meios de cultura com 10% (v/v) de soro fetal bovino (SFB) inativado e estéril.

Material cirúrgico.

Fig. 18.1 Etapas da obtenção de linfócitos de ratos. (**A**) Corte da cavidade peritoneal; (**B**) Localização dos linfonodos mesentéricos; (**C**) Limpeza da gordura aderida aos linfonodos; (**D**) Localização do baço; (**E**) Maceração do baço; (**F**) Localização do timo; (**G**) Tubos cilíndricos contendo uma malha de aço para cisalhamento dos linfonodos; (**H**) Liberação dos linfócitos dos linfonodos.

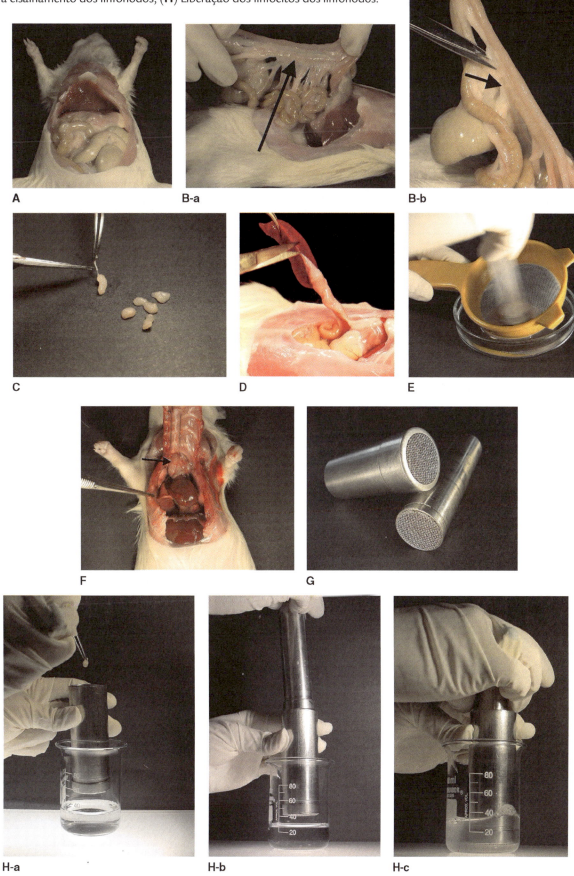

REFERÊNCIAS BIBLIOGRÁFICAS

1. Ardawi, M. S. M., Newsholme, E. A. Glutamine metabolism in lymphocytes of the rat. Biochem J, 212: 835-42, 1983.

2. Ardawi M.S.M., Newsholme, E. A. Metabolism in lymphocytes and its importance in the immune response. Essays Biochem, 21:1-44, 1985.

3. Curi, R., Newsholme, P., Newsholme, E. A. Metabolism of pyruvate by isolated rat mesenteric lymphocyte, lymphocyte mitochondria and isolated mouse macrophages. Biochem J, 250:383-8, 1988.

4. Curi, R., Newsholme, E. A. The effect of adenine nucleotides on the rate and fate of glutamine utilization by incubated mitochondria isolated from rat mesenteric Lymph Nodes. Mol Cell Biochem, 86:71-6, 1989.

5. Curi, R. Metabolism of lymphocyte, and its regulation. Ciência e Tecnologia, 43-66, 1994.

6. Singer, S. J., Nicolson, G. L. The fluid mosaic model of the structure of cell membranes. Science, 175:720-31, 1972.

7. Schroeder, F., Jefferson, J. R., Kier, J., Scallen, T. J., Wood, W. G., Hapala, I. Membrane cholesterol dynamics: cholesterol domains and kinetic pools. Proc Soc Exp Biol Med, 196:235-52, 1991.

8. Fernandes, G., Bysani, C., Venkatraman, J. T., Tomar, V., Zhao, W. Increased TGF-beta and decreased oncogene expression by omega-3 fatty acids in the spleen delays onset of autoimmune disease in B/W mice. J Immunol, Baltimore, 152, (12): 5978-9, 1994.

9. Field, C. J., Wu, G., Metroz-Dayer, M. D., Montambault, M., Marliss, E. B. Lactate production is the major metabolic fate of glucose in splenocytes and is altered in spontaneously diabetic BB rats. Biochem J, 272:445-52, 1990.

10. Dong, Y. L., Yan, T., Herndon, D. N., Waymack, J. P. Alteration in intracellular lymphocyte metabolism induced by infection and injury. J Surg Res, 53: 293-7, 1992.

11. Nguyen, D. T., Keast, D. Maximal activities of glutaminase, citrate synthase, hexokinase, 6-phosphofructokinase and lactate dehydrogenase in skin of immune-competent balb/c and immune-deficient balb/c (nu/nu) mice during wound healing. Int J Biochem 23:589-93, 1991.

12. Nonnecke, B. J., Franklin, S. T., Young, J. W. Effects of ketones, acetate, and glucose on in vitro immunoglobulin secretion by bovine lymphocytes. J Dairy Sci, 75: 982-90, 1992.

13. Vieira, R., Nascimento, R., Arizawa, S., Curi, R. Desenvolvimento de equipamentos para isolamento e cultivo de linfócitos. Arq Biol Tecnol 33:819-29, Curitiba, 1990.

14. Freshney, R. I. Culture of animal cells — A manual of basic technique. 3rd ed., New York, Wiley-Liss, 1994.

Capítulo 19

Obtenção de Macrófagos Peritoneais

SANDRA COCCUZZO SAMPAIO

INTRODUÇÃO

O macrófago foi descrito, pela primeira vez, por Metchnikoff, no final do século XIX, observando este tipo celular em diversos tecidos. Esta célula foi classificada como componente do sistema de fagócitos mononucleares (Van Furth *et al.*, 1968), e foi postulado (Van Furth *et al.*, 1972) que sua origem provém de células progenitoras distintas na medula óssea e seus precursores, os monócitos, migram da corrente sanguínea para muitos tecidos e órgãos. São encontrados nos fluidos peritoneal, pleural, sinovial, no colostro e nos espaços alveolares e tecidos. Estão em abundância nos nódulos linfáticos e nos espaços sinusóides. As diferenças observadas entre estes macrófagos são pequenas e dependem da sua localização e função que desempenham nestes sítios (Hopper *et al.*, 1979).

NOMENCLATURA

Muitos macrófagos residentes, nos diferentes tecidos, estão em um estado quiescente, ou seja, sem nenhum estímulo. Os macrófagos quiescentes apresentam morfologia semelhante ao monócito, além de terem uma capacidade de espraiamento e atividade de fagocitose baixa e mostrarem-se pouco responsivos a linfocinas (Adams & Hamilton, 1984). Estas células se distinguem dos macrófagos encontrados em sítios inflamatórios, chamados de macrófagos inflamatórios. Através de estímulos apropriados, os macrófagos residentes podem apresentar alterações morfológicas, bioquímicas e funcionais profundas. Estas alterações inflamatórias intensificam a responsividade do macrófago a microrganismos, resposta inflamatória ou neoplasia.

A diversidade de respostas metabólicas e funcionais resultantes dessa responsividade variada originou uma definição clara de nomenclatura, feita por Van Furth (1989):

Macrófagos residentes: estão presentes em sítios anatômicos específicos, em órgãos ou tecidos não-inflamatórios.

Macrófagos de exsudato: são macrófagos derivados especificamente de monócitos e, conseqüentemente, apresentam muitas características destas células. Esta população é diferenciada através de marcações específicas, tais como atividade peroxidativa, reatividade com anticorpos monoclonais e características cinéticas distintas. Este termo é utilizado para estágio de diferenciação do macrófago.

Macrófago elicitado/inflamatório: é utilizado para denominar populações heterogêneas de fagócitos mononucleares que se acumulam em um determinado local devido a estímulos específicos, sem interferir no seu estágio de desenvolvimento ou estado funcional.

Macrófago ativado: são células com atividade funcional aumentada (de uma ou mais funções ou uma nova atividade funcional). Antes da ativação, estas células podem ser residentes ou exsudatos. Este termo pode ser aplicado a fagócitos mononucleares ativados, *in vivo* ou *in vitro*, de acordo com o estímulo utilizado.

ESTIMULAÇÃO DOS MACRÓFAGOS

Os macrófagos inflamatórios são estimulados por fatores inflamatórios não-específicos, ao passo que macrófagos

112 *Obtenção de Macrófagos Peritoneais*

ativados são estimulados por fatores imunológicos, tais como linfocinas, derivadas de linfócitos, que agem diretamente em macrófagos.

Experimentalmente, macrófagos inflamatórios são estimulados por injeção de irritantes estéreis, tais como caldo de tioglicolato, carragenina ou proteose-peptona, na cavidade peritoneal de animais como camundongos ou ratos.

Macrófagos ativados podem ser induzidos por microrganismos, tais como micobactéria (*bacillus* Calmette-Guerin) ou *Trypanosoma cruzi*. O termo "macrófago ativado" foi introduzido na literatura por Mackaness em 1964 para descrever as mudanças da atividade microbicida do macrófago de animais com imunidade adquirida para infecções por parasitas facultativos e bactérias oportunistas intracelulares (North, 1978). Através de estudos da tuberculose, foi estabelecido o conceito de um mecanismo de imunidade celular baseada na capacidade de macrófagos para adquirir e para expressar, intrinsecamente, mecanismos microbicidas aumentados (North, 1978). Os macrófagos ativados apresentam aumento do enrugamento da membrana plasmática e aumento da capacidade de aderência, espraiamento e fagocitose com aumento do número de vesículas endocíticas e fagolisossomos.

MODELOS ANIMAIS

Camundongos

OBTENÇÃO DE MACRÓFAGOS ELICITADOS/INFLAMATÓRIOS

Para a obtenção de macrófagos peritoneais elicitados, os animais são injetados por via intraperitoneal (i.p.), com 1 mL de caldo de tioglicolato 4%. Após 4 dias, as células inflamatórias são obtidas conforme método descrito adiante no item Obtenção das Células.

MACRÓFAGOS ATIVADOS

Macrófagos ativados são obtidos de animais que receberam BCG (4 mg/2 mL), via i.p., 7 dias antes da obtenção das células.

Ratos

OBTENÇÃO DE MACRÓFAGOS ELICITADOS/INFLAMATÓRIOS

Para a obtenção de macrófagos peritoneais elicitados, os animais são injetados por i.p., com 3 mL de caldo de tiogli-

colato 4%. Após 4 dias, as células inflamatórias são obtidas conforme método descrito no item Obtenção das Células.

MACRÓFAGOS ATIVADOS

Macrófagos ativados são obtidos de animais que receberam BCG (40 mg/4 mL), via i.p., 7 dias antes da obtenção das células.

OBTENÇÃO DAS CÉLULAS

Material

Seringa de 20 mL estéril com agulha
Frasco plástico estéril de 50 mL
Pipeta Pasteur de polietileno estéril
Solução de PBS
Material cirúrgico (pinças e tesouras)
Manter o material cirúrgico e a pipeta Pasteur em um frasco contendo álcool a 70% antes do uso.

Protocolo

1. Injetar BCG ou caldo de tioglicolato de sódio, conforme descrito anteriormente.
2. Para a obtenção das células elicitadas e ativadas, os animais tratados com os diferentes irritantes deverão ser exsanguinados por secção dos vasos da região cervical. Este procedimento impede que o exsudato coletado seja contaminado com amostra de sangue dos pequenos vasos e capilares da região abdominal.
3. Remover a pele da região abdominal e injetar na cavidade peritoneal 5 mL (camundongo) ou 10 mL (rato) de tampão fosfato-salina (PBS), pH 7,4 (veja Fig. 19.1 A).
4. Massagear o abdômen durante 30 s, para a promoção do descolamento das células da parede interna da cavidade peritoneal (veja Fig. 19.1B).
5. Abrir a cavidade e retirar com a pipeta Pasteur o fluido contendo as células (veja Fig. 19.1C–D).

Observação: Para obtenção dos macrófagos residentes, deve-se realizar o protocolo descrito anteriormente, sem que o animal tenha sido injetado com substâncias irritantes.

Determinação do Número de Células Peritoneais

Após a coleta, a suspensão de células peritoneais é diluída na proporção de 1:10 (v:v) com solução de azul de tripan (1%) e a contagem total de células feita em hemocitômetro

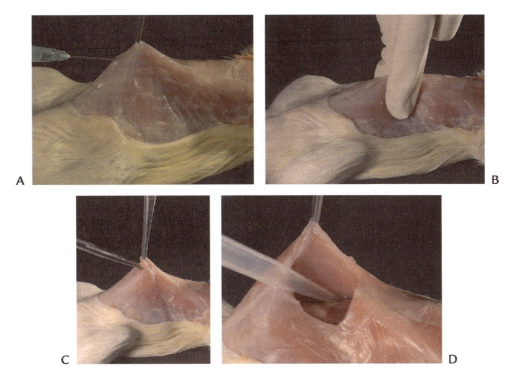

Fig. 19.1 Etapas do protocolo de obtenção do lavado peritoneal contendo os macrófagos. (**A**) Injeção intraperitoneal (i.p.) de salina tamponada com sais de fosfato; (**B**) Massagem para o descolamento das células da parede do peritônio; (**C**) Abertura da cavidade peritoneal com material cirúrgico; (**D**) Coleta das células com pipeta Pasteur.

de Neubauer, com auxílio de microscópio de luz. A contagem diferencial (mono-/polimorfonucleares) é realizada após fixação em solução de cristal violeta 0,5%, em ácido acético 30%, com auxílio de microscópio de luz, utilizando-se objetiva de imersão, ou através de extensão do exsudato corado com corante Rosenfeld (veja Cap. 22, Principais Métodos de Coloração de Células e Cap. 5, Contagem de Células).

SOLUÇÕES

Tioglicolato

Caldo de tioglicolato (Merck n.° 1081900500) 4,0 g
Água destilada 100 mL

Dissolver totalmente os grânulos do tioglicolato em água destilada, com ajuda de agitador magnético. O frasco deve ser encapado com papel alumínio e mantido coberto com o mesmo papel, pois reage com a luz. Em cada tubo de vidro encapado com papel para esterilização, colocar um volume de 4 mL. Autoclavar, a 121°C, por 15 min. Após a esterilização, fechar a tampa do frasco. Pode ser utilizado logo após o resfriamento. Conservar em geladeira e utilizar até um mês após o preparo.

BCG (Onco BCG oral)

É importante utilizar o BCG dentro do prazo de validade. Deve ser armazenado em geladeira e mantido em gelo durante o uso. Este procedimento conserva a viabilidade dos organismos.

REFERÊNCIAS BIBLIOGRÁFICAS

Adams, D.O., Hamilton, T. A. The cell biology of macrophage activation. Ann Rev Immunol, 2:283-318, 1984.

Hopper, K. E., Wood, P. R., Nelson, D. S. Macrophage heterogeneity. Vox Sang, 36:257, 1979.

Mackaness, G.B. The immunological basis of acquired celular resistence. J Exp Med, 120:105, 1964.

North, R. J. The concept of the activated macrophage. The Journal of Immunology, 121(3):806-9, 1978.

Van Furth, R. Origin and Turnover of Monocytes and Macrophages. In: Curr Top Pathol, 79:125-50, 1989.

Van Furth, R., Cohn, Z.A. The origin and kinetics of mononuclear phagocytes. J Exp Med, 128:415, 1968.

Van Furth, R., Cohn, Z. A., Hirsch, J. G., Humphrey, J. H., Spector, W. G., Langevoort, H. L. The mononuclear phagocyte system. A new classification of macrophages, monocytes and their precursor cells. Bulletin of the World Health Organization, 46:845-52, 1972.

Capítulo 20

Obtenção de Células do Sangue Periférico

ROSEMARI OTTON, FÁBIO E. P. DE MELLO,
TATIANA C. ALBA-LOUREIRO E SANDRA COCCUZZO SAMPAIO

INTRODUÇÃO

O Sangue

O sangue é um tecido fluido, formado por uma porção celular que circula em suspensão num meio líquido, o plasma.

A porção celular, denominada hematócrito, representa aproximadamente 45% de um volume determinado de sangue, e o plasma representa cerca dos 55% restantes. Desta forma, o hematócrito se reduz com a diminuição da quantidade de células, se elevando quando o número destas aumenta na circulação. Em condições normais, ocorrem pequenas variações na quantidade de células circulantes no sangue, ao passo que em algumas hemopatias estas variações são muito nítidas.

PLASMA SANGUÍNEO

O plasma é um líquido de composição complexa, cujo volume varia em função do sexo, do peso e da altura do indivíduo.

O plasma humano é composto em sua maior parte por água (aproximadamente 92%) e por componentes inorgânicos e orgânicos. Nas Tabelas 20.1 e 20.2 estão expressas as quantidades absolutas dos principais componentes do plasma humano.

As proteínas constituem um dos mais importantes componentes do plasma. Representam uma mistura muito complexa de mais de 100 tipos diferentes de proteínas, a grande maioria produzida nos hepatócitos, que realizam inúmeras funções no organismo. Dentre as proteínas plasmáticas, a albumina merece especial destaque por ser a mais abundante e por contribuir mais acentuadamente na manutenção da pressão coloido-osmótica, além de servir como carreadora de inúmeras substâncias.

CÉLULAS DO SANGUE

A porção celular do sangue é composta de eritrócitos (ou hemácias), leucócitos e plaquetas. Constituem três linhagens ou séries diferentes de células que se originam, entretanto, a partir de uma célula-mãe única, denominada célula pluripotente, totipotente ou *stem-cell*.

O órgão central formador das células do sangue é a medula óssea, na qual se localizam as células pluripotentes que estão constantemente produzindo células maduras ou diferenciadas para serem lançadas no sangue.

A medula óssea situa-se nos ossos esponjosos do adulto: esterno, ossos ilíacos e costelas, formando um órgão de

Tabela 20.1 Componentes inorgânicos do plasma humano

Componente	Quantidade média/Litro
Água	945,0 g
Total de cátions: artéria	152,9 mEq
veia	154,1 mEq
Bicarbonatos	24,9 mEq
Cloretos	102,7 mEq
Fósforo total	112,0 mEq
Fósforo inorgânico	33,6 mEq
Potássio	4,2 mEq
Sódio	141,2 mEq
Cálcio	5,0 mEq
Nitrogênio total	13,1 g
Nitrogênio não-protéico	249,0 mg

Tabela 20.2 Componentes orgânicos do plasma humano

Componente	Quantidade média g/Litro
Proteínas totais	75,0
Albumina	46,2
Fibrinogênio	3,0
Globulinas	26,6
α-globulinas	6,8
β-globulinas	8,2
γ-globulinas	11,6
Lipídios totais	5,1
Ácidos graxos totais	2,0
Ácidos graxos livres	0,08

grande porte, maior do que o fígado, com peso aproximado de 1.500 g (homem adulto).

Na medula óssea, ocorre a proliferação ou multiplicação das células pluripotentes e, também, sua diferenciação. Para que estes eventos celulares ocorram, há a necessidade de um parênquima rico em vasos capilares sinusoidais numerosos e outras células, como as reticulares, adipócitos, células do tecido conjuntivo frouxo e células histiocitárias. Há também vasos maiores de tipo venoso e arterial, fibrilas nervosas e fibras reticulares de permeio às trabéculas de tecido ósseo esponjoso. Em conjunto, essa disposição anatômica forma o que se denomina: *microambiente medular* ou *estroma medular*.

HEMOPOESE

A palavra hemopoese significa formação das células do sangue; no entanto, abrange o estudo de todos os fenômenos relacionados com a origem, multiplicação e maturação das células precursoras das células sanguíneas na medula óssea.

As células do sangue geralmente têm uma vida média curta. Os granulócitos possuem poucas horas de vida na circulação (6–7 h); nas plaquetas, vida média em torno de 8 a 10 dias; e os eritrócitos sobrevivem cerca de 100 dias. Alguns tipos de linfócitos têm vida curta e outros, sobrevida maior, de até alguns anos. Desse modo, para manter o número normal de células circulantes, a medula óssea deve funcionar em ritmo de renovação constante.

Os conhecimentos sobre a hemopoese atingiram maior desenvolvimento com o advento das técnicas de cultura de células do sangue *in vitro*. Esses estudos se iniciaram ao se observar que camundongos irradiados letalmente podiam sobreviver se recebessem, logo a seguir, células de medula óssea ou de baço de animais normais. Na medula óssea e no extrato de baço injetado, existem células indiferenciadas pluripotentes que, por sua vez, originam todas as células do sangue.

Se colocarmos amostras de medula óssea, de baço ou de sangue periférico em placas contendo meio de cultura apropriado, e se incubarmos a 37°C durante 10 a 14 dias, poderemos observar o aparecimento de aglomerados de células ou colônias. Essas células têm origem a partir das *stem-cells* presentes no material colocado no meio de cultura. As colônias de células do sangue adquirem aspectos diferentes que correspondem às células das várias linhagens hemopoéticas.

Através da cultura de células *in vitro*, podem-se caracterizar diversos tipos de células precursoras (imaturas), as quais fazem parte de etapas distintas da diferenciação ou maturação das células do sangue, como também pode-se caracterizar que o processo de diferenciação da célula pluripotente pode ser estimulado ou inibido por fatores estimuladores da proliferação e diferenciação celular ou fatores hemopoéticos de crescimento.

A hemopoese se processa, em condições normais, através de um mecanismo regulador, com a presença de um equilíbrio entre os fatores que estimulam e os que inibem a proliferação celular. Esse mecanismo regulador permite a emissão contínua e normal de células sanguíneas maduras ou diferenciadas da medula óssea para a corrente sanguínea.

Eritrócitos

Os eritrócitos ou hemácias são as células mais abundantes do sangue periférico, representando, em condições normais, quase a totalidade do hematócrito. São células anucleadas, com 7 μm de diâmetro e têm a forma de um disco bicôncavo, o que lhes confere certa flexibilidade, permitindo sua circulação pelos capilares para manutenção do fluxo sanguíneo e da oxigenação dos tecidos.

O fator que controla a produção dos eritrócitos é a quantidade de oxigênio cedida pelo sangue aos tecidos, ou seja, uma diminuição na quantidade de oxigênio para os tecidos leva a um estímulo de produção de eritrócitos pela medula óssea (eritropoese), já um aumento na quantidade de oxigênio leva à inibição da eritropoese.

A eritropoese é dependente dos fatores de crescimento medulares e dos fatores nutricionais, tais como: ferro, vitamina B_{12} e folatos. A deficiência desses nutrientes é responsável por inúmeros processos de anemias carenciais.

Em um adulto normal, os eritrócitos encontram-se no sangue periférico numa concentração de 4,5 a 6,7 milhões/mm³.

Plaquetas

São células pequenas e incompletas, pois carecem de material nuclear. Apresentam 3 a 4 µm de tamanho (no maior diâmetro). Têm portanto uma forma lenticular e bastante variável.

As plaquetas desempenham importante função na manutenção da hemostasia e participam ativamente no processo de coagulação do sangue. A hemostasia é o processo pelo qual o organismo procura manter a fluidez do sangue, evitando perdas sanguíneas ou formação de trombos ou coágulos que dificultam o fluxo sanguíneo.

Em um adulto normal, as plaquetas estão presentes no sangue periférico numa concentração aproximada de 150.000 a 400.000/mm³.

Leucócitos

Os leucócitos ou glóbulos brancos formam um grupo heterogêneo de células que constituem o sistema imune ou sistema de defesa do organismo. Cada tipo de leucócito tem uma função mais ou menos específica na defesa do organismo, dependendo do tipo do agente agressor (bactéria, vírus, grandes parasitas extracelulares, agentes químicos etc.). Em um adulto normal, os leucócitos totais estão numa concentração aproximada de 5.000 a 10.000/mm³.

GRANULÓCITOS POLIMORFONUCLEARES. Os granulócitos representam 60 a 70% do total de leucócitos do sangue humano normal, mas também são encontrados em tecidos extravasculares. Os granulócitos migram para os tecidos, que estejam sendo lesados por algum agente invasor, pois têm a capacidade de se aderirem às células endoteliais e, posteriormente, saírem do vaso sanguíneo, processo conhecido como diapedese.

Os granulócitos também apresentam capacidade de fagocitar e destruir agentes invasores, e também podem liberar, no local agredido, diversas substâncias pró-inflamatórias e antimicrobianas através da liberação do conteúdo de seus grânulos citoplasmáticos (desgranulação).

NEUTRÓFILOS. Os neutrófilos representam 55 a 65% do total de leucócitos circulantes num homem normal. Têm um núcleo multilobulado, com cromatina densamente compactada, que origina o termo polimorfonuclear, não apresentam nucléolo, o aparelho de Golgi é pequeno, e, quando os neutrófilos estão maduros, variam em tamanho

de 10 a 15 µm de diâmetro. O citoplasma contém grânulos primários ou azurófilos, que têm enzimas lisossomais e fatores bactericidas (Damiano *et al.*, 1988; Gabay *et al.*, 1986), e secundários ou específicos. A distinção entre eles baseia-se na cronologia do aparecimento durante a maturação dos neutrófilos na medula óssea e na composição química de cada grânulo (Lee *et al.*, 1993; Junqueira & Carneiro, 1995; Bainton, 2001).

EOSINÓFILOS. Os eosinófilos representam 1 a 4% do total de leucócitos circulantes num homem normal não alérgico. Apresentam normalmente um núcleo bilobulado, sem nucléolo e muitos grânulos citoplasmáticos que adquirem coloração avermelhada na presença de corantes ácidos. São normalmente um pouco maiores do que os neutrófilos; aproximadamente, 12 a 17 µm de diâmetro. A função efetora dos eosinófilos é principalmente o combate a parasitas helmínticos (metazoários) através da liberação do conteúdo tóxico de seus grânulos (próximos a tais parasitas). Também possuem capacidade de fagocitar microrganismos e participam de reações alérgicas. (Stites & Terr, 1992; Roitt *et al.*, 1998).

BASÓFILOS. Os basófilos representam 0 a 1% do total de leucócitos circulantes num homem adulto normal não alérgico. Possuem núcleo bilobulado ou multilobulado, cromatina nuclear perifericamente condensada e grânulos citoplasmáticos distribuídos aleatoriamente, apresentando coloração violeta-azulada com corante de Wright. São os menores dos granulócitos, com aproximadamente 5 a 7 µm de diâmetro. Os basófilos são os principais responsáveis pelas reações alérgicas. Possuem na membrana citoplasmática diversos receptores de alta afinidade para IgE, e seus grânulos contêm diversas substâncias pró-inflamatórias, como a histamina (responsável pelas reações adversas do processo alérgico). Em alguns tecidos, existem células morfológica e funcionalmente similares aos basófilos circulantes; são os mastócitos.

MONÓCITOS. Os monócitos são células fagocíticas mononucleares que representam 4 a 8% do total de leucócitos circulantes num homem adulto normal. São células que apresentam 10 a 18 µm de diâmetro, complexo de Golgi bastante desenvolvido, numerosos grânulos lisossomais, citoplasma abundante (levemente basófilo) e com contorno irregular, e um único núcleo em forma de "rim" ou "pata de cavalo" com cromatina delicada (porém, sem nucléolo visível). O citoplasma apresenta granulações finas, menos numerosas do que a dos granulócitos, e podem ser vistos pequenos vacúolos. Têm uma vida média relativamente pequena (< 70 h). São conhecidos como células apresentadoras de antígenos e participam ativamente na reação imunológica mediada por células. Podem sair da circulação periférica (diapedese) e se fixar em determinados tecidos (fígado, sistema nervoso etc.), passando por mais uma etapa de diferenciação, originando os macrófagos.

LINFÓCITOS. Os linfócitos representam 20 a 32% do total de leucócitos circulantes num homem adulto normal. Têm um diâmetro de 7 a 10 μm, núcleo muito grande em relação ao tamanho da célula e cromatina nuclear disposta em porções, classicamente descritas como semelhantes a *côdeas de pão*. Não são observados nucléolos nem granulações citoplasmáticas na maioria das células.

A morfologia simples dos linfócitos pela microscopia ótica não permite separar os dois grandes grupos de células; isto é, os timo-dependentes (T) e os bursa-símile-dependentes (B).

Os linfócitos timo-dependentes ou linfócitos T são assim chamados porque completam o seu processo de maturação no órgão denominado timo. Depois de completa a maturação, essas células deixam o timo e penetram na circulação periférica, permanecendo circulantes ou alojando-se nos tecidos linfóides secundários (baço, linfonodos, sistemas linfóides e tonsilas) ou em outros tecidos, conforme a necessidade.

Os linfócitos T são caracterizados pela presença de receptores e do complexo CD3 na membrana desses linfócitos, como também pela presença de um marcador enzimático, a fosfatase ácida. São divididos em linfócitos T auxiliares, que têm também o complexo CD4 na membrana, e linfócitos T citotóxicos, que possuem também o complexo CD8 na membrana. Porém existem linfócitos T citotóxicos que são CD8 negativos.

Os linfócitos T auxiliares têm a capacidade de aumentar as respostas das células B e amplificar as respostas mediadas por células que sao efetuadas pelas células T citotóxicas e macrófagos.

Os linfócitos T citotóxicos medeiam a maioria das citotoxicidades específicas ao antígeno (capacidade de destruir outras células que são reconhecidas como estranhas), por exemplo, células infectadas por vírus. Existe um outro grupo de linfócitos, chamados de *natural killer* (NK), os quais apresentam a mesma função efetora dos linfócitos T citotóxicos, ou seja, destroem células infectadas, como também células tumorais. Agem na etapa inicial da resposta imune celular, pois não dependem da apresentação de antígenos.

Existe também um outro grupo de linfócitos T, chamados de supressores, que atuam no controle da resposta imune e podem ser CD4 e CD8 positivos.

Os linfócitos B atingem a maturidade na própria medula óssea, são liberados diretamente na corrente sanguínea e podem permanecer circulantes ou se alojar nos tecidos linfóides secundários ou em outros tecidos, se necessário. São conhecidos por linfócitos bursa-símile-dependentes, pois são similares aos linfócitos de aves que amadurecem na bursa de Fabricius. Essas células são responsáveis pela resposta imune humoral, ou seja, pela produção de anticorpos, ou imunoglobulinas, específicos contra determinados antígenos. Esses anticorpos são expressos como receptores de membrana, e são responsáveis pela ligação ao antígeno e conseqüente ativação celular. Após a ativação, os linfócitos B amadurecem e se diferenciam, originando os plasmócitos, os quais são responsáveis pela produção de grandes quantidades de anticorpos, que são secretados.

COLORAÇÃO DE LÂMINAS DE EXTENSÃO SANGUÍNEA E DE EXSUDATO

Para se obter uma boa extensão, é necessário ser cuidadoso com a limpeza das lâminas de vidro. Essas lâminas devem ser lavadas com detergente extran 0,5%, e bem enxaguadas, sendo o último enxágüe em água destilada. Elas devem ficar em recipiente com álcool P.A., sendo retiradas e bem secas com toalha de pano no momento da utilização. Estes procedimentos permitem que as lâminas fiquem limpas e desengorduradas.

Extensão Sanguínea

A extensão sanguínea deve ser, preferencialmente, feita logo após a coleta da amostra de sangue e, se possível, desprovida de anticoagulante.

Colocar uma pequena gota de sangue sobre a lâmina, aproximadamente um a dois centímetros da borda. Junto à gota, coloca-se uma lâmina auxiliar, chamada também de lâmina extensora, aparada nos cantos, para realizar a extensão num ângulo de 45° com a face superior da lâmina, fazendo com a lâmina extensora um ligeiro movimento para trás, até encostar na gota de sangue, deixando, então, que a gota se difunda uniformemente ao longo da borda e, mantendo a inclinação de 45°, faz-se a lâmina extensora deslizar sobre a outra, com movimento firme, rápido e delicado. Seca-se a extensão ao ar e, após a extensão bem seca, cora-se. Uma boa extensão deve possuir cabeça, corpo, cauda e bordas, em que será feita a leitura das lâminas (veja Fig. 20.1).

118 *Obtenção de Células do Sangue Periférico*

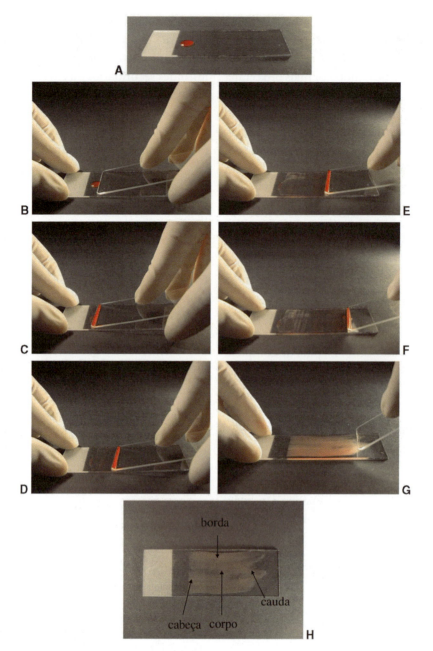

Fig. 20.1 Obtenção da extensão sanguínea. (**A**) Posição e quantidade ideal da gota de sangue sobre a lâmina; (**B**) Posicionamento da lâmina extensora; (**C**) Recuo da lâmina com a gota distribuída de maneira homogênea entre o contato das duas lâminas; (**D**, **E**, **F**) Seqüência do movimento; (**G**) Finalização; (**H**) Extensão pronta com indicação das regiões formadas.

A extensão deve ser delgada; isto é, as hemácias e os leucócitos devem ser estendidos, com a lâmina extensora, em uma única camada, sem que haja superposição, nem formação de grãos ou flocos, e deve ser completa; a amostra deve ser estendida na sua totalidade, sendo aconselhável não utilizar gotas muito grandes.

A distribuição dos leucócitos sobre a extensão encontra-se, preferencialmente, nas bordas e na cauda da extensão.

A identificação da amostra deve ser feita a lápis, na cabeça da extensão (veja Fig. 20.2), antes da coloração.

Obtenção de Linfócitos a Partir do Sangue Periférico

O sangue periférico pode ser obtido através de punção cardíaca ou coleta da aorta abdominal, em ratos e

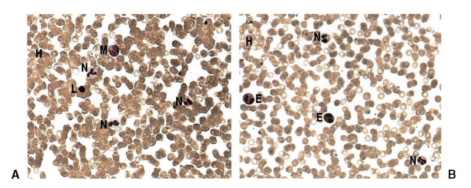

Fig. 20.2 Microscopia das células de extensão de sangue humano fixadas e coradas por Rosenfeld (40×). (**A**) L – Linfócito, M – Monócito, N – Neutrófilo e H – Hemácias; (**B**) E – Eosinófilo, N – Neutrófilo e H – Hemácias.

camundongos, ou através de veias em animais maiores, incluindo o homem, sendo a fonte mais fácil e rápida de obtenção de linfócitos. O sangue humano contém cerca de 5–10 × 10^6 leucócitos/mL e 1.000 vezes mais eritrócitos. Aproximadamente 30% dos leucócitos são linfócitos e 1–3%, monócitos — referidos todos como células periféricas mononucleares sanguíneas. O restante são granulócitos. Entre os linfócitos, a maioria é de linfócitos T (70%), o restante são células B. Entre as células mononucleares, existe pequena quantidade de células dendríticas (1–2 × 10^3/mL) que podem ser isoladas pela aderência *"overnight"* em garrafas ou placas de plástico (Hunt, 1987).

Boyum (1968), usando uma mistura de metrizoato de sódio e polissacarídeos, foi o primeiro a estabelecer um procedimento de rotina através do qual a formação de um gradiente de concentração seguido de centrifugação possibilita a rápida obtenção de leucócitos a partir do sangue total (rendimento de aproximadamente 50%). Outros métodos de separação incluem gelatina e dextran, entretanto produzem baixa pureza.

A técnica utilizada rotineiramente em laboratórios para a separação de leucócitos consiste na mistura do sangue com compostos que agregam eritrócitos (polímeros de polissacarídeos) e aumentam a taxa de sedimentação dessas células. Os leucócitos são pouco afetados pela centrifugação; portanto, podem ser coletados do sobrenadante do tubo, ao passo que os eritrócitos estão sedimentados. Neste método, o metrizoato de sódio (9,6%) é o agente de alta densidade (1,077g/mL) (Lymphoprep-Nycomed). Neste protocolo, o sangue é cuidadosamente depositado no topo da mistura, e os eritrócitos são agregados e sedimentados no fundo do tubo juntamente com os granulócitos. A maioria dos leucócitos permanece no plasma (sobrenadante). Este método é o mais confiável, fácil e rápido, inclusive para a obtenção de linfócitos a partir de cadáveres e sangue obtido sem anticoagulantes e estocados à temperatura ambiente por até 72 h.

Procedimento de Separação

1. Coletar o sangue em tubo contendo anticoagulante (EDTA 15%, usar 10μL para 10 mL de sangue, heparina ou 11,5 mg de citrato e 1,2 mg de ácido cítrico, usar 600 μL em 10 mL de sangue).
2. Diluir o sangue pela adição de um volume igual de solução salina (NaCl 0,9%) ou PBS estéril e com antibiótico, se as células forem para cultura.
3. Cuidadosamente, com uma pipeta Pasteur de vidro ou plástico, depositar 6 mL do sangue diluído sobre 3 mL de Lymphoprep (densidade 1,077 g/mL) em um tubo previamente preparado. Evitar misturar o sangue com o Lymphoprep. Alternativamente, utilizar algum reagente similar no mercado com a mesma densidade (Histopaque, Ficoll-Histopaque, Percol).
4. Centrifugar a 200 *g* por 30 min, à temperatura ambiente ou a 4°C. Se o sangue estiver estocado por mais de 2 h, aumentar o tempo de centrifugação.
5. Após a centrifugação, os leucócitos formam uma banda (anel) distinta na interface (Fig. 20.3). As células devem ser removidas da interface com o uso de pipetas Pasteur. Este procedimento deve ser realizado colocando-se a ponta da pipeta em contato com a parede do tubo e procedendo-se à aspiração em círculo.
6. Transferir o anel de leucócitos (linfócitos + monócitos) para tubos novos e diluir com igual volume de salina ou PBS para reduzir a contaminação com o Lymphoprep e para retirar as plaquetas. Centrifugar a 200 *g*, por 10 min.

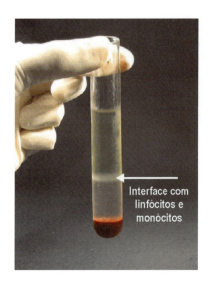

Fig. 20.3 Gradiente de Lymphoprep para separação dos componentes do sangue. O anel formado entre o Lymphoprep e o plasma com PBS contém linfócitos e monócitos. Os neutrófilos estão no fundo do tubo, juntamente com as hemácias.

7. Descartar o sobrenadante e adicionar solução salina ou PBS, e centrifugar como anteriormente.
8. As plaquetas podem ser removidas ressuspendendo-se o precipitado em salina ou utilizando-se um novo gradiente com densidade de 1,063 g/mL, e centrifugando-se, por 15 min, a 150 g. Os leucócitos formam um precipitado, e as plaquetas permanecem no sobrenadante.
9. No sedimento de leucócitos, pode-se proceder à contagem celular e à avaliação de viabilidade com as técnicas usuais (veja Caps. 5 e 32, Contagem de células e Citometria de fluxo).
10. As células podem ser cultivadas para avaliação de parâmetros metabólicos e/ou funcionais, ou separadas como segue adiante.

Nota: A contaminação da suspensão de leucócitos por eritrócitos é em torno de 1–5%. Alguns granulócitos imaturos podem estar presentes na suspensão de leucócitos durante uma terapia imunossupressora. Se o sangue utilizado for heparinizado, é essencial remover a maioria das plaquetas, para evitar a inibição do teste de citotoxicidade se este for realizado. Os procedimentos descritos neste método são suficientes para evitar esta contaminação.

Obtenção de Monócitos

Após a obtenção dos leucócitos totais do sangue periférico conforme descrito anteriormente, e desde que seja importante avaliar isoladamente linfócitos e monócitos, é aconselhável que se isolem as duas populações celulares. Para tanto, devem-se realizar os seguintes procedimentos:

1. Incubar a mistura de linfócitos e monócitos (leucócitos) em placas contendo 30 mL de meio de cultura RPMI 1640 entre o período de 30 min a 2 h, a 37°C em estufa incubadora.

Nota: A concentração final de células por garrafa de 200 mL não pode ultrapassar 1×10^7 células. Se esta proporção não for obedecida, a quantidade de monócitos no sobrenadante poderá comprometer a pureza das amostras de linfócitos.

2. Em seguida, os monócitos estarão aderidos à garrafa, e os linfócitos estarão soltos no meio de cultura, o que propicia a separação celular e, conseqüentemente, experimentos distintos com as duas populações.
3. Colocar o sobrenadante contendo os linfócitos em tubos e proceder à centrifugação a 200 g, por 10 min.
4. Os monócitos podem ser obtidos utilizando-se uma solução de tripsina/EDTA (veja Cap. 9, Culturas permanentes). Proceder à centrifugação como descrito anteriormente.
5. Após obtenção dos sedimentos contendo as populações isoladas de células, proceder à contagem e diluição para a cultura de células (veja Cap. 5, Contagem de células).

Obtenção de Neutrófilos

Separação por Ficoll-Histopaque e Dextrana:

1. Aos tubos contendo 5 mL de Ficoll-Histopaque, adicionar cuidadosamente 10 mL da mistura de sangue e PBS na proporção 1:1. Para que a separação das células ocorra de maneira eficiente, evitar a mistura entre o Ficoll e a solução sangue–PBS.
2. Centrifugar a 400 g, por 50 min, à temperatura ambiente, obtendo-se interface (monócitos), sobrenadante e sedimento (leucócitos polimorfonucleares e hemácias).
3. Ao sedimento de leucócitos e hemácias, acrescentar 2 mL de Dextrana a 6% e incubar por 1 h, a 37°C.
4. O sobrenadante, contendo os neutrófilos, deverá ser centrifugado a 500 g, por 10 min, procedendo-se à lise das hemácias por choque hipotônico e ressuspensão dos neutrófilos em PBS.

5. Após este procedimento, verificar a viabilidade celular por contagem em câmara de Neubauer após coloração com azul de tripan ou depois de reação com iodeto de propídio e leitura no citômetro de fluxo. Estas células podem ser submetidas a outros experimentos. (Veja Caps. 5 e 32, Contagem de células e Citometria de fluxo.)

Separação por Histopaque 1077 ou Lymphoprep:

1. A partir do sedimento de hemácias e granulócitos obtidos com o gradiente de densidade 1.077, transferir a camada constituída de hemácias e neutrófilos para um tubo plástico de 50 mL.
2. Completar com o volume de 50 mL, com solução de hemólise, e incubar em gelo ou em banho-maria a 37°C, por 10 min.
3. Centrifugar a 200 g por 10 min, a 4°C. O sobrenadante, contendo as hemácias, é desprezado, e os neutrófilos são lavados com PBS, ou, se necessário, outro processo de hemólise é realizado. Repetir o procedimento 3.
4. Após este procedimento, verificar a viabilidade celular por contagem em câmara de Neubauer após coloração com azul de tripan ou depois de reação com iodeto de propídio e leitura no citômetro de fluxo. Estas células podem ser submetidas a outros experimentos. (Veja Caps. 5 e 32, Contagem de células e Citometria de fluxo.)

REFERÊNCIAS BIBLIOGRÁFICAS

Bainton, D. F. Morphology of neutrophils, eosinophils and basophils. *In*: Beutler, E., Lichtman, M. A., Coller, B. S., Kipps, T. J., Seligsohn, U. (eds.): Williams Hematology, 6. ed. New York, McGraw-Hill, 2001, p. 729-43.

Boyum, A. Separation of leucocytes from blood and bone marrow. Scand J Clin Lab Invest, 21 (Suppl. 97), 1968.

Calder, P. C. Fuel utilization by cells of the immune system, Proceedings of the Nutrition Society, 54: 65-82, 1995.

Damiano, V. V., Kucich, U., Murer, E., Laudenslager, N., Weinbaun, G. Ultrastructural quantitation of peroxidase- and elastase-containing granules in human neutrophils. Am. J. Pathol., 131:235, 1988.

Gabay, J. E., Heiple, J. M., Cohn, Z. A., Nathan, C. F. Subcellular location and properties of bactericidal factors from human neutrophils. J. Exp. Med., 164:1407, 1986.

Hunt, S. V. Preparation of lymphocytes and acessory cells. *In*: Lymphocytes a practical approach. Klaus GGB. Practical approach series. Oxford, IRL Press, 1987.

Junqueira, L. C. & Carneiro, J. Células do Sangue. *In*: Histologia Básica, Rio de Janeiro, Guanabara Koogan, 1995, p. 191-204.

Lee, G. R.; Bithell, T. C.; Foerster, J.; Athens, J. W.; Lukens, J. N. Leukocytes. The phagocytic and immunologic systems. *In*: Wintrobe's Clinical Hematology, Philadelphia, Lea Febiger, 1993, p. 223-57.

Lorenzi, T. F. Manual de Hematologia, Propedêutica e Clínica. Rio de Janeiro. Medsi, 1992.

Roitt, I., Brostoff, J., Male, D. Imunologia, 4th ed. Mosby, 1998.

Stites, D. P. & Terr, A. I. Imunologia Básica. Rio de Janeiro, Prentice-Hall do Brasil, 1992.

Capítulo 21

Co-culturas Celulares

CARMEM MALDONADO PERES

INTRODUÇÃO

A cultura isolada de um determinado tipo celular nem sempre reproduz as condições ideais do local de onde estas células são obtidas. A influência de interações com os demais tipos celulares componentes destas regiões pode não ser simulada em uma cultura simples, mesmo com a utilização de meios de cultura modificados.

Para o estudo de interações entre dois tipos celulares em cultura, utiliza-se a co-cultura. Trata-se de um recurso de investigação aplicado para o entendimento das relações célula-célula. Esta ferramenta é essencial para a compreensão das interações celulares que ocorrem em um microambiente; foco inflamatório, parede de capilares, placas de ateroma, cicatrização, sangue e coagulação, tumores, angiogênese, granulomas, ou em uma determinada região de um órgão ou tecido. Através deste método, podem-se avaliar os parâmetros funcionais restritos a uma célula sob a influência da interação com outro tipo celular presente no mesmo microambiente. Além disso, as trocas de influências são bidirecionais e, por isso, reproduzem melhor o que ocorre *in vivo*.

PLANEJAMENTO DA CO-CULTURA: CONSIDERAÇÕES GERAIS

A co-cultura pode ser feita com células obtidas diretamente de animais ou humanos (co-cultura primária) ou a partir de células mantidas em culturas permanentes.

Muitas vezes, a escolha de células a partir de linhagens permanentes simplifica o protocolo, pois a obtenção é mais rápida e as características de cada tipo celular já estão bem descritas na literatura. Entretanto, não é sempre que modelos com células permanentes podem ser aplicados.

Para a cultura primária, alguns tipos celulares podem ser obtidos de mais de um órgão ou tecido. A escolha da região depende da interação que se quer avaliar, da facilidade e rapidez de obtenção, do rendimento e custo. Sobretudo, a obtenção das células se restringe a locais que respondam à proposição de estudo.

As características dos animais (idade, peso, sexo, espécie e linhagem, *knockout* para alguma proteína, imunogênico, previamente tratados) ou do humano (idade, peso, sexo, fumante, características genéticas, doenças prévias, tratamentos circunstanciais) também devem ser consideradas para a escolha da fonte das células, seja para culturas simples seja para co-culturas.

Conhecer as características das células a serem co-cultivadas é fundamental para a elaboração do protocolo e enriquece as possibilidades de abordagem. Saber se as células aderem, se proliferam, o que sintetizam, secretam e incorporam, que proteínas são expressas, a viabilidade em cultura, a fase do ciclo celular em que se encontram, se estão confluentes ou não, em que circunstâncias todas essas propriedades ocorrem e, principalmente, as diferenças dessas características entre as células co-cultivadas auxiliam na estratégia de planejamento, separação e análise.

O número de células na placa de cultura é importante e a proporção entre os tipos co-cultivados, também. Como exemplo da aplicação desses conceitos, considere, por exemplo, que, durante o processo inflamatório, neutrófilos e monócitos migram da circulação em direção à lesão, alterando a proporção de células no microambiente. Além disso, esta migração não é simultaneamente realizada na mesma quantidade, ou seja, as características teciduais no início da inflamação não são as mesmas encontradas no decorrer do processo. Deve-se determinar em que condição o experimento será realizado para que não haja conclusões superficiais.

Muitas vezes, previamente à co-cultura, inclui-se no protocolo a cultura simples de um ou dos dois tipos celulares na presença de algum tratamento individual com dose e duração preestabelecidas. A introdução desta etapa permite que se avalie, por exemplo, uma determinada célula sob a influência de outra previamente estimulada ou inibida por algum agente específico. Normalmente, se as células são obtidas dos mesmos animais, durante o tratamento, o outro tipo celular pode ser mantido em meio de cultura em incubadora de CO_2.

A escolha do período de tempo ideal de co-cultura depende do período de tempo necessário de interação entre as células para se induzirem possíveis alterações dos parâmetros avaliados e da sensibilidade do método de detecção desses parâmetros. Convém padronizar este período de tempo antes de submeter as células a todos os tratamentos planejados.

Outra condição a ser questionada é o contato entre as células. A co-cultura pode ser feita com os tipos celulares em contato entre si ou separados por uma membrana que não permite interação direta, mas não impede que os produtos secretados transitem livremente e atinjam todas as células. Neste segundo caso, a separação das células para posterior análise é simples, já que as células não se misturam.

PROTOCOLO EXPERIMENTAL DE CO-CULTURA ENTRE MACRÓFAGOS E LINFÓCITOS

Neste capítulo, o protocolo descrito de co-cultura aborda as interações entre linfócitos obtidos dos linfonodos mesentéricos e macrófagos isolados da cavidade peritoneal de ratos.

Inicialmente, as células devem ser isoladas da mesma maneira descrita nos capítulos referentes à Obtenção de linfócitos e macrófagos.

PROTOCOLO

Materiais e Reagentes

1. Solução de PBS: salina tamponada com sais de fosfato: NaCl 0,9%; KCl 0,20g/L; KH_2PO_4 0,12g/L; e Na_2HPO_4 (anidro) 0,91g/L a 4°C e pH 7,4.
2. Antibióticos: penicilina (2,5 UI/mL) e estreptomicina (2,5 µg/mL) (Sigma).
3. Material cirúrgico (tesouras, pinça dente de rato, pinça com ponta fina).

4. SFB: soro fetal bovino.
5. Meio de cultura RPMI 1640.
6. Placas e tubos estéreis.
7. Centrífuga refrigerada.
8. Incubadora com controle de CO_2.
9. Câmara de Neubauer.

Pré-cultura dos Macrófagos

Conduzir todas as manipulações celulares em câmara de fluxo laminar.

1. Após contagem das células em câmara de Neubauer (veja capítulo sobre Contagem de células), colocá-las nas placas e mantê-las a 37°C em incubadora (CO_2 a 5 %), por 1 h a 2 h, em RPMI 1640, sem soro fetal bovino, para promover a adesão dos macrófagos. O número de células depende do tamanho da placa determinado pela sensibilidade do método de avaliação posterior (*Sugestão*: Placas de 96 cavidades — colocar 2×10^5 macrófagos em 200 µL; placas de 24 cavidades — 1×10^6 células em 1 mL e 6 cavidades — 1×10^7 em 2 mL, respectivamente, diâmetros de 0,5; 1,5; e 3,5 cm).
2. Após a adesão, descartar o meio e colocar o tratamento desejado. Incubar novamente as células pelo tempo padronizado.
3. Decorrido o período de pré-cultura, desprezar o sobrenadante e lavar as células aderidas duas vezes com meio de cultura. Esta etapa é essencial para se evitar que resíduos do tratamento dos macrófagos estejam presentes na co-cultura e influenciem diretamente os linfócitos.

Co-cultura de Macrófagos com Linfócitos

Co-cultura sem contato entre as células (Fig. 21.1). Homem de Bittencourt & Curi, 1998, Nishiyama-Naruke & Curi, 2000.

1. Durante o pré-tratamento dos macrófagos, os linfócitos devem ser mantidos em meio de cultura na incubadora. Se algum tratamento prévio for feito com os linfócitos, as células devem ser coletadas em frascos e centrifugadas ($200\,g$, por 10 min). O sobrenadante deve ser desprezado e as células devem ser ressuspensas em novo meio de cultura para serem lavadas. Após a ressuspensão das células no meio que será utilizado para a co-cultura, deve-se retirar uma alíquota e contá-las.
2. Após o descarte do meio utilizado para a lavagem dos macrófagos, deve-se colocar apenas parte do volume

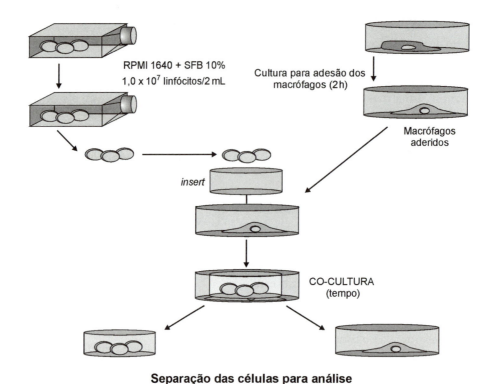

Separação das células para análise

Fig. 21.1 Representação da co-cultura de linfócitos com macrófagos sem que haja contato entre os dois tipos celulares. As células permanecem separadas por um suporte contendo uma membrana (*insert*) que não obstrui a passagem do sobrenadante.

(geralmente metade) total de meio de cultura sobre os macrófagos.

3. Adicionar os linfócitos com o volume complementar sobre um sistema compartimentalizador (*insert* ou *transwell*, 0,4 μm) que impeça o contato entre linfócitos e macrófagos.
4. Manter as células em co-cultura (37°C em incubadora (CO_2 a 5 %)) durante o período determinado.
5. Posteriormente, coletar o sobrenadante com pipetas.
6. Coletar os linfócitos lavando os *inserts* com PBS.
7. Desaderir os macrófagos com EDTA (10 mM) e incubação, a 37°C, por 30 min. Desta forma, garante-se a viabilidade.
8. Após a coleta e lavagem das células com PBS, ressuspender em solução adequada para a posterior análise.

Co-cultura com contato entre as células (Peres et al., 2003).

Neste caso, as células são cultivadas em placas sem a utilização das membranas (*inserts*).

1. Após a lavagem das células, adicionar os linfócitos suspensos em meio de cultura às placas contendo os macrófagos aderidos.
2. Manter a co-cultura a 37°C em incubadora (CO_2 a 5%) pelo tempo padronizado.
3. Após o período de co-cultura, coletar o sobrenadante contendo os linfócitos com a ajuda de uma pipeta. Podem-se centrifugar as células e coletar o sobrenadante para análise (p. ex.: para dosagem de citocinas, lipídios e nitrito) (produção indireta de óxido nítrico).
4. Para aumentar o rendimento de coleta dos linfócitos, convém lavar as placas com PBS e adicionar os lavados às células coletadas juntamente com o sobrenadante.
5. Centrifugar novamente os linfócitos.
6. Os macrófagos também podem ser analisados e obtidos da mesma maneira descrita anteriormente.

Muitas vezes, alguns macrófagos desaderem com a lavagem dos linfócitos "contaminando-os". Dependendo da análise que se faça com os linfócitos, é necessário purificá-los. A seguir, está descrito um método de purificação de linfócitos com macrófagos utilizando-se como princípio a diferença de densidade entre linfócitos e macrófagos após a promoção da fagocitose de limalha de ferro pelos macrófagos.

Separação Isopícnica de Linfócitos e Macrófagos (Hunt, 1987, modificado; Peres et al., 1997) (Fig. 21.2).

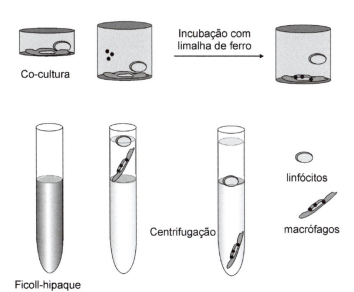

Fig. 21.2 Separação isopícnica de linfócitos e macrófagos. Macrófagos fagocitam a limalha de ferro e se depositam no fundo do tubo após a centrifugação. Os linfócitos permanecem na interface entre o meio de cultura e o Ficoll.

1. Ressuspender o precipitado de linfócitos contaminados com macrófagos em 3 mL de RPMI 1640 (com 10% de SFB).
2. Adicionar 10,0 mg de limalha de ferro (mesh 400, ≈10 mg/10^7 linfócitos) e incubar as células em suspensão a 37°C, por 30 min, sob leve agitação. Nessas condições, os macrófagos fagocitam as partículas menores de limalha de ferro, ficando mais pesados (Pizzoferrato et al., 1987).
3. Em outro tubo, colocar 3 mL de solução de Ficoll-hipaque (Lymphoprep®, Nycomed pharma AS, Oslo, Noruega) com densidade de 1,077 g/mL.
4. Lentamente, adicionar a suspensão contendo os linfócitos e macrófagos sobre a solução de Ficoll-hipaque, formando uma interface entre as duas soluções.
5. Após centrifugação por 10 min a 200 g, os linfócitos permanecem na interface meio-Ficoll. Os linfócitos apresentam densidade levemente menor do que o Ficoll-hipaque (próxima a 1,07 g/mL), flutuando neste meio. Como os macrófagos estão mais pesados por causa da limalha fagocitada, estes permanecem no fundo do tubo.
6. O contato de um ímã pelo lado de fora do tubo com movimentos em direção ao fundo favorece o fluxo dos macrófagos e a separação.
7. Coletar os linfócitos da interface com uma pipeta.
8. Desprezar o meio e o Ficoll, e coletar os macrófagos.

REFERÊNCIAS BIBLIOGRÁFICAS

Homem de Bittencourt Jr., P. I., Curi, R. Transfer of cholesterol from macrophages to lymphocytes in culture. Biochemistry and Molecular Biology International, 44(2):347-62, 1998.

Hunt, S. V. Preparation of lymphocytes and accessory cells. In: Lymphocytes: a practical approach. Washington, IRL Press, 1987, p. 1-34.

Nishiyama-Naruke, A., Curi, R. Phosphatidylcholine participates in the interaction between macrophages and lymphocytes. Am J Physiol Cell Physiol, 278(3):C554-60, 2000.

Peres, C. M., Homem de Bittencourt Jr., P. I., Costa, M., Curi, R., Williams, J. F. Evidence for the transfer in culture of [^{14}C]-labelled fatty acids from macrophages to lymphocytes. Biochemistry and Molecular Biology International, 43(5):1137-44, 1997.

Peres, C. M., Sampaio, S. C., Cury, Y., Newsholme, P., Curi, R. Transfer of arachidonic acid from lymphocytes to macrophages. Lipids, 38(6):633-9, 2003.

Pizzoferrato, A., Vespucci, A., Ciapetti, G., Stea, S., Tarabusi, C. The effect of injection of powdered biomaterials on mouse peritoneal cell populations. Journal of Biomedical Materials Research, 21:419-28, 1987.

Parte 5

Coloração de Células

Capítulo 22

Principais Métodos de Coloração de Células

SANDRA COCCUZZO SAMPAIO

A coloração é um importante recurso para se avaliar e qualificar células provenientes de cultura primária (obtidas a partir do sangue total, do lavado peritoneal dos animais, ou dos tecidos e órgãos) ou das culturas permanentes em condições normais ou obtidas após um determinado tratamento experimental.

A literatura dispõe de excelentes livros que abrangem corantes e técnicas de coloração em histologia e citologia. O intuito deste capítulo é comentar algumas das principais colorações utilizadas nos laboratórios e tentar auxiliá-lo em situações corriqueiras experimentais, como as melhores alternativas de soluções de diluição para a contagem de células totais ou corantes para contagem diferencial de células em lâmina de extensão, importante para avaliação do tipo celular que se obteve e de que se pretende fazer cultura.

INTRODUÇÃO

A terminologia *coloração* refere-se a uma técnica empregada para corar, através dos corantes, tecidos ou células que se deseja estudar.

Em 1876, Witt introduziu o conceito de que cor é determinada pela presença de determinados radicais ou grupos atômicos em uma molécula. Witt denominou estes radicais e grupos atômicos de *cromóforos*, ou seja, substâncias que contêm cor (Beçak & Paulete, 1970). Assim, substâncias que possuem um ou mais cromóforos são conhecidas como *cromogênios*.

Os corantes são substâncias químicas que podem ser classificadas segundo a sua origem: *naturais* (extraídas de animais, como o carmim, ou vegetais, como a hematoxilina), *artificiais* ou *sintéticas* (derivadas da destilação de corantes de anilina). Quimicamente, os corantes de anilina são sais, podendo assim se obterem corantes ácidos, básicos e indiferentes (Beçak & Paulete, 1970).

TIPOS DE CORANTES

Ácidos: são sais cuja base é incolor e o ácido é colorido, como a eosina e o eosinato de sódio.

Básicos: possuem base colorida e o ácido incolor, como o azul de metileno.

Neutros: tanto o ácido quanto a base são coloridos, como o eosinato de azul de metileno. Os corantes neutros têm grande importância nos estudos hematológicos.

Corantes Utilizados para Corar Extensões Sanguíneas e de Exsudato

1. *Coloração de Leishman*

Corante em pó de Leishman	0,15 g
Álcool metílico puro	100 mL

   Dissolver por aquecimento em frasco de vidro, com tampão de algodão, em banho-maria (37°C). Deixar esfriar e filtrar.

   Este corante oferece método simples e precioso de corar sangue, com a finalidade de diagnóstico. Os melhores resultados são obtidos tamponando a água destilada em pH 6,6 a 7,0.

   Técnica

   a) Colocar a lâmina horizontalmente, em suporte de coloração.

   b) Cobri-la com Leishman por 5 min.

   c) Homogeneizar com água destilada, previamente fervida e resfriada (neutra), e deixar por mais 15 min.

130 *Principais Métodos de Coloração de Células*

d) Lavar em água corrente, limpar o verso da lâmina com auxílio de papel absorvente e deixar secar ao ar.

2. *Coloração de May-Grünwald-Giemsa*

Corante de May-Grünwald (Pappenheim, 1912)

Corante em pó de May-Grünwald	0,25 g
Álcool metílico puro	100 mL

Dissolver por aquecimento em frasco de vidro, com tampão de algodão, em banho-maria (37ºC). Deixar esfriar e filtrar.

Giemsa pó

Este corante é o eosinato de azur-azul de metileno. Prepara-se a partir do Azur II que consiste em uma mistura 1:1 de Azur (azur de metileno) e azul de metileno. A solução Azur II, cuja concentração é de pouca importância, é precipitada, acrescentando-se eosina a ela, uma vez que o eosinato é insolúvel. Acrescenta-se eosina até formar o "anel de eosina", ao pingar uma gota da solução sobre papel de filtro. Uma vez obtido, separa-se e seca-se o precipitado. Ao usar, dissolver em álcool ou glicerina.

Corante de Giemsa

Corante de Giemsa em pó	3,8 g
Álcool metílico puro	250 mL
Glicerina pura	250 mL

Misturar, adicionando o álcool e a glicerina em pequenas porções, durante um período de 15 min. Transferir para um frasco, vedá-lo e deixar descansar por 24 h, agitando ocasionalmente. Filtrar e armazenar em frasco escuro. Filtrar a cada uso.

Técnica

a) Cobrir a extensão com 10 gotas de solução de May-Grünwald-Giemsa. Deixar agir por 3 min.

b) Acrescentar à extensão 10 gotas de água destilada neutra, misturando com a solução May-Grünwald-Giemsa. Deixar agir por 1 min.

c) Dispensar a extensão corante e, sem lavar:

d) Cobrir a extensão com líquido de Giemsa diluído em água destilada (1 ou 2 gotas de solução de Giemsa para 1 mL de água destilada neutra). Deixar agir durante 5 min a 1 h, dependendo da idade da extensão. Quanto mais antigo, maior é o tempo de coloração. Uma extensão nova geralmente precisa de 10 a 15 min para se corar.

e) Lavar com água destilada.

f) Colocar as lâminas em um suporte, verticalmente, para secar.

3. *Coloração de extensão sanguínea utilizando corante de Rosenfeld*

Corante de Rosenfeld (Rosenfeld, 1947)

Giemsa em pó	0,97 g
May-Grünwald em pó	0,53 g
Metanol	1.000 mL

Normalmente, deve-se deixar "amadurecer" por 1 semana em frasco escuro à temperatura ambiente, ou colocar em banho-maria, a 37ºC, durante o dia. Filtrar em papel. Colocar em vidro bem seco e fechar hermeticamente. Filtrar a cada uso.

Técnica

a) Cobrir a extensão de sangue, após estar bem seca, com 0,2 mL (aproximadamente, 10 gotas) de corante de Rosenfeld, durante 2 min.

b) Adicionar 0,4 mL de água destilada neutra (aproximadamente, 20 gotas) e homogeneizar a mistura com um bastão de vidro, delicadamente, para não derramar o volume. Deixar por 10 min.

c) Retirar o corante com água destilada, com jatos suaves.

d) Colocar na estante, verticalmente, para secar ao ar.

4. *Coloração de Wright* (Wright, 1902; Beçak & Paulete, 1970)

Pó corante de Wright

Solução A	Azul de metileno	0,9 g
	Bicarbonato de sódio	0,5 g
	Água destilada	100 mL

Solução B	Eosina Y	1 g
	Água destilada	500 mL

Misturar o azul de metileno e o bicarbonato de sódio na água e aquecer no vapor a 100ºC, durante 60 min. Deve-se cuidar para que a solução fique em uma camada delgada, ou seja, não além de 6 cm de profundidade do recipiente. Esfriar e filtrar.

Acrescentar a solução A sobre a solução aquosa de eosina (B). Misturar cuidadosamente e pingar uma gota do corante sobre papel de filtro branco. Este procedimento é para verificar se há formação de um anel de eosina em volta da gota. Caso não haja, acrescentar mais eosina até que se observe o anel.

Filtrar a mistura, utilizando filtro duplo, e secar o precipitado a baixa temperatura. Pulverizar e conservar a seco, protegido da luz.

Corante de Wright

Corante de Wright em pó	0,3 g
Álcool metílico puro	100 mL

Dissolver por aquecimento, em frasco fechado com tampão de algodão, em banho-maria. Esfriar e filtrar.

Deixar o corante repousar durante um a dois dias. Filtrar a cada uso.

Técnica

1. Cobrir a estensão com 10 gotas de corante de Wright, deixando agir, tampado, durante 1 min. Tampar a extensão, mesmo quando estiver utilizando o corante comercial. Este procedimento evita que haja evaporação do álcool e, conseqüentemente, a formação de um precipitado granular. Se isso ocorrer, é recomendado que se acrescente mais solução corante.
2. Acrescentar água destilada, tamponada, gota a gota, até a formação de um delgado filme metálico esverdeado na superfície do líquido (por volta de 5 gotas). Mexer a lâmina enquanto se acrescenta a água, para obter uma mistura. Deixar agir durante 3 a 5 min. Este tempo pode ser aumentado.
3. Lavar a extensão com água tamponada, sem despejar previamente o corante. Cobrir a extensão com água, durante 2 min, e trocá-la uma vez.
4. Escorrer a água e secar a extensão com papel de filtro.

As lâminas da extensão são analisadas em imersão, sem a necessidade de se montar a lâmina, diafanizando-se, ou seja, permitindo-se a passagem da luz com o próprio óleo de imersão.

Utilizando-se os métodos de coloração descritos anteriormente, obtém-se o seguinte resultado: as hemácias coram-se em vermelho, laranja e rosa-cinzento; o núcleo das células, entre azul-arroxeado e violeta-arroxeado; o citoplasma, conforme o tipo de leucócito: nos linfócitos e monócitos, azul-celeste; nos neutrófilos, rosa-claro; nos basófilos, azul-escuro; e, nos eosinófilos, os grânulos coram-se de alaranjados.

Corantes Utilizados para Identificar e Contar Elementos Figurados

O sangue é composto por elementos celulares, tais como hemácias, leucócitos e plaquetas. A determinação destas células é de grande importância médica. A contagem destes elementos obedecem a um princípio comum: a diluição, uma vez que a quantidade destes elementos no sangue é muito grande, sendo assim impossível serem avaliados diretamente. O fator de diluição e as pipetas utilizadas para a diluição devem ser, matematicamente, exatos, para que a variação ou erro de cálculo final seja o menor possível. As câmaras de contagem de células (Neubauer) devem ser montadas com lamínulas de cristal, para não haver alteração da área, o que compromete a fórmula de correção aplicada após a contagem.

Líquidos de Diluição de Células

a) <u>Eritrócitos</u> (glóbulos vermelhos): para contagem das hemácias, deve-se usar um líquido de diluição capaz de manter a sua forma e volume intactos, impedindo ou retardando a hemólise, mesmo quando as amostras são guardadas por algumas horas após a colheita. O líquido mais utilizado para esta contagem é o de Hayem.

1. Líquido de Hayem (Beçak & Paulete, 1970)

Sulfato de sódio anidro	5 g
Cloreto de sódio	0,5 g
Bicloreto de mercúrio	0,25 g
Água destilada	200 mL

Filtrar e armazenar em frasco escuro.

Outro líquido para diluição utilizado é o de Dacie, que se conserva bem, pois contém formol, e oferece as vantagens de não provocar alterações na forma dos eritrócitos e, ainda, os conserva para contagem após várias horas da realização da colheita do sangue.

2. Líquido de Dacie (Beçak & Paulete, 1970)

Formol a 40%	1,0 mL
Citrato trissódico a 3%	99,0 mL

Filtrar e armazenar em frasco escuro.

Causas de erros: alguns fatores podem comprometer a contagem correta dos eritrócitos, tais como uma diluição imperfeita, seja por falta de técnica seja decorrente de pipetas mal calibradas; formação de pequenos coágulos por lentidão na técnica, profundidade inexata da câmara de contagem, geralmente por uma colocação incorreta da lamínula; distribuição desigual dos glóbulos vermelhos na câmara; contaminação do líquido por fungos ou bactérias, que podem ser confundidos com os eritrócitos.

b) <u>Hemoglobina</u>: é uma proteína que tem como função transportar gases (CO_2 e O_2), e sua dosagem permite calcular a quantidade de hemoglobina existente no sangue, através da quebra da hemácia, utilizando-se o líquido de Drabkin. A dosagem é espectrofotocolorimétrica (540 nm).

— Líquido de Drabkin

Bicarbonato de sódio	1,0 g
Cianeto de potássio	0,05 g
Ferricianeto de potássio	0,2 g
Água destilada	1.000 mL

c) <u>Leucócitos</u> (glóbulos brancos): os líquidos utilizados para a contagem deste tipo celular devem promover a hemólise das hemácias e corar, sutilmente, os núcleos dos leucócitos. Os líquidos diluentes mais utilizados são o líquido de Turk e o líquido de Thoma.

A contagem global de glóbulos brancos permite calcular o número absoluto de células em determinado volume de sangue. Faz-se uma diluição do sangue (1:20): 0,4 mL de líquido de Turk + 20 μL de sangue, ou usa-se a pipeta de Thoma *para glóbulos brancos*, completando até a graduação 0,5 com sangue e até a graduação 11 com Turk (lisa as hemácias e cora o núcleo dos leucócitos). A leitura é feita na câmara de Neubauer, conforme descrito no capítulo sobre Contagem de células.

1. Líquido de Turk (Costacurta, 1969)

Ácido acético glacial	4 mL
Azul de metileno	1%
(solução aquosa)	5 gotas
Água destilada	96 mL

Filtrar e armazenar em frasco claro ou escuro.

2. Solução de Azul de Metileno (1%)

Azul de metileno	1 g
Água destilada	100 mL

Filtrar e armazenar em frasco escuro.

3. Solução de Thoma

Ácido acético	1 mL
Azul de metileno 1%	1 mL
Água destilada	98 mL

Observação: Há presença de grumos quando esta solução está velha.

Filtrar e armazenar em frasco escuro.

4. Solução de Cristal-Violeta

Cristal-violeta em pó	0,5 g
Ácido acético glacial	100 mL

Homogeneizar durante 30 min, filtrar e armazenar em frasco escuro.

Para a contagem exclusiva de eosinófilo, utiliza-se o líquido de Dunger.

1. Líquido de Dunger (Beçak & Paulete, 1970)

Eosina

(solução aquosa a 1%)	10 mL
Acetona	10 mL
Água destilada	80 mL

Eosina aquosa

Eosina amarelada	
(ou azulada)	1 g
Água de torneira	100 mL

Filtrar e armazenar em frasco escuro.

d) <u>Plaquetas</u>: podem ser contadas através de métodos diretos ou indiretos.

Métodos diretos: contagem direta, em câmara de Neubauer, após a diluição.

2. Método de Rees-Ecker (líquido de diluição) (Beçak & Paulete, 1970)

— Azul brilhante de crescil	0,1 g
Citrato de sódio	3,8 g
Formol neutro 10% (v/v)	0,2 mL
Água bidestilada	100 mL

Filtrar e armazenar em frasco escuro.

Técnica

a) Encher a pipeta de Thoma, *para glóbulos vermelhos*, até a graduação 0,5, com o líquido de diluição.

b) Mergulhar a ponta da pipeta em uma gota da amostra de sangue e aspirar até a marca 1,0.

c) Limpar, cuidadosamente, a parte externa da pipeta e mergulhá-la, novamente, no líquido de diluição e aspirar até a graduação 101.

d) Agitar e homogeneizar a suspensão.

e) Preencher a câmara de contagem e deixá-la em repouso durante 15 a 20 min, para sedimentar as plaquetas.

f) Proceder à contagem de todas as plaquetas contidas em 1 mm^2, usando o retículo central (para hemácia) ou qualquer um dos outros.

Métodos indiretos: podem ser praticados em esfregaços corados ou a fresco, entre lâmina e lamínula, através do método de Fonio, que é o mais utilizado.

3. Método de Fonio (a fresco)

a) Colocar no local da coleta da amostra de sangue uma solução aquosa a 14% de sulfato de magnésio.

b) Lancetar o local da coleta, sob a gota de sulfato de magnésio, homogeneizar a mistura do sangue, sem que entre em contato com o ar, com a solução, com auxílio de um bastão de vidro.

c) Fazer a extensão do material.

d) Corar segundo o método de May-Grünwald-Giemsa, deixando, porém, o Giemsa agir durante 60 min.

e) Examinar em imersão, para a contagem, em cada campo, das plaquetas e das hemácias, até o mínimo de 200 hemácias.

4. Método de Fonio (extensões coradas)

A contagem das plaquetas é feita na lâmina de extensão. Contam-se 5 campos microscópicos, onde podem-se ver hemácias bem distribuídas (aproximadamente 200); ou contam-se 10 campos com mais ou menos 100 hemácias.

e) <u>Reticulócitos</u>: a visualização dos reticulócitos se faz pela coloração do RNA residual, com auxílio de corantes supravitais.

— Azul Brilhante de Crescil (Conn, 1940)

Azul brilhante de crescil	1,5 g
Solução de NaCl 0,85%	100 mL

Filtrar e armazenar em frasco escuro.

Técnica

a) Colocam-se 2 gotas de sangue num tubo de ensaio contendo 2 gotas de azul brilhante de crescil.

b) Misturar bem e colocar num tubo capilar, deixando em repouso por 15 min. Após este procedimento, fazer uma extensão do sangue.

c) Deixar secar e corar com Leishman ou Rosenfeld.

d) Calcular em 1.000 glóbulos vermelhos a porcentagem de reticulócitos. *Resultados*: Retículo é corado em azul; resto do corpúsculo não cora; e, em leucócitos, o núcleo é corado em azul.

Corantes Utilizados para Exclusão (Viabilidade Celular)

Alguns corantes são utilizados com a finalidade de verificar a viabilidade das células, principalmente das células utilizadas em protocolos experimentais, que serão incubadas ou serão utilizadas em metodologias para avaliação de funções, tais como espraiamento, fagocitose, quantificação da liberação de peróxido de hidrogênio, ou produção de óxido nítrico, proliferação, atividade enzimática, produção de citocinas e hormônios. Nestes casos, a certeza de se trabalhar com células viáveis é imprescindível. A viabilidade celular pode ser verificada logo após sua coleta; por exemplo, dos fluidos peritoneais de animais de experimentação ou após a incubação com soluções que são objeto de estudo. As principais soluções utilizadas para este fim são a de azul de metileno a 0,1% e a de azul de tripan. O azul de metileno a 1% também é utilizado para realizar viabilidade de fungo, como, por exemplo, leveduras de *Candida albicans*, seja para se determinar a viabilidade antes da sua utilização nos protocolos experimentais, seja após as incubações experimentais.

— Solução de Azul de Tripan

Azul de tripan em pó	1 g
Tampão fosfato-salina (PBS)	100 mL

Solubilizar durante 40 a 60 min. Filtrar e armazenar em frasco escuro. Guardar preferencialmente em geladeira, para evitar proliferação de bactérias.

Informações Gerais sobre Coloração

Tempo: o tempo necessário para a coloração de tecidos depende da técnica escolhida. Geralmente, varia de poucos segundos a 24 h ou mais, uma vez que os métodos de fixação, desidratação e diafanização podem influenciar os resultados da coloração.

Solventes: na maioria das vezes, os solventes dos corantes são água e álcool etílico diluído. Normalmente, subentende-se que as soluções usuais são aquosas.

Conservação dos corantes: as soluções corantes podem ser conservadas à temperatura ambiente. Quando a solução corante apresenta precipitado ou resultados insatisfatórios, deve ser substituída por solução nova (Beçak & Paulete, 1970).

REFERÊNCIAS BIBLIOGRÁFICAS

Beçak, W., & Paulete-Vanrell, J. Técnicas de Citologia e Histologia. Livraria Nobel S.A. A Casa das Apostilas, 1970.

Conn, H. J. *Biological Stains*, 4. ed. Biotech Publications, Geneva, New York, 1940.

Costacurta, L. Histologia. Liv. Edit. Artes Médicas—SP, 1969.

Pappenheim, A. Zur Blutzell-färbung im klinischen Bluttrockenpräparat und zur histologischen Schnittpräparatfärbung der hämatopoetischen Gewebe nach meinem Methoden. Folia Haemat., 13:388-44, 1912.

Rosenfeld, G. Método rápido de coloração de esfregaços de sangue. Noções práticas sobre corantes pancrômicos. Mem Inst Butantan 20:315-28, 1947.

Wright, J. H. A rapid method for the differential staining of blood films and malarial parasites. J Med Res. 7:138-44, 1902.

Parte 6

Micoplasma

Capítulo 23

Micoplasma

JORGE TIMENETSKY

PROPRIEDADES GERAIS DOS MICOPLASMAS

Conhecidos ainda como PPLO — *Pleuro Pneumoniae Like Organisms*, os micoplasmas foram isolados primeiramente da pleuropneumonia bovina, em 1898, por Nocard e Roux. De 1920 a 1937, diversos micoplasmas foram isolados de outras espécies animais. Em 1937, isolou-se este tipo de microrganismos do trato genital humano. Em 1963, caracterizou-se *M. pneumoniae*, a espécie de maior interesse humano. Outros micoplasmas foram e continuam sendo caracterizados, e a taxonomia está em permanente reorganização. Com dimensões semelhantes às dos maiores vírus, os micoplasmas são os menores organismos de vida livre, e a ausência da parede celular os diferencia das bactérias convencionais. Centenas de espécies distribuem-se entre humanos, animais, insetos ou vegetais. Interferem portanto na saúde humana, agropecuária e na pesquisa biomédica, infectando culturas celulares e animais de laboratório (principalmente ratos e camundongos).

Os elementos celulares são membrana celular (com esteróis, ausentes nas bactérias com parede celular), ribossomos e ácidos nucléicos. Não possuem endosporos, fímbrias, flagelos ou grânulos. Cápsula polissacarídica [p. ex., *M. mycoides* subs. *mycoides* (caprinos)], estruturas ou projeções polares (*blebs*) [p. ex., *M. pneumoniae* (humano), *M. gallisepticum* (aves)] e fibrilas responsáveis pela aderência existem em algumas espécies. O genoma varia de 580 a 2.220 kpb (pares de kilobases), com baixo teor de C + G, e possui até 2 cópias de RNA 16S. Plasmídios e bacteriófagos foram descritos em algumas espécies. A maioria das espécies reconhece UGA para triptofano em vez de ser um códon de término da síntese protéica. Como o genoma pode ser 6 vezes menor do que em *Escherichia coli*,

os micoplasmas possuem, conseqüentemente, reduzido número de vias metabólicas. Por exemplo, têm falta de vias enzimáticas para síntese de parede celular, ciclo do ácido tricarboxílico, síntese de purinas e no transporte de elétrons pelos citocromos, entre outras. Os micoplasmas são divididos principalmente em fermentadores (glicose) e não fermentadores, sendo que alguns hidrolisam a arginina. As espécies de *Ureaplasma* hidrolisam a uréia. Aminoácidos e nucleotídios são utilizados no cultivo, e o esterol é incorporado pela membrana, contribuindo para sua resistência diferenciada, considerando-se a ausência da parede celular. Com exceção dos *Acholeplasmas*, estes microrganismos precisam de soro animal para o crescimento *in vitro*. O crescimento em caldo, apesar de numeroso como nas bactérias convencionais, normalmente não causa turvação porque são bactérias pequenas. Em meio sólido, normalmente produzem pequenas colônias em forma de "ovo frito", observadas com lupa. Os micoplasmas multiplicam-se por divisão binária, mas a replicação do DNA não é sincronizada com a divisão celular. Deste modo, adquirem formas filamentosas semelhantes aos fungos, observadas apenas na microscopia eletrônica. Do grego *mykes* (fúngico) *plasma* (forma). Estes filamentos fragmentam-se de várias maneiras e liberam pequenas células viáveis de 0,3 μm. Filogeneticamente, os micoplasmas descendem das bactérias Gram-positivas que, por sua vez, também possuem baixo teor de G + C. Micoplasma é o termo genérico para a classe *Mollicutes* [*Mollis* (mole) *cutis* (pele)] que pertence à Divisão dos *Ternecurites*. Atualmente, constituem 5 Ordens, 6 Famílias, 14 Gêneros e mais de 200 espécies (www.cme. msu.edu/Bergeys).

Poucas espécies são patogênicas primárias, algumas são comensais e outras são oportunistas por excelência. Infectam a célula hospedeira, interferem na sua fisiologia, mimetizam a resposta imune e podem não a destruir. Os micoplasmas, além de modificarem o pH, produzem metabólitos como O_2^-, H_2O_2 e NH_3. Podem produzir superoxidesmutase, lipases, nucleases e proteases. Toxinas verdadeiras foram detectadas em *M. gallisepticum* (aves) e *M. neurolyticum* (murinos).

Embora os micoplasmas possam crescer em meios acelulares, a preferência por células é notável pela facilidade de obtenção dos nutrientes essenciais. Estas bactérias podem aderir a células epiteliais, competir por nutrientes, interagir com células principalmente pelas proteínas da membrana, e liberar os compostos do metabolismo primário e/ou secundário. Dependendo da espécie, podem fundir com a membrana citoplasmática, produzir trocas antigênicas, ou mesmo invadir a célula hospedeira. Os componentes da membrana citoplasmática de algumas espécies modulam a resposta imune principalmente no que se refere às citocinas. Estes fatores, associados ou não, interferem na integridade da célula hospedeira, de tecidos e órgãos, resultando em doença. A associação dos micoplasmas com outros agentes infecciosos no agravamento de sintomas de doenças ou na diminuição dos períodos de incubação aponta os micoplasmas também como co-fatores no desenvolvimento de doenças humanas e animais.

Incluem-se ainda entre os micoplasmas os *Phytoplasmas* [chamados anteriormente de MLO (*Mycoplasma Like Organisms*)] ainda não cultiváveis. Foram descritos inicialmente como fitopatógenos, sendo os insetos os principais vetores. A microscopia eletrônica destes microrganismos em diversos tecidos indicam a existência de centenas de espécies divididas atualmente em 12 grupos. Estes "micoplasmas" não cultiváveis estão associados a diversas doenças de interesse vegetal e entomológico. No que se refere à doença animal ou humana, o assunto é discutível.

As características dos micoplasmas patogênicos ou os pertencentes à microbiota normal, mas que provocam doenças agudas ou crônicas em sítios anatômicos usuais ou não em diversos hospedeiros, fazem destas bactérias um controverso grupo de microrganismos. As mucosas dos tratos respiratório e urogenital são os *habitats* mais freqüentes dos micoplasmas. Dependendo da espécie de micoplasma, a sua transmissão pode ser horizontal ou vertical. Pode ser transovariana, transplacentária, através de contato direto, aerossol, alimentos, água, insetos vetores ou aquisição nosocomial (transplantes, próteses). A presença de micoplasma no sêmen envolve as doenças sexualmente transmissíveis; tornando críticos os processos de inseminação artificial humana e animal.

MICOPLASMAS E CULTURAS CELULARES

O uso de células animais na pesquisa iniciou-se em 1907 por Harrison. Em 1956, Robinson *et al.* isolaram pela primeira vez micoplasmas de uma cultura celular. A linhagem infectada era a célula Hela. Naquela época, diversas pesquisas já haviam sido realizadas com esta e outras células. Atualmente, mesmo com a pesquisa biomédica mais avançada, as infecções por micoplasmas persistem e continuam de difícil controle ou mesmo inevitáveis. Os micoplasmas encontrados nas culturas celulares geralmente provêm de outra cultura celular infectada, usualmente doada. As culturas celulares, na maioria das vezes, infectam-se originalmente com micoplasmas pelo soro animal. O aerossol contaminado com micoplasmas gerado na prática laboratorial aliado aos descuidos de assepsia na manipulação de células são os principais fatores que contribuem na disseminação destas bactérias em culturas celulares.

Células transformadas por renomadas instituições de pesquisa disponibilizavam gratuitamente estas e outras linhagens celulares, divulgando-as em catálogos especiais no sentido de contribuir no avanço da pesquisa. No entanto, algumas estavam sabidamente infectadas com micoplasma, e assim eram descritas. Atualmente, as instituições de pesquisa que colaboram com outras solicitam, entre si, certificados da ausência de micoplasmas para o prosseguimento dos experimentos realizados com culturas celulares.

As células de linhagem têm sido mais freqüentemente infectadas do que as células de cultura primária. Entretanto, estas últimas têm sido usadas mais amplamente, incluindo-se os hibridomas e outras variedades de culturas celulares. Desta maneira, se estiverem infectadas originalmente com micoplasmas da microbiota normal do doador das células, esta infecção se perpetuará e com grande possibilidade de ser transmitida para outras células do laboratório.

Os diversos efeitos metabólicos e citogenéticos observados nas infecções acidentais de culturas celulares por micoplasmas têm contribuído na elucidação parcial da patogenicidade destas bactérias ou justificado a elaboração de projetos de pesquisa. Cerca de 25% de DNA e/ou de proteínas podem ser gerados adicionalmente pelos micoplasmas nas culturas celulares infectadas.

Apesar das indesejáveis conseqüências das infecções acidentais por micoplasma, os efeitos celulares, por outro lado, indicam que este sistema biológico pode ser útil no estudo de biologia de micoplasmas, células e de co-infecções com outros agentes infecciosos.

Dependendo da célula infectada e da espécie de micoplasma, a infecção pode passar completamente despercebida, pois os micoplasmas geralmente não causam turvação e podem não matar a célula. As células infectadas podem se estressar pelo metabolismo lento dos micoplasmas sem morrer e conseqüentemente tornar-se mais sensíveis ao ambiente e a outros agentes infecciosos. Os metabólitos e componentes da membrana dos micoplasmas são biologicamente ativos e portanto interferem na interpretação de ensaios laboratoriais.

Cerca de 20 espécies de micoplasmas foram isoladas de diferentes tipos de culturas celulares. A maioria das células de linhagem utilizadas em pesquisa, diagnóstico laboratorial ou mesmo biotecnologia apresentaram infecções por micoplasmas. Convém lembrar que as culturas celulares podem se infectar por outros microrganismos, vírus ou mesmo outras células. As espécies de micoplasma já isoladas foram: *Mycoplasma orale* (H: Humana), *M. arginini* (B: Bovina), *M. hyorhinis* (Suína), *Acholeplasma laidlawii* (B), *M. salivarium* (H), *M. fermentans* (H), *M. pirum* (H), *Ureaplasma urealyticum* (H), *M. bovis* (B), *A. axantum* (B), *M. bovoculi* (B), *M. hominis* (H), *M. pneumoniae* (H), *A. oculi* (B), *A. vituli* (B), *M. arthritidis* (M: Murino), *M. pulmonis* (M), *M. gallinarum* (A: Aviário), *M. gallisepticum* (A), *M. canis* (Canino), *M. buccale* (H). As seis primeiras espécies são as mais freqüentes. Lembramos que os micoplasmas também foram encontrados em culturas de alguns protozoários.

A literatura descreve que a freqüência de infecção de culturas celulares de linhagem está entre 15 e 30%. Entretanto, este índice varia de 0 a 100%, dependendo do laboratório ou da amostragem monitorada. O índice de 1 a 5% tem sido descrito para as culturas celulares primárias. Mas este também varia, principalmente pelo crescente uso deste tipo de cultura celular. Diversos resultados da pesquisa biomédica foram invalidados principalmente no que se refere à falsa resposta imune de macrófagos infectados com micoplasmas ou a antígenos produzidos e co-infectados com micoplasmas.

Motivados pela qualidade da pesquisa, os laboratórios têm monitorado mais freqüentemente e de forma independente a presença de micoplasmas neste sistema. Ocorre que os índices atuais de infecção destas bactérias, neste sistema biológico, são menos divulgados, principalmente pelo sigilo e controle interno dos laboratórios.

Como aplicação, extensão e conseqüências deste tema, vale mencionar o seguinte exemplo: Após a associação de *Mycoplasma fermentans (incognitus)* e AIDS em 1986, inicialmente considerado como vírus (*Virus Like Agent-VLA*), esta espécie foi amplamente comentada, pois o achado motivou a geração de projetos de pesquisa importantes. Na ocasião, esta espécie foi isolada de uma célula transformada com o DNA de células de sarcoma de Kaposi. A infecção acidental pela bactéria, apesar de negada pelos pesquisadores, foi imediatamente questionada pela comunidade científica, após a publicação dos resultados.

A detecção desta espécie em culturas celulares está crescente, provavelmente pela maior atenção ao monitoramento de micoplasmas em culturas celulares e pelo uso de células humanas como culturas primárias. Esta espécie é considerada de origem do trato urogenital humano e raramente isolada da orofaringe. Portanto, o *habitat* desta espécie conflita com os achados dela em cultivo de células sanguíneas humanas. O papel desta espécie nas infecções humanas é progressivamente questionado pelo achado não somente nas culturas celulares, mas também pela associação com outras doenças humanas, incluindo-se artrites, síndrome da guerra do Golfo e síndrome da fadiga crônica. As propriedades desta espécie observadas em culturas celulares infectadas acidental ou experimentalmente evidenciaram fusão com membrana da célula hospedeira, modulação da resposta imune, transformação celular, apoptose, além das interferências genéticas. Atualmente, esta espécie está amplamente envolvida em diversos projetos de pesquisa.

Métodos de Eliminação

A remoção permanente do micoplasma da cultura celular pode ocorrer, mas dificilmente um método possui 100% de eficácia. A cultura infectada deve ser descartada e as células livres de micoplasmas devem ser adequadamente preservadas como "preciosidades". Ao adquirir uma nova célula no laboratório, deve-se estabelecer a quarentena para o seu monitoramento e manter a segurança no laboratório.

Se a célula contaminada for importante, pode-se tentar a descontaminação. O uso de antibióticos é descrito na literatura. A ciprofloxina (10 mg/mL), entre outros, tem sido mencionada mais freqüentemente para eliminar os micoplasmas nos sucessivos subcultivos de células. A eficácia depende do tipo de célula e micoplasma, além da concentração destas bactérias na cultura celular. Recomenda-se, como nas infecções humanas ou animais, a realização do teste prévio de sensibilidade do microrganismo infectante aos antibióticos, caso o "tratamento" da cultura celular seja necessário. Portanto, é importante conhecer o tipo de micoplasma infectante para delinear o "tratamento" específico, incluindo-se ou não o uso de anticorpos específicos. Convém lembrar que os antibióticos não são agentes "descontaminantes", e muitos possuem apenas atividade inibitória. Na escolha da droga, devem-se considerar as concentrações micoplasmacidas, mas que não sejam tóxicas para as células. Nos animais e no homem, os antibióticos contribuem na cura de doenças infecciosas geralmente em hospedeiros imunocompetentes. Nas culturas celulares, os "sintomas" podem voltar, porque este sistema é muito sensível e sem defesa. Existem empresas que garantem a descontaminação seletiva dos micoplasmas. Os procedimentos são "segredos" baseados no uso de concentrações antibióticos e/ou anticorpos. Mais recentemente, em nosso laboratório, detectou-se a ocorrência de infecções de culturas celulares com várias espécies de micoplasmas. Este resultado permitiu sugerir que ocorreu acúmulo de espécies de micoplasmas na medida que as culturas celulares passavam pelos laboratórios. Infelizmente, evidencia-se também a persistência do descuido no controle de qualidade deste sistema. Este fato soma-se à limitação da eficácia dos métodos de descontaminação oferecidos por empresas, pois se trata de uma multinfecção.

Como os micoplasmas atingem o diâmetro de 0,3 µm, sob pressão e sem parede celular, podem transpor filtros de 0,22 µm, portanto a porosidade de 0,1 µm é indicada na filtração de insumos que possam conter estas bactérias (p. ex., soro animal). A inativação convencional de soro animal, a 56°C, de 30 a 60 min (dependendo do volume) garante a inativação do micoplasma. A contaminação do soro ocorre na coleta do sangue animal pela microbiota normal das mucosas ou pela bacteremia. Na filtração, as formas filamentosas são retidas pelos poros de 0,22 µm, mas não as células menores, e ocorre diminuição do número dessas bactérias. Assim, o soro contaminado contém poucos micoplasmas. Mas, na cultura celular, atingem até 10^8 micoplasmas/mL no sobrenadante. Além disso, as células ficam cobertas por micoplasmas e não morrem.

O soro fetal bovino é o mais utilizado em culturas celulares, no entanto *M. hyorhinis*, de origem suína, é um dos mais freqüentes. Este fato permite diversos questionamentos, e estas bactérias nunca foram detectadas na tripsina usada na manipulação de culturas celulares. A existência de matadouros mistos tem sido uma justificativa razoável.

Existem tratamentos mais exóticos como o uso de análogos a ácidos nucléicos (5-bromouracil) utilizados apenas por micoplasmas. A adição de corante fluorescente de DNA ativado com luz branca e ultravioleta após cultivo inativa o DNA sintetizado pelo micoplasma, causando a sua morte mas não da célula. A passagem das células infectadas no peritônio de camundongos *nude* ou Balb/c e recuperadas livres de micoplasmas na ascite induzida está mencionada, mas foi utilizada poucas vezes, e não se conhecia(m) o(s) micoplasma(s) infectante(s). A utilização de soluções hipotônicas e temperaturas de 41–42°C com detergentes também tem sido proposta, mas a viabilidade das células pode ficar comprometida.

Métodos de Detecção

Microscopia Eletrônica. É eficaz, mas é necessário o treinamento específico. Este procedimento é utilizado por algumas instituições que produzem células de linhagem e que possuem o aparelho para uso rotineiro diverso.

Cultura. Geralmente realizada por laboratórios que têm como rotina o cultivo de micoplasmas.

O soro animal deve ser também incluído no controle de micoplasmas em culturas celulares. Como existem poucos micoplasmas no soro contaminado, deve-se, portanto, concentrá-lo a partir de 5 amostras de 100 mL pela centrifugação ou filtração. Assim, o sedimento ou fragmentos da membrana filtrante de porosidade 0,22 µm são inoculados em caldo SP4 ou DMT-1. O meio SP4 é o mais completo, mas existem divergências neste aspecto. Outra maneira é filtrar em 0,45 µm 100 mL de cada amostra de soro e subcultivá-lo em 400 mL de caldo para micoplasma.

As culturas celulares devem ser previamente subcultivadas três vezes sucessivas sem antibióticos. O raspado da cultura (1 mL) não tripsinizada é suficiente para o cultivo dos micoplasmas. A suspensão é diluída e inoculada no caldo.

Apesar de os micoplasmas serem bactérias de vida livre, os mais fastidiosos ou aqueles mais adaptados às culturas celulares, pode-se tentar o co-cultivo com linhagens celulares sabidamente negativas. Incluem-se células VERO, 3T6 (fibroblastos de camundongos), FL (âmnion humano) ou outras como meios de cultura bastante ricos. Estas células possuem núcleos definidos, facilitando a distinção com os fluorocromos das células que se infectaram com micoplasmas. Destes co-cultivos, pode-se obter o subcultivo de micoplasmas ou detectar a sua presença nas células originalmente livres de micoplasma através de colorações inespecíficas para DNA e evidenciada a fluorescência do DNA em microscópio com luz ultravioleta. O DNA pode ser corado com substâncias que se interpõem nos nucleotídios como o corante HOECHST (33258), 4-6 diamino-2'-fenilindol (DAPI — sem afinidade ao DNA mitocondrial) ou outros.

Apesar de inespecífico, o uso de fluocromo pode ser realizado diretamente em amostras de cultura celular para triagem sem a necessidade de co-cultivos. Este método é eficaz no questionamento de possível infecção, pela rapidez e viabilidade econômica na rotina laboratorial. O DNA corado de uma célula livre de micoplasma apresenta-se fluorescente apenas no núcleo, mas a célula infectada, que está coberta por micoplasmas, além do núcleo evidenciam diversos pontos fluorescentes distribuídos na superfície celular, indicando o descarte da célula. Por ser um método inespecífico, o DNA de outros microrganismos também fluoresce, e a infecção não poderá ser caracterizada como provocada por micoplasmas, mas a célula deverá ser descartada do mesmo modo. Neste contexto, anticorpos específicos contra micoplasmas conjugados com fluoresceína poderiam ser usados, mas o procedimento seria espécie-específico e viável para poucos laboratórios, além de estes reagentes serem comercialmente indisponíveis.

Métodos indiretos como a caracterização de compostos exclusivos dos micoplasmas mas não de culturas celulares são raramente aplicados na rotina de monitoramento de culturas celulares. A maioria dos métodos possuem limitações, e as infecções por outros microrganismos podem apresentar dados falso-positivos. A pesquisa de adenosina fosforilase tem sido mencionada como alternativa razoável.

A reação em cadeia da polimerase (PCR) atualmente é melhor método em substituição às sondas de DNA ou *kits* que detectam apenas as espécies mais freqüentes. À utilização de *primers* genéricos para micoplasmas, detectam-se todos os micoplasmas, inclusive os mais fastidiosos. Internacionalmente, recomenda-se monitorar as células com dois métodos. A cultura e PCR com *primers* genéricos têm sido os métodos mais recomendados. Alguns materiais clínicos são de difícil cultivo para micoplasmas, mas, nas culturas celulares, estes microrganismos são mais numerosos, e, geralmente, a maioria está viável para o cultivo. Neste monitoramento, a sensibilidade da cultura é semelhante ao PCR. Com a existência de *primers*-específicos para várias espécies de micoplasmas, atualmente também é possível detectar com melhor precisão estas infecções.

Conjuntos Comerciais (*Kits*)

Reagentes de uso comercial para a detecção destas bactérias existem para micoplasmas de interesse humano.

Baseando-se no cultivo e alteração de pH dos meios com antibióticos impedientes, obtém-se diagnóstico presuntivo das espécies de importância urogenital. Para a espécie de importância respiratória, há sondas de DNA. Apesar de não existirem *kits* para detecção de micoplasmas de importância animal, há *kits* que detectam o conjunto das espécies mais freqüentes em culturas celulares, porém sem diferenciá-las. Mais recentemente, padronizaram-se *kits* para detecção genérica de qualquer micoplasma (*Mollicutes*) em culturas celulares, utilizando-se da PCR associada com princípio imunoenzimático (ELISA). Apesar de este último atingir as necessidades no controle de qualidade de culturas celulares, a diferenciação das espécies também não ocorre. Produtos comerciais novos para o monitoramento e controle de culturas celulares devem ser sempre testados amplamente, pois os imprevistos das infecções acidentais por agentes infeciosos, ou não, são contínuos.

REFERÊNCIAS BIBLIOGRÁFICAS

Del Giudice, R. A., Gardella, R. S. Antibiotic treatment of mycoplasma-infected cell cultures. *In*: Razin, S., Tully, J. G. Molecular and Diagnostic Procedures in Mycoplasmology. Academic Press. Vol. 2, p. 439-43, 1996.

Del Giudice, R. A., Tully, J. G. Isolation of mycoplasmas from cell cultures by axenic cultivation techniques. *In*: Razin, S., Tully, J. G. Molecular and Diagnostic Procedures in Mycoplasmology. Academic Press. Vol. 2, p. 411-8, 1996.

Masover, G. K., Becker, F. A. Detection of mycoplasmas by DNA staining and fluorescent antibody methodology. *In*: Razin, S., Tully, J. G. Molecular and Diagnostic Procedures in Mycoplasmology. Academic Press. Vol. 2, p. 419-29, 1996.

McGarrity, G. J., Kotani, H., Butler, G. H. Mycoplasmas and tissue culture cells. *In*: Mycoplasmas: Molecular Biology and Pathogenesis. ed.: Maniloff, J. Academic Press, ASM. Washington DC, p. 445-54, 1992.

Phillips, D. Detection of mycoplasma contamination of cell cultures by electron microscopy. *In*: McGarrity, G. J. Murphy, D., Nichols, W. (ed.), Mycoplasma infection of cell cultures. Plenum Publishing New York, p. 5-118. 1978.

Razin, S., Herrmann, R. Molecular Biology and Pathogenicity of Mycoplasmas. Kluwer Academic/Plenum Publishers, New York, 572 p, 2002.

Razin, S., Yogev, D., Naot, Y. Molecular Biology and Pathogenicity of Mycoplasmas. Microbiology and Molecular Biology Reviews, 62(4):1094-156, 1998.

Smith, A, Mowles, J. Prevention and control of mycoplasma infection of cell cultures. *In*: Razin, S., Tully, J. G. Molecular and Diagnostic Procedures in Mycoplasmology. Academic Press. Vol. 2, p. 445-51, 1995.

Smith, A., Mowles, J. Prevention and control of mycoplasma infection of cell cultures. *In*: Razin, S., Tully, J. G. Molecular and Diagnostic Procedures in Mycoplasmology. Academic Press. Vol. 2, p. 445-51, 1996.

Tully, J. G. Culture Medium Formulation for Primary Isolation and Maintenance of Mollicutes. *In*: Razin, S., Tully, J. G. Molecular and Diagnostic Procedures in Mycoplasmology. Academic Press.Vol. 1, p. 33-40, 1995.

Veilleux, C., Razin, S., May, L. H. Detection of Mycoplasma infections by PCR. *In*: Razin, S., Tully, J. G. Molecular and Diagnostic Procedures in Mycoplasmology. Academic Press. Vol. 2, p. 431-8, 1996.

Capítulo 24

Detecção de Micoplasma em Culturas Celulares

ÉRICA PAULA PORTIOLI SILVA

INTRODUÇÃO

Micoplasma é o termo para se referir a qualquer gênero desta classe de microrganismo. Essa palavra é derivada do grego *mikes* (fungo) e *plasma* (forma das células).

O estudo de micoplasma começou no final do século XIX, quando Louis Pasteur foi convidado pela Sociedade Agrícola de Melun para investigar as causas de uma pleuropneumonia contagiosa que atingia o gado bovino. Pasteur tentou cultivar o agente, porém o microrganismo não crescia nos meios utilizados.

Em 1898, Nocard e Roux foram os primeiros pesquisadores a cultivar o agente infeccioso. Primeiramente, o micoplasma foi cultivado em sacos coloidais inseridos na cavidade peritoneal de coelhos. Em seguida, pôde ser cultivado em meios acrescidos de uma parte de soro fetal bovino. Foi confirmado que o organismo não é retido pelos filtros bacterianos (0,22 μm), conseqüentemente os micoplasmas são considerados os menores microrganismos de vida livre. Suas dimensões estão próximas às dos maiores vírus. Além de serem os menores organismos celulares vivos e os mais simples, a célula contém o mínimo necessário para sua multiplicação: membrana, citoplasma, ribossomos e DNA.

Como a atividade biossintética dos micoplasmas é muito reduzida, só podem ser crescidos em meios contendo soro. O soro fornece ácidos graxos e colesterol, em forma assimilável e não tóxica, para a síntese da membrana.

Quando esses organismos estão presentes em meio de cultura líquido, raramente turvam o meio, mesmo com uma densidade de 100 células/mL. São altamente sensíveis aos agentes descontaminantes e resistentes à penicilina.

Todas as espécies de micoplasma descritas até agora são parasitas humanos, animais ou de plantas. Superfícies das mucosas oral, ocular, trato respiratório, urogenital e digestivo, além das articulações, são o *habitat* primário desses organismos, em que a maioria das espécies permanecem aderidas a células. A espécie *Mycoplasma hominis* faz parte da microbiota normal dos tratos respiratório e genital da maioria das pessoas.

Em ratos e camundongos, o *M. pulmonis* é o mais freqüente, sendo um interferente nas interpretações de resultados, se estes animais são utilizados na pesquisa biomédica.

O micoplasma possui genoma circular de fita dupla e baixo teor de bases nitrogenadas guanina e citosina (24 a 43%). De acordo com o tamanho do genoma, é dividido em dois grupos:

a) Gêneros *Mycoplasma* e *Ureaplasma* apresentam genoma de 600 a 1.350 kpb.
b) Gêneros *Anaeroplasma*, *Asteroplasma*, *Acholeplasma*, *Spiroplasma*, *Mesoplasma* e *Entoplasma* apresentam genoma de 700 a 2.200 kpb.

Culturas Celulares

As culturas celulares são amplamente usadas para se estudarem bioquímica, fisiologia e morfologia. O manuseio desses modelos biológicos é relativamente fácil em comparação com modelos *in vivo*.

Os micoplasmas são responsáveis por contaminações tanto em células de cultivo primário, como de linhagens permanentes. Esses organismos causam alterações no metabolismo, diminuição na taxa de divisão celular pela interferência na síntese de DNA, RNA e proteínas, aberrações cromossômicas e morte com desprendimento da monocamada, e, em conseqüência, resultados contraditórios têm sido publicados com freqüência por diferentes laboratórios, usando o mesmo tipo celular.

Por exemplo, em 1995 foi descrito que o tratamento antiestrógeno na linhagem celular MCF-7 induzia formação de cadeia de DNA característico de apoptose. Em contraste, resultados anteriores e posteriores a esse, obtidos de diferentes grupos de pesquisadores, demonstraram que a clivagem internucleossomal do DNA não era detectável nessa linhagem celular.

Em 2000, ficou demonstrado que a contaminação por micoplasma pode levar a um resultado falso-positivo relacionado à degradação internucleossomal do DNA. Foi verificado que, sob condições de estresse causado pela nuclease do micoplasma, as células em cultura são capazes de clivar seu próprio DNA no sítio internucleossomal, resultando em cadeia de DNA idêntica à produzida durante o evento apoptótico verdadeiro.

Contaminações por micoplasma também podem causar aberrações no genoma da célula hospedeira. Vale lembrar que o micoplasma não afeta a integridade do DNA de células não tratadas.

As espécies mais freqüentes encontradas em culturas celulares são *M. orale*, *M. fermentans* (espécies provenientes de material humano) e *A. laidawii*, *M. hyorhenis* e *M. Argineni* (espécies provenientes de animais).

A falta de parede celular facilita a fusão da membrana do micoplasma com a da célula hospedeira. Além disso, esses organismos são capazes de eliminar compostos do metabolismo primário, como peróxido de hidrogênio ou amônia, em quantidade suficiente para alterar a fisiologia celular.

Portanto, a contaminação de material biológico por membros da classe *Mollicutes* (espécies de *Mycoplasma* e *Acholeplasma*) pode levar a resultados experimentais não confiáveis e produtos biológicos não seguros.

Muitos métodos são usados para detectar a contaminação de micoplasma, e cada um deles tem vantagens e desvantagens a respeito de custo, tempo, confiabilidade, especificidade e sensibilidade. Esses métodos incluem técnicas de cultura, imunológica e coloração de DNA, microscopia eletrônica, hibridação de ácidos nucléicos e reação em cadeia da polimerase (PCR).

MÉTODOS UTILIZADOS PARA DETECÇÃO DE MICOPLASMA

Hoechst 33342

O corante é adicionado no meio de cultura em uma concentração final de 1 µg/mL, e as culturas são incubadas por 20 min, a 37°C.

Para a fixação, adicionam-se 20% de formaldeído para uma concentração final de 2%. Após 20 min, 2 volumes de PBS são adicionados e as células são centrifugadas, a 140 g, por 5 min. O precipitado é ressuspenso e embebido em Mowiol 88 (Hoechst, Frankfurt, Germany) para avaliação em microscopia de fluorescência. Micoplasmas são detectados como fluorescência extranuclear.

Reação em Cadeia da Polimerase (PCR)

Recentemente, o método de PCR está sendo usado para detectar a presença de micoplasma em cultura celular. Esse método é rápido e sensível. Entretanto, somente um número limitado de *primers* espécie-específicos foram descritos, e a especificidade necessita ser testada por outros métodos, antes de serem amplamente aceitos para uso de rotina.

O ensaio de PCR é rápido e pode ser concluído em 1 h 30 min. PCR é mais sensível do que cultura para detectar a contaminação genérica. Caso o pesquisador queira determinar a espécie do micoplasma, é necessário combinar a PCR com o seqüenciamento.

A PCR é um processo de duas fases. A primeira fase é de reconhecimento, durante os primeiros ciclos quando o fragmento de DNA desejado é selecionado pela ligação específica do *primer*. A segunda fase é de amplificação durante os ciclos subseqüentes, quando o número de cópias do fragmento de DNA desejado aumenta exponencialmente.

EXTRAÇÃO DE DNA

A extração de DNA se dá a partir de 1 mL da amostra, independente da concentração celular. O protocolo para extração é feito de acordo com o descrito por Van Kuppeveld *et al.* (1992).

OLIGONUCLEOTÍDEOS INICIADORES GENÉRICOS

Os *primers* gênero-específicos utilizados são complementares a seqüências conservadas do 16S comum para *Mycoplasma*, *Acholeplasma*, *Ureaplasma* e *Spiroplasma*. Os *primers* utilizados em nosso laboratório GPO3 e MGSO

Tabela 24.1 Seqüência dos oligonucleotídeos iniciadores utilizados na PCR

Iniciadores	Seqüência
GPO3	5'GGGAGCAAACAGGATTAGATACCCT3'
MGSO	5'TGCACCATCTGTCACTCTGTTAACCTC3'

são complementares, às regiões V2 e V7, e estão nas posições 798-3' e 1055-3'. Na Tabela 24.1, estão descritas as seqüências dos *primers* utilizados na amplificação do DNA.

PREPARO DA REAÇÃO

Para cada reação, preparar uma mistura de 25 μL. Na Tabela 24.2, estão descritas as quantidades necessárias de cada reagente necessárias para cada reação.

PROGRAMA DE AMPLIFICAÇÃO DO DNA

Para a amplificação do DNA de micoplasma, é utilizado um programa padronizado previamente. A temperatura, o tempo e o número de ciclos utilizados na amplificação estão listados na Tabela 24.3.

Tabela 24.2 Mistura dos reagentes por reação para um volume final de 25 μL

Reagente	Volume (μL)
Tampão 10X	2,5
MgCl$_2$ (2 mM)	1
DNTP (100 μl)	1
Primer 1 (50 pmol)	0,4
Primer 2 (50 pmol)	0,4
Taq DNA polimerase (2U)	0,1
Água	19,1

Tabela 24.3 Programa de amplificação usado no termociclador

Temperatura (°C)	Tempo	
94	5 min	
94	30 s	
55	30 s	} 35 ciclos
72	30 s	
72	10 min	

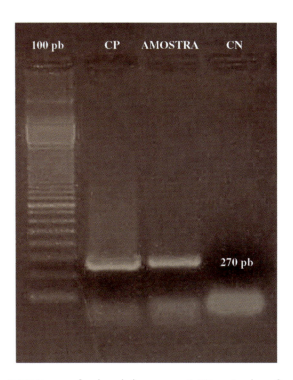

Fig. 24.1 Fotografia de gel de agarose 1,5% após eletroforese. O fragmento amplificado possui, aproximadamente, 270 pb. **100 pb**—padrão de pares de base; **CP** — controle positivo; **CN** — controle negativo.

CUIDADOS NO PREPARO DA REAÇÃO

A contaminação na PCR é um sério fator que não deve ser esquecido. Para prevenir a contaminação das amostras com DNA externo, devem-se usar avental, luvas e máscara, pois deve-se lembrar que espécies de micoplasma fazem parte da nossa flora normal. Cuidados como não falar, tossir ou espirrar próximo às amostras, enquanto se faz a extração de DNA ou a reação de PCR, são indispensáveis.

Não se pode assumir que culturas celulares com resultado de PCR positivo não confirmado por PCR espécie-específica contenham espécies comuns. Para uso prático, somente um par de *primers* gênero-específico é necessário para a identificação de contaminação comum.

REFERÊNCIAS BIBLIOGRÁFICAS

www.micoplasmas.br
www.biotechmd.org
www.cabano.com.br

Fan, H. H., Kleven, S. H., Jackwood, M. W. Studies of intraspecies heterogeneity of *Mycoplasma synoviae, M. meleagridis, and M. iowae* with arbitrarily primed polymerase chain reaction. Avian Dis, 39:766-77, 1995.

Kong, F., James, G., Gordon, S., Zelynski, A., Gilbert, G. L. Species-specific PCR for identification of common contaminat mollicutes in cell culture. Appl Envir Microbiol, 67:3195-200, 2001.

McPherson, M. J., Hames, B. D., Taylor, G. R. PCR 2 A Practical Approach. New York, IRL Press Oxford University Press, 1995.

Stolzenberg, I., Wulf, S., Mannherz, H. G., Paddenberg, R. Different sublines of Jurkat cells respond with varying susceptibility of internucleosomal DNA degradation to different mediators of apoptosis. Cell Tissue Res, 301:273-82, 2000.

Trabulsi, L. R., Toledo, M. R. F. Micoplasmas. In: Trabulsi, L. R., Alterthum, F., Gompertz, O. F., Candeia, J. A. (eds.). Microbiologia. 3.ª ed., São Paulo, Atheneu, 1999.

Van Kuppeveld, F. J. M., Van Der Logt, J. T. M, Angulo, A. F., Van Zoest, M. J., Quint, W. G. V., Niesters, H. G. M., Galama, J. M. D., Melchers, W. J. G. Genus- and species-specific identification of Mycoplasmas by 16S rRNA amplification. Ap Env Microbiol, 58: 2606-15, 1992.

Parte 7

Análise Funcional, Aplicações e Bases Teóricas

Capítulo 25

Proliferação Celular

ROSEMARI OTTON E CARMEM MALDONADO PERES

CONSIDERAÇÕES GERAIS

Neste capítulo, serão apresentados comentários básicos sobre o processo de proliferação celular, especificamente sobre a proliferação de linfócitos humanos e de ratos *in vitro*. Serão abordados aspectos gerais dos principais mitógenos utilizados para a estimulação de linfócitos em cultura, incluindo o mecanismo de ação da concanavalina A, assim como as condições especiais na cultura de linfócitos para avaliação do processo de proliferação.

A seguir, será apresentado um protocolo experimental de avaliação do índice proliferativo de linfócitos em cultura, utilizando o traçador radioativo [^{3}H]– ou [2-^{14}C]-timidina. É importante ressaltar, entretanto, que, para avaliar proliferação celular, recentemente muitos autores utilizam *probes* fluorescentes e análise em citômetro de fluxo. Desde a introdução desta técnica em 1994[1], é possível encontrar vários trabalhos utilizando o fluoróforo CFSE ou CFDA SE (carboxifluoresceína diacetato, succinil éster) para a avaliação do índice proliferativo de linfócitos. Este método recente, e de grande aplicabilidade, necessita, entretanto, de um citômetro de fluxo, que ainda é um aparelho caro e que requer técnicos especializados para o seu manuseio. Maiores referências deste método são apresentadas nos trabalhos originais de Lyons *et al.*[1,2]

PROLIFERAÇÃO DE LINFÓCITOS

Linfócitos T (auxiliar, citotóxico e supressor) participam da regulação da resposta imunológica através da interação com as células apresentadoras de antígenos e linfócitos B. O mecanismo fisiológico pelo qual antígenos estimulam a expansão clonal de linfócitos T envolve o processamento de antígenos pelas células apresentadoras de antígenos (monócitos, macrófagos), bem como a liberação de interleucina (IL)

IL-1 por monócitos e IL-2 por linfócitos T. Macrófagos, ao apresentarem antígenos a linfócitos T, o fazem combinados ao complexo de histocompatibilidade-II (MHC-II) presente na sua membrana. Este complexo se liga ao receptor de célula T (TCR) presente nos linfócitos T. Esta interação dá início ao processo de ativação e proliferação dos linfócitos T durante a reação imune. Nesta seqüência de eventos, a IL-1 produzida pelos macrófagos e a IL-2 liberada pelos linfócitos T atuam no controle deste processo. Uma vez ativados, linfócitos T sintetizam e secretam IL-2 no meio. Além disso, a IL-1 induz a expressão de receptores de IL-2 na superfície celular. A IL-2 liberada pelos linfócitos T interage com seus receptores na membrana celular, o que, por sua vez, sinaliza para a saída dos linfócitos do seu estado quiescente (G_0) para dar início ao ciclo celular (veja, para maiores detalhes, Cap. 6, Ciclo Celular). Alguns T auxiliares também estimulam linfócitos B a se proliferarem, gerando as células de memória e os plasmócitos. Estes, assim, sintetizam os anticorpos (imunoglobulinas). Linfócitos T citotóxicos (NK — *natural killer* — que expressam o complexo CD8$^+$ na membrana) também são estimulados pela IL-2 liberada pelas células T auxiliares. Maiores detalhes sobre este processo não serão considerados aqui, mas podem ser encontrados em livros textos de Imunologia.

In vitro, pode-se induzir o processo de proliferação de linfócitos, utilizando-se várias substâncias mitogênicas para linfócitos humanos e de ratos. Dentre as mais utilizadas, estão a concanavalina A (Con A) e a fito-hemaglutinina (PHA), que estimulam linfócitos T e lipopolissacarídeo de parede bacteriana (LPS), que é mitogênico para linfócitos B. Além desses antígenos, IL-2 e linfócitos alogênicos podem ser utilizados para promover a proliferação de linfócitos[3]. A PHA é utilizada principalmente para estimular linfócitos humanos, ao passo que a Con A é mais usada em culturas de linfócitos de ratos.

A Con A é uma lectina isolada da planta *Canavalia ensiformis*. Em pH menor do que 5,6, apresenta-se dissociada na forma de um dímero. Entretanto, para pH entre 5,8 e 7,0, as cadeias associam-se em um tetrâmero. Nestas condições, a estrutura apresenta vários sítios de ligação a sacarídeos, Ca^{2+} e metais (Mn^{2+})[4]. Há duas hipóteses para explicar o mecanismo de ação que a torna mitogênica para linfócitos: *a)* devido a sua multivalência, a Con A poderia ligar-se a receptores de glicoproteínas e alterar a atividade de enzimas, como a adenil ciclase e a fosfodiesterase, através de mecanismo conhecido como *crosslink*. Sabe-se que o controle do ciclo celular é feito pela regulação entre fatores internos e externos a células, e que nestes dois sistemas as vias de sinalização que envolvem a fosforilação de proteínas e a formação de AMPc e diacilglicerol estão envolvidas. *b)* após ligar-se às glicoproteínas (manose, glicose ou metil-manosídeos) de membrana, a Con A poderia interagir com a membrana celular através de porções da superfície molecular que sozinhas não se ligariam. Este último processo poderia desencadear as alterações de superfície necessárias para a estimulação da divisão celular[4].

Outras hipóteses propõem que a Con A se liga ao receptor de célula T (TCR), que por sua vez interage com o complexo CD3 de membrana, e que esta ativação envolve a enzima fospolipase C e os eventos intracelulares mediados pelos seus segundos-mensageiros (IP_3 e DAG — inositol trifosfato e diacilglicerol, respectivamente)[5].

A Con A estimula de forma indireta a captação e a degradação de leucina e glutamina por linfócitos do sangue periférico humano. Estes dois aminoácidos são críticos durante os processos de síntese protéica que antecede a síntese de RNA e DNA durante o processo proliferativo[6]. Semelhante ação da Con A é observada na captação de timidina por linfócitos. Como a síntese de DNA está aumentada nas células em divisão, a incorporação de [^{3}H]-timidina, neste caso utilizada como um traçador, mede indiretamente a proliferação celular. Entretanto, a síntese aumentada de DNA pode, algumas vezes, estar funcionalmente associada a outros parâmetros, além da proliferação (como, por exemplo, a capacidade de produção de anticorpos)[7].

Sabe-se ainda que, em concentrações próximas a 5 μg/mL, a Con A estimula a incorporação de [^{3}H]-timidina em linfócitos, mantendo a viabilidade celular. Entretanto, para concentrações maiores (50 μg/mL), a Con A liga-se a receptores de menor afinidade, desencadeando efeito tóxico possivelmente por inativar receptores de membrana cruciais para a funcionalidade celular[8].

Muitas cinéticas de incorporação de timidina radioativa foram realizadas após estimulação de linfócitos com Con A. Observou-se que o ciclo celular completo de linfócitos dura em torno de 96 h, e que o pico de incorporação de timidina se dá em 48 h. Este pico de incorporação ocorre, provavelmente, por ser neste momento que os linfócitos entram na fase S do ciclo celular[9].

A concentração de glutamina também é essencial para a devida proliferação de linfócitos em cultura. Já foi demonstrado por muitos autores que, sem glutamina no meio de cultura, linfócitos não se proliferam, e que a taxa de incorporação de timidina cresce com o aumento da concentração de glutamina no meio, até atingir um *plateau*[9-13].

A timidina utilizada nesta técnica é um análogo da timina, uma das quatro bases nitrogenadas que compõem o DNA. Ao ser introduzida na cultura, a timidina irá ser a principal fonte de nucleotídeos para as células em proliferação, já que não há qualquer outra fonte de timidina no meio de cultura. Desta forma, é importante que se forneça timidina suficiente para se poder de fato estimar a síntese de DNA. A concentração adequada de timidina para esses procedimentos está em torno de 0,5 a 1 μg/mL Por outro lado, grandes quantidades de timidina podem bloquear a síntese de DNA[3].

Outra observação importante durante o ensaio de proliferação *in vitro* é a grande taxa de degradação da timidina, observada após 4 a 6 h de cultura. Assim sendo, períodos curtos de 2 a 6 h, no máximo, são aconselháveis na estimativa do índice de proliferação celular.

O LPS, por sua vez, estimula linfócitos B, pois se liga ao complexo CD 14 presente apenas nas membranas das células B[14].

Protocolo Experimental de Avaliação da Taxa de Incorporação de [2-^{14}C]-Timidina em Linfócitos de Ratos Estimulados com Con A

Nota: Esta técnica é realizada em placas de 96 cavidades, em um volume final de 200 μL.

1. Obter os linfócitos a partir de ratos ou humanos, e contar (veja o Cap. 18, Obtenção de Linfócitos de Modelos Animais, e o Cap. 20, Obtenção de Células do Sangue Periférico).
2. Em placas de 96 cavidades e com o auxílio de pipeta multicanal, ou, se não for possível um pipetador comum, adicionar os linfócitos na concentração de 3–5 $\times$ 10^5 células por cavidade em um volume final de 180 μL de meio de cultura RPMI-1640 com 10% de soro fetal bovino (SFB) adicionado de 2 mM de glutamina e 2 g/L de bicarbonato de sódio.

3. Preparar a concanavalina A (5 µg/mL, concentração final na cavidade) em meio de cultura e adicionar 20 µL da solução mãe (50 µg/mL). Se o objetivo da cultura for avaliar a proliferação de linfócitos B, utilizar LPS solubilizado em meio de cultura na concentração final por escavação de 20 µg. Também neste procedimento, é aconselhável que se realize uma curva de concentração de mitógeno, antes de se iniciar os experimentos.
4. Adicionar 20 µL de meio com SFB no grupo controle sem estímulo.
5. Cultivar as células por 48 h em estufa a 37°C e 5% de CO_2.
6. Observar, em microscópio, a morfologia e a distribuição dos linfócitos. Linfócitos estimulados em cultura formam grumos espalhados na placa. A densidade celular é um ponto crítico neste método, já que poucas células não irão favorecer a formação de grumos, ao passo que muitas células poderão causar inibição por contato. É aconselhável desta forma que se faça uma curva de concentração celular para determinar quando ocorre a maior incorporação de timidina. Pode-se partir de 2×10^4 células por cavidade até 5×10^5 (veja Fig. 25.1).
7. Adicionar 48 h depois de ter iniciado a cultura 20 µL de uma solução de [2-^{14}C]-timidina 0,02 µCi em meio estéril com concentração final de 1 µg/mL.
8. Cultivar as células por mais 6 h.
9. Coletar as células com um coletor automático múltiplo em papéis de filtro específicos para este fim (veja Fig. 25.2).

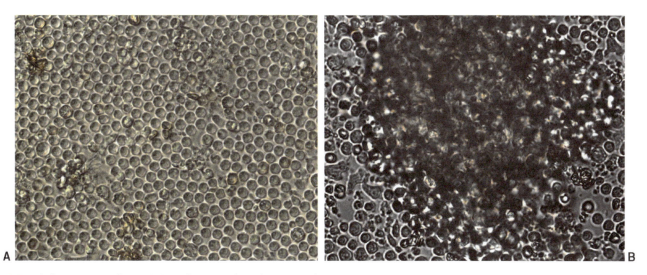

Fig. 25.1 Linfócitos em cultura. (**A**) Linfócitos cultivados por 48 h em meio RPMI-1640 com 10% de SFB na ausência de mitógenos. (**B**) Linfócitos cultivados por 48 h em meio RPMI-1640 com 10% de SFB na presença de concanavalina A

Fig. 25.2 Coletor automático múltiplo (Harvester). (**A**) Coletor. (**B**) Detalhe do papel de filtro colocado na posição de coleta da amostra. (**C**) Detalhe do sistema de sucção e lavagem utilizado em cada amostra.

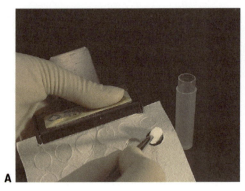 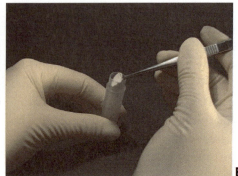

Fig. 25.3 Transporte das amostras para os flaconetes de cintilação. (**A**) Retirada do círculo de papel de filtro formado após a coleta contendo a amostra de DNA retido. (**B**) Introdução da amostra no flaconete.

10. Colocar os discos de papel contendo a radioatividade incorporada no DNA em frascos com 2,0 mL de líquido de cintilação (veja Fig. 25.3).
11. Quantificar a radioatividade em contador β.

Especificações do Material Utilizado

Placas e tubos — Placas de 96 cavidades.

Meio de cultura — Meio RPMI-1640 (Gibco BRL) adicionado de antibióticos comerciais: 2,5 UI/mL de penicilina e 2,5 μg/mL de estreptomicina (condições finais em cultura). No momento dos experimentos, suplementar com 10% de SFB inativado e estéril aos meios de cultura a serem utilizados.

Concanavalina A — Lectina extraída de *Jack Bean*, adquirida da Boehringer Mannheim, Germany, ou Sigma Chemical Co., St. Louis, USA.

Timidina — [2-^{14}C]-timidina com atividade específica de aproximadamente 50–60 mCi/mmol, em solução aquosa, obtida da Amersham Place Little Chalfont, Bukingham-shire, UK.

Coquetel de cintilação — Ecolume, ICN.

Coletor múltiplo — Skatron Combi Multiple Cell Harvester, Suffolk, UK. Papéis de filtro (Skatron Combi, Suffolk, UK).

REFERÊNCIAS BIBLIOGRÁFICAS

1. Lyons, A. B., Parish, C. R. Determination of lymphocyte division by flow cytometry. J Immunol Methods, 171:131-7, 1994.
2. Lyons, A. B. Analysing cell division in vivo and in vitro using flow cytometric measurement of CFSE dye dilution. J Immunol Methods, 243:147-54, 2000.
3. Knight, S. Lymphocyte proliferation assays. *In*: Klaus, G. G. B. Lymphocytes — a practical approach. Oxford, IRL Press, 1987.
4. Edelman, G. M., Cunningham, B. A., Reeke, G. N. Jr., Becker, J. W., Waxdal, M. J., Wang, J. L. The covalent and three-dimensional structure of concanavalin A. Proc Natl Acad Sci USA, 69:2580-4, 1972.
5. Licastro, F., Davis, L. J., Morini, M. C. Lectins and superantigens: membrane interactions of these compounds with T lymphocytes affect immune responses. Int J Biochem, 25:845-52, 1993.
6. Koch, B., Schroder, M. T., Schafer, G., Schauder, P. Comparison between transport and degradation of leucine and glutamine by peripheral human lymphocytes exposed to concanavalin A. J Cell Physiol, 143:94-9, 1990.
7. Harris, G., Olsen, J. A possible mechanism for the synthesis of antibodies. Theor Biol, 58:417-23, 1976.
8. Gunther, G. R., Wang, J. L., Yahara, I., Cunningham, B. A., Edelman, G. M. Concanavalin A derivatives with altered biological activities. Proc Natl Acad Sci USA, 70:1012-6, 1973.
9. Szondy, Z. The effects of cell number, concentrations of mitogen and glutamine and time of culture on [^{3}H]-thymidine incorporation into cervical lymph node lymphocytes stimulated by concanavalin-A. Immunol Letters, 45:167-71, 1995.
10. Szondy, Z., Newsholem, E. A. The effect of time of addition of glutsmine or nucleosides on proliferation of rat cervical lymph-node T-lymphocytes after stimulation by concanavalin A. Biochem J, 278:471-4, 1991.
11. Yakoob, P., Calder, P. C. Glutamine requirement of proliferanting T lmphocytes. Nutrition, 13:646-51, 1997.
12. Crawford, J., Cohen, H. J. The essential role of L-glutamine in lymphocyte differentiation in vitro. J Cell Physiol, 124:275-82, 1985.
13. Szondy, Z., Newsholem, E. A. The effect of glutamine on the activity of carbamoyl-phosphate synthase II and on the incorporation of [^{3}H]-thymidine into DNA in rat mesenteric lymphocytes stimulated by phytohaemagglutinin. Biochem J, 261:979-86, 1989.
14. Antal-Szalmas, P. Evaluation of CD14 in host defence. Eur J Clin Invest, 30167-79, 2000.

Capítulo 26

Espraiamento, Fagocitose, Atividade Fungicida e Metabólitos Reativos do Oxigênio e do Nitrogênio — Como Avaliar Função de Macrófagos

SANDRA COCCUZZO SAMPAIO

HISTÓRICO

No final do século XIX, o biologista russo Elie Metchnikoff descobriu o processo da fagocitose, observando a ingestão de espinhos-de-rosetas por amebóides de larvas da estrela-do-mar e de bactérias por leucócitos de mamíferos.

Com estas observações, Metchnikoff introduziu um novo conceito à inflamação, mostrando a participação de fatores celulares (fagocitose) na defesa do organismo contra agentes patológicos, unindo esta participação celular à teoria humoral desenvolvida por Paul Ehrlich, através da observação da participação de fatores séricos (anticorpos) na resposta inflamatória. Metchnikoff e Paul Ehrlich ganharam o Prêmio Nobel em 1908.

INTRODUÇÃO

Espraiamento e Fagocitose

As células utilizam o processo de endocitose para internalizar partículas menores e solutos, através de pinocitose, uma endocitose mediada por receptores. A fagocitose é uma forma especial de endocitose, em que partículas grandes, como microrganismos e pedaços de células, são ingeridas através de grandes vesículas endocíticas, denominadas fagossomos. A fagocitose é um processo dinâmico, desencadeado após a interação do substrato a ser fagocitado, com o fagócito. Este processo é mediado por diferentes receptores de reconhecimento das partículas e é importante para a maioria dos animais na defesa contra microrganismos invasores do hospedeiro. Macrófagos e neutrófilos são células do sistema fagocitário mononuclear especializadas na função de fagocitose, sendo chamadas de fagócitos "profissionais". Estas células participam de diversos processos fisiológicos e fisiopatológicos, entre esses hematopoese, hemostasia, inflamação, resposta imune, cicatrização, controle do desenvolvimento tumoral, e destruição de microrganismos.

Para o macrófago, o processo ocorre a partir do reconhecimento e aderência. A fagocitose inicia-se com o espraiamento do macrófago, em que há alteração da forma (arredondada para achatada) e redistribuição das organelas citoplasmáticas (Rabinovitch, 1975). Os macrófagos, *in vitro*, espraiam-se rapidamente em contato com superfícies de vidro e na presença de certos agentes indutores de espraiamento, como íons magnésio, adenosina e algumas proteases (Rabinovitch & De Stefano, 1973). As alterações na forma da célula aumentam a área de contato da membrana plasmática do fagócito com o substrato a ser fagocitado. Durante a aderência, ocorre a ativação de receptores de membrana para moléculas de adesão, como fibronectina, vitronectina e laminina, entre outras (Auger & Ross, 1992), ocasionando rearranjo do citoesqueleto celular. Em decorrência desta ativação, as vias sinalizadoras intracelulares, como ativação de tirosina quinases, são iniciadas, permitindo que ocorram as mudanças fenotípicas para o rearranjo do citoesqueleto celular (Greenberg, 1995, para revisão; Araki *et al.*, 1996).

A fagocitose ocorre, geralmente, por interações seqüenciais entre receptores da superfície de macrófagos e ligantes opsônicos presentes na superfície das partículas a serem fagocitadas (veja Fig. 26.1). O aumento da polimerização de filamentos de actina, próximos à membrana plasmática, acarreta a formação de pseudópodos, que se estendem ao redor das partículas, formando os fagossomos e macropinossomos (Greenberg, 1995). Existem substâncias capazes de inibir a captação das partículas: as citocalasinas B e D, e outros inibidores que bloqueiam a ligação entre a partícula e o receptor.

RECEPTORES ENVOLVIDOS COM A FAGOCITOSE POR MACRÓFAGOS

Mecanismo de Reconhecimento

Estudos dos domínios de receptores Fcγ favoreceram a compreensão dos mecanismos de sinalização intracelular, durante o processo de fagocitose por macrófagos (Aderem & Underhill, 1999). O macrófago expressa o receptor FcγI (CD 64), com afinidade para monômeros de IgG e FcγRII (CDw32) e FcγRIII (CD 16) com baixa atividade para IgG monomérica, porém capaz de reagir com imunocomplexos através de interações múltiplas. Estes receptores são importantes nas ligações de complexos imunes, através de múltiplas interações entre ligante-receptor (Unkeless *et al.*, 1988).

Os receptores Fcγ são divididos em duas classes: (*a*) receptores que contêm sítios de ativação de tirosina (ITAM) por genes da família da imunoglobulina G, através de seus domínios intracelulares que recrutam quinases e ativam a fosforilação em cascata (veja Fig. 26.2), e (*b*) receptores que contêm os sítios de inibição de tirosina (ITIM) por genes da família de imunoglobulina G, que recrutam fosfatases para a inibição da cascata de sinalização (Underhill & Ozinsky, 2002). A ativação de receptores com alta afinidade (FcγRI) e de baixa atividade (FcγRIIA e FcγRIIIA) promove a ligação de partículas opsonizadas com IgG e a sua internalização, por meio da polimerização de filamentos de actina presentes abaixo da partícula, recrutamento de membrana no sítio de contato, extensão desta membrana ao redor da partícula e, por fim, envolvimento total da partícula pelo fagócito (Underhill & Ozinsky, 2002). A fagocitose mediada por receptor Fcγ não requer microtúbulos intactos (Allen & Aderem, 1996).

Receptores para o sistema complemento foram também identificados. Dois receptores presentes na membrana celular de macrófagos, CR1 e CR3, reconhecem o terceiro componente do sistema complemento e fragmentos (veja Fig. 26.3). Estes receptores reconhecem porções diferentes da molécula de C3, porém reatividade cruzada foi observada nas interações com C3b e C3bi (Rabellino *et al.*, 1978).

Fagócitos mononucleares apresentam também receptores para anafilaxina, uma glicoproteína com 74 resíduos derivada de C5a (Goodman *et al.*, 1982). O número de receptores para C5a pode variar com o estado de ativação dos macrófagos — células residentes expressam por volta de 4 ou 5 vezes menos o número de receptores em relação

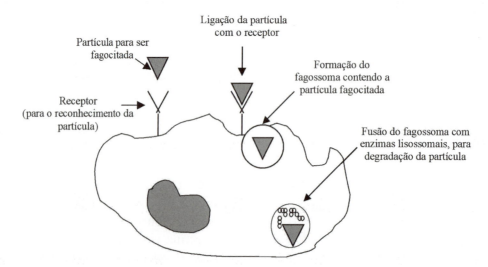

Fig. 26.1 Fagocitose de uma partícula. Este esquema demonstra a ligação da partícula a receptores sobre a membrana leucocitária, envolvimento e fusão dos grânulos com vacúolos fagocitários, e seguida de desgranulação.

Espraiamento, Fagocitose, Atividade Fungicida e Metabólitos Reativos do Oxigênio e do Nitrogênio – Como Avaliar Função de Macrófagos   155

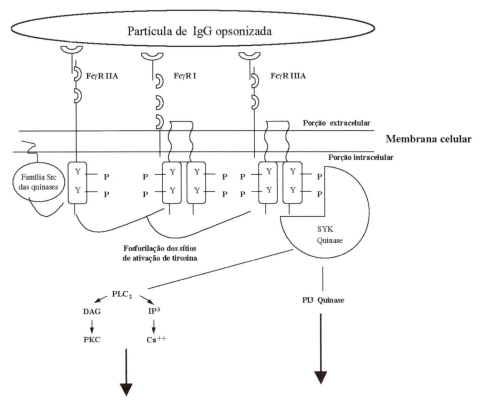

Fig. 26.2 Sinalização envolvida na fagocitose por receptores Fcγ via domínios ITAM. A ocupação do receptor FCγIIA estimula a família das quinases Src para fosforilar sítios de ativação de tirosina (ITAM (Y)) do próprio receptor ou as subunidades Y dimerizadas das FcγRI ou FcγRIIIA. A tirosina quinase SYK é então recrutada para o domínio ITAM fosforilado, mediando a internalização da partícula, ativando fosfatidilinositol 3-quinase (PI3-quinase) e fosfolipase C_2 (FLC_2), acarretando a formação de diacilglicerol (DAG) e inositol trifosfato (IP_3), ativação de proteína quinase C (PKC) e aumento do fluxo intracelular de cálcio (Ca^{2+}). Estas alterações levam à polimerização dos filamentos de actina e internalização da partícula. (Esquema de Aderem & Underhill, 1999, adaptado.)

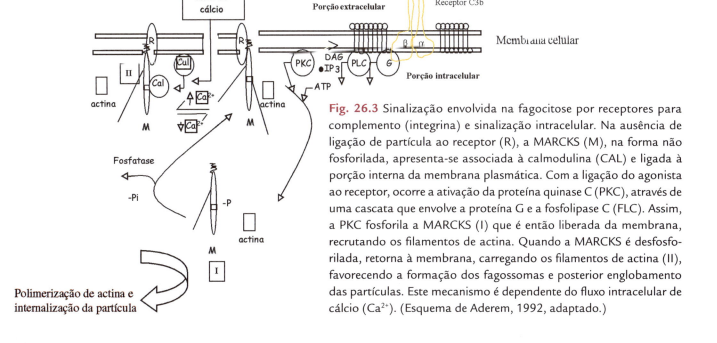

Fig. 26.3 Sinalização envolvida na fagocitose por receptores para complemento (integrina) e sinalização intracelular. Na ausência de ligação de partícula ao receptor (R), a MARCKS (M), na forma não fosforilada, apresenta-se associada à calmodulina (CAL) e ligada à porção interna da membrana plasmática. Com a ligação do agonista ao receptor, ocorre a ativação da proteína quinase C (PKC), através de uma cascata que envolve a proteína G e a fosfolipase C (FLC). Assim, a PKC fosforila a MARCKS (I) que é então liberada da membrana, recrutando os filamentos de actina. Quando a MARCKS é desfosforilada, retorna à membrana, carregando os filamentos de actina (II), favorecendo a formação dos fagossomas e posterior englobamento das partículas. Este mecanismo é dependente do fluxo intracelular de cálcio (Ca^{2+}). (Esquema de Aderem, 1992, adaptado.)

aos macrófagos inflamatórios (Snyderman *et al.*, 1971; Goodman *et al.*, 1982).

O macrófago apresenta, ainda, receptores para resíduos de açúcar manose/fucose, capazes de induzir o processo de fagocitose independentemente de receptores para Fc e C3 (Ezekowitz & Stahl, 1988). Estes receptores atuam como um mecanismo de reconhecimento primitivo, sendo a fagocitose, neste caso, iniciada por ativação da via alternativa do complemento (Czop *et al.*, 1978).

O receptor manose de macrófagos é uma proteína de membrana (Ezekowitz *et al.*, 1990), cujo papel fisiológico predominante é o reconhecimento de microrganismos ricos em manose, tais como o fungo *Candida albicans*. Desta forma, este fungo é geralmente utilizado no estudo deste receptor em macrófagos (Ezekowitz *et al.*, 1990).

O receptor manose é o único receptor com cauda citoplasmática curta, composta por 45 aminoácidos e um domínio extracelular com oito domínios ligantes de carboidrato tipo-lectina C. Estes domínios são, em parte, homólogos com outras lectinas tipo-C, tais como proteínas ligantes de manose, colectinas, DEC 205 e receptor para fosfolipase A_2. Este receptor apresenta, ainda, um segmento de fibronectina tipo-II (veja Fig. 26.4). A cauda citoplasmática é crucial para a função de fagocitose do receptor. A sinalização que media esta função é, ainda, pouco conhecida (Aderem & Underhill, 1999).

Antígenos marcadores da membrana plasmática, restritos a macrófagos, como o F4/80, uma molécula transmembrânica constituída por um domínio extracelular contendo sete fatores de crescimento epidermal (EGF), são também

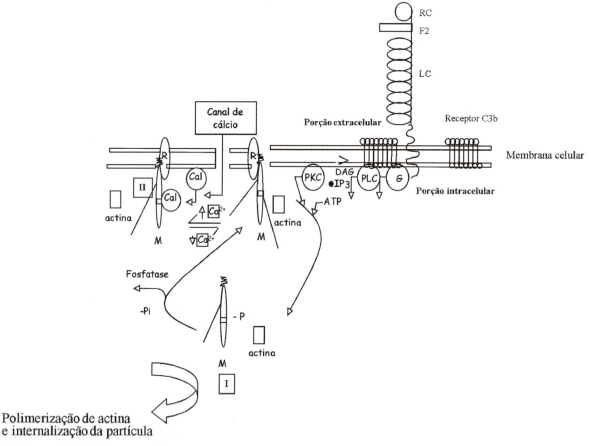

Fig. 26.4 Representação esquemática das lectinas dos macrófagos. LC: Domínio lectina tipo C; RC: Domínio rico em cisteína; F2: Fibronectina tipo 2. Na ausência de ligação de partícula ao receptor (R), a MARCKS (M), na forma não fosforilada, apresenta-se associada à calmodulina (CAL) e ligada à porção interna da membrana plasmática. Quando um agonista liga-se ao receptor, ocorre a ativação da proteína quinase C (PKC), através de uma cascata que envolve a proteína G e a fosfolipase C (FLC). Assim, a PKC fosforila a MARCKS (I) que é então liberada da membrana, recrutando os filamentos de actina. Ao ser desfosforilada, a MARCKS retorna à membrana, carregando os filamentos de actina (II), favorecendo a formação dos fagossomas e posterior englobamento das partículas. Este mecanismo é dependente do fluxo intracelular de cálcio (Ca^{2+}). (Esquema adaptado Aderem, 1992; McKmight & Gordon, 1998.)

importantes para a endocitose. A função destes receptores não está totalmente esclarecida, porém estudos adicionais relacionam tais receptores à fagocitose de alguns microrganismos (Sung *et al.*, 1983). Há evidências da participação da macrosialina, uma glicoproteína endossomal com domínio extracelular, na fagocitose induzida por partículas de zimosan (Gordon, 1998, para revisão). A função desta glicoproteína está relacionada ao reconhecimento de microrganismos não opsonizados (Gordon, 1998).

A interação de moléculas específicas com estes receptores acarreta o início de diversos processos, como endocitose, geração de sinais transmembrânicos, reorganização do citoesqueleto em locais próximos ao sítio de ligação, e secreção de várias substâncias.

Além das proteínas ligantes de GTP, tirosina quinase e proteína quinase C (PKC), como vias de transdução de sinais, mediando a fagocitose, as fosfolipases (FLs), tais como FLA$_2$, FLC, FLD, têm papel importante neste processo, por gerar segundos-mensageiros essenciais para o desencadeamento do mesmo (Lennartz, 1999).

Ainda, é relatado o envolvimento de ácidos graxos na atividade fagocítica de macrófagos (Schroit & Gallity, 1979). Ácidos graxos participam da composição dos fosfolipídios de membranas celulares e também desempenham importante papel na funcionalidade de leucócitos. Estes ácidos graxos podem induzir alterações nestas células, no que concerne à fluidez de membrana, transdução de sinais, presença de receptores, liberação de citocinas, entre outras (Schroit *et al.*, 1979; Calder *et al.*, 1990, McIlhinney, 1990; Guimarães *et al.*, 1991). A membrana plasmática do macrófago, como outras membranas biológicas, é composta de *matrix* de fluido lipídico. Estudos têm mostrado que triacilgliceróis (Cooper & West, 1962) polinsaturados (Spratt & Kratzing, 1975; Meade & Mertin, 1976) e insaturados (Schroit & Gallity, 1979) aumentam a atividade fagocítica de macrófagos, ao passo que ácidos graxos saturados suprimem esta atividade. Dados da literatura correlacionam a atividade fagocítica do macrófago com a composição de ácidos graxos e fosfolipídios de membrana, sugerindo que a fase lipídica da membrana desta célula tem papel significativo no mecanismo endocítico celular, uma vez que o tratamento de macrófagos com diferentes ácidos graxos é capaz de interferir com a fluidez da membrana celular (Schoit & Gallity, 1979).

METABÓLITOS REATIVOS DO OXIGÊNIO

O processo de fagocitose está associado ao aumento do metabolismo oxidativo, conhecido como *burst* respiratório. Os metabólitos reativos do oxigênio, produtos destas reações, fazem parte dos mecanismos microbicidas utilizados por esses fagócitos. Estes metabólitos incluem o íon superóxido, o peróxido de hidrogênio e o radical hidroxil (Lewis, 1986; Van Furth *et al.*, 1980, Auger & Ross, 1992). Estes metabólitos são produzidos no fagossoma, via NADPH-oxidase (veja Fig. 26.5). A atividade desta enzima é regulada por proteínas ligantes de GTP, em resposta a estímulos fagocíticos (Bokoch, 1995). O metabolismo é estimulado pela ocupação de receptores para

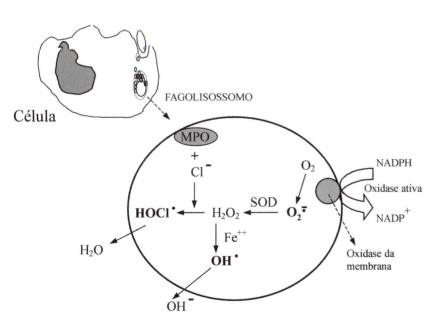

Fig. 26.5 Resumo dos mecanismos bactericidas que dependem do oxigênio. A geração dos metabólitos de oxigênio é atribuída à ativação rápida de uma oxidase (NADPH oxidase), a qual oxida o NADPH (dinucleotídio reduzido da nicotinamida-adenina) e, no processo, reduz oxigênio em íon superóxido (O_2^-). Este metabólito é degradado em peróxido de hidrogênio (H_2O_2), principalmente por desmutação espontânea. A mieloperoxidase (MPO), na presença do Cl^-, converte H_2O_2 em $HOCl^-$, um oxidante antimicrobiano altamente eficaz.

Fc, resíduos manose/fucose e, diretamente, pelo acetato de forbol miristato (PMA) que, após entrar passivamente na célula, potencializa o *burst* oxidativo por estimular diretamente a proteína quinase C (Nathan & Root, 1977; Johnston, 1981; Segal *et al.*, 1983; Auger & Ross, 1992). Em adição ao sistema citotóxico dependente do oxigênio, os fagócitos possuem outros mecanismos microbicidas, que incluem a liberação de colagenases, elastase, lipases, sulfatases e outras enzimas presentes nos grânulos citoplasmáticos (Elsbach & Weiss, 1988), os quais se fundem aos fagossomos, originando os fagolissomos (Nichols *et al.*, 1971; Henson *et al.*, 1988).

METABÓLITOS REATIVOS DO NITROGÊNIO

O óxido nítrico (NO) é um importante mediador inflamatório que foi primeiramente descrito como um fator liberado por células endoteliais e com efeito vasodilatador por relaxar os vasos do músculo esquelético. Assim, foi denominado como fator relaxador derivado de endotélio (Ignarro *et al.*, 1987).

O óxido nítrico é um gás solúvel produzido não apenas por células endoteliais, mas, também, por macrófagos e neurônios específicos no cérebro.

O NO participa também da atividade microbicida e tumoricida de macrófagos. É a principal molécula efetora da atividade microbicida e citotóxica contra microrganismos intracelulares, alguns parasitas extracelulares, vírus e tumores (Jorens *et al.*, 1995). Nas células tumorais, as proteínas e os ácidos ribonucléicos são, geralmente, os alvos do óxido nítrico. A interação com estas substâncias gera, nestas células, inibição da síntese de DNA, decréscimo da síntese protéica, supressão da respiração mitocondrial, entre outros efeitos (Jorens *et al.*, 1995). O óxido nítrico pode combinar-se com o ânion superóxido e formar um potente agente oxidante, o peroxinitrito.

Macrófagos ativados são capazes de expressar a forma induzível desta enzima, a óxido nítrico sintase induzível (iNOS), em resposta a estímulos apropriados, como, por exemplo, lipopolissacarídeo (LPS) e interferon gama (INFγ). Por outro lado, hormônios, como glicocorticóides, podem modular a inibição da biossíntese do NO nesta célula. A atividade microbicida de macrófagos, mediada por NO, pode ser avaliada, experimentalmente, através da morte de *Candida albicans*. Neste sentido, é relatado que toxina de serpente é capaz de induzir uma alta capacidade fungicida por macrófagos, por aumentar a produção de espécies reativas de oxigênio e nitrogênio por macrófagos, propiciando a morte de leveduras de *C. albicans* (Sampaio

et al., 2001). *Candida albicans* é um fungo patógeno humano, que acomete pacientes leucêmicos, imunodeprimidos (AIDS) e portadores do diabetes. A atividade fungicida do macrófago está relacionada à resposta metabólica oxidativa, associada à ação dos componentes dos grânulos lisossomais (Sasada & Johnston, 1980).

ATIVIDADE FUNGICIDA E MICROBICIDA POR MACRÓFAGOS

As atividades fagocíticas e microbicidas podem ser reproduzidas *in vitro*, usando diferentes microrganismos como alvos, incluindo *Listeria monocytogenes*, *Salmonella typhimurium*, *Staphylococcus aureus*, *Klebsiella pneumoniae*, *Chlamydia psittaci*, *Mycobacterium avium*, *Mycobacterium lepraemurium*, *Cryptococcus neoformans*, *Leishmania donovani*, *Toxoplasma gondii* e *Candida albicans*.

Existe uma importância relativa das vias dependentes ou independentes de oxigênio na atividade microbicida de fagócitos mononucleares, dependendo do ensaio e do microrganismo alvo. A atividade anticândida destes fagócitos depende da produção de ânion superóxido, um intermediário reativo de oxigênio essencial para a morte oxidativa por macrófagos. A importância do ânion superóxido na morte de *Candida albicans* foi sugerida a partir da observação da suscetibilidade aumentada a infecções por fungos em doenças granulomatosas crônicas (CGD), uma doença genética caracterizada pela necessidade da produção de íon superóxido por células fagocíticas (Bosco *et al.*, 2000).

A *Candida albicans* pode ser considerada um patógeno intracelular facultativo, uma vez que sobrevive sem o macrófago e cresce fora desta célula através de germinação, transformando-se em uma forma altamente patogênica. A *Candida albicans* pode ter dimorfismo, tanto *in vitro* como *in vivo*, passando da forma de levedura (arredondada) para a de hifa (em forma de galhos). A atividade fungicida contra a *Candida albicans* por macrófagos é um mecanismo importante e que envolve a morte intra- e extracelular deste fungo. Em relação aos mecanismos relacionados com a morte deste patógeno, a literatura vem descrevendo que certos agentes apresentam atividade fungicida por induzirem, nas leveduras de *C. albicans*, aumento da captação de Ca^{2+} citosólico pelas mitocôndrias do fungo, modificando o potencial de membrana mitocondrial, gerando, assim, espécies reativas de oxigênio, levando à destruição do fungo (Lupetti *et al.*, 2004). Os fagócitos mononucleares não são capazes de ingerir a forma de hifa, pois esta forma impede a ingestão. Assim, o mecanismo de morte extracelular é utilizado para eliminar a forma de hifa deste patógeno dos tecidos infectados (Bosco *et al.*, 2000).

PROTOCOLOS EXPERIMENTAIS

Ensaio de Fagocitose

O ensaio de fagocitose envolve a adição de partículas ao meio contendo macrófagos ou neutrófilos, seguida de análise por microscopia óptica ou de contraste para a contagem das partículas fagocitadas por estas células. Adiante, serão descritos os métodos para incubação de células em suspensão (macrófagos e neutrófilos) e após a adesão das células em lamínulas (apenas para macrófagos). Geralmente, o tempo de incubação varia entre 40 e 60 min, a uma temperatura de 37°C.

DETERMINAÇÃO DO NÚMERO DE CÉLULAS PERITONEAIS. Após a coleta, a suspensão de células peritoneais deve ser diluída na proporção de 1:10 (v/v) com solução de azul de tripan (1% em PBS), e a contagem total de células feita em hemocitômetro de Neubauer, com auxílio de microscópio de luz. É importante ter certeza de que as células que serão utilizadas nos ensaios experimentais estão viáveis. Assim, a viabilidade das células peritoneais pode ser determinada pela técnica de exclusão de azul de tripan (veja Caps. 5 e 22, Contagem de Células e Principais Métodos de Coloração de Células, respectivamente). As amostras precisam apresentar sempre mais de 95% de viabilidade.

RECEPTORES E LIGANTES. Gotas de látex e zimosan derivado de células de *Saccharomyces cerevisiae* são comumente utilizados. Estas partículas são reconhecidas por receptores como manose, β-glicana, receptores do complemento com ou sem opsonização, e porção Fc da imunoglobulina G.

OPSONIZAÇÃO. Alguns ligantes requerem opsonização, ou seja, um processo em que as partículas que serão utilizadas nos ensaios terão suas opsoninas mais expostas na superfície da membrana, facilitando o seu reconhecimento pela célula que deverá fagocitá-la. Esta opsonização é, geralmente, feita através da incubação com soro contendo substâncias do sistema complemento e anticorpos que podem opsonizar partículas, tais como hemácias, zimosan, bactérias e fungos. O macrófago pode produzir opsoninas do sistema complemento e fibronectina que podem potencializar a captação das partículas. Para o estudo de fagocitose, as partículas são geralmente opsonizadas, pois, como descrito anteriormente, este processo facilita o reconhecimento das partículas pelas células.

PREPARAÇÃO DAS PARTÍCULAS

Zimosan. Deve-se pesar uma quantidade de zimosan e diluir em um volume de tampão fosfato-salina (PBS), pH 7,4, para se obter uma solução estoque. Determina-se o número de partículas de zimosan, por mL, com auxílio da câmara de Neubauer, uma vez que, durante o ensaio de fagocitose, deve-se manter a proporção de 10 partículas para uma célula (10:1). Esta solução é armazenada em *freezer* −20°C, sendo descongelada durante a preparação do ensaio para a retirada do volume que será utilizado.

Para o ensaio de fagocitose mediada pelo sistema complemento, o zimosan deve ser opsonizado com soro obtido de animais normais, na proporção de 1:1, a 37°C, incubado por 30 min, sob agitação constante. É importante dizer que deve haver compatibilidade de espécies das quais se obtêm as células e o soro. Se as células são obtidas de ratos, o soro deve ser coletado também de ratos sem tratamento (controle).

Após este período, o material é centrifugado a 178 *g*, por 15 min. O precipitado é ressuspenso em PBS. Este procedimento deve ser repetido duas vezes.

Hemácia de Carneiro 0,5%. As hemácias são sensibilizadas com soro anti-hemácias de carneiro obtido em coelho, durante incubação por 30 min, a 37°C. Este procedimento facilita o reconhecimento das partículas pelos receptores Fcγ. O preparo das hemácias é minucioso. Primeiramente, deve-se calcular o volume de meio de cultura com as hemácias que será utilizado. Por exemplo, cada amostra de célula aderida em lamínula deverá ser incubada em 1 mL de meio de cultura contendo hemácias. Então, para vinte amostras de células, serão necessários 20 mL de meio de cultura com hemácias: os primeiros 10 mL devem estar com uma concentração de hemácia a 0,5% (50 μL de hemácia de carneiro em 10 mL de PBS); os 10 mL restantes devem conter o soro de coelho contra hemácia de carneiro (1:100) diluído em uma proporção 1:5, ou seja, o soro estará diluído 1:500. Juntam-se os dois volumes em um Erlenmayer de 30 mL para serem incubados por 30 min, sob agitação constante. Após a incubação, o volume deve ser centrifugado a 178 *g*, por 15 min. As hemácias devem ser centrifugadas por três vezes, em um volume de 20 mL de PBS, para serem devidamente lavadas. Após a última centrifugação, as hemácias são ressuspensas em 20 mL de meio de cultura RPMI-1640, estando prontas para o ensaio de fagocitose.

É importante dizer que as hemácias de carneiro devem ser maturadas por 10 dias antes da sua utilização e sempre mantidas em geladeira.

Candida albicans. Este fungo, em forma de levedura, pode ser utilizado para uma fagocitose mediada por receptores manose (sem opsonização) ou receptor C3b (opsonizado). Normalmente, a *Candida albicans* é mantida em culturas em frascos contendo meio ágar-Sabouroud estéril e repicadas, com o auxílio de alça de platina flambada, antes e depois dos repiques. Este procedimento deve ser realizado pelo menos 12 h antes do ensaio, para manter o patógeno na forma de levedura.

O ensaio de fagocitose pode ser realizado com células aderidas (monócitos e macrófagos) ou em suspensão (monócitos, macrófagos e neutrófilos). É importante salientar que o ensaio mais aceito na literatura, para macrófagos e monócitos, é o avaliado através da aderência destas células em lamínulas. O ensaio em suspensão é utilizado para neutrófilo que apresenta baixa capacidade de aderência. Existem métodos alternativos de avaliação da fagocitose, utilizando partículas complexadas a uma substância fluorescente que pode ser detectada por citometria de fluxo ou através de microscopia de fluorescência. A intensidade de fluorescência é proporcional ao número de partículas fagocitadas.

FAGOCITOSE DE CÉLULAS ADERIDAS

1.º passo: Adesão e Espraiamento. O primeiro passo é a aderência e o espraiamento do monócito ou macrófago em uma lamínula, para então a realização do ensaio de fagocitose. Para que haja uma boa adesão, as lamínulas devem ser fervidas em água destilada com extran a 5%, durante 20 min, e lavadas em água de torneira até a retirada do detergente. O último enxágue é em água destilada. As lamínulas devem ser estocadas em álcool absoluto.

O espraiamento é um parâmetro funcional importante para avaliar a ação de substâncias que poderiam interferir com a resposta inflamatória.

DETERMINAÇÃO DO ESPRAIAMENTO DE MACRÓFAGOS.
Uma alíquota do fluido peritoneal (assim é chamado o líquido retirado após a lavagem da cavidade peritoneal com PBS) ou exsudato (fluido obtido após a indução da migração celular com auxílio de alguns agentes flogísticos, ou seja, que causam reação inflamatória, como, por exemplo, glicogênio, tioglicolato ou BCG), entre 1 e 2×10^5 células/100 µL de PBS, é colocada sobre lamínulas de vidro e mantida à temperatura ambiente por 15 min. Esta quantidade de célula é ideal para uma boa análise, pois evita que haja um acúmulo celular na lamínula, o que prejudica a contagem. Em seguida, as lamínulas contendo as células aderidas são lavadas em PBS gelado e incubadas em meio RPMI-1640, a 37°C.

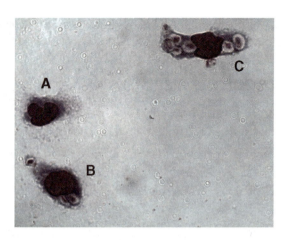

Fig. 26.6 Macrófagos aderidos na presença de partículas de zimosan opsonizado e corados com Rosenfeld. (**A**) Macrófago; (**B**) Macrófago fagocitando; (**C**) Macrófago com várias partículas de zimosan fagocitadas em seu citoplasma.

Após 1 h (para macrófagos coletados de camundongos) ou 2 h (para macrófagos coletados de ratos), as lamínulas são novamente lavadas em PBS e as células aderentes fixadas em solução de glutaraldeído 2,5% em PBS, por 20 min. Após este período, as lamínulas são lavadas em PBS e fixadas em lâmina.

Esta função é avaliada através da alteração da morfologia da célula que é visualizada por refringência da luz através de microscopia de contraste de fase. A porcentagem de células espraiadas é determinada para cada amostra de 100 células.

A porcentagem da atividade de espraiamento é calculada pela fórmula:

$$\frac{\%ET - \%EC}{\%EC} \times 100$$

Nota: %ET = porcentagem de espraiamento do grupo tratado;

%EC = porcentagem de espraiamento do grupo controle.

ENSAIO DE FAGOCITOSE DE CÉLULAS ADERIDAS.
As células peritoneais aderidas às lamínulas de vidro são cobertas com uma solução contendo 2×10^6 de partículas opsonizadas ou não (dependendo do receptor que se queira investigar). Após a incubação a 37°C, por 40 min, as lamínulas são lavadas em PBS e fixadas em glutaraldeído a 2,5% ou fixadas com corante de May-Grünwald-Giemsa. Um total de 100 células por lamínulas são contadas em microscopia de contraste de fase ou em microscopia óptica, em objetiva de imersão, respectivamente.

A porcentagem de fagocitose é determinada pelo número de macrófagos que fagocitaram três ou mais partículas utilizadas no ensaio.

DETERMINAÇÃO DA CAPACIDADE DE FAGOCITOSE DE CÉLULAS EM SUSPENSÃO. O fluido peritoneal ou exsudato contendo 1×10^6 células é incubado com partículas que serão fagocitadas (1×10^7), por 40 min, a 37°C, sob agitação, em um volume final de 1 mL de meio RPMI-1640. Após este período, uma alíquota do material é retirada para a determinação da porcentagem de fagocitose, em microscópio de luz, após diluição da amostra (10:1) com solução de cristal violeta em ácido acético (veja Cap. 22, Principais Métodos de Coloração de Células). São considerados apenas macrófagos ou neutrófilos que englobarem três ou mais partículas. A porcentagem de fagocitose é determinada em cada amostra, pela contagem de 100 células, em microscopia de luz, em objetiva de 40 ×, com auxílio de câmara de Neubauer.

A porcentagem da atividade de fagocitose é calculada pela fórmula:

$$\frac{\%FT - \%FC}{\%FC} \times 100$$

Nota: %FT = porcentagem de fagocitose do grupo tratado;
%FC = porcentagem de fagocitose do grupo controle.

Ensaio da Atividade Fungicida (*Killing*)

Atividade fungicida avaliada através da técnica de coloração proposta por Herscowitz (1981), modificada por Corazzini (1993).

Para avaliação desta atividade, é utilizada *Candida albicans*, na forma de levedura. Este ensaio pode ser aplicado para macrófagos e neutrófilos. A capacidade de fagocitose de *Candida albicans* por estas células pode ser também determinada.

Para a realização deste protocolo experimental, é necessário trabalhar em câmara de fluxo laminar ou em bancada com bico de Bunsen, uma vez que a incubação deve ser estéril.

1. As leveduras são obtidas após cultura de 12 h em meio de ágar-Sabouroud, em uma temperatura média convencional entre 28°C e 37°C. Para otimizar este teste, é possível utilizar extrato antigerminativo de *Candida albicans* durante a cultura, para evitar o seu crescimento e formação oportunista das hifas durante o ensaio.

2. Diluir a suspensão de leveduras em 1 mL de PBS Dulbecco estéril, pH 7,4 (**suspensão A**). Preparar nova suspensão (**B**) contendo: 1 mL da **suspensão A**, 5 mL de PBS Dulbecco, pH 7,4 estéril, e 1 mL de soro de animal não tratado (controle).

3. Opsonizar as leveduras para que a atividade fungicida seja mais bem observada, uma vez que a fagocitose é facilitada. Contar as leveduras contidas nesta suspensão em câmara de Neubauer e avaliar a viabilidade através da técnica de exclusão do azul de metileno 0,1%. Somente são utilizadas suspensões de leveduras que apresentarem viabilidade acima de 95%.

4. Incubar a **suspensão B** a 37°C, durante 30 min, sob agitação contínua e lenta, e ajustada para 1×10^7 partículas de *Candida albicans*/mL.

5. Para este ensaio, as células são coletadas conforme os itens descritos anteriormente, porém utilizando a solução tampão fosfato-salina Dulbecco. A suspensão de células tem sua concentração ajustada para 1×10^6 células/mL, sendo mantida em banho de gelo (**suspensão C**).

6. Em tubos plásticos estéreis, adicionar 500 µL da suspensão de células (**suspensão C**) e 500 µL da suspensão opsonizada de *Candida albicans* (**suspensão B**), mantendo-se a proporção de 1 célula:10 leveduras para o ensaio com macrófagos (**suspensão D**). Para os ensaios com neutrófilos, a proporção é de 1 célula:1 levedura.

7. Incubar os tubos, contendo a **suspensão D**, a 37°C em banho-maria, sob agitação contínua e lenta, durante 30, 60, 90, 120 ou 180 min. O controle da reação consta de tubos contendo 500 µL de PBS Dulbecco, pH 7,4, estéril (**suspensão A**) e 500 µL da suspensão de células (**suspensão C**).

8. Após a incubação, em um tubo adicionar 10 µL da **suspensão D** (5×10^4 células) e 90 µL de meio de cultura (volume final de 100 µL). Este volume é colocado nas cubetas presas às lâminas, as quais são processadas em citocentrífuga, por 5 min, a 64 *g*.

9. Após a centrifugação, fixar e corar as lâminas com May-Grünwald-Giemsa, modificado por Rosenfeld (1947), conforme descrito no Cap. 22, Principais Métodos de Coloração de Células.

Nesta técnica, somente as leveduras intracelulares vivas se coram em azul pelo corante de May-Grünwald-Giemsa. A atividade fungicida é avaliada em microscópio de luz (objetiva de imersão), em macrófagos ou neutrófilos que fagocitarem *Candida albicans*, e é expressa através de "escore" conforme critério estabelecido por Corazzini (1993) e descrito a seguir:

Resultado	"Escore":
N.º de macrófagos com nenhuma *Candida albicans* morta	X 0
N.º de macrófagos com 1 ou 2 *Candida albicans* mortas	X 1
N.º de macrófagos com 3 ou 4 *Candida albicans* mortas	X 2
N.º de macrófagos com mais de 4 *Candida albicans* mortas	X 3

Ensaio da Liberação de Peróxido de Hidrogênio

Este ensaio pode ser realizado baseado na técnica descrita por Pick & Keisari (1980), adaptada para microensaio por Pick & Mizel (1981), ou com modificações propostas por Russo *et al.* (1989).

O tratamento dos macrófagos pode ser realizado *in vivo*, através da administração da substância que se quer estudar, ou *in vitro*, em que a substância é incubada com os macrófagos no meio de cultura, antes da realização do ensaio de peróxido de hidrogênio.

Adaptado por Pick & Mizel (1981):

1. Suspender os macrófagos (4×10^6 células/mL) em meio RPMI-1640.
2. Adicionar alíquotas de 100 µL desta suspensão de células nas cavidades da placa de cultura (96 cavidades de fundo chato), e incubar as células por 1 h a fim de promover a aderência dos macrófagos.
3. Após este período, lavar as cavidades três vezes com PBS, para a retirada das células que não aderiram.
4. Para a realização do ensaio de H_2O_2, adicionar 100 µL da solução de fenol vermelho e 10 µL de solução contendo acetato de forbol miristato (PMA-20 ng) em cada cavidade. Os ensaios são realizados em quadruplicatas. São sempre mantidas, simultaneamente, quadruplicatas controles, sem estímulo pelo PMA, a fim de se determinar a produção espontânea de peróxido de hidrogênio.
5. Incubar a placa a 37°C, em atmosfera úmida, por 1 h. Após este período, interromper a reação pela adição de 10 µL de hidróxido de sódio 1 N (NaOH).
6. A absorbância é determinada em leitor de ELISA (Titertek-Multiscan), com filtro de 620 nm, contra branco constituído por solução de fenol vermelho. Os resultados são obtidos em densidade óptica (D.O.), e os valores de leitura são comparados com uma curva padrão de H_2O_2 (5, 10, 20, 40 µM). Os resultados são apresentados em nmoles de $H_2O_2/4 \times 10^5$ células, como a média das quadruplicatas.

Modificado por Russo et al. (1989):

Neste protocolo experimental, os macrófagos não são previamente aderidos.

1. Suspender os macrófagos (4×10^6 células/mL) em solução de fenol vermelho. Aliquotar 100 µL desta suspensão de células e mais 10 µL de solução contendo acetato de forbol miristato (20 ng) em cada cavidade da placa de cultura (96 cavidades de fundo chato). Os ensaios são realizados em quadruplicatas.
2. São sempre mantidas, simultaneamente, quadruplicatas controles, sem estímulo pelo PMA, a fim de se determinar a produção espontânea do peróxido de hidrogênio.
3. Incubar a placa a 37°C, em atmosfera úmida, por 1 h. Após este período, interromper a reação pela adição de 10 µL de solução de hidróxido de sódio (NaOH) 1 N.
4. A absorbância é determinada em leitor de ELISA (Titertek-Multiscan), com filtro de 620 nm, contra branco constituído por solução de fenol vermelho. Os resultados são obtidos em densidade óptica (D.O.), e os valores de leitura são comparados com uma curva padrão de H_2O_2 (5, 10, 20, 40 µM). Os resultados são apresentados em nmoles de $H_2O_2/4 \times 10^5$ células, como a média das quadruplicatas.

Ensaio da Produção de Óxido Nítrico (NO)

A produção de NO é determinada através da medida de nitritos no sobrenadante de culturas de macrófagos, utilizando o microensaio descrito por Ding *et al.* (1988).

1. Ajustar a concentração de células para 1×10^6 células/mL de meio de cultura RPMI.
2. Em seguida, 100 µL/cavidade da suspensão celular são transferidos para placas de cultura de 96 cavidades de fundo chato e colocados em estufa, a 37°C, por 2 h, em atmosfera úmida, a 5% de CO_2, para promover a adesão dos macrófagos.
3. Após a adesão dos macrófagos ao fundo das cavidades, as placas devem ser lavadas três vezes com salina estéril.

4. Em seguida, incubar as células por um período de 24, 48 ou 72 h, dependendo da padronização que deve ser previamente realizada.
5. Após o período de incubação, transferir os sobrenadantes das células para a placa de leitura e adicionar o reagente de Griess, na proporção de 1:1 (v/v) com o sobrenadante.
6. Em seguida, ler a placa em leitor de ELISA a 550 nm.
7. Os valores de leitura devem ser comparados com uma curva padrão de $NaNO_2$ (5, 10, 30, 60 μM) e os resultados expressos em μM de nitrito liberado por 1×10^5 células.

Soluções Utilizadas nos Ensaios Experimentais

Tampão Fosfato-Salina Dulbecco

Cloreto de sódio (NaCl)	8,0 g
Cloreto de potássio (KCl)	0,2 g
Cloreto de cálcio ($CaCl_2$)	0,1 g
Cloreto de magnésio $6H_2O$ ($MgCl_2.6H_2O$)	0,1 g
Fosfato de sódio ($NaHPO_4$)	0,91 g
Fosfato de potássio (KH_2PO_4)	0,2 g
Glicose	1,0 g
Água destilada	1.000 mL

Solução de Hanks

Solução estoque

NaCl	40 g
KCl	1 g
$NaHPO_4.7H_2O$	10,85 g
KH_2PO_4	0,5 g
Água destilada q.s.p.	400 mL

Solução Fenol

Solução peroxidase

Peroxidase	5 mg
PBS q.s.p.	1 mL

Solução $CaCl_2.2H_2O$

$CaCl_2.2H_2O$	0,65 g
Água destilada	50 mL

Solução $MgCl_2.6H_2O$

$MgCl_2.6H_2O$	1,05 g
Água destilada q.s.p.	50 mL

Solução de Glicose a 1%

Glicose	1 g
Água destilada q.s.p.	100 mL

Solução Fenol (preparada no momento da utilização)

Peroxidade	0,1 mL
Solução de Hanks	0,8 mL
Solução de $CaCl_2.2H_2O$	0,1 mL
Solução de $MgCl_2.6H_2O$	0,1 mL
Fenol vermelho	0,2 mL
Glicose 1%	0,1 mL

Reagente de Griess

Sulfanilamida 1% (em H_3PO_4 5%, v/v, em água destilada)	50 mL
α-naftiletilenodiamina 0,1% (em água destilada)	50 mL

Meio RPMI-1640

RPMI-1640	10,4 g/L
HEPES	2,32 g
Bicarbonato de sódio	2,0 g
Água destilada ultrapura q.s.p.	1.000 mL

REFERÊNCIAS BIBLIOGRÁFICAS

Aderem, A. The MARCKS brothers: a family of protein kinase C substrates. Cell, 71:713-6, 1992.

Aderem, A., Underhill, D. M. Mechanisms of phagocytosis in macrophages. Annu Ver Immunol, 17:593-623, 1999.

Allen, L. A., Aderem, A. Molecular definition of distinct cytoskeletal structures involved in complement and Fc receptor mediated phagocytosis in macrophages. J Exp Med, 184:627-37, 1996.

Araki, N., Johnson, M. T., Swanson, J. A. A role for phosphoinositide 3-Kinase in the completion of macropinocytosis and phagocytosis by macrophages. The Journal of Cell Biology, 135:1249-60, 1996.

Auger, M. J., Ross, J. A. The biology of the macrophage. *In:* The natural immune system: The macrophage. Lewis, C. E., McGee, J. O'D. Oxford, New York, Tokio, IRL Press, p.1-57, 1992.

Bosco, M. C., Musso, T., Crta, L., Varesio L. Analysis of macrophage lytic functions. *In:* Paulnock, D. M. Macrophages: A Practical Approach. Oxford, Oxford University Press, pp. 127-55, 2000.

Bokoch, G. M. Regulation of the phagocyte respiratory burst by small GTP-binding proteins. Trends in Cell Biology, 5:109-13, 1995.

Calder, P. C., Bond, J. A., Harvey, D. J., Gordon, S., Newsholme, E. A. Uptake and incorporation of saturated and unsaturated fatty acids into macrophages lipids and their effect upon macrophage adhesion and phagocytosis. Biochem J, 269:807-14, 1990.

Cooper, G. N., West, D. Effects of simple lipids on the phagocytic properties of peritoneal macrophages. I. Stimulatory effects of glycerol trioleate. Aust. J Biol Med Sci, 40:485, 1962.

Corazzini, R. Avaliação morfofisiológica de macrófagos peritoneais de camundongos submetidos ao choque térmico. 1993. 156p. [Tese de mestrado em Patologia Experimental e Comparada, Faculdade de Medicina Veterinária e Zootecnia, Universidade de São Paulo, 1993.]

Czop, J. K., Fearon, D. T., Austen, K. F. Opsonin-independent phagocytosis of activators of the alternative complement pathway by human monocytes. J Immunol, 120:4, 1132-8, 1978.

Ding, A. H., Nathan, C. F., Stuehr, D. J. Release of reactive nitrogen intermediates and reactive oxygen intermediates from mouse peritoneal macrophages. J Immunol, 141:2407-12, 1988.

Elsbach, P., Weiss, J. Phagocytis cells: Oxygen-independent antimicrobial systems. In: Inflammation: Basic principles and clinical correlates. Gallin, J. I., Goldstein, I. M., Snyderman, R. (eds.) New York, Raven, 1988.

Ezekowitz, R. A. B., Sastry, K., Bailly, P., Warner, A. Molecular characterization of the human macrophage mannose receptor: demonstration of multiple carbohydrate recognition-like domains and phagocytosis of yeasts in Cos-1 cells. J Exp Med, 172:1785-94, 1990.

Ezekowitz, R. A. B., Stahl, P. D. The structure and function of vertebrate mannose lectin-like proteins. J Cell Sci, 9:121-33, 1988.

Goodman, M. G., Chenoweth, D. E., Weigle, W. D. Induction of interleukin I secretion and enhancement of humoral immunity by binding of human C5a to macrophage surface C5a receptors. J Exp, 156:912, 1982.

Gordon, S. The role of the macrophage in immune regulation. Res Immunol, 149:685-8, 1998.

Greenberg, S. Signal transduction of phagocytosis. Trends Cell Biol, 5:93-9, 1995.

Guimarães, A. R. P., Costa Rosa, L. F. B. P., Sitnik, R. H., Curi, R. Effect of polyunsaturated (pufa n-6) and saturated fatty acids-rich diets on macrophage metabolism and function. Biochemistry International, 23:533-43, 1991.

Henson, P. M., Henson, J. E., Fittschen, C., Kimani, G., Bratton, D. L., Riches, D. W. H. Phagocytic cell: Degranulation and secretion. In: Gallin, J. I., Goldstein, I. M., Snydermon, R. (eds.) Inflammation: Basic principles and clinical correlates. New York, Raven, 1988.

Herscowitz, H. B., Halden, H. T., Bellanti, J. A., Ghaffar, A. Manual of macrophage methodology: Collection, Characterization and function. New York, 1981. p. 271-80; 389-97.

Ignarro, I. J., Byms, R. E., Buga, G. M., Wood, K. S. Endothelium-derived relaxing factor from pulmonary artery and vein possesses pharmacologic and chemical properties identical to those of nitric oxide radical. Circ Res, 61:866-79, 1987.

Johnston, R. B. Enhancement of phagocytosis-associated oxidase metabolism as a manifestation of macrophage activation. Lymphokines, 3:33-56, 1981.

Jorens, P. G., Matthys, K. E., Bult, H. Modulation of nitric oxide synthase activity in macrophages. Mediators of Inflammation, 4:75-89, 1995.

Lennartz, M. R. Phospholipases and phagocytosis: the role of phospholipidid-derived second messengers in phagocytosis. The In J Biochem & Cell Biol, 31:415-30, 1999.

Lewis, G. P. Mediators of inflammation. In: Ling, H. (ed.), Dorchester, Dorset Press, p. 2-9, 1986.

Lupetti, A., Brouwer, C.P., Dogterom-Ballering, H.E., Senesi, S., Campa, M., Van Dissel, J.T., Nibbering, P.H. Release of calcium from intracellular stores and subsequent uptake by mitochondria are essential for the candidacidal activity of an N-terminal peptide of human lactoferrin. J Antimicrob Chemother, 54(3):603-8, 2004.

Meade, C. J., Mertin, J. The mecanism of immuno-inhibition by arachidonic and linoleic acid. Effects on the lymphoid and reticulo-endothelial systems. Int Arch Aller Appl Immunol, 51:2, 1976.

McIlhinney, R. A. J. The fats of life: the importance and function of protein acylation. Trends Biochem Sci, 15:387-91, 1990.

McKmight, A. J., Gordon, S. The EGF-TM 7 family: unusual structure at the leukocyte superface. J Leuk Biol, 63:271-80, 1998.

Nathan, C. F., Root, R. K. Hydrogen peroxide release from mouse peritoneal macrophages. Dependence on sequential activation and triggering. J Exp Med, 146:1648-52, 1977.

Nichols, B. A., Bainton, D. F., Farquhar, M. G. Differentiation of monocytes. Origin, nature and fate of their azurophil granules. J Cell Biol, 50:198-515, 1971.

Pick, E., Keisari, Y. A simple colorimetric method for the measurement of hydrogen peroxide produced by cells in culture. J Immunol Methods, 38(1-2):161-70, 1980.

Pick, E., Mizel, M. Rapid microassays for the measurement of superoxide and hydrogen peroxide production by macrophages using an automatic enzyme immunoassay reader. J Immunol Methods, 46:211-26, 1981.

Rabellino, E. M., Ross, G. D., Polley, M. J. Membrane receptors of mouse leukocytes. I. Two types of complement receptors for different regions of C3. J Immunol, 120:871-9, 1978.

Rabinovitch, M. Macrophage spreadind in vitro. In: Van Furth, R. (ed.), Mononuclear Phagocytes in Immunity Infection and Pathology, Oxford, Blackwell Scientific Publications, p. 369-85, 1975.

Rabinovitch, M., De Stefano, M. J. Macrophage spreading in vitro. Exp Cell Res, 77:323-4, 1973.

Rosenfeld, G. Método rápido de coloração de esfregaços de sangue. Noções práticas sobre corantes pacrômicos e estudos de diversos fatores. Mem Inst Butantan, 20:315-28, 1947.

Russo, M., Teixeira, H. C., Marcondes, M. C. G., Barbuto, J. A. M. Superoxide-independent hydrogen peroxide release by activated macrophages. Brazilian J Med Biol Res, 22:1271-3, 1989.

Sampaio, S. C., Sousa-E-Silva, M. C. C., Borelli, P., Curi, R., Cury, Y. Crotalus durissus terrificus snake venom regulates macrophage metabolism and function. J. Leukoc. Biol. 70:551-558, 2001.

Sasada, M., Johnston, R. B. Jr. Macrophage microbicidal activity. Correlation between phagocytosis-associated oxidative metabolism and the Killing of Candida by macrophage. J Exp Med, 152:85-98, 1980.

Schroit, A. J., Gallity, R. Macrophage fatty acid composition and phagocytosis: effect of unsaturation on cellular phagocytic activity. Immunology, 36:199-205, 1979.

Segal, A. W., Abo, A. The biochemical basis of the NADPH oxidase of phagocytes. TIBS, 18:43-7, 1993.

Snyderman, R., Phillips, J. K., Mergenhangen, S. E. Biological activity of complement in vivo? Role of C5 in accumulation of polymorphonuclear leucocytes in inflammatory exudates. J Exp Med, 134:1131, 1971.

Spratt, M. G., Kratzing, C. C. Oleic acid as a depressant of reticuloendothelial activity in rats and mice. J Reticulo Soc, 17:135, 1975.

Sung, S-S. T., Nelson, R. S., Silverstein, S. C. Yeast mannans inhibit binding and phagocytosis of zymosan by mouse peritoneal macrophages. J Cell Biol, 95:160-6, 1983.

Underhill, D. M., Ozinsky, A. Phagocytosis of microbes: complex in action. Annu Rev Immunol, 20:825-52, 2002.

Unkeless, J. C., Sgigliono, E., Freedman, V. H. Structure and function of human and murine receptors for IgG. Ann Ver Immunol, 6:251-81, 1988.

Van Furth, R., Diesselhoff-den Dulk, M. M. C., Raeburn, J. A.; Van Zwet, H. L.; Crofton, R., Blussé van Oud Alblas, A. Characteristics, origin and kinetics of human and murine mononuclear phagocytes. *In:* Van Furth, R., Nijhoff, M. (eds.) Mononuclear phagocytes. Functional aspects. Boston, London, The Hague, 1980.

Capítulo 27

Cultura de Células Aplicada ao Diagnóstico Virológico

CRISTÓVÃO ALVES DA COSTA

INTRODUÇÃO

Os vírus não podem se replicar em meios sintéticos de cultura; portanto, se faz necessária cultura de células vivas como hospedeiro. A partir de 1950, os animais de laboratório e ovo embrionado que eram usados no estudo e cultivos dos vírus foram substituídos por cultura de células. As culturas de células são consideradas mais práticas em relação ao uso de animais ou ovo embrionado. Entretanto, vírus, como o da influenza, tem sua melhor replicação em ovo embrionado. O desenvolvimento do cultivo de células humana e animal *in vitro* favoreceu o avanço no conhecimento da virologia, genética e fisiologia celular. Essas culturas celulares são usadas no isolamento primário de vírus, capacidade de infecção, estudos bioquímicos e produção de vacinas. A sensibilidade celular é um fator limitante na replicação de alguns vírus, podendo ser uma importante variável em alguns estudos físicos ou condição biológica pretendida.

Infecção viral é diagnosticada laboratorialmente pelos métodos clássicos que levam ao isolamento e à identificação viral ou aos seus anticorpos. Três sistemas biológicos podem ser empregados: (1) ovo embrionado, (2) animal de laboratório, (3) cultura de células, os quais apresentam vantagens e desvantagens.

1. Ovo Embrionado

Necessita de menos espaços do que o de animal de laboratório, como também de infra-estrutura se comparado à cultura de células, o que torna possível trabalhar com esse sistema em grande escala para a produção de vacinas. Alguns grupos de vírus não se replicam em ovo embrionado; entretanto, este ainda pode ser considerado um bom método para a propagação dos paramixovírus e o vírus da influenza.

2. Animal de Laboratório

O animal de escolha para o isolamento de vírus é o camundongo recém-nascido. Os animais são inoculados com amostras virais de interesse e são monitorados quanto ao aparecimento dos sinais referentes ao vírus suspeito. Os animais com os sinais da presença viral são sacrificados e os órgãos de interesse, colhidos e congelados.

3. Cultura de Células

A cultura de células continua sendo o sistema mais conveniente e largamente usado para o isolamento, identificação e propagação de vírus. Para a obtenção das passagens de vírus, esses precisam ser inoculados no sistema de culturas de células empregado para esse propósito. As células são monitoradas quanto à replicação viral, que é comprovada pelos efeitos que as células podem apresentar.

Detecção da Replicação Viral em Cultura de Células

A replicação viral produz mudanças degenerativas em cultura de células suscetíveis. Essas alterações são chamadas de efeitos citopáticos (ECP), os quais podem ser visíveis ao microscópio simples. Esses efeitos são produzidos por uma grande variedade de viroses humanas, isoladas no diagnóstico laboratorial, sendo esses efeitos os primeiros indícios usados nos procedimentos de identificação do isolamento viral.

Alguns tipos de efeitos são designados como:

- *Vacuolado*: o citoplasma apresenta regiões em forma de bolhas espumosas.
- *Sincicial*: fusão de várias células formando uma massa multinucleada, apresentando por vezes até cem células, o que faz também ser chamado de células gigantes.
- *Degeneração granular*: o citoplasma torna-se refringente e adquire uma coloração cinza-escuro.

Mudanças morfológicas geralmente estão associadas com o efeito citopático. Células podem apresentar-se encolhidas ou arredondadas; áreas com efeito citopático podem separar-se da monocamada da cultura celular em grupo ou individualmente. Parcialmente separadas do grupo de células sob o efeito citopático, as células podem ter uma aparência de uma "bandeira rasgada". Células que apresentam mudanças morfológicas são relativamente simples de reconhecimento entre as demais.

Viroses citopáticas podem ser detectadas macroscopicamente pela formação de "placas" na monocamada cultivada sob uma superfície sólida, como agarose. Infecção celular geralmente resulta em morte celular, o que ocasiona na monocamada espaços vazios que são denominados "placas", as quais podem ser vistas por meio de coloração da monocamada celular com um corante específico para células vivas ou mortas. Mudanças na coloração do meio líquido no qual as células estão sendo cultivadas também podem ser usadas para detectar a replicação de vírus; as mudanças são causadas por alteração no pH do meio, como resultado do metabolismo da cultura celular, e são consideradas básicas para os testes de inibição metabólica, teste semelhante ao de neutralização, mas que é pouco usado.

Vírus que possuem hemaglutinina podem causar em cultura de células uma capacidade de aderência aos eritrócitos;

a replicação viral pode ser detectada por hemadissorção. Uma suspensão de eritrócito de espécie adequada é adicionada à cultura de célula inoculada com o vírus. Após um curto período de incubação, a cultura de células pode ser examinada microscopicamente.

Nota: Hep2, Carcinoma laríngeo humano; Hela, Carcinoma epitelióide humano; VERO, Rim de macaco; MA-104, Rim de macaco verde africano; GMK, Rim de macaco; LLC-MK2, Rim de macaco.

Conservação dos Espécimes Destinados à Detecção Viral

Amostras biológicas para fins de isolamento e identificação viral pelo sistema de cultura de células devem ser mantidas em condições adequadas à temperatura de 4°C até 24 h antes de serem submetidas aos processos laboratoriais. Não se recomenda o congelamento de amostras. Algumas amostras precisam de um tratamento para eliminação de outros microrganismos, como bactérias e fungos, como a neutralização do pH do meio no qual as amostras estão mantidas.

Colheita de Espécime Biológico

Colheita do Espécime: de infecção suspeita de agente viral em paciente que não esteja imunocomprometido. Podem-se obter o isolamento e a detecção do agente viral, a partir de material colhido nos primeiros 3 dias da infecção.

Rotulação do espécime: devem constar o nome do paciente, o tipo de material e a data da colheita. Mesmo procedimento para lâminas com amostra.

Recipiente de transporte: adequadamente em tubos com capacidade para 10 mL. Proteger o tubo contra quebra e vazamento, usando papel de filtro. Transportar a 4°C. As amostras que não serão transportadas nos 3 primeiros dias após sua colheita podem ser guardadas a −70°C. Evitar guardar a −20°C. As amostras transportadas em gelo seco devem ser protegidas contra a entrada de gás carbônico.

Informação sobre o espécime: descrição precisa da amostra em relação ao volume e às condições de obtenção. Geralmente um volume de 1–2 mL é o suficiente para vários tipos de amostras. Deve-se discriminar o método diagnóstico ao qual se destina.

Transporte do Espécime e Meios

Há vários meios genéricos destinados a manutenção e transporte do espécime destinado a isolamento e detecção

Tabela 27.1 Vírus e célula de escolha para o seu isolamento

Vírus	Célula
Vírus sincicial respiratório	Hep2, Hela
Vírus do sarampo	Hep2, Vero
Enterovírus	MA-104, GMK
Rotavírus	MA-104, Vero
Adenovírus	Hela, Hep-2
Vírus herpes simples	VERO, Hep-2
Arbovírus	VERO, LLC-MK2

viral. Os meios Hepes e Hanks são largamente usados. Esses podem ser empregados para amostras colhidas com *swab* de vários tipos, como amostras de biópsias. Amostras líquidas não necessitam obrigatoriamente de adição de meios. Amostra destinada à detecção de ácido nucléico deve ser transportada em meio específico.

Adição de antibióticos: os antibióticos juntamente com os antifúngicos são usados para impedimentos de crescimento de bactérias e fungos. Penicilina, estreptomicina e fungizona é a combinação mais usada na atividade laboratorial.

Amostras Biológicas

Fezes: devem ser colhidas até o 4.º dia após o início da doença. Alguns gramas de fezes formadas ou aproximadamente 5 mL de fezes líquidas são suficientes para os testes laboratoriais. Preparar a suspensão da amostra em meio Hanks. Recomenda-se guardar parte da amostra original em solução de congelamento. Centrifugar a suspensão (cerca de 10 mL v/v), a 3.000 g, por 30 min. Recolher o sobrenadante, adicionar antibióticos (1.000 U/mL de penicilina, 2.000 U/mL de estreptomicina e 5 μg/mL de fungizona). Incubar por 1 h, à temperatura ambiente. Filtrar em membrana com poros de 200 nm. Aplicar no teste. Guardar a porção não usada a −70°C.

Amostras obtidas por swab: desprezar o cabo, deixando somente a ponta com algodão dentro do meio de transporte em recipiente estéril. Transportar a 4°C. Promover a homogeneização. Tratar o sobrenadante com antibióticos e inocular nas culturas celulares.

Urina: um volume de 10 mL é o suficiente para os testes virológicos. Ajustar o pH para a neutralidade. A um volume de 1 mL, adicionar 2 mL do meio de transporte de amostras. Centrifugar a solução, a 500 g, por 10 min. Tratar o sobrenadante com antibióticos, da mesma maneira descrita para as fezes, e proceder à inoculação nas culturas celulares.

Amostras do trato respiratório: o aspirado nasofaríngeo deve ser adicionado ao meio de transporte. Transportar a 4°C. Promover a homogeneização. Centrifugar a 500 g, por 10 min. Recolher o sobrenadante, e tratar com antibiótico e antifúngico. Proceder à inoculação celular.

Fluido cerebroespinhal: o fluido não precisa da adição do meio de transporte ou outro meio. O fluido pode ser inoculado sem antibióticos, nas culturas celulares.

Sangue: cerca de 5–8 mL de sangue são suficientes, usando-se anticoagulante (citrato de sódio ou heparina), homogeneizando-se bem. Obtêm-se leucócitos pelo sistema Ficoll-Hipaque, em que as frações de interesse são tratadas e lisadas para posterior inoculação no sistema celular.

Diagnóstico Virológico em Cultura de Células

A Fig. 27.1 representa as etapas envolvidas no diagnóstico virológico empregando cultura de células.

Replicação Viral em Cultura de Células

No seguinte experimento, será utilizado o vírus sincicial respiratório (VSR), um vírus da família *Paramyxoviridae*, do tipo RNA de fita negativa. Tem um tamanho médio de 150 a 300 nm. Causa infecção no homem e em outros mamíferos, como bovinos, ovinos e caprinos. A infecção experimental pode ser reproduzida em ratos, cobaias e hamsters.

O vírus se replica em linhagens celulares de Hep-2, Hela e VERO com diferentes sensibilidades.

O modelo empregado utilizando-se o VSR pode ser usado para outros vírus, desde que se tenham os *primers* específicos para o vírus a ser pesquisado.

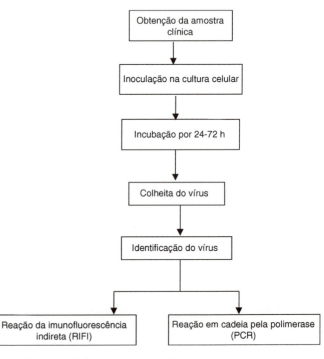

Fig. 27.1 Fluxograma da identificação viral em culturas de células.

Inoculação e Incubação das Células com Espécimes

Materiais Necessários e Procedimentos

Inoculação do vírus:

- Frasco para cultivo celular, com área de 25 cm², com cultura de células Hep-2.
- Meio Eagle mínimo essencial (E-MEM), com 2% de soro fetal bovino (5 mL).
- Suspensão de amostra previamente tratada com solução de antibióticos.
- Solução estéril de salina tamponada com fosfato, 30 mL (PBS).
- Pipetas estéreis.
- Materiais básicos de laboratório.

Colheita do Vírus

- Tubo cônico de 15 mL estéril.
- 2 microtubos de 2 mL, estéreis.
- Pipetas estéreis.
- Materiais básicos de laboratório.

Protocolo Experimental

Inoculação do vírus:

1. Observar ao microscópio as células quanto a sua condição. Essas devem apresentar uma monocamada com cerca de 80% da área de cultivo.
2. Lavar as células, duas vezes, com 5 mL de PBS.
3. Adicionar 1 mL da suspensão de amostra, espalhando por toda a camada celular.
4. Incubar a 37°C, por 30 min.
5. Lavar a monocamada celular, três vezes, com 5 mL de PBS.
6. Adicionar 4 mL do meio E-MEM com 2% de SFB.
7. Incubar a 37°C, em incubadora com atmosfera de CO_2 (5% de CO_2 e 95% de O_2).
8. Produzir até duas garrafas nas mesmas condições, mas sem a inoculação de amostras, as quais funcionarão como controle do experimento.
9. Monitorar as células 24 h após a infecção. Num período de até 72 h, amostras positivas para o VSR devem produzir o efeito citopático (ECP), evidenciando a formação de sincícios. Células com ECP devem ser congeladas a $-70°C$.

Colheita do Vírus

1. Descongelar e congelar a cultura infectada por três vezes.
2. Recuperar o conteúdo da garrafa no tubo cônico de 15 mL.
3. Retirar 0,5 mL, transferindo para um tubo cônico de 15 mL. Guardar a 4°C.
4. Centrifugar o volume restante a 500 g, por 15 min.
5. Recolher o sobrenadante, dividindo em duas alíquotas nos microtubos.
6. Congelar a $-70°C$.

Identificação dos Microtubos com Vírus

Registrar:

1. Linhagem de célula usada.
2. Amostra biológica.
3. Meio no qual foi congelado.
4. Quantidade de congelamento/descongelamento.
5. Data do trabalho e armazenamento.

Identificação do Vírus

Há vários métodos para detecção de vírus proveniente de cultura de células. Serão descritos a seguir o método da imunofluorescência indireta (IFI) e o da reação em cadeia pela polimease (PCR).

Reação da Imunofluorescência Indireta — IFI

Materiais Necessários

1. Anticorpo monoclonal anti-VSR.
2. Anticorpo marcado com fluoresceína.
3. Solução de PBS.
4. Lâminas para reação de imunofluorescência.
5. Glicerina tamponada.
6. Microscópio para observação de fluorescência.
7. Equipamentos básicos de laboratório.

Procedimentos

1. Em um tubo cônico com 0,5 mL da suspensão celular, adicionar PBS até 10 mL. Homogeneizar e centrifugar a 500 g, por 10 min.
2. Desprezar o sobrenadante e ressuspender o sedimento em 500 μL de PBS. Homogeneizar lentamente.

3. Em uma lâmina de imunofluorescência, adicionar 10 μL da suspensão em três orifícios (reação em duplicata e um controle). Deixar secar à temperatura ambiente (23–25°C).
4. Fixar com acetona a 4°C, por 10 min. Após, deixar secar à temperatura ambiente.
5. Aplicar 10 μL do anticorpo monoclonal para o VSR (previamente diluído a 1:100 em PBS) nos dois orifícios de amostras; no controle, adicionar o mesmo volume de PBS. Incubar a lâmina em câmara úmida a 37°C, durante 30 min.
6. Lavar a lâmina em cuba específica, com PBS-Tween 20. Banhar a lâmina 15 vezes na solução. Em seguida, deixar a lâmina em uma solução limpa por 10 min.
7. Lavar a lâmina por mais duas vezes, usando PBS. Em seguida, deixá-la em água bidestilada durante 5 min.
8. Retirar a lâmina da cuba e deixá-la secar à temperatura ambiente.
9. Adicionar 25 μL do anticorpo marcado com isotiocianato de fluoresceína. Incubar a lâmina em câmara úmida a 37°C, durante 30 min.
10. Fazer a lavagem como descrito anteriormente.
11. Com a lâmina seca, adicionar 20 μL de glicerina tamponada em cada orifício; em seguida, depositar uma lamínula sobre os orifícios.
12. Proceder à observação da lâmina em microscópio de fluorescência. A lâmina pode ser guardada a −20°C, para posterior observação.
13. Campos com três ou mais células com fluorescência caracterizam a positividade da amostra para o vírus modelo.

Reação em Cadeia pela Polimerase — PCR

Materiais Necessários

1. Termociclador.
2. *Primers* específicos (*Sense:Antisense*).
   2.1 *Sense*: gtt atg aca ctg gta tac caa cc.
   2.2 *Antisense*: tcc acc aaa aaa acc.
3. Conjunto de enzimas para a reação da PCR.
4. Materiais básicos de laboratório.

Procedimentos

Extração do RNA do Vírus Modelo

1. Para isolados em cultura celular, desprezar o meio de manutenção e lavar a monocamada celular, por duas vezes, com PBS. Adicionar 2,0 mL da solução de lise celular; homogeneizar e fracionar em volume de 0,5 mL em microtubos. Deixar à temperatura ambiente, por 10 min. Pode-se congelar a −70°C ou seguir o processo de extração.
2. Usar um volume de 1,0 mL para a extração do RNA.
3. Adicionar à amostra 200 μL da solução clorofórmio-álcool isoamil (24:1). Homogeneizar por 15 s. Incubar à temperatura ambiente, por 10 min.
4. Centrifugar, a 12.000 g, por 15 min, a 7°C. Recolher um volume de 550 μL do sobrenadante em microtubo.
5. Adicionar 400 μL de isopropanol gelado e homogeneizar. Incubar à temperatura ambiente, por 10 min.
6. Centrifugar, a 12.000 g, por 10 min, a 7°C. Descartar o sobrenadante em condições de segurança biológica.
7. Adicionar ao sedimento 1,0 mL de etanol − 75%. Homogeneizar. Centrifugar a 7.500 g, por 5 min, a 7°C.
8. Descartar o sobrenadante. Secar o sedimento ao ar seco ou vácuo por 5–10 min.
9. Ressuspender o sedimento em 21 μL de água livre de RNase. Guardar a −70°C ou seguir com a transcrição reversa.

Obtenção do DNA Complementar — cDNA

1. Usar 6 μL da amostra de RNA obtido (aproximadamente 1 μg/μL).
2. Adicionar 2 μL (50 pmoles) do *primer sense*. Submeter a incubação a 95°C, por 3 min, seguida a 50°C, por 25 min, e finalizada a 4°C.
3. Adicionar 8 μL do tampão da enzima (5 ×), seguidos de 6 μL de desoxinucleotídeo trifosfato − 1,5 mM de cada dNTP.
4. Adicionar 0,35 μL (200 U) de transcriptase reversa, seguidos de 4 μL de DTT a 10 mM e de 0,5 μL (20 U) de RNase.
5. Adicionar água livre de RNAse para um volume final de 40 μL.
6. Proceder à incubação por 1 h, a 42°C, seguida por 5 min, a 95°C, e finalizar a 4°C.

Amplificação por Meio da Reação em Cadeia pela Polimerase

1. Usar um volume de 5 μL do cDNA obtido e adicionar 5 μL da solução do tampão de PCR, seguidos de 1,5

µL de cloreto de magnésio a 50 mM. (No caso de o tampão de PCR não conter o MgCl₂.)
2. Adicionar 8 µL da solução de dNTP (dATP, dCTP, dGTP, dTTP a 0,2 mM em cada base), seguidos da adição de 1,5 µL de cada *primer* a 50 pMoles.
3. Adicionar 0,25 µL (5 U) da enzima polimerase, seguidos de água livre de DNases, para volume final de 50 µL.
4. Incubar a solução no ciclador de temperaturas nas seguintes condições: 94°C, por 2 min, seguida do ciclo com as temperaturas de 94°C, 52°C e 72°C, todas por 1 min, com repetição de 35 vezes; seguida de incubação por 72°C, por 7 min, finalizando a 4°C.

A reação de PCR deve ser monitorada por meios de controles que podem ser: *a*) Controle negativo do vírus: a mesma linhagem da cultura celular usada, sem inoculação viral; *b*) Controle positivo do vírus, que igualmente funciona como controle da obtenção do RNA viral do espécime em investigação: a mesma linhagem celular inoculada com a estirpe padrão; *c*) Controle dos reagentes: a mesma solução, utilizando-se água em vez do template de DNA.

Os reagentes para a reação da PCR encontram-se disponíveis comercialmente. Os *primers* podem ser específicos para gêneros de vírus que podem ser consultados no endereço eletrônico http//:www.ncbi.nlm.nhm.gov, e solicitada sua produção em empresas do ramo biotecnológico.

Detecção do Produto da Reação da PCR

O produto da reação deve ser submetido a um sistema de eletroforese, fazendo-se uso de uma plataforma de gel de agarose a 1,2%.

Separação Eletroforética em Gel de Agarose dos Produtos da PCR

Materiais Necessários

1. Fonte de energia para eletroforese.
2. Transiluminador de luz ultravioleta.
3. Cuba e seus anexos para eletroforese.
4. Tampão Tris/Borato/EDTA.
5. Peso molecular de 100 pares de bases.
6. Materiais básicos de laboratório.

Procedimentos

Etapas da eletroforese:

Aplicação de alíquota do produto da PCR à plataforma de gel

1. Sobre uma superfície revestida por uma camada de plástico do tipo "parafilm", depositar um volume de 3 µL do tampão de carregamento da amostra (*loading buffer*); sobre esse, adicionar 7 µL do produto da PCR. Homogeneizar e aplicar no 2.° poço do gel (veja Fig. 27.2).
2. Aplicar nos 3.°, 4.° e 5.°, respectivamente, os produtos dos controles, negativo, positivo e da reação, seguindo o mesmo procedimento feito para o produto da amostra em investigação.
3. Aplicar no 1.° poço 7 µL da solução contendo o peso molecular que funciona como parâmetro de reconhecimento dos produtos da PCR.
4. Ligar e ajustar a fonte de energia para o sistema em 100 V, desligar quando a linha formada pelo tampão de carregamento de amostra tiver percorrido aproximadamente 2/3 do comprimento do gel.

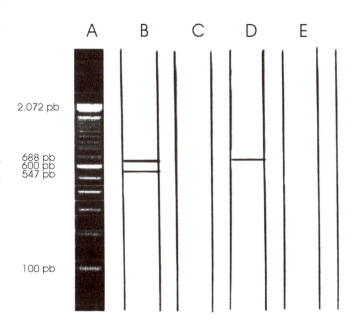

Fig. 27.2 **(A)** Peso molecular de 100 pares de bases; **(B)** Amostra-caso; **(C)** Produto da cultura de célula limpa; **(D)** Produto de cultura de célula infectada com o vírus de referência (VSR do grupo B); **(E)** Produto da solução de controle da reação. Ao lado esquerdo da figura, observam-se os pares de bases correspondentes aos fragmentos obtidos na reação da PCR.

Fotodocumentação da Separação Eletroforética

Um sistema básico de fotodocumentação é o suficiente para o registro dos resultados da detecção viral. Esse pode ser composto por uma câmara fotográfica com capacidade de revelação instantânea e um transiluminador com luz ultravioleta.

Procedimento

1. Transferir o gel da plataforma de eletroforese para a superfície do transiluminador. (Atenção às normas de biossegurança para o uso de luz ultravioleta.)
2. Iluminar o gel procedendo à fotografia de acordo com as características da câmara fotográfica.

Interpretação dos Resultados

Após a eletroforese, os fragmentos do produto da PCR estarão dispostos de acordo com o seu peso molecular correspondente (veja Fig. 27.2).

REFERÊNCIAS BIBLIOGRÁFICAS

Burleson, F. G., Chambers, T. M., Wiedbrauk, D. L. Virology: A laboratory Manual. London, Academic Press, 1992. 250p.

Candeias, J. A. N. Laboratório de Virologia: Manual Técnico. São Paulo, Edusp, 1996. 165p.

Freshney, R. I. Culture of Animal Cells: A manual of basic technique. 3th ed. New York, Wiley-Liss, 1994. 486p.

Sambrook, J., Fritsch, E. F., Maniatis, T. Molecular Cloning: a laboratory manual. 2nd ed. New York, Cold Spring Harbor Laboratory Press, 1989. Arqv: CultCellsFinal/word, produzido em 28/04/02(DOM).

Capítulo 28

Transferência de Genes em Células de Mamíferos: Transfecção

PATRÍCIA LÉO E ANNA KARENINA AZEVEDO MARTINS

INTRODUÇÃO

A transfecção tem sido uma importante ferramenta para a biologia molecular moderna. Grandes avanços no estudo de expressão e regulação gênica foram possíveis com o desenvolvimento de metodologias que permitiram a reintrodução de um gene clonado em vários tipos de células (Ausubel *et al.*, 1994).

A transferência ou transfecção de DNA heterólogo favoreceu os estudos relacionados com:

1. A função biológica de uma proteína no contexto celular.
2. A análise da expressão de genes.
3. A aplicação de terapia introduzindo ou eliminando genes específicos (abordagem *antisense*).
4. A produção em escala ampliada de uma proteína para estudos bioquímicos e estruturais/funcionais ou para uso clínico.
5. Os ensaios da atividade de promotores, ativadores e silenciadores de interesse.

Durante o processo evolutivo, as células desenvolveram mecanismos de proteção contra a invasão de material genético estranho. Esse obstáculo natural incentivou o desenvolvimento de diferentes estratégias de transferência gênica visando a superar essas barreiras.

Os primeiros experimentos de transferência de gene exógeno para células de mamíferos foram feitos com DNA viral. Na década de 50, pesquisadores da Universidade da Califórnia (San Diego) já tinham mostrado que as células de mamíferos eram capazes de absorver ácidos nucléicos (RNA ou DNA) de origem viral e produzir vírus selvagens. Essa descoberta incentivou os cientistas a investirem nos métodos de transferência gênica, buscando aumentar a eficiência de transfecção.

Durante os anos 60, foi constatado que a molécula de DNA, por ser carregada negativamente, é repelida pela membrana das células, que também possui carga negativa. Essa constatação levou ao desenvolvimento de técnicas que combinaram o DNA com substâncias capazes de neutralizá-lo eletricamente, facilitando sua incorporação pelas células. Em uma das técnicas desenvolvidas, foram utilizados polímeros inertes de carboidratos (dextran) acoplados a um grupo químico carregado positivamente (DEAE — dietilaminoetil).

Os complexos DEAE-dextran/DNA interagem com a membrana plasmática e são endocitados pelas células. Durante esse processo, algumas das moléculas de DNA escapam da destruição no citoplasma e alcançam o núcleo celular. Uma vez no núcleo, este DNA poderá ser transcrito em RNA como os demais genes da célula.

O método de DEAE-dextran, apesar de relativamente simples, foi ineficiente na transferência de DNA para alguns tipos celulares. Devido a essa seletividade, o método foi considerado inadequado para a verificação da atividade biológica de preparações de DNA purificado.

Grandes avanços nos procedimentos de transferência gênica foram alcançados com as descobertas de Graham & Van der Eb (1973). Esses pesquisadores observaram que as células captam DNA eficientemente, quando precipitado com fosfato de cálcio. Essa descoberta derivou de trabalhos anteriores realizados por Spizizen *et al.* (1966) mostrando que cátions divalentes como cálcio e magnésio favoreciam a captura de DNA pelas bactérias. Os experimentos de Graham & Van der Eb (1973) mostraram que a produção de vírus por células transfectadas com DNA viral utilizando o método de precipitação com fostato de cálcio era centenas de vezes maior quando comparada com a produção obtida utilizando o método de DEAE-dextran.

Atualmente, existem quatro técnicas principais para a introdução de DNA em células de mamíferos: *transfecção com fosfato de cálcio* (Graham & Van der Eb, 1973), *transfecção com DEAE-dextran* (McCutchan & Pagano, 1968), *eletroporação* (Neumann *et al.*,1982; Potter *et al.*, 1984) *e transfecção mediada por lipossoma* (Felgner *et al.*, 1987, 1989, 1994). Os parâmetros para transfectar células utilizando essas técnicas variam de acordo com o tipo de células e, portanto, devem ser cuidadosamente otimizados para alcançar a máxima eficiência que o método possa oferecer. Neste capítulo, serão apresentados os quatro procedimentos de transferência gênica com um enfoque maior para o método de transfecção com fosfato de cálcio.

SISTEMAS DE TRANSFECÇÃO

Dois sistemas de transfecção têm sido utilizados em células de mamíferos. Um deles é o sistema de expressão transiente. Neste caso, o DNA que alcança o núcleo é expresso por um tempo limitado, e, portanto, as análises devem ser feitas entre 24 e 72 horas após a introdução do DNA nas células. Geralmente, o objetivo da transfecção transiente é promover uma grande expressão do gene transferido, em um curto espaço de tempo. Este sistema não é útil para a geração de linhagens permanentemente transfectadas. Para alguns tipos de estudos, o gene de interesse deve ser integrado conservando-se o cromossomo da célula. Neste caso, deve ser utilizado o sistema de transfecção estável, o que permite que o gene, estavelmente integrado, duplique eficientemente e seja mantido durante a divisão celular. Os métodos de transfecção mediados por fosfato de cálcio, por lipossomo ou eletroporação podem ser utilizados para obter linhagens celulares contendo DNA integrado estavelmente em seu genoma. O método de DEAE-dextran não funciona tão bem para produzir linhagens estáveis, mas, para protocolos transientes, é mais reprodutível do que o método de transfecção com fosfato de cálcio. A eletroporação é um método mais indicado para culturas de células que crescem em suspensão. As transfecções mediadas por fosfato de cálcio ou lipossomo se aplicam às células que crescem aderidas a um substrato. A transfecção conduzida por fosfato de cálcio pode ser realizada de duas maneiras diferentes. Uma delas utiliza o sistema tamponado com HEPES *(N-2-hydroxyethylpiperazine-N'-2-ethanesulfonic acid)*

e pode ser usada tanto para transfecção transiente como estável. A segunda, com o uso do sistema tamponado com BES [*N,N-bis(2-hydroxyethyl)-2-amino-ethanesulfonic acid*], é amplamente utilizada com fibroblastos e células epiteliais para obter transfecções estáveis. A eficiência das transfecções mediadas por fosfato de cálcio e DEAE-dextran pode ser aumentada através da exposição temporária das células transfectadas a agentes permeabilizantes como DMSO (dimetil-sulfóxido) ou glicerol. A técnica de eletroporação também é um método muito reprodutível, mas requer um maior número de células do que os procedimentos químicos de transfecção. Embora essas considerações sejam necessárias na escolha de um protocolo adequado de transfecção, o parâmetro mais crítico que deve ser analisado é a eficiência com a qual o DNA é introduzido na célula, e isto pode ser determinado experimentalmente.

Na Tabela 28.1 estão resumidas as características relevantes dos quatro principais protocolos de transfecção utilizados para a introdução de DNA em células de mamíferos.

VETORES

A escolha do promotor pode ser crítica para uma expressão eficiente de determinados genes. Os promotores são pequenas seqüências de DNA (<1 Kb) aos quais se ligam fatores de transcrição endógenos. É também possível o uso de promotores que são específicos para determinado tipo de célula. Recentemente, tem sido muito explorada a utilização de promotores induzíveis. Com isso, tem sido possível aumentar a utilidade e flexibilidade de linhagens estavelmente transfectadas.

Muitos vetores de expressão em eucariotos foram desenvolvidos e estão disponíveis no mercado. A princípio, o gene de interesse pode ser veiculado em plasmídeos ou em partículas virais construídas a partir da fusão do DNA viral com um plasmídeo. No entanto, mesmo vetores plasmideais possuem promotores virais, que são em geral mais fortes. Os promotores de citomegalovírus (CMV) e *Simian virus* (SV40) são os promotores favoritos para a expressão de genes heterólogos em células de mamíferos.

Outra alternativa é o uso de retrovírus como vetores para a transferência de genes. Este sistema oferece uma série de vantagens sobre o uso de plasmídeos, como: *a*) o genoma retroviral pode ser integrado estavelmente ao cromossoma de células infectadas e ser transmitido de geração a geração; *b*) os retrovírus apresentam ampla infectividade em vários tipos celulares; *c*) a integração é específica para um determinado sítio, fazendo com que o gene transferido

Transferência de Genes em Células de Mamíferos: Transfecção **175**

Tabela 28.1 Comparação entre os quatro principais protocolos para a introdução de DNA em células de mamíferos

Características	Fosfato de cálcio (CaPO$_4$)	Complexo DEAE-dextran	Eletroporação	Lipossomo
Tipo celular	dependente do tipo celular	dependente do tipo celular	maioria dos tipos celulares	dependente do tipo celular
Tipo de crescimento celular	células aderidas	células aderidas ou em suspensão	células em suspensão	células aderidas
Expressão do gene exógeno	estável e transiente	transiente	estável e transiente	estável e transiente
Eficiência	$-/++$	$++++$	$++++$	$+/++++$
Reprodutibilidade	variável	superior ao CaPO$_4$	boa	boa
Parâmetros críticos	densidade celular, pureza dos reagentes, pH do tampão, tempo de exposição e uso de agentes permeabilizantes	concentração de DNA e dextran, pureza dos reagentes, tempo de exposição e uso de agentes permeabilizantes	voltagem aplicada e duração do pulso	tipo de lipossoma, concentração de lipossoma e DNA e tempo de exposição

permaneça intacto; *d*) o genoma viral contém grande plasticidade, permitindo grandes manipulações (Kaufman, P. B. *et al.*, 1995).

MÉTODOS DE TRANSFECÇÃO

Transfecção com DEAE-dextran

O mecanismo pelo qual as células captam o DNA na transfecção mediada por DEAE-dextran envolve endocitose após adsorção do complexo DNA/DEAE-dextran sobre as células. As principais vantagens desta técnica são sua simplicidade, velocidade e reprodutibilidade. As desvantagens do método incluem inibição do crescimento celular e alterações morfológicas heterogêneas nas células. Além disso, a necessidade de redução da concentração do soro durante o experimento pode afetar ou ser incompatível com alguns bioensaios ou objetivos experimentais.

Na transfecção mediada por DEAE-dextran, o número de células, a concentração de DNA e a concentração de DEAE-dextran são os parâmetros mais importantes para sua otimização. A concentração de DEAE-dextran usada nas transfecções varia de 50 a 500 µg/mL. Existe uma relação inversa entre a concentração de DEAE-dextran utilizada

e a duração da exposição às células antes de o complexo tornar-se citotóxico.

A concentração de DNA utilizada depende do vetor, do tipo de células e do objetivo da transfecção. Para uma máxima eficiência de transfecção, a razão ideal entre a concentração de DEAE-dextran para a concentração de DNA é de 40:1 a 50:1. Assim, uma concentração de 200 µg/mL de DEAE-dextran deve ser combinada com 4 a 5 µg/mL de DNA plasmideal.

Eletroporação

A eletroporação é um método para introduzir DNA dentro das células, através de choques elétricos de alta voltagem. A exposição das células a um campo elétrico de alta voltagem provoca a formação de poros em sua membrana. Esses poros são grandes o suficiente para permitir a passagem de macromoléculas. Esse procedimento vem ganhando popularidade e pode ser utilizado com a maioria dos tipos de células. A porcentagem de células que expressam o gene de maneira estável ou transiente é grande. Talvez, por não ser um protocolo químico, a eletroporação tende a ser menos afetada pela concentração de DNA do que os métodos de transferência gênica mediados por DEAE-dextran ou fosfato de cálcio. Geralmente, a quantidade de DNA entre 10 e 40 µg por 10^7 células funciona muito bem. Esta combinação oferece uma excelente correlação linear entre a quantidade de DNA fornecida e a quantidade de DNA capturada pelas células. Os parâmetros que podem variar na otimização da eletroporação são a amplitude e a extensão do pulso elétrico. O ideal é encontrar um pulso que permita a sobrevivência de 40 a 80% das células.

Transfecção Mediada por Lipossomo

A pesquisa biológica nos estudos de expressão gênica e do controle da proliferação celular ganhou um grande impulso com o desenvolvimento de métodos de transfecção que utilizam lipídios catiônicos. A produção industrial de algumas proteínas e alguns protocolos clínicos de terapia gênica utilizam essa técnica de transfecção.

Os lipídios naturais normalmente utilizados são neutros ou apresentam cargas negativas (aniônicos). Lipídios carregados positivamente (catiônicos) foram utilizados pela primeira vez em 1987 (Felgner *et al.*, 1987). Os lipídios catiônicos funcionam por interação eletrostática espontânea entre sua carga positiva e as cargas negativas de DNA, RNA, ou de oligonucleotídeos, condensando as extensas macromoléculas em estruturas compactas. A carga positiva e a natureza lipofílica dos lipídios catiônicos permitem aos agregados condensados interagirem e atravessarem a membrana celular negativamente carregada e com características hidrofóbicas. A maioria dos lipídios catiônicos usados para a transfecção consiste em uma mistura entre lipídios neutros e catiônicos (p. ex.: colesterol). Esses lipídios são formulados em água, produzindo estruturas não covalentes chamadas lipossomos — esferas com água no interior e com diâmetro de 100 a 400 nm (Felgner *et al.*, 1987). Alguns são dissolvidos em etanol e formam micelas (também esféricas, mas não contêm água em seu interior) (Behr *et al.*, 1989).

O sucesso da transfecção mediada por lipossomo é influenciado pelas concentrações de lipídios e de DNA, e pelo tempo de incubação do complexo lipossomo-DNA com as células alvo. Estes parâmetros merecem ser cuidadosamente examinados para alcançar o ótimo da transfecção.

Concentração de Lipídios. O aumento na concentração de lipídios favorece a transfecção de quatro linhagens celulares analisadas (CV-1 e COS-7 com lipofectina, e HeLa e BHK-21 com TransfectACE). Entretanto, em elevadas quantidades (> 100 µg), o lipídio pode ser tóxico.

Concentração de DNA. Em muitos tipos de células testadas, quantidades relativamente pequenas de DNA são absorvidas e expressas. Concentrações elevadas de DNA em certas preparações lipossômicas podem tornar-se inibitórias para determinadas células.

Transfecção com Fosfato de Cálcio

Coprecipitados com fosfato de cálcio tornaram-se um método geral para introduzir qualquer DNA dentro de células de mamíferos e, devido a sua simplicidade e baixo custo, esse tem sido o procedimento de escolha na maioria das vezes. Existem muitas variações desse método, mas, em cada procedimento, o DNA plasmideal é misturado com uma solução de cálcio em tampão fosfato para formar um precipitado. O complexo $CaPO_4$-DNA adere à superfície celular e é incorporado pela célula por endocitose.

A transfecção mediada por fosfato de cálcio pode ser usada para obter uma expressão estável ou transiente do gene transferido. Para a formação do precipitado, é usada uma solução tamponada com HEPES. Para algumas células, o uso de substâncias permeabilizantes como glicerol ou DMSO, após a remoção do precipitado, aumenta a eficiência de transfecção. O tamponamento com BES pode ser usado como um método alternativo e muito eficiente de transfecção com fosfato de cálcio. Nesse método, ocorre uma gradativa formação de precipitado no meio, que é, posteriormente, gotejado sobre as células.

A eficiência da transfecção com fosfato de cálcio é influenciada pela quantidade de DNA no precipitado, pelo tempo de contato desse precipitado com a célula, e pelo uso e tempo de exposição a substâncias permeabilizantes como glicerol ou DMSO. Geralmente, são utilizadas quantidades de DNA entre 10 e 50 µg. A quantidade total de DNA no precipitado tem grande influência na capacidade de absorção pelas células. Para algumas linhagens celulares, a utilização de quantidades maiores do que 10 a 15 µg de DNA, em placa de cultura de 10 cm de diâmetro, resulta em excessiva morte celular e pouca captura de DNA. Com outros tipos celulares, como, por exemplo, células primárias, uma alta concentração de DNA no precipitado é necessária para uma maior eficiência de transfecção. Uma possível explicação é que a quantidade total de DNA interfere na natureza do precipitado e, portanto, altera a fração de DNA absorvido pelas células.

O tempo ótimo de contato entre o precipitado e as células também varia com o tipo de células. Linhagens como HeLa ou

BALB/c 3T3 são eficientemente transfectadas quando o precipitado é deixado sobre as células por 16 horas. Entretanto, outras linhagens não sobrevivem a um longo contato com o precipitado. A utilização de glicerol ou DMSO, após incubação das células com o precipitado, aumenta a eficiência de transfecção. A realização de experimentos piloto pode indicar se o tipo de células em uso é tolerante à longa exposição ao precipitado de fosfato de cálcio e ao glicerol. Com esses resultados em mãos, ajustes mais finos podem ser feitos para otimizar as condições de transfecção.

Uma vez encontradas as condições ótimas para a transfecção, podem ser feitas curvas variando a quantidade de DNA de um plasmídeo *reporter* (p. ex.: pXGH5). A quantidade total de DNA deve ser mantida constante, usando-se um plasmídeo carregador (p. ex.: pUC13) para completar a diferença. Esse procedimento garante que a transfecção está sendo realizada em condições nas quais a quantidade do plasmídeo *reporter* na célula não é saturante, para a maquinária de transcrição e tradução das células.

Jordan *et al.* (1996) mostraram que a eficiência de transfecção de células de mamíferos e a reprodutibilidade do método utilizando essa técnica de coprecipitado de CaPO$_4$ podem ser aumentadas se os parâmetros críticos que afetam a formação do precipitado forem otimizados. Neste trabalho, os principais parâmetros avaliados e estudados para a otimização foram o tempo de formação do precipitado, a concentração de DNA e cálcio utilizados, a temperatura para formação do precipitado, e a concentração de cálcio e fosfato. Cada um desses parâmetros investigados está descrito resumidamente a seguir.

1. Tempo de Formação do Precipitado

Protocolos padrão têm sugerido que o tempo de incubação entre cálcio/DNA, com a solução HEPES/fosfato, deva ser superior a 20 min e à temperatura ambiente. Jordan *et al.* (1996) observaram que, em poucos minutos de mistura, uma leve opacidade era verificada na solução. Através de leitura espectrofotométrica (DO = 260 nm), decidiram determinar a concentração do DNA restante no sobrenadante da solução submetida a centrifugação. Após um tempo de formação de precipitado de apenas 30 s, em pH 7,05, uma concentração de 25 µg/mL de DNA já tinha sido absorvida pelas células. Baseados nessas observações, esses autores investigaram as mudanças na formação do precipitado relacionado com o tempo de mistura e sua eficiência de transfecção. Perceberam assim que, quanto maior o tempo de mistura, maior o tamanho das partículas formadas, dificultando sua incorporação pelas células. Por

outro lado, partículas muito pequenas permanecem em suspensão e não são incorporadas pelas células.

2. Concentração de DNA e Cálcio

A concentração de DNA utilizada também influencia a eficiência de transfecção. O DNA na concentração de 25 µg/mL é totalmente consumido na formação do precipitado em apenas 1 min de contato com o cálcio. Altas concentrações de DNA (50 µg/mL) inibem parcialmente a formação de precipitado. Em um experimento independente, os autores verificaram que esse fenômeno poderia ser revertido através do aumento da concentração de cálcio utilizada. A concentração padrão de 125 mM de cálcio foi comparada a concentrações de até 250 mM. Com 250 mM de cálcio, o dobro da quantidade de DNA foi transferido para precipitados insolúveis, na mesma velocidade observada com a concentração padrão de cálcio (125 mM) para 25 µg/mL de DNA.

3. Temperatura

Em concentração reduzida de fosfato (0,6 mM), os autores mostraram que a velocidade de formação do complexo DNA-fosfato de cálcio foi influenciada pela temperatura da reação. Foi verificado que, em temperaturas inferiores à ambiente, era necessário um tempo de reação maior para a formação do complexo de precipitação.

4. Concentração de Cálcio e Fosfato

Uma vez que a ocorrência de precipitado é dependente de concentrações que assegurem uma supersaturação da solução, era de se esperar uma correlação entre as concentrações de cálcio e de fosfato na formação do complexo de precipitação. Os autores demonstraram essa correlação utilizando cinco diferentes concentrações de cálcio, variando entre 12,5 e 250 mM, em combinação com dez diferentes concentrações de fosfato entre 0,15 e 6,0 mM. Os resultados desse estudo demonstraram que a associação do DNA com o precipitado de fosfato de cálcio está relacionada à concentração de cálcio e fosfato.

Os resultados obtidos por Jordan *et al.* (1996) permitiram atribuir uma nova importância ao método de transfecção com CaPO$_4$. Através da otimização dos parâmetros críticos que afetam a formação de precipitado de fosfato de cálcio, algumas dificuldades e, portanto, desvantagens do método, puderam ser superadas. Como exemplo, podemos citar o problema da toxicidade do CaPO$_4$. Através da otimização do tempo de mistura para a formação do complexo DNA/cálcio-fosfato/HEPES, é possível obter transfecções em menor tempo de contato da mistura com as células. A reprodutibilidade do método também foi melhorada através do desenvolvimento de metodologias que permitem que as soluções utilizadas no protocolo de transfecção sejam mais bem caracterizadas e otimizadas.

PROTOCOLOS BÁSICOS

Transfecção Utilizando Precipitado de Fosfato de Cálcio e DNA Formado em Tampão HEPES

Um precipitado contendo fosfato de cálcio e DNA é formado misturando-se lentamente uma solução salina tamponada com HEPES, com uma solução contendo cloreto de cálcio e DNA. Este precipitado que adere à superfície celular deve ser visível ao microscópio em contraste de fase, um dia após a transfecção. Dependendo do tipo de células, porcentagens superiores a 10% das células irão absorver o DNA precipitado, através do mecanismo de endocitose. A utilização de glicerol ou DMSO aumenta a quantidade de DNA absorvido em alguns tipos de células.

Materiais

Células de eucariotos crescendo exponencialmente (p. ex.: HeLa, BALB/c 3T3, NIH 3T3, CHO, ou fibroblasto de embrião de rato)

Meio completo (dependente da linhagem celular utilizada)

Plasmídeo com alta pureza (10 a 50 μg por transfecção)

$CaCl_2$ 2,5 M

2× HeBS (salina tamponada com HEPES — 2× concentrada)

PBS (salina tamponada com fosfato)

Placa de cultura — 10 cm de diâmetro

Tubo cônico 15 mL

Todas as soluções e equipamentos que entrarem em contato com as células devem ser estéreis.

Todas as incubações são feitas a 37°C, em incubadora com atmosfera de 5% de CO_2, exceto quando outras condições forem especificadas.

1. Distribuir as células em crescimento exponencial em placas de cultura de 10 cm de diâmetro, 24 h antes da transfecção. Trocar o meio das células por 9 mL de meio completo, 2 a 4 h antes da adição do precipitado.

Como a absorção do DNA está relacionada com a superfície celular exposta ao meio, é importante que no dia da transfecção as células estejam homogeneamente espalhadas pela placa.

A densidade celular na placa a ser transfectada irá depender do tipo de células e da finalidade do experimento. A densidade ótima normalmente é aquela próxima a 80% da confluência da placa.

2. Precipitar a quantidade de DNA a ser transfectada com etanol, ressuspender em 450 μL de água estéril e adicionar 50 μL de $CaCl_2$ (2,5 M) (Fig. 28.1).

A quantidade de DNA ótima para a transfecção varia entre 10 e 50 μg por placa de 10 cm de diâmetro, dependendo da linhagem celular transfectada.

O DNA a ser transfectado deve ser de alta pureza e pode ser obtido por centrifugação em gradiente de cloreto de césio ou através de coluna de purificações de DNA, disponíveis comercialmente.

Precipitação com etanol esteriliza o DNA a ser transferido. Para transfecções transientes, esse procedimento não é necessário. Neste caso, podem-se usar 450 μL de solução aquosa contendo a massa desejada de DNA sem precipitá-lo com etanol. A quantidade de Tris/EDTA (solvente de DNA) na solução deve ser mínima para não alterar o pH do precipitado e reduzir a eficiência de transfecção.

3. Colocar 500 μL de 2× HeBS em tubo cônico de 15 mL estéril, e, com um pipetador mecânico e uma pipeta de 1 ou 2 mL, fazer bolhas no tampão, enquanto gotejar a solução de $CaCl_2$ contendo o DNA. Agitar vigorosamente a mistura por 5 s.

4. Deixar a mistura em repouso por 20 min, à temperatura ambiente.

5. Distribuir o precipitado sobre as células e agitar suavemente para misturá-lo com o meio.

6. Incubar as células por 4 a 16 h em condições padrões de crescimento. Remover o meio, lavar as células duas vezes com 5 mL de PBS e adicionar 10 mL de meio completo (Fig. 28.1).

O tempo de contato do precipitado com as células é variável com o tipo de células. Para as linhagens como HeLa, NIH 3T3 e BALB/c 3T3, o precipitado deve ser deixado em contato com as células por 16 h. Outros tipos celulares não sobrevivem a esse tempo de exposição ao precipitado.

7. Para análises transientes, coletar as células no tempo desejado. Para transfecção estável, deixar as células

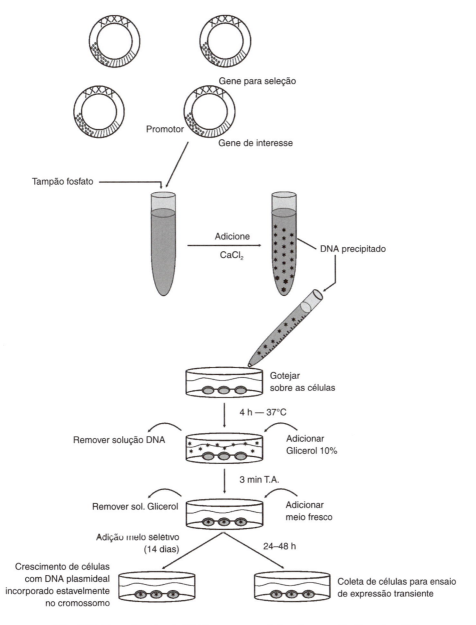

Fig. 28.1 Transfecção de DNA por coprecipitação com fosfato de cálcio.

duplicarem duas vezes antes de plaqueá-las em meio seletivo (Fig. 28.1).

"CHOQUE" DE GLICEROL OU DE DMSO EM CÉLULAS DE MAMÍFEROS

O protocolo básico de transfecção funciona muito bem nas linhagens: HeLa, BALB/c 3T3, NIH 3T3 e fibroblasto de embrião de rato. A eficiência de transfecção na linhagem CHO DUKX é aumentada utilizando glicerol ou DMSO. Os precipitados formados por fosfato de cálcio e DNA são deixados nas células por apenas 4 a 6 h, e as células recebem o glicerol imediatamente após a sua remoção.

Materiais Adicionais

10% (v/v) de solução de glicerol ou de DMSO em meio completo estéril
PBS estéril
Quando incluir a utilização de glicerol ou de DMSO, substituir a etapa 6 dos Protocolos Básicos pelas seguintes:

180 *Transferência de Genes em Células de Mamíferos: Transfecção*

6a Incubar as células por 4 a 6 h e remover o meio. Adicionar 2,0 mL de solução estéril de glicerol (10%). Deixar as células, à temperatura ambiente, durante 3 min.

6b Adicionar 5 mL de PBS na solução de glicerol sobre as células, agitar para misturar, e remover a solução. Lavar duas vezes com 5 mL de PBS. Adicionar meio completo.

É importante diluir a solução de glicerol com PBS antes de removê-la, para as células não ficarem muito tempo em contato com o glicerol. Exposição excessiva pode levar as células à morte.

Transfecção Utilizando Precipitado de Fosfato de Cálcio e DNA Formado em Tampão BES

Neste método, uma solução de cloreto de cálcio, DNA plasmideal e tampão (BES), pH 6,95 é adicionada sobre o meio de cultura, na placa com células crescendo exponencialmente. As placas são incubadas durante 12 h e os complexos fosfatos de cálcio-DNA se formam gradativamente no meio sob atmosfera de 3% de CO_2. Com esse método, o DNA transfectado é integrado e expresso em 10 a 50% das células alvo. A utilização de glicerol ou DMSO não aumenta a eficiência do método.

Materiais

Células de eucariotos crescendo exponencialmente

Meio completo: DMEM (meio de Eagle modificado por Dulbecco) 10% (v/v) soro fetal bovino

Plasmídeo com alta pureza

Tampão TE (Tris-HCl 10 mM/EDTA 1 mM), pH 7,4

$CaCl_2$ 2,5 M

2× BBS (salina tamponada com BES — 2× concentrada)

PBS (salina tamponada com fosfato)

Meio para seleção (opcional)

Placa de cultura — 10 cm de diâmetro

Incubadora com atmosfera de CO_2 de 3%, a 35°C

Todas as soluções e equipamentos que entrarem em contato com as células devem ser estéreis.

1. Plaquear 5×10^5 células/placa de 10 cm, com 10 mL de meio, um dia antes da transfecção.
2. Diluir o DNA em tampão TE para 1 µg/mL. Estocar a solução de DNA a 4°C.

A pureza do plasmídeo é crítica.

3. Preparar $CaCl_2$ 0,25 M a partir do estoque 2,5 M. Misturar 20 a 30 µg de DNA plasmideal com 500 µL de $CaCl_2$ 0,25 M. Adicionar 500 µL de 2× BBS, misturar bem e incubar de 10 a 20 min, à temperatura ambiente.
4. Adicionar a solução de fosfato de cálcio-DNA por gotejamento, sobre as células plaqueadas. Incubar durante 15 a 24 h, a 35°C, em incubador com 5% de CO_2.
5. Lavar as células duas vezes com 5 mL de PBS e adicionar 10 mL de meio completo. Para transfecção estável, incubar durante 12 h em 5% de CO_2, em temperatura de 35 a 37°C. Para estudos envolvendo expressão transiente, incubar as células, por 48 a 72 h, após adição do DNA.
6. Subcultivar as células na razão de 1:10 a 1:30, dependendo da sua velocidade de crescimento, antes de iniciar o processo de seleção. Incubar *overnight* em 5% de CO_2, à temperatura de 35 a 37°C.
7. Começar a seleção trocando o meio de crescimento para o meio contendo o agente de seleção de acordo com o vetor utilizado.

REAGENTES E SOLUÇÕES

Usar água purificada pelo equipamento Milli-Q ou equivalente para todas a soluções e etapas do protocolo.

Solução Salina Tamponada com HEPES, 2×

16,4 g de NaCl (0,28 M final)

11,9 g de HEPES (0,05 M)

0,21 g Na_2HPO_4 (1,5 mM)

800 mL H_2O

Acertar o pH para 7,05 com NaOH 5 N

Adicionar H_2O para completar 1 litro

Filtrar através de filtro de nitrocelulose (0,45 µm)

Testar quanto à eficiência de transfecção

Estocar a −20°C em alíquotas de 50 mL

A faixa de pH ótimo está entre 7,05 e 7,12. O pH com esta pouca oscilação é extremamente importante para a eficiência de transfecção.

Pode existir uma ampla variabilidade na eficiência de transfecção entre cada lote de 2× HeBS obtido. A eficiência deve ser checada a cada novo lote preparado. A solução de 2× HeBS pode ser testada rapidamente, misturando-se 0,5 mL de 2× HEPES com 0,5 mL de CaCl₂ 250 mM. Um precipitado fino e visível ao microscópio deverá ser formado. A eficiência de transfecção deve ainda ser testada, mas, não havendo formação de precipitado nesse teste, as soluções deverão ser preparadas novamente.

Solução Salina Tamponada com BES, Concentrada 2×

> 50 mM BES
> 280 mM NaCl
> 1,5 mM Na_2HPO_4, pH 6,95
> 800 mL de H_2O
> Ajustar para pH 6,95 com NaOH 1 N, à temperatura ambiente
> Adicionar H_2O para completar 1 litro
> Filtrar através de filtro de nitrocelulose (0,45 μm)

$CaCl_2$ 2,5 M

> 183,7 g $CaCl_2.2H_2O$ (grau de pureza para cultura de células)
> H_2O para 500 mL
> Filtrar através de filtro de nitrocelulose (0,45 μm)
> Estocar a $-20°C$ em alíquotas de 10 mL
>
> *Esta solução pode ser congelada e descongelada várias vezes.*

SELEÇÃO DAS CÉLULAS DE MAMÍFEROS TRANSFECTADAS

A formação de linhagens celulares com o gene de interesse, estavelmente integrado, é um requisito básico para o estudo e análise desse gene. Na maioria dos procedimentos de transfecção, apenas uma em cada 10^4 células integram o DNA estavelmente (a eficiência pode variar com o tipo de células). Assim, um marcador de seleção dominante deve ser usado para permitir o isolamento dos transfectantes estáveis.

Marcadores de Seleção

Um dos princípios básicos da tecnologia do DNA recombinante é o uso de marcadores biológicos para identificar células carregando moléculas de DNA exógena. Em bactérias, estes marcadores são, geralmente, genes de resistência a drogas. A resistência a determinada droga é utilizada para selecionar as bactérias que tenham captado DNA clonado, das demais bactérias presentes em uma mesma população. Nos primeiros experimentos de transferência gênica em mamíferos, envolvendo genes virais, o DNA exógeno dentro das células era detectado devido a sua atividade biológica. Nesses casos, o DNA exógeno levava à produção de vírus ou causava mudanças estáveis no crescimento das células transfectadas. Entretanto, nem todos os genes transferidos para as células provocavam um efeito detectável facilmente. As dificuldades para poder selecionar apenas as células que receberam o gene começaram a ser superadas através dos estudos com o DNA do vírus causador da herpes (HSV). Esse vírus contém um gene (TK) que codifica uma enzima, timidina quinase. Essa enzima participa da síntese de DNA através da catalisação do precursor de nucleotídeo, timidina trifosfato — TTP. Em anos anteriores, foram isoladas linhagens celulares deficientes nessa enzima (células TK-). Essas células quando infectadas com HSV ou transfectadas com DNA de HSV tinham a atividade de timidina quinase devolvida e, portanto, podiam crescer na presença de meio seletivo contendo aminopterina (inibidor da síntese de timidilato pela via *de novo*). Desta maneira, o gene TK do HSV poderia ser usado como um marcador genético de seleção em células de mamíferos, semelhante aos genes de resistência a drogas em bactérias, permitindo a proliferação apenas das raras células transfectadas.

Entretanto, o gene da enzima TK é um marcador de utilização limitada, uma vez que só pode ser utilizado em células com mutações em seu próprio gene TK. Posteriormente, outros marcadores de seleção mais gerais, permitindo uma seleção genética dominante e aplicável a quaisquer tipos de células, foram desenvolvidos. Na Tabela 28.2, estão apresentados alguns desses marcadores de seleção utilizados em experimentos de transfecção. A concentração da droga de seleção utilizada vai variar de acordo com a suscetibilidade de um tipo de célula específico a determinada droga.

Tipos de Marcadores de Seleção

AMINOGLICOSIDE FOSFOTRANSFERASE (NEO, G418, APH)

Condições de Seleção. 100 a 800 μg/mL de G418 (geneticina) em meio completo. G418 deve ser preparado em solução altamente tamponada (p. ex.: HEPES 100 mM, pH 7,3) para que a adição da droga não altere o pH do meio.

Mecanismo de Seleção. G418 bloqueia a síntese protéica em células de mamíferos, interferindo com a função dos ribossomos. É um aminoglicosídeo, similar em estrutura

Tabela 28.2 Marcadores de seleção utilizados em experimentos de transfecção

Enzima	Droga para seleção	Mecanismo de seleção
Aminoglicosídeo fosfotransferase (APH)	G418 (inibe a síntese protéica)	APH inativa G418
Diidrofolato redutase (DHFR)	Metotrexato (MTX; inibe DHFR)	Variante DHFR resistente a MTX
Higromicina-B-fosfotransferase (HPH)	Higromicina-B (inibe síntese protéica)	HPH inibe higromicina-B
Timidina quinase (TK)	Aminopterina (inibe síntese de purina e timidilato pela via *de novo*)	TK sintetiza timidilato
Xantina-guanina fosforribosiltransferase (XGPRT)	Ácido micofenólico (inibe síntese *de novo* de GMP)	XGPRT sintetiza GMP de xantina
Adenosina deaminase (ADA)	9-B-D-xilofuranosil adenina (Xyl-A; danifica DNA)	ADA inativa Xyl-A

à neomicina, gentamicina e canamicina. A expressão do gene bacterial APH em células de mamíferos resulta em inibição de G418.

Comentários. Variadas concentrações de G418 deveriam ser testadas devido a suscetibilidades distintas entre as células. Diferentes lotes de G418 podem ter atividades diferentes. As células dividem uma ou duas vezes na presença de doses letais de G418; portanto, a droga leva alguns dias para ter um efeito aparente.

DIIDROFOLATO REDUTASE (DHFR)

Condições de Seleção. Meio suplementado com 0,01 a 300 μM de metotrexato (MTX) e soro fetal bovino dialisado.

Mecanismo de Seleção. DHFR é necessário para a biossíntese das purinas. Esta enzima é essencial para a proliferação celular na ausência de purinas exógenas. Portanto, para a seleção é necessário utilizar soro e meio de cultura desprovidos de nucleosídeos. MTX é um potente inibidor competitivo de DHFR. Altas concentrações de MTX selecionarão células que expressam muito DHFR.

Comentários. É necessária expressão elevada da proteína codificada pelo gene DHFR normal para seleção de linhagens celulares com alta concentração de DHFR endógeno.

Existe um gene DHFR mutante que codifica para uma enzima resistente ao MTX (Simonsen & Levinson, 1983). Este gene pode ser usado para seleção dominante na maioria das células.

HIGROMICINA-B-FOSFOTRANSFERASE (HPH)

Condições de Seleção. Meio completo suplementado com 10 a 400 μg/mL de higromicina-B.

Mecanismo de Seleção. Higromicina-B é um aminociclitol, que inibe a síntese protéica por provocar erros na tradução. O gene HPH (isolado de *E. coli* — plasmídeo pJR225; Gritz & Davies, 1983) inibe a higromicina-B através de sua fosforilação.

Comentários. Apesar da concentração de higromicina-B, necessária à seleção, variar entre 10 e 400 μg/mL, a maioria das linhagens celulares são selecionadas com 200 μg/mL.

TIMIDINA QUINASE (TK)

Condições de Seleção. Meio HAT, composto de meio completo suplementado com hipoxantina (100 μM), aminopterina (0,4 μM), timidina (16 μM) e glicina (3 μM).

Mecanismo de Seleção. Seleção de células TK+ em meio HAT ocorre devido à presença de aminopterina no meio. A aminopterina bloqueia a principal via de síntese de ácidos nucléicos. Neste caso, a presença de timidina no meio de seleção permite que apenas as células TK+ sintetizem ácidos nucléicos através de uma via alternativa de biossíntese de nucleotídeos.

Comentários. Timidina quinase é amplamente utilizada em cultura de células de mamíferos.

XANTINA-GUANINA FOSFORRIBOSILTRANSFERASE (XGPRT, GPT)

Condições de Seleção. Meio contendo soro fetal bovino dialisado, 250 µg/mL de xantina, 15 µg/mL de hipoxantina, 10 µg/mL de timidina, 2 µg/mL de aminopterina, 25 µg/mL de ácido micofenólico e 150 µg/mL de L-glutamina.

Mecanismos de Seleção. Aminopterina e ácido micofenólico bloqueiam a via *de novo* para a síntese de GMP. A expressão de XGPRT permite às células produzirem GMP de xantina, podendo crescer em meio contendo xantina, mas não guanina. Para a seleção, é necessário o uso de soro dialisado e meio que não contenham guanina.

Comentários. XGPRT é uma enzima bacteriana que não tem homóloga em mamíferos. Assim, XGPRT pode funcionar como um marcador de seleção dominante em células de mamíferos. A quantidade de ácido fenólico necessário para a seleção depende do tipo de células e pode ser determinada por titulação na ausência e presença de guanina.

ADENOSINA DEAMINASE (ADA)

Condições de Seleção. Meio suplementado com 10 µg/mL de timidina, 15 µg/mL de hipoxantina, 4 µM 9-B-D-xilofuranosil adenina (Xyl-A) e 0,01 a 0,3 µM 2'deoxicoformicina (dCF). Soro fetal bovino contém baixas concentrações de ADA, a qual irá detoxificar o meio; portanto, o soro deve ser adicionado imediatamente antes do uso.

Mecanismo de Seleção. Xyl-A pode ser convertido em Xyl-ATP e incorporado ao ácido nucléico, resultando em morte celular.

EFICIÊNCIA DA TRANSFECÇÃO

Em muitos procedimentos de transferência gênica, a expressão transiente do gene de interesse pode ser suficiente para análise desejada. Nesse caso, torna-se desnecessária a utilização de genes de resistência e meio seletivo após a transfecção celular. No entanto, a eficiência de transfecção, mesmo nos experimentos transientes, deve ser verificada. O gene *lacZ* de *E. coli*, que codifica a enzima β-galactosidase, é um dos genes repórteres mais versáteis tanto para ensaios *in vitro* como *in vivo*, e pode ser utilizado como um excelente indicador da eficiência de transfecção. A enzima catalisa a hidrólise de vários β-galactosídeos. As células podem ser cotransfectadas com um plasmídeo *reporter* contendo o gene da enzima β-galactosidase. Entre 24 e 48 h após a transfecção, as células são fixadas e coradas com 5-bromo-4-cloro-3-indolil-b-d-galactopiranosídeo (X-gal). As células expressando β-galactosidase tornam-se azuis na presença de X-gal. A comparação entre o número de células azuis e células não azuis permite determinar a eficiência de transfecção do experimento.

PROTOCOLO DE COLORAÇÃO COM X-GAL

1. Remover o meio das placas de cultura e lavar as células uma vez com PBS.
2. Adicionar solução fixadora e incubar a 4°C durante 5 min.
3. Remover a solução e lavar as células duas vezes com PBS, à temperatura ambiente.
4. Remover o PBS e adicionar a solução de revelação (X-gal).
5. Incubar durante 12 h, a 37°C, e com proteção da luz.
6. Visualizar ao microscópio óptico o número de células azuis.

Reagentes

Solução Fixadora (Total 50 mL)

25 mL de formaldeído 4% em tampão fosfato de sódio (NaPO$_4$) 100 mM, pH 7,3
24,6 mL de tampão NaPO$_4$/100 mM, pH 7,3
400 µL de glutaraldeído

Solução de Revelação-X-gal (Total 10 mL)

9,2 mL de NaPO$_4$/100 mM, pH 7,3
400 µL de X-gal, 25 mg/mL em N,N-dimetilformamida (DMF)
200 µL de K$_3$Fe(CN)$_6$ 50 mM
200 µL de K$_4$Fe(CN)$_6$ 50 mM
12 µL de MgCl$_2$

COMENTÁRIOS

A transfecção com fosfato de cálcio foi usado pela primeira vez por Graham & Van der Eb (1973), para introduzir DNA adenoviral em células de mamíferos. Posteriormente, Wigler *et al.* (1978) verificaram que, através desta técnica, era possível integrar o DNA exógeno no cromossomo de células de mamíferos.

O método de transfecção que usa tampão HEPES tem sido empregado para analisar a função de alguns promotores utilizando protocolos transientes, nos quais as células são coletadas após 48 a 60 h do início da transfecção. Essa é também a técnica mais amplamente utilizada para produzir linhagens celulares nas quais o DNA transfectado é integrado estavelmente ao seu cromossomo. Para a formação de linhagens estáveis, a transfecção mediada com fosfato de cálcio funciona melhor do que a transfecção mediada por DEAE-dextran. Acredita-se que essa vantagem deva-se ao fato de a absorção do DNA com fosfato de cálcio ser maior do que com DEAE-dextran. As transfecções mediadas por eletroporação e lipossomo também são métodos eficientes para a obtenção de linhagens celulares estáveis.

O método de transfecção com cálcio utilizando tampão BES é uma modificação do protocolo padrão. Esse sistema de tamponamento foi desenvolvido originalmente para a transferência gênica de partículas de fago (Ishiura *et al.*, 1982). Com esse tampão, o precipitado de fosfato de cálcio-DNA é formado gradativamente no meio de cultura, depositando-se suavemente sobre as células durante um período de 15 a 24 h. A eficiência deste método em transformar, estavelmente, a maioria dos fibroblastos e células epiteliais de mamíferos é 10 a 100 vezes maior do que outros métodos. No entanto, não é melhor do que os métodos padrões para expressão transiente.

Parâmetros Críticos e Problemas

A transfecção com fosfato de cálcio não é um método difícil de ser realizado, mas nem sempre funciona bem, mesmo quando realizado por pessoas treinadas. No protocolo básico, os problemas mais comuns estão relacionados a alterações no pH da solução 2× HeBS (solução salina tamponada com HEPES). A faixa de pH ótimo para a transfecção é extremamente estreita: entre 7,05 e 7,12 (Graham & Van der Eb, 1973). O pH da solução pode mudar durante a estocagem. Alguns pesquisadores também perceberam que a solução de $CaCl_2$ 2,5 M pode tornar-se inadequada após determinado tempo de preparo. Quando a transfecção deixa de funcionar, ambas as soluções devem ser preparadas novamente.

Um segundo problema é a alteração do pH do meio de cultura que pode tornar-se ácido à medida que a transfecção prossegue. Isso resulta em uma extensiva formação de precipitado, levando à morte celular.

Vários parâmetros são cruciais para alcançar alta eficiência com o protocolo que utiliza o tampão BES. Esses parâmetros envolvem o pH da solução 2× BBS (solução salina tamponada com BES), a porcentagem de CO_2 na incubadora durante a formação de precipitado, e o tipo e quantidade de DNA utilizado.

Uma curva de pH do tampão 2× BBS deveria ser feita, uma vez que mínimas variações no pH exercem grande influência na eficiência de transfecção. O pH ótimo está dentro de uma faixa estreita (6,95 a 6,98). Uma vez encontrado o tamponamento ótimo, este deve ser usado como referência para o preparo de novas soluções estoques. Se nenhum precipitado é formado, a concentração da solução de cloreto de cálcio ou 2× BBS pode estar errada. A formação de cristais após adição de cloreto de cálcio indica concentração incorreta dessa solução.

Nesse protocolo, a primeira incubação durante 12 h é realizada na presença de 3% de CO_2. Após essa incubação, o meio de cultura torna-se alcalino (pH 7,6).

Com esse método, somente o uso de DNA plasmideal favorece uma alta eficiência de transferência gênica. A eficiência também é dependente da pureza e concentração de DNA. Freqüentemente, a toxicidade que ocorre com fibroblastos e células epiteliais deve-se a impurezas no DNA e não ao fosfato de cálcio. Preparações de DNA obtidas por centrifugações em gradiente de cloreto de césio raramente são tóxicas às células. A concentração ótima de DNA varia entre as preparações de plasmídeos, os tipos celulares e o meio. Cada nova preparação de plasmídeo e cada nova linhagem celular transfectada devem ser testadas a fim de encontrar a concentração ótima de DNA.

Algumas "dicas" para se planejar os experimentos de transfecção são as seguintes:

1. As células utilizadas para a transfecção já devem estar em cultura alguns dias antes do experimento. Além disso, aconselha-se subcultivá-las 24 h antes do início do experimento, permitindo que as células voltem ao estado basal de metabolismo e estresse após serem tripsinizadas e diluídas, ou apenas diluídas.

2. Ensaios de transfecção transiente são mais efetivos com preparações de plasmídeos/DNA supercondensados. Atualmente, alguns *kits* de transfecção incluem elementos que favorecem a condensação do DNA, facilitando sua incorporação pela célula.

3. Em experimentos de transfecção estável, a eficiência é aumentada, usando-se moléculas de DNA lineares. Cortar o plasmídeo em um sítio conhecido é muito importante. Quando moléculas supercondensadas

são quebradas antes da integração ao genoma da célula hospedeira, esta quebra é aleatória. Isto pode danificar o gene de interesse, ou o promotor, ou ainda o gene de resistência à droga. Assim, plasmídeos lineares, além de preservarem os genes de interesse, são mais eficientemente integrados ao genoma hospedeiro.

4. A eficiência de transfecção estável será maior se os genes de interesse e o de resistência à droga estiverem no mesmo plasmídeo linear, ou seja, cotransfecções não são indicadas. Sendo a cotransfecção a única opção, é recomendada uma relação molar de 3:1 do gene de interesse para o plasmídeo de resistência à droga.

USO DE DNA E RNA *ANTISENSE* PARA INIBIR A EXPRESSÃO DE GENES

Há mais de trinta anos, foram realizados os primeiros ensaios envolvendo o uso da tecnologia *antisense*. No entanto, somente a partir dos experimentos de Zamecniky & Stephenson realizados em 1978, esta técnica passou a ser mais explorada (Zamecniky *et al.*, 1978). O termo *sense* se refere à cadeia de DNA que codifica o transcrito para a síntese de um peptídeo ou proteína determinada na direção $5' \rightarrow 3'$ da esquerda para a direita. A expressão de genes pode ser inibida ou completamente abolida através do uso de oligonucleotídeos *antisense* sintéticos ou de uma seqüência de DNA orientada no sentido contrário do gene de interesse (orientação *antisense*) também sob o controle de um promotor apropriado. Este tipo de abordagem tem sido amplamente utilizado no estudo de células eucarióticas (Tellería-Díaz, 2000).

O princípio básico desta técnica é usar oligonucleotídeos *antisense* ou fazer com que a célula transcreva RNA *antisense*. Estas moléculas podem interagir com a seqüência complementar ou com o RNA transcrito por meio de pontes de hidrogênio, inibindo sucessivamente a tradução do RNA *sense* de interesse. O uso de tal técnica pode representar uma ferramenta eficiente no estudo das funções de um determinado produto gênico, oferecendo condições que, tecnicamente, se contrapõem à superexpressão de um gene de interesse. Isto possibilita o estudo em duas situações principais, que são: a quase ausência, ou ausência do produto em estudo, e a apresentação de quantidades acima daquelas do controle. Por isso, este método tem sido empregado para direcionar questões em biologia celular e molecular.

Farmacocinética dos Oligos *Antisense*

No caso de os oligonucleotídeos serem sintetizados quimicamente e administrados *in situ* ou adicionados ao meio de cultura, estes representam para a célula apenas cadeias de ácidos nucléicos, que em condições fisiológicas são rapidamente degradados por várias nucleases presentes no soro ou no interior das células. Na tentativa de adiar ou evitar esta degradação enzimática, são necessárias algumas modificações na configuração dos oligos. Uma destas modificações é a substituição de um átomo de oxigênio livre por um de enxofre no fosfato do eixo central da molécula, dando origem a oligos fosfotiolados (Tellería-Díaz, 2000). Outras variações possíveis são a substituição deste mesmo átomo de oxigênio livre por um grupo metil neutro, formando um oligo metilfosfonado (Perbost *et al.*, 1989) e, ainda, a formação de oligos fosfoamidados (Gryasnov *et al.*, 1995). Dentre estes oligos modificados, os mais utilizados são os oligos fosfotiolados.

Captação Celular

A captação celular destes oligos se dá por meio de pinocitose ou de endocitose mediada por receptores. Entre as estratégias utilizadas para aumentar a biodisponibilidade destes oligos de maior sucesso, há a utilização de lipossomas, ou, ainda, imunolipossomas. O percurso destes oligos no interior da célula ainda não está claro. Alguns autores acreditam que a localização destes oligos é principalmente citoplasmática; outros já mostram localização nuclear (Tellería-Díaz, 2000). Esta possível variação na localização intracelular sugere vários mecanismos de ação para estes oligos.

Mecanismos de Ação

Se a localização de tais oligonucleotídeos é nuclear, um dos mecanismos de ação pode ser a formação de uma tripla hélice com o DNA nuclear ou pareamento do oligo com a fita simples após a abertura, impedindo a transcrição. Outra alternativa seria o pareamento com o pré-RNA antes de sua saída para o citoplasma. Estas possibilidades são mais factíveis no caso de oligos *antisense* serem sintetizados pela própria célula a partir da transfecção com seqüências *antisense* do gene de interesse. Se a localização é citoplasmática, outras são as possibilidades de ação. O oligo *antisense* pode parear-se ao RNAm *sense*, impedindo a sua tradução ou ativando a RNAse H que degrada rapidamente fitas duplas de RNA (Tellería-Díaz, 2000) (Fig. 28.2).

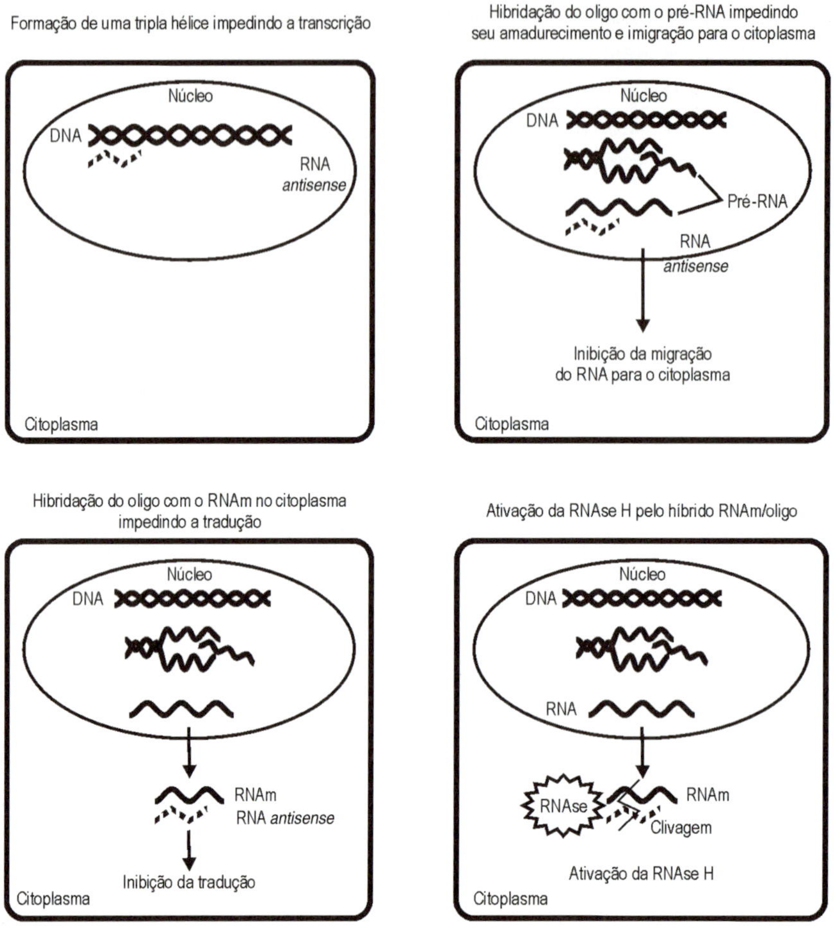

Fig. 28.2 Mecanismos de inibição da síntese de proteína através do uso de oligos *antisense*.

REFERÊNCIAS BIBLIOGRÁFICAS

Ausubel, F. M., Brent, R., Kingston, R. E., Moore, D. D., Seidman, J. G., Smith, J. A., Struhl, K. Introduction of DNA into mammalian cells. *In*: Current Protocols in Molecular Biology, vol. 1. New York, John Wiley & Sons, 1994. p. 9.1.1-9.5.5.

Behr, J. -P., Demeneix, B., Loeffler, J. -P., Perez-Nutul, J. Efficient gene transfer into mammalian primary endocrine cells with lipopolyamine-coated DNA. Proc Natl Acad Sci USA, 86:6982-6, 1989.

Felgner, J. H., Kumar, R., Sridhar, C. N., Wheeler, C. J., Tsai, T. J., Border, P., Ramsey, P., Martin, M., Felgner, P. L. Enhanced gene delivery and mechanism studies with a novel series of cationic lipid formulations. J Biol Chem, 4:2550-61, 1994.

Felgner, P. L., Gadek, T. R., Holm, M., Roman, R., Chan, H. W., Wenz, M., Northrop, J. P., Ringold, G. M., Danielsen, M. Lipofection: A highly efficient, lipid-mediated DNA-transfection procedure. Proc Natl Acad Sci USA, 84:7413-7, 1987.

Felgner, P. L., Ringold, G. M. Cationic liposome-mediated transfection. Nature, 337:387-8, 1989.

Gewirtz, A. M., Stein, C. A., Glazer, P. M. Facilitating oligonucleotide delivery: helping antisense deliver on its promise. Proc Natl Acad Sci USA, 93:3161-3, 1996.

Graham, F. L., Van der Eb, A. J. A new technique for the assay of infectivity of human adenovírus 5 DNA. Virology, 52:456-67, 1973.

Graham, F. L., Van der Eb, A. J. Transformation of rat cells by DNA of human adenovirus 5. Virology 1973 Aug; 54(2):536-9.

Gritz, L., Davies, J. Plasmid-encoded hygromicin-B resistance: The sequence of hygromicin-B-phosphotransferase gene and its expression in *E. coli* and *S. cerevisiae*. Gene, 25:179-88, 1983.

Gryasnov, S. M., Lloyd, D. H., Chen, J. K., Shultz, R. G., DeDionisio, L. A., Ratmeyer, L. *et al.* Proc Natl Acad Sci USA, 92: 5798-802, 1995.

Ishiura, M., Hirose, S., Uchida, T., Hamada, Y., Suzuki, Y., Okada, Y. Phage particle-mediated gene transfer to cultured mammalian cells. Mol Cell Biol, 2:607-16, 1982.

Jordan, M., Schallhorn, A., Wurm, F. M. Transfecting mammalian cells: optimization of critical parameters affecting calcium-phosphate precipitate formation. Nucleic Acids Research, 24(4):596-601, 1996.

Kaufman, P. B., Wu, W., Kim, D., Cseke, L. Gene transfer and expression in animals. *In*: Handbook of Molecular and Cellular Methods in Biology and Medicine. London, CRC Press, 1995.

McCutchan, J. H., Pagano, J. S. Enchancement of the infectivity of simian virus 40 deoxyribonucleic acid with diethylaminoethyl-dextran. J Natl Cancer Inst, 1968 Aug; 41(2):351-7.

Neumann, E., Schaefer-Ridder, M., Wang, Y., Hofschneider, P. H. Gene transfer into mouse lyoma cells by electroporation in high electric fields. EMBO J. 1982; 1(7):841-5.

Perbost, M., Lucas, M., Chavis, C., Pompon, A., Baumgartner, H., Reyner, B. *et al*. Sugar modified oligonucleotides. I. Carbo-oligodeoxynucleotides as potencial antisense agents. Biochem Biophys Res Cmmun, 165:742-7, 1989.

Potter, H., Weir, L., Leder, P. Enhancer-dependent expression of human kappa immunoglobulin genes introduced into mouse pre-B lymphocytes by electroporation. Proc Natl Acad Sci USA, 1984 Nov; 81(22):7161-5.

Simonsen, C. C., Levinson, A. D. Isolation and expression of an altered mouse dihydrofolate reductase cDNA. Proc Natl Acad Sci USA, 80:2495-9,1983.

Spizizen, J., Reilly, B. E., Evans, A. H. Microbial transformation and transfection. Annu Rev Microbiol, 20:371-400, 1966.

Tellería-Díaz, A. Antisense targeting en Neurología. Rev Neurol, 31(8):762-9, 2000.

Wigler, M., Pellicer, A., Silverstein, S., Axel, R. Biochemical transfer of single copy eucaryotic genes using total cellular DNA as donor. Cell, 14:725, 1978.

Zamecniky, P. C., Stephenson, M. L. Inhibition of Rous sarcoma virus replication and cell transformation by a specific oligodeoxynucleotide. Proc Natl Acad Sci USA, 75:280-4, 1978.

Capítulo 29

Fusão Nuclear

ROZANGELA VERLENGIA, ÉRICA PAULA PORTIOLI SILVA E MARCIA CRISTINA BIZINOTTO

INTRODUÇÃO

A fusão espontânea entre células de duas espécies diferentes colocadas em contato ocorre a uma baixa freqüência *in vitro*. Contudo, é possível aumentar a freqüência deste fenômeno, utilizando-se vírus, substâncias químicas ou pulsos elétricos, produzindo desta forma híbridos interespecíficos. Estes possuem uma ampla aplicação nas mais diversas áreas: preparação de mapas cromossômicos em mamíferos, teste de complemento genético, regulação da expressão gênica, análise do mecanismo de fusão celular e funções de membranas, introdução de biomacromoléculas para o interior das células, produção de anticorpos monoclonais através de hibridomas, e produção de animais transgênicos ou clonados. O mecanismo de fusão é complexo e está relacionado com a agregação das células, fusão das membranas e multiplicação celular.

O primeiro relato de fusão nuclear foi descrito por Okada *et al.* em 1957, os quais promoveram a fusão nuclear entre células, utilizando o vírus de hemaglutinação do Japão (HVJ), também denominado como vírus Sendai, inativado por luz ultravioleta, como estratégia para melhorar a eficiência da fusão nuclear. A identificação das células fundidas por Okada *et al.* foi realizada observando-se a presença de dois ou mais núcleos de diferentes tipos celulares, chamados de heterocários. Esses heterocários apresentavam síntese de RNA em todos os núcleos e, em muitos casos, o padrão de duplicação do DNA era sincrônico. Por outro lado, em alguns casos um núcleo alongado era formado e, conseqüentemente, foram formados em cada célula filha um núcleo único com um conjunto completo dos cromossomos de cada parental: os híbridos.

O vírus Sendai se liga às células adjacentes, através de glicoproteínas (hemaglutinina-neuraminidase – HN), que estão presentes no envelope e possuem atividade de agluti-

nação de células sangüíneas, e glicoproteínas F que contribuem para a fusão celular. Alguns tipos celulares possuem receptores específicos que reconhecem o vírus Sendai. A fusão celular ocorre através da aglutinação induzida pela ligação do vírus ao receptor. Células que possuem poucos receptores em suas membranas fundem-se em menor quantidade. Como exemplo, não se recomenda utilizar o vírus Sendai na preparação de hibridomas, uma vez que linfócitos expressam um número muito baixo de receptores. A Fig. 29.1 esquematiza o princípio deste método.

Uma outra limitação do uso deste vírus para promoção da fusão nuclear está relacionada com a possibilidade de haver integração do material genético do vírus ao genoma das células híbridas.

Posteriormente, outros métodos visando melhorar a eficiência da fusão nuclear foram descritos: o uso de polietilenoglicol (PEG) e a eletrofusão.

O emprego do PEG, na produção de hibridomas, foi descrito por Köler e Milstein em 1975. É um método amplamente usado na obtenção de anticorpos monoclonais. Este reagente químico, cuja estrutura é $(HO(CH_2CH_2O)nCH_2CH_2OH)$, interage com as proteínas da membrana, possibilitando uma interação direta da bicamada de lipídios de ambas as células. O PEG altera parcialmente a estrutura da bicamada lipídica da membrana celular e aumenta a fluidez, facilitando a fusão nuclear.

Células de mamíferos são fundidas com células de linhagens com a adição de PEG. Após a fusão, crescem tanto células híbridas quanto células parentais usadas na etapa inicial, as quais são mantidas em meio de cultura para se multiplicarem através de divisões sucessivas. Posteriormente, as células híbridas são selecionadas através do uso de drogas, principalmente as que interferem com a síntese de DNA.

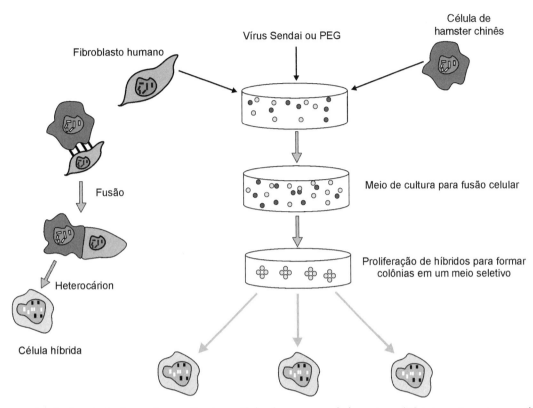

Fig. 29.1 Esquema da técnica de fusão nuclear aplicada a células humanas e de hamsters. (**A**) Interação entre as células, possibilitando aderência das membranas, facilitando a fusão nuclear, (**B**) As células são colocadas em contato umas com as outras em meio de cultura e ocorre a fusão. Como resultado, algumas colônias formadas contêm o genoma completo do hamster, mais alguns poucos cromossomos humanos. (Adaptado a partir de Ruddle & Kucherlapati, 1974.)

O meio seletivo para a obtenção dos híbridos mais empregado foi desenvolvido por Littlefield nos anos 60 e denominado HAT, por conter entre seus componentes a hipoxantina, a aminopterina e a timidina. A hipoxantina e a timidina são precursores das bases púricas e pirimídicas, respectivamente, sendo a aminopterina um agente bloqueador da via anabólica fundamental para a guanina, chamada de "via endógena" ou "síntese *de novo*".

Nas células dos mamíferos, existem duas grandes vias para a biossíntese das purinas e das pirimidinas: a citada anteriormente e a "via exógena" ou de "salvação". A via endógena é utilizada preferencialmente pela célula, que sintetiza o DNA a partir de precursores internos (açúcar e aminoácidos); a via exógena é utilizada alternativamente, empregando-se precursores presentes no meio extracelular, e as enzimas celulares específicas hipoxantina-guanina fosforribosil transferase (HGPRT) e a timidina quinase (TK). A Fig. 29.2 esquematiza a via de utilização desses precursores.

O meio HAT é amplamente utilizado na fusão de células de mieloma com linfócitos B. Os mielomas, utilizados na técnica de hibridomas, são mutantes deficientes para HGPRT. Desta forma, as células de mielomas não fundidas são incapazes de sobreviverem no meio HAT, devido à ação bloqueadora da aminopterina sobre a síntese *de novo*. Os híbridos linfócito-mieloma, com uma adequada complementação de ambos os genomas, produzem a HGPRT codificada pelo linfócito e sobrevivem. Por último, os linfócitos não fundidos não são capazes de se reproduzirem *in vitro* devido à ausência de fatores celulares que levam à proliferação destas células *in vivo*.

Um outro mecanismo também empregado para selecionar principalmente hetero-hibridomas, como, por exemplo, uma fusão entre células humanas e de camundongos, é o emprego da ouabaína. As linhagens humanas normalmente morrem na presença de uma concentração de 10^{-7} M de ouabaína; entretanto, células de linhagens de roedores são resistentes. Assim, células humanas não fundidas podem ser selecionadas quando adiciona-se ouabaína na concentração de 10^{-6} M no meio de cultura.

O método de eletrofusão foi desenvolvido por Zimmermann em 1982. Este procedimento é realizado no equipa-

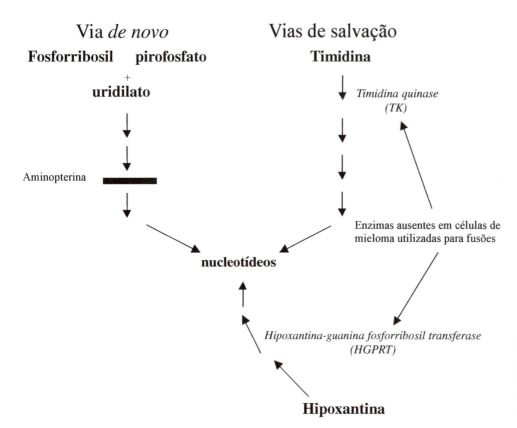

Fig. 29.2 Esquema da via em que o meio de seleção atua no crescimento de híbridos. (Adaptado a partir de Abbott & Povey, 1995 e Abbas, Lichtman & Pober, 1998.)

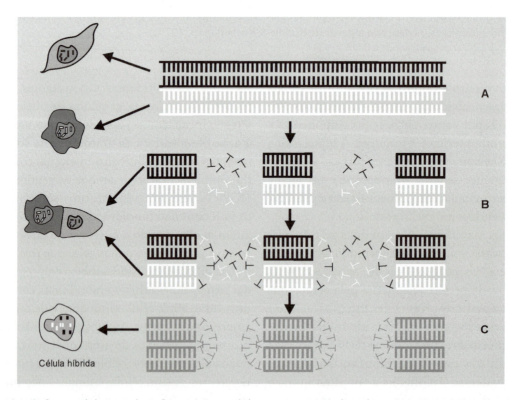

Fig. 29.3 Princípios de fusão celular por eletrofusão. (A) As células íntegras são colocadas em contato; (B) Após os pulsos elétricos, ocorre uma desestruturação nas membranas celulares de ambos os tipos celulares. A bicamada lipídica sofre uma reorganização, formando heterocárions; (C) Após sucessivas divisões celulares, células híbridas são selecionadas. (Adaptado a partir de Shirata et al., 1998.)

mento de dieletroforese. Neste equipamento, as células são colocadas em uma câmara estéril à qual se induz um campo elétrico que promove o contato e alinhamento entre as células. A aplicação de pulsos elétricos desestabiliza a estrutura da membrana, facilitando a fusão das células. A Fig. 29.3 esquematiza este procedimento.

Esse método é mais eficiente em alguns aspectos em relação ao método em que se utiliza o PEG. Primeiro, o número de células utilizado é menor. Isso é vantajoso para a indução da fusão de células humanas que não estão disponíveis em um grande número. Segundo, é possível observar o processo de fusão nuclear pelo microscópio, possibilitando promover alterações que melhorem as condições do pulso elétrico e o tempo de formação dos híbridos. As desvantagens da eletrofusão são as seguintes: a aparelhagem é cara e, em alguns casos, a viabilidade celular é muito baixa.

Como já foi citado anteriormente, híbridos de células somáticas têm diversos usos. Os que serão discutidos neste capítulo estão relacionados ao mapeamento genético e à formação de hibridomas para a produção de anticorpos.

APLICAÇÃO DA FUSÃO NUCLEAR NO MAPEAMENTO GENÉTICO

O desenvolvimento de híbrido de células somáticas surgiu devido à necessidade dos geneticistas humanos encontrarem uma maneira de correlacionar genes aos cromossomos. Até a década de 60, a única maneira de se mapearem genes humanos era verificar a variação de um produto gênico entre indivíduos (polimorfismos) e, então, traçar o padrão de herança dessa variação através das famílias.

Em 1960, foi visto que, para a co-cultura de diferentes linhagens celulares de camundongo, as preparações de seus cromossomos em metáfases mostravam a presença de cromossomos de ambas as linhagens celulares, em uma única célula. Nessas células, foi observada uma característica importante que é a perda preferencial de cromossomos de uma das linhagens parentais à medida que elas são mantidas em cultura.

Em 1964, foram feitas, pela primeira vez, células híbridas entre linhagens de camundongo e humanos, com o uso de vírus Sendai (HVJ), que é um indutor da fusão entre as células.

No mapeamento genético, normalmente empregam-se células humanas e de camundongos. Após a fusão de duas células, os núcleos também se fundem, formando uma li-

nhagem celular uninucleada composta pelos dois conjuntos cromossômicos. Como os cromossomos de camundongo e humanos são diferentes tanto em número como em estrutura, os dois grupos podem ser distinguidos nas células híbridas. Entretanto, nas divisões celulares subseqüentes, por razões desconhecidas, os cromossomos humanos são gradualmente eliminados aleatoriamente do híbrido. Esse trabalho, em combinação com descobertas subseqüentes de diferentes métodos pelos quais as células híbridas poderiam ser selecionadas em cultura, formou as bases para os estudos atuais com o uso de híbridos de células somáticas.

A princípio, híbridos de células somáticas podem ser feitos entre duas espécies quaisquer. É difícil estabelecer regras rígidas em relação ao conjunto de cromossomos que será perdido quando as células são hibridadas. Parece que há um tipo de hierarquia entre as espécies. Por exemplo, toda vez que células humanas são fundidas com células de camundongos ou de hamsters, os cromossomos humanos são perdidos. Por outro lado, quando células de camundongo são fundidas com células de hamsters, sempre os cromossomos dos camundongos são perdidos. Os cromossomos de rato são perdidos na fusão celular rato-hamster.

Outro fator, além da hierarquia relacionada com a exclusão do material genético de uma das espécies fundidas, é a presença de um meio seletivo. Em um meio em que falta um metabólito essencial para o crescimento celular, o qual as células do camundongo não são capazes de produzir, o único cromossomo humano que contém o gene que codifica esse metabólito necessário para o crescimento celular será retido, e qualquer célula híbrida que perder esse gene, conseqüentemente, morrerá nas mitoses seguintes. A maioria dos demais cromossomos será perdida, por não serem essenciais à sobrevivência celular.

Antes de iniciar o experimento, é necessário considerar os seguintes aspectos: escolha das células, método de fusão e maneira de certificar-se de que somente células híbridas estão crescendo. A seguir, está descrito exemplo do procedimento experimental da fusão nuclear entre fibroblastos humanos e fibroblastos de hamster chinês.

FUSÃO NUCLEAR ENTRE FIBROBLASTOS HUMANOS E FIBROBLASTOS DE HAMSTER CHINÊS

Material
Polietilenoglicol 1000
Tampão fosfato salina (PBS)

Fusão Nuclear

Antibióticos
L-glutamina
Meio HAT (hipoxantina, aminopterina e timidina)
Ouabaína
Dimetilsulfóxido – DMSO
Meio essencial mínimo – (MEM) ou meio Iscove's
Soro fetal bovino
Cálcio
Magnésio

Equipamentos

Frascos de cultura de 25 cm²
Geladeira
Freezer
Banho-maria
Pipetas
Microscópio invertido (com contraste de fase)
Autoclave
Destilador de água
Câmara de fluxo laminar
Incubadora de CO_2

PROTOCOLO

1. Preparo das células para a fusão

a) Manter as células (fibroblastos humanos e de ratos) em frascos de 25 cm² com meio de cultura até a sua estabilização. As células humanas devem ser mantidas com 20% de soro fetal bovino.

b) Um dia antes da fusão, trocar o meio de cultura de ambas as células.

c) No dia seguinte, adicionar a linhagem de hamster chinês (aproximadamente 2×10^6 células) sobre os fibroblastos (quase confluentes – 5×10^5 células) e deixá-los por 3 a 4 h em co-cultura para a promoção do contato entre as células.

2. Etapa da fusão nuclear

a) Lavar as células duas vezes com PBS ou MEM (isento de cálcio, magnésio e soro fetal bovino).

b) Acrescentar cuidadosamente 1,5 mL de PEG a 37°C, por 30 s a 1 min. O PEG deve ser diluído até 42% antes da fusão, pois as células de hamster chinês são muito sensíveis a este reagente.

c) Diluir o PEG em meio de cultura Iscove's ou MEM com 10% de DMSO a 37°C. Essa diluição deve ser

feita cuidadosamente e aos poucos (mas não devagar). Lavar bem e retirar.

d) Lavar mais duas ou três vezes com PBS.

e) Acrescentar o meio Iscove's ou MEM sem soro e deixar na incubadora com 5% de CO_2, por 30 min.

f) Acrescentar meio MEM com 15% de soro fetal bovino, antibiótico e L-glutamina.

g) Deixar incubando no máximo por 16 h.

3. Seleção dos híbridos

a) Repicar as células na concentração desejada em placas de 6 cavidades (cerca de 3 a 3,5 $\times 10^4$ células por cavidade), acrescentando o HAT e a ouabaína (concentração de 0,5 μM). Os clones híbridos surgem no décimo dia de seleção. Repicar em 2 placas de 24 cavidades. Isolar os clones. Após 4 repiques, transferir o clone para um frasco de cultura de 25 cm². Quando o frasco ficar cheio, congelar os clones (dividir em 2 tubos para congelamento — criotubos).

b) Fazer placas controle utilizando 2 placas de Petri, uma com a linhagem humana com ouabaína e a outra com linhagem de hamster com HAT. A concentração das células deve ser de aproximadamente 2×10^6 células de hamster e cerca de 5×10^5 células de humano.

4. Investigando os híbridos

Existem alguns procedimentos que podem ser empregados para avaliar a presença dos híbridos contendo o gene de interesse. A seguir, encontram-se descritos os procedimentos mais utilizados.

a) Cariotipagem

Os cromossomos das células híbridas são examinados diretamente em microscópio óptico comum. É necessário que o pesquisador tenha prática para reconhecer os cromossomos de uma das espécies. A preparação cromossômica é feita de acordo com técnica padrão de citogenética. Para classificar os cromossomos, pode-se utilizar o bandamento GTG ou hibridação *in situ* fluorescente (FISH).

b) Isoenzimas

É um método usado, tradicionalmente, em conjunto com a cariotipagem. A maneira mais comum de tipagem é o uso de gel eletroforese. As amostras são obtidas a partir de homogenados das células a serem classificadas. Dois ou três marcadores enzimáticos podem ser testados. Se o gel for usado, é necessário utilizar pelo menos duas garrafas de cultura de 150 cm², com o objetivo de aumentar o número de células. Esse método envolve a marcação de uma enzima codificada pelo gene que foi mapeado no cromossomo de interesse, por eletroforese de proteína. Para isso ser feito, a proteína homóloga codificada pelos dois genomas presentes no híbrido deve ser distinguida de alguma maneira. Por exemplo, se o objetivo for estudar a malato desidrogenase – para saber se o cromossomo 2 humano (cromossomo que contém o gene que codifica esta enzima) está presente no híbrido humano/hamster – realiza-se uma eletroforese (SDS-PAGE) com as amostras, as quais aparecerão em diferentes posições no gel, por serem de organismos diferentes. Esses extratos são, então, colocados em gel, sob condições que separam produtos de humano e roedores. Isso será determinado por tentativa e erro, usando um largo espectro de enzimas humanas. Assim que a eletroforese termina, a posição dos dois diferentes produtos é detectada pela aplicação de marcadores para a enzima estudada. Devem ser testados dois ou três marcadores enzimáticos nas células coletadas de uma garrafa de 25 cm².

c) Southern Blotting

A técnica de Southern Blotting é um método muito conveniente para detectar a presença de um gene, ou *locus* em extratos de DNA dos híbridos de células somáticas. O método padrão para a extração de DNA pode ser usado com as células híbridas. O DNA deve ser digerido com uma enzima de restrição, colocado em gel de agarose, transferido para uma membrana de *nylon* e hibridado com uma sonda específica para o *locus* de interesse.

Essa técnica é usada para detectar a presença ou ausência de genes conhecidos e que sejam exclusivos a um cromossomo de uma das espécies. Entretanto, o produto do gene (tal como uma isoenzima) pode ou não estar presente nos híbridos, mesmo o cromossomo estando presente. Isso porque durante a fusão o gene de interesse pode ter sido perdido.

O ponto crucial da análise é certificar que essa técnica distinguirá entre os *loci* humanos e o seu homólogo no roedor (ou qualquer outra espécie utilizada). Isso pode ser feito de duas maneiras: Primeira, a sonda pode reconhecer uma região conservada do genoma das duas espécies. Neste caso, a sonda detectará seqüências gênicas originárias dos dois genomas presentes no híbrido. Posteriormente, com o uso de enzima de restrição os fragmentos são clivados, dando diferentes tamanhos correspondentes ao DNA humano e do roedor. Segunda, se a sonda é de uma região não conservada ou não traduzida, provavelmente só serão detectadas bandas do genoma de interesse.

A desvantagem desse método é que é necessária uma grande quantidade de material, pelo menos 10 μg de DNA, comparado a 1 μg para PCR.

d) Reação em cadeia da polimerase (PCR)

As duas grandes vantagens de se usar esse método é a rapidez com que se tem o resultado (entre três e quatro horas) e a economia de material gasto, pois é necessário apenas 1 μg de DNA para realizar a técnica.

A maioria dos oligonucleotídeos (*primers*) utilizados para identificar os híbridos são desenhados a partir da seqüência de *íntrons* ou seqüências não traduzidas do final dos genes, pois é improvável que sejam conservados no genoma de outras espécies.

A especificidade da identificação pode ser assegurada pelo desenho dos *primers*, espécie-específico, e a realização da reação em cadeia da polimerase o mais estringente possível.

É muito importante usar controle positivo e negativo para cada grupo de PCR. Como controle negativo é recomendado usar DNA da linhagem aceptora.

ANTICORPOS MONOCLONAIS E POLICLONAIS

O sistema imune dos mamíferos tem como característica principal a capacidade de reconhecer uma variedade de moléculas estranhas (antígenos) ao organismo, gerando uma resposta ativa na destruição dos mesmos. Os elementos básicos deste reconhecimento constituem os linfócitos B, T e as células apresentadoras de antígeno.

Os linfócitos B são estimulados pela ligação de moléculas estranhas aos seus receptores antigênicos presentes em sua superfície celular. Esses receptores são capazes de reconhecer regiões específicas no antígeno, os determinantes antigênicos ou epítopos. A interação com o antígeno provoca a expansão dos clones linfocitários que expressam o receptor apropriado e dá início à resposta imune, com a produção de anticorpos. Essa propriedade é conhecida como seleção clonal. A proliferação destas células conduz tanto a produção de anticorpos quanto a produção de células de "memória", que facilitará a defesa nos próximos contatos com o mesmo antígeno. Em geral, diferentes linfócitos B são estimulados a partir de um mesmo antígeno, e assim há produção de diferentes anticorpos. Essa população de vários e diferentes anticorpos é conhecida como população de anticorpos policlonais. Em contrapartida, anticorpos originados a partir de uma única linhagem ou clone de linfócito B são denominados anticorpos monoclonais.

Os anticorpos ou imunoglobulinas são glicoproteínas secretadas pelos linfócitos B e constituem a defesa imune humoral dos organismos. Cinco tipos de imunoglobulinas são conhecidos: IgA, IgD, IgE, IgG e IgM, encontradas em diferentes concentrações no organismo, dependendo do compartimento analisado e, também, da etapa de sensibilização do sistema imune.

A especificidade das imunoglobulinas constitui-se em importante ferramenta em pesquisa e diagnóstico. Diversas metodologias disponíveis hoje, como reações imuno-histoquímicas e de imunofluorescência e citometria de fluxo, somente são possíveis em função desta propriedade das imunoglobulinas. Assim sendo, o desenvolvimento de metodologias que permitam a sua produção em larga escala assume alta relevância.

Como citado anteriormente, os anticorpos podem ser policlonais ou monoclonais. Os policlonais são produzidos por diferentes clones de linfócito B, que reconhecem diferentes epítopos de um mesmo antígeno. Esses são obtidos a partir da inoculação gradativa de um determinado antígeno em um organismo de outra espécie, até que as imunoglobulinas produzidas possam ser detectadas em concentrações séricas satisfatórias. A inoculação de um antígeno de complexidade elevada que contenha vários epítopos resultará na seleção de vários linfócitos B com conseqüente produção de imunoglobulinas diferentes (cada uma dirigida para um epítopo da molécula antigênica). Os anticorpos monoclonais oferecem especificidade única, ou seja, são produzidos por um único clone de linfócito B e reconhecem um único tipo de epítopo ou determinante antigênico. Em geral, são obtidos a partir de sobrenadante de cultura celular e também de líquido ascítico (veja Fig. 29.4).

Uma variedade de animais tem sido usada como hospedeiros para produção de anticorpos. Camundongos e ratos são usados inicialmente para induzir uma resposta policlonal necessária à posterior produção de anticorpos monoclonais. Porquinhos-da-índia e coelhos são principalmente usados em laboratórios para a produção de anticorpos policlonais, e carneiros e cabras são empregados para a obtenção de grandes quantidades destes anticorpos.

Os anticorpos monoclonais podem ser obtidos *in vitro* a partir da técnica de hibridomas, descrita por Köller e Mils-

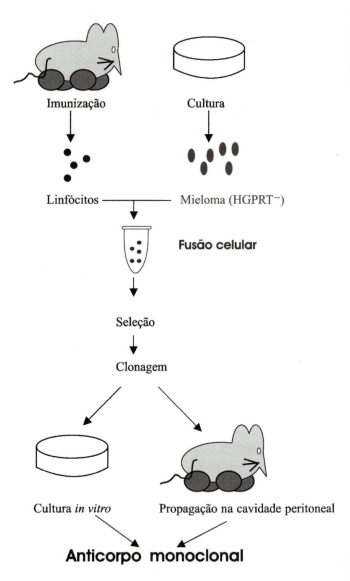

Fig. 29.4 Produção de anticorpos monoclonais: Imunização de camundongo (ou rato) com o antígeno de interesse, induzindo a proliferação de linfócitos produtores de anticorpos específicos ao antígeno; Cultivo *in vitro* das células de mieloma, deficientes em HGPRT; Fusão dos linfócitos B do animal imunizado com as células de mieloma, pela adição do PEG, com posterior formação dos híbridos; Seleção das culturas produtoras de anticorpos de interesse através do meio HAT; Clonagem e posterior expansão *in vitro* ou *in vivo* dos híbridos de interesse. (Adaptado a partir de Abbott & Povey, 1995.)

tein em 1975. As células híbridas representam o resultado da fusão entre o linfócito B e uma célula de mieloma de camundongo. O linfócito B, estimulado *in vivo* antes da fusão a produzir um anticorpo específico (processo de imunização), é imortalizado através da união com uma célula tumoral. Os híbridos resultantes possuem a capacidade de sintetizar anticorpos do linfócito parental e a sobrevida do mieloma parental em cultura de tecido.

A capacidade do híbrido de ser imortalizado e sintetizar anticorpos de especificidade conhecida pode resultar em reagentes de especificidade magnífica, capaz de distinguir diferenças muito sutis entre moléculas ou células ou microrganismos. Podem também ser disponibilizados em quantidades ilimitadas, devido ao fato de os hibridomas crescerem em cultura de tecido indefinidamente e em escala industrial. Existe ainda a vantagem do congelamento dos mesmos para estocagem, com posterior recuperação sem a necessidade da recaracterização.

A desvantagem no uso dos anticorpos monoclonais está relacionada à sua especificidade. Se o epítopo ao qual o anticorpo apresenta especificidade for susceptível à destruição durante as etapas de processamento das diferentes técnicas, poderá não ser mais detectado. E ainda, se o epítopo não está presente em grandes quantidades, o uso de apenas um tipo de anticorpo monoclonal pode não ser suficiente para detectar o antígeno. Contudo, usando coquetéis de anticorpos monoclonais de diferentes especificidades, ou ainda a utilização de anticorpos policlonais, esta situação pode ser contornada.

PROTOCOLO DE PRODUÇÃO DE ANTICORPOS MONOCLONAIS

Fusão de Linfócito B de Camundongo com Células de Mieloma

Material e Equipamentos

Membrana de 0,22 μm
Pipetas
Tubos de centrífuga
Criotubos
Microscópio invertido (com contraste de fase)
Geladeira
Freezer
Banho-maria
Centrífuga
Autoclave
Destilador de água
Câmara de fluxo laminar
Incubadora de CO_2
Biofreezer
Tambor de nitrogênio líquido

Preparo de Soluções e Meios de Cultura

1. Meio RPMI

- Dissolver em água ultrapura:
  - meio RPMI 1.640 contendo HEPES e glutamina;
- Acrescentar :
  - 2 g de bicarbonato;
  - 0,2 g de arginina;
  - 0,012 g de ácido fólico;
  - 0,036 g de asparagina;
  - 1 mL de gentamicina (concentração de 50 μg/mL);
- Completar o volume para 1.000 mL com água ultrapura.
- Filtrar o meio em membrana de 0,22 μm (Millipore) e armazenar em geladeira.

2. Solução de 8-Azaguanina 100 × concentrada

- Dissolver 125 mg de 8-azaguanina (Sigma) em 10 mL de água ultrapura, sob agitação em vórtex, com NaOH 1 N.
- Acrescentar 40 mL de água ultrapura e ajustar o pH entre 8,5 e 8,8, com ácido clorídrico (HCl) 1 N.
- Completar o volume para 100 mL, com água ultrapura.
- Filtrar em membrana de 0,22 μm (Millipore) e armazenar a − 20°C até o momento do uso.

3. Solução de Aminopterina 100 × concentrada

- Dissolver 1,76 mg de aminopterina (ácido 4-aminofólico, ácido 4-aminopteroilglutâmico – Sigma) e 5 mL de água ultrapura com NaOH 1 N (em vórtex).
- Acrescentar 10 mL de água ultrapura e ajustar o pH entre 7,5 e 7,8, com ácido clorídrico (HCl) 1 N.
- Ajustar o volume para 50 mL com água e filtrar em membrana de 0,22 μm (Millipore).
- Aliquotar a solução e armazenar protegida da luz a −20°C até o momento do uso.

4. Solução de Hipoxantina-Timidina 100 × concentrada

- Dissolver 38,8 mg de timidina (PM:242,2 – Sigma) e 136 mg de hipoxantina (PM:136,1 – Sigma) em 100 mL de água ultrapura em banho-maria a 56°C.
- Filtrar a solução em membrana de 0,22 μm (Millipore), aliquotar e armazenar a −20°C.

5. Meio HAT

- Diluir em meio RPMI 1 mL de HT 100 × concentrada, 1 mL de aminopterina, 1 mL de L-glutamina (200 mM) e 20 mL de soro fetal bovino, próprio para hibridoma.

– Completar o volume para 100 mL com meio RPMI e armazenar em geladeira.

6. Solução de Polietilenoglicol (PEG)

– Dissolver, em banho-maria a 37°C, 10 g de PEG 4000 em 7 mL de água ultrapura e 1 mL de DMSO.
– Acertar o pH para 7,5 com NaOH 1 N.
– Completar o volume para 21 mL com água ultrapura (descontar o volume de NaOH acrescentado).
– Autoclavar por 15 min a 115°C e estocar à temperatura ambiente.

7. Salina Fazekas

– Dissolver em água ultrapura:
  – 8 g de NaCl;
  – 0,4 g de KCl;
  – 3,58 g de $Na_2HPO_4.12H_2O$;
  – 0,67 g de $NaH_2PO_4.H_2O$;
  – 2 g de glicose;
  – 0,01 g de vermelho de fenol;
– Ajustar o pH para 7,2 e completar o volume para 1.000 mL, com água ultrapura.
– Autoclavar por 20 min a 115°C e armazenar em geladeira.

Imunização de Animais

Os protocolos para imunização variam muito, dependendo fundamentalmente da natureza do antígeno empregado como imunógeno. Em geral, sempre se realizam 3 ou 4 inoculações com adjuvante (adjuvante de Freund), seguidas de um última inoculação com solução salina, conhecida como *booster* (de amplificação) 3-4 dias antes da fusão. O objetivo desta última inoculação é recrutar os linfócitos B para um novo ciclo de proliferação. A produção de hibridomas viáveis e estáveis acontece preferencialmente quando as células híbridas estão em divisão.

Geralmente, os animais utilizados em esquemas de imunização para obtenção de anticorpos monoclonais são ratos e camundongos. As vias de inoculação mais empregadas para a imunização *in vivo* são intraperitoneal, subcutânea, intravenosa e intramuscular.

Em geral, os esquemas de imunização são elaborados para obter respostas imunes secundárias (tipo IgG) de alta afinidade. Para isso, se empregam concentrações de antígeno mais baixas, porém períodos de imunização longos (três ou mais doses).

As proteínas solúveis de alto peso molecular e os antígenos celulares são bons imunógenos. Os peptídeos sintéticos, devido ao seu menor peso molecular, são pobres imunógenos, sendo necessário acoplá-los a uma proteína carreadora, para uma adequada resposta imune. Como exemplo de proteínas carreadoras, podemos citar a albumina sérica bovina (BSA). Carboidratos e lipopolissacarídeos dificilmente induzem a uma resposta secundária (produção de IgG). A quantidade de 5 a 50 µg de proteínas solúveis diluídas em salina tamponada, misturada ou não com adjuvante de Freund, pode ser utilizada como inóculo. Quando se tratar de células intactas, usadas como antígeno, o ideal é inocular uma concentração de $1–2 \times 10^7$ células/inóculo, suspensas em salina tamponada. O intervalo entre as inoculações geralmente é de uma semana, e o *booster* realizado 3-4 dias antes da fusão.

Durante o período de imunização, o sangue dos animais imunizados deve ser coletado, para que, por meio de testes de ELISA (*Enzyme Linked Imunoassay*), ou imunocitoquímicos (elaborados de acordo com a natureza do antígeno), seja verificada no soro a presença de uma resposta imune, ou seja, a presença de anticorpos que reconheçam o antígeno em questão. Geralmente, essa coleta é feita pelo plexo orbital, não ultrapassando um volume de 500 µL de sangue (no caso de camundongos).

Preparo da Camada de Macrófagos Peritoneais (*feeder-layer*)

1. Os camundongos devem ser mortos por deslocamento cervical, deixando o animal mergulhado em uma solução de álcool a 70%.
2. Em câmara de fluxo laminar, injetar na cavidade abdominal do animal morto 3 mL de meio HAT com 10% de soro fetal bovino (SFB).
3. Massagear suavemente o abdômen do animal.
4. Aspirar o líquido contendo as células peritoneais com o auxílio de uma seringa ou pipeta Pasteur de plástico.
5. Transferir a suspensão celular obtida para tubos estéreis (15 mL) mantidos em banho de gelo.
6. Diluir uma pequena alíquota da suspensão 20 vezes em solução de Turck (2% de ácido acético em água e gotas de azul de metileno a 1%), para contagem em câmara de Neubauer.
7. Após a contagem, ajustar a concentração para distribuir as células em placas estéreis, de 24 cavidades,

fundo chato, na densidade de 4×10^4 células/500 mL/cavidade.

8. Em seguida, manter as placas em incubadora com atmosfera de 5% de CO_2 e 95% de umidade relativa, durante 48 h, a 37°C.
9. Para os procedimentos de clonagem dos hibridomas, preparar placas de 96 cavidades, de maneira semelhante, contendo *feeder-layer* (camada alimentadora) de macrófagos, exceto pela concentração celular de 2×10^3 células/100 mL/cavidade.

Preparo das Células de Mieloma

1. Retirar o recipiente contendo células de mieloma (Exemplo: SP2 Shulman *et al.*, 1978), do nitrogênio líquido e descongelar rapidamente em banho-maria a 37°C.
2. Em ambiente estéril, transferir para um tubo de centrífuga e completar para 10 mL com meio RPMI completo com 10% de SFB.
3. Centrifugar a 200 g, por 15 min.
4. Desprezar o sobrenadante e ressuspender as células em meio RPMI com 10% de SFB, acrescido de 1% de 8-azaguanina 10 $\times$ concentrada (Sigma).
5. Incubar as culturas em atmosfera de 5% de CO_2 e 95% de umidade relativa a 37°C.
6. Ao atingir a semiconfluência, repicar e subcultivar as células na presença de meio RPMI com 10% de SFB.
7. Aproximadamente 18 h após o repique, coletar as células dos frascos de cultivo e transferi-las para tubos estéreis (15 mL).
8. Centrifugar a 200 g, durante 15 min, a 20°C.
9. Ressuspender o sedimento em meio RPMI, e determinar a concentração e viabilidade celular.

Obtenção e Preparo das Células Esplênicas

1. Coletar, em condições estéreis, o baço do animal imunizado que apresentar uma boa resposta imune.
2. Transferir o baço para meio RPMI com 10% de SFB.
3. Macerar o órgão e centrifugar a suspensão celular obtida, a 200 g, por 10 min.
4. Ressuspender o sedimento celular em meio RPMI com 10% de SFB.
5. Retirar uma alíquota da suspensão celular, e determinar a concentração celular e a viabilidade com azul de tripan em câmara de Neubauer.

Fusão Celular Segundo Fasekas *et al.* (1980)

1. Em um tubo estéril (50 mL), adicionar 10 mL da suspensão de células esplênicas contendo 2×10^7 células. Acrescentar mais 17,5 mL da suspensão de células de mieloma contendo 3×10^7 células, ambas com viabilidade acima de 90%.
2. Completar o volume para 50 mL com meio RPMI sem soro e centrifugar a 200 g por 15 min, à temperatura ambiente.
3. Descartar o sobrenadante e soltar o sedimento celular com batidas no tubo.
4. Acrescentar 1 mL de uma solução de polietilenoglicol (PEG 1500) a 50% em salina 0,15 M, adicionado de 10% de DMSO. O PEG deve ser adicionado gota a gota, sob agitação, dentro de um intervalo de 1 min.
5. Colocar em banho-maria a 37°C, durante 90 s, sob agitação constante.
6. Em câmara de fluxo laminar, adicionar lentamente 20 mL de salina de Fasekas da seguinte maneira: colocar inicialmente 1 mL em 30 s; em seguida, acrescentar 3 mL em mais 30 s. O restante da solução (16 mL) deve ser colocado em 60 s.
7. Completar o volume da suspensão para 50 mL com salina de Fasekas.
8. Manter a mistura em repouso por 5 min.
9. Em seguida, centrifugar a suspensão a 200 g, por 15 min.
10. Desprezar o sobrenadante, ressuspender o sedimento celular em 50 mL de meio RPMI com 10% de SFB, e centrifugar por 10 min, a 200 g.
11. Ressuspender as células em meio HAT com 20% de SFB (Sigma – específico para hibridomas) e distribuir 50 µL/cavidade, em placas de 24 cavidades, contendo *feeder-layer* de macrófagos.
12. Completar o volume para 1 mL/cavidade, com meio HAT com 20% de SFB.
13. Manter as placas a 37°C em incubadora com atmosfera de 5% de CO_2 e 95% de umidade relativa, acompanhando periodicamente. Tomar o cuidado de não provocar distúrbios no meio.

Seleção dos Hibridomas

Aproximadamente 10 dias após o experimento de fusão celular, testar o sobrenadante de cada cavidade com crescimento de clones, para a detecção das culturas contendo os híbridos secretores dos anticorpos de interesse. Estes testes deverão ser padronizados de acordo com a natureza do antígeno utilizado. Como citado anteriormente, testes de ELISA e de Imunocitoquímica poderão ser utilizados. Caso os antígenos se apresentem em grande quantidade, é recomendado o uso de ELISA, facilitando muito o *screening* dos hibridomas, ou seja, a busca pelos anticorpos de interesse.

Clonagem das culturas de hibridomas

As culturas das placas de fusão (24 cavidades) secretoras de imunoglobulinas de interesse são expandidas em garrafas de cultura de 25 cm² para posterior clonagem, pela técnica de diluição limitante:

1. Coletar as células das garrafas e centrifugar a 200 *g*, por 10 min.
2. Ressuspender o sedimento celular em 3 mL de meio HAT com 10% de SFB.
3. Fazer contagem em câmara de Neubauer com o corante azul de tripan (volume/volume).
4. Ajustar à concentração desejada (de 1 a 2 células por cavidade) e distribuir em placas de 96 cavidades, previamente preparadas com *feeder-layer* (50 μL de suspensão celular/cavidade).
5. Manter as placas em incubadora com atmosfera de 5% de CO_2, com 95% de umidade relativa, a 37°C, por aproximadamente 10 dias. Nesta etapa, geralmente não existe troca do meio de cultura. Tomar o cuidado de não provocar distúrbios no meio.
6. Coletar os sobrenadantes das cavidades que apresentarem crescimento de um único clone e testá-los de acordo com o protocolo estabelecido.

Expansão e criopreservação dos hibridomas

1. Expandir as culturas contendo hibridomas secretores de anticorpos de interesse, por meio de subcultivos em garrafas de cultura de 25 cm², na presença de meio RPMI com 10% de SFB, e incubar em atmosfera de 5% de CO_2 e 95% de umidade relativa, a 37°C.
2. Após observar o crescimento em semiconfluência, as culturas que permanecerem secretoras dos anticorpos de interesse devem ser coletadas e transferidas para tubos plásticos estéreis.
3. Em câmara de Neubauer, utilizando alíquotas das suspensões celulares, determinar a concentração e a viabilidade das células com azul de tripan.
4. Centrifugar a 200 *g*, por 15 min.
5. Suspender o sedimento celular em 1 mL de meio de congelamento (RPMI contendo 20% de SFB e 10% de DMSO), obtendo-se suspensões de $1-2 \times 10^6$ células/mL.
6. Transferir para tubos apropriados para congelamento de células (1 mL/frasco), e armazenar imediatamente em *freezer* a −70°C.
7. Cerca de 24 h após o congelamento a −70°C, transferir os tubos para reservatórios de criopreservação, contendo nitrogênio líquido.
8. Estocar entre 5 e 10 ampolas de cada clone.

CUIDADOS LABORATORIAIS NA EXPERIMENTAÇÃO DE FUSÃO NUCLEAR

Temperatura: a temperatura ideal da incubadora deve ser de 37°C ± 1°C.

Meio de cultura: o meio mais utilizado é o MEM (*Minimal Essential Medium*) suplementado com 10–20% de soro fetal bovino. O meio RPMI também é muito utilizado.

pH: o pH ótimo varia de acordo com o meio de cultura utilizado, e está normalmente em torno de 7,2. Um meio laranja-rosado é geralmente certo, tornando-se mais amarelado com o crescimento das células.

Microrganismos: CUIDADO! Células de mamíferos não são boas competidoras com microrganismos. A maioria dos laboratórios usa antibióticos para se evitar o crescimento de microrganismos. Exemplo: uso de penicilina e estreptomicina rotineiramente. Se alguma contaminação por bactérias for encontrada, não há nada a fazer, a não ser jogar fora! Mas, antes de descartar material contaminado, deve-se colocar hipoclorito de sódio a 5% nas garrafas ou placas contaminadas, deixar por um período de 24 h para depois descartá-las.

Micoplasma: é um organismo *pleuro-pneumoniae-like*, o qual tem dado vários problemas em culturas celulares e algumas vezes está presente em muitos híbridos. Se estiver estudando o reparo de DNA, inquestionavelmente, essa contaminação é um desastre! Micoplasma pode ser detectado em técnicas de cultura especiais (disponíveis comercialmente), ou visualizar as células em microscópio de fluorescência após tratamento com o corante fluorescente DAPI que se liga ao DNA. Certamente, a maneira mais sensível e confiável de detectar a presença desse microrganismo é pela técnica de PCR (veja Caps. 23 e 24, Micoplasma e Detecção de Micoplasma).

Polietilenoglicol: com relação ao peso molecular do polietilenoglicol a ser utilizado, isto varia de acordo com o protoloco. Contudo, pesos moleculares mais baixos são mais tóxicos às células.

REFERÊNCIAS BIBLIOGRÁFICAS

Abbas, A. K., Lichtman, A. H., Pober, J. S. Imunologia celular e molecular. Rio de janeiro, Revinter, 1998. p. 3-13.

Abbott, C., Povey, S. Somatic Cell Hybrids – The Basics. New York, Oxford University Press, 1995.

Cowley, J. V. G. Anticuerpos Monoclonales. Edición: Elfos Scientiae. 180p. (Antibody Technology – Eryl Lidell and Ian Weehs, Asai, D. J.) 1995.

Fazekas, S. G., Scheidegger, D. Production of monoclonal antibodies: Strategy and tactics. J Immunol Methods, 35:1-21, 1980.

Köller, G., Milstein, C. Continuous cultures of fused cells secreting antibody of predefined specificity. Nature, 256:495-7, 1975.

Leo, P., Ucelli, P., Augusto, E. F. P., Oliveira, M. S., Tamashiro, W. M. S. C. Anti-TNP Monoclonal Antibodies as Reagents for Enzyme Immunoassay (ELISA). Hybridoma, 19(6):473-9, 2000.

Liddell, E., Weeks, I. Antibody Technology. *In*: The Introduction to Botechniques series. Grahm, J. M., Billington, D., Gilmartin, P. M. eds. BIOS Scientific Publ., 1995. p. 146.

Okada, Y., Suzuki, T., Hosada, Y. Interaction between influenza virus and Ehrlich's tumor cells. III. Fusion phenomenon of Ehrlich's tumor cells by the action of HVJZ strain. Med J Osaka Univ, 7:709, 1957.

Ruddle, F. H., Kucherlapati, R. S. Hybrid cells and human genes. Scientific American, Inc. 1974.

Shirata, S., Katakura, Y., Teruya, K. Cell hybridization, hybridomas, and human hybridomas. Methods in Cell Biology, (57):111-45, 1998.

Shulman, M., Wilde, C. D., Kohler, G. A better cell line for making hybridomas secreting specific antibodies. Nature, 276:269-70, 1978.

Spurr, N. K., Young, B. D., Bryant, S. P. Handbook of Genome Analysis. Vol 1. Victoria, AU, 1998. p. 323-58.

Zimmermann, V. Electric field-mediated fusion and related electrical phenomena. Biochim Biophys Acta, 694:227-77, 1982.

Capítulo 30

Morte Celular: Apoptose e Necrose

Ligia Maura Primo Maluf e Celine Pompéia

A compreensão do processo de morte celular é essencial para o pesquisador que realiza cultivo de células, independente do seu fim e da sua especialidade, pois é necessária para o estabelecimento das melhores condições de cultivo e de tratamento celulares. A manutenção de células em meio, ambiente ou densidade inadequados pode diminuir a qualidade da população celular tanto por efeitos sobre a proliferação e o metabolismo das células, como também pela possível indução do processo de morte celular. De modo semelhante, sem o conhecimento básico do processo de indução de morte celular e de sua identificação, torna-se difícil entender os efeitos dos tratamentos celulares realizados nos mais variados modelos. Mesmo quando o pesquisador não tem interesse no estudo de alterações da viabilidade celular, pode inadvertidamente alterar a sobre-vida das células, o que pode conseqüentemente modular o efeito de interesse, elevando em demasia a complexidade do sistema. Por estes motivos, é importante que toda pesquisa com cultivo de células venha acompanhada de um estudo sobre o impacto do tratamento das células sobre sua viabilidade. Este capítulo trata da morte celular e de sua principal subdivisão em apoptose e necrose e traz algumas considerações a respeito de senescência.

INTRODUÇÃO

Apoptose é uma palavra de origem grega que quer dizer "cair fora", ou "folhas caindo das árvores no outono", ou, ainda, "pétalas caindo das flores". Foi introduzida por Kerr, Wyllie e Currie em 1972. É o "suicídio celular" a fim de eliminar células indesejáveis ou desnecessárias ao organismo, mediante a ativação de um programa bioquímico de desmontagem dos componentes celulares, internamente controlado, que requer energia e não envolve inflamação.

Necrose, também de etiologia grega, quer dizer "estado de morte". É o ponto final das alterações celulares, resultado de injúria celular irreversível, em que a homeostase não pode ser restabelecida. Este tipo de morte celular geralmente acomete um grupo de células vizinhas e envolve inflamação. Ocorre autodestruição celular por ativação de hidrolases quando há falta de nutrientes e oxigênio e, conseqüentemente, desorganização progressiva e desintegração completa da região acometida (Brasileiro Filho, 1998).

A morte celular programada não é sinônimo de apoptose, embora a maior parte dos processos de morte celular programada em animais ocorra por apoptose (Schwartz *et al.*, 1993; Schwartz, 1995).

Injúrias reversíveis ou irreversíveis levam à apoptose ou necrose, dependendo de quão duradouro e/ou intenso seja o estresse ao qual a célula é submetida (Cotran *et al.*, 2000). Agentes que causam lesões mais brandas ou que estejam mais diluídos, geralmente, desencadeiam apoptose; ao contrário, lesões mais intensas, ou agentes mais concentrados, levam à necrose (Kroemer *et al.*, 1998; Green & Reed, 1998; Lemasters *et al.*, 1998; Pedersen, 1999).

APOPTOSE

Agentes Causadores da Apoptose

O conceito de morte celular programada está intimamente associado a processos de embriogênese, morfogênese, metamorfose e reciclagem celular, quando a morte celular já está programada desde a geração do tecido ou da célula. Além disso, é um mecanismo de defesa para remover células infectadas, mutadas, supérfluas ou que sofreram algum dano, prevenindo processos patológicos como o câncer, a imunodeficiência e a auto-reatividade imune (Gupta, 2001; Baetu & Hiscott, 2002; Joza *et al.*, 2002).

Como exemplo da ocorrência de morte programada, podem-se citar os seguintes processos: renovação celular para manutenção das populações em tecidos normais, como na deleção das células do epitélio das criptas intestinais; processos adaptativos do desenvolvimento embrionário, que ocorre em locais e períodos determinados do desenvolvimento; amadurecimento do sistema nervoso central; involução dependente de hormônio, como na atrofia do córtex da adrenal na ausência de ACTH (hormônio adrenocorticotrófico); exposição a agentes químicos, físicos ou biológicos, como radiação, pHs extremos, hipertermia, quimioterapia e vírus; ação do sistema imune, como em reações citotóxicas e na destruição de células T auto-reativas no timo; e morte espontânea de células tumorais (Wyllie *et al.*, 1980; Jacobson, 1997).

Aspectos Morfológicos

A classificação da morte celular é definida primordialmente segundo critérios morfológicos, conforme Kerr *et al.* (1972), sendo substanciada por aspectos bioquímicos.

A caracterização morfológica idealmente deve ser feita por microscopia eletrônica, já que uma das melhores características do processo apoptótico é a manutenção da integridade de organelas, especialmente a da mitocôndria (Kerr *et al.*, 1972). Entretanto, deve-se considerar que há evidências mais recentes de que pequeníssimas alterações nas organelas são compatíveis com a caracterização da apoptose (Ferri & Kroemer, 2001b).

Segue adiante a seqüência das alterações morfológicas que ocorrem durante a apoptose, segundo a revisão de Wyllie *et al.* (1980).

Uma das primeiras alterações características do processo apoptótico é a agregação da cromatina em grandes massas granulares compactas que se ligam à carioteca, anormalmente convoluta. Em um estágio posterior, discretos fragmentos nucleares aparecem. O nucléolo aumenta de tamanho e apresenta grânulos pronunciados e dispersos. Grânulos finos de origem incerta estão presentes no centro do núcleo. Os poros nucleares não são detectados em regiões de cromatina condensada e permanecem intactos em regiões de eucromatina.

Enquanto isso, as organelas se condensam por diminuição do volume celular, microvilos desaparecem e surgem protuberâncias na superfície celular (*blebs*). Em tecidos sólidos, as células se separam das vizinhas e desfazem-se os desmossomas em células epiteliais. O citoplasma se condensa ainda mais, aumenta a densidade de organelas (que estão intactas) e os *blebs* da membrana se acentuam. O núcleo fortemente basofílico, em forma de lua crescente, rompe-se em dois ou mais fragmentos. A seguir, os *blebs* se destacam, dando origem aos corpos apoptóticos, esféricos ou ovais, que contêm as organelas estreitamente acondicionadas, com ou sem fragmentos nucleares. Estes são fagocitados por macrófagos ou por células vizinhas. Inicialmente, a integridade das organelas é mantida dentro dos fagócitos, mas eventualmente as organelas são degradadas pelos lisossomos após fusão aos fagossomos. Se o tecido for parenquimatoso, células adjacentes migram para repor o espaço da célula que foi eliminada.

Quando os corpos apoptóticos não são fagocitados, como ocorre quando estão dispersos em fluido, em células em cultura, ou quando são extrusados para o lúmen de uma glândula, sofrem necrose secundária. A necrose secundária tem características mistas de necrose (como lesão precoce da membrana e tumefação celular) e de apoptose (como presença de cromatina altamente condensada). As características predominantes de um ou outro tipo de morte geralmente são determinadas pela intensidade e não pela especificidade do estímulo (Cotran *et al.*, 2000). Alguns dos aspectos morfológicos descritos também são observados na necrose.

Aspectos Bioquímicos e Mecanismos de Indução: Via Intrínseca e Via Extrínseca

As características moleculares e bioquímicas da apoptose podem ou não estar associadas às modificações morfológicas. Assim, embora alterações na mitocôndria, no retículo endoplasmático e nos lisossomos muitas vezes não possam ser observadas morfologicamente, estas organelas participam do processo apoptótico (Ravagnan *et al.*, 2002). Dentre os eventos bioquímicos mais freqüentemente observados durante a apoptose, estão: ativação de caspases (*Cysteine Aspartate Proteases*), permeabilização das membranas mitocondriais, vazamento de diversas moléculas desta organela, ativação de nucleases, desestabilização do citoesqueleto, externalização de fosfatidilserina e promoção da interligação de proteínas (*crosslinking*).

A apoptose pode ser iniciada por duas vias básicas, conhecidas como intrínseca ou mitocondrial e extrínseca ou dos receptores de morte. Ambas apresentam três fases: a iniciação, a decisão e a degradação (Ferri & Kroemer, 2001a, 2001b; Baetu & Hiscott, 2002; Schmitz *et al.*, 2000).

Antes de iniciar a discussão detalhada das vias de indução, é preciso conhecer o funcionamento de uma família de proteínas essencial na execução do processo apoptótico: a família das caspases.

FAMÍLIA DAS CASPASES

Durante a apoptose, há uma intensa clivagem de diversas proteínas celulares, que se dá por ativação da família das caspases. Caspases, do inglês *Cysteine Aspartate Proteases*, são proteínas evolutivamente conservadas que possuem um resíduo de cisteína em seus sítios ativos, o qual é crítico para a atividade proteolítica que ocorre após resíduos de ácido aspártico das proteínas-alvo. Inicialmente, as caspases foram denominadas *ICE* (*Interleukin 1-β Converting Enzyme*) *like proteases*. Após a descoberta da ICE, diversos grupos de pesquisadores passaram a investigar a existência de outros membros da família das caspases. O isolamento de novas proteínas por grupos diferentes gerou diversos nomes para a mesma proteína. Por isso, uma nomenclatura uniformizada foi proposta: utiliza-se o nome caspase, seguido de um número referente à ordem de publicação na literatura. Assim, por exemplo, a ICE corresponde à caspase 1.

Filogeneticamente, as caspases dividem-se em três grupos: subfamílias ICE (caspases 1, 4 e 5), CED-3/CPP32 (cisteína-proteases de 32 kDa, compreendendo as caspases 3, 6, 7, 8, 9 e 10) e ICH-1 (*ICE and Ced-3 homologue*)/Nedd2.

Funcionalmente, dividem-se em três grupos:

- Iniciadoras ou desencadeantes: ativam outras caspases. Compreendem as caspases 2, 8, 9 e 10.
- Efetoras ou executoras: ativadas pelas iniciadoras, clivam proteínas-chave que processam a apoptose. Compreendem as caspases 3, 6 e 7.
- O terceiro grupo: possui função inflamatória, e seu papel no processo apoptótico não está bem definido. Inclui as caspases 1, 4 e 5.

As caspases estão presentes nas células na forma de zimogênios. A maioria das pró-caspases são citossólicas, mas algumas também podem estar presentes no espaço intermembranas da mitocôndria, como é o caso das caspases 2, 3 e 9. O processamento das pró-caspases para atingir a forma ativa se dá por proteólise, um mecanismo de controle mais rápido do que a síntese *de novo* de uma proteína ativa. Desta maneira, a célula pode rapidamente disparar a apoptose, diminuindo o risco de dano a células vizinhas.

Estruturalmente, as pró-caspases são constituídas de um pró-domínio, uma subunidade maior (p20) e uma subunidade menor (p10). Algumas possuem ainda uma região ligadora de função desconhecida, que pode estar relacionada à regulação da ativação da caspase. Na maturação da pró-enzima, duas precursoras das caspases iniciadoras se associam e, então, são processadas (por clivagem após resíduos de ácido aspártico, que é o mecanismo de ação das caspases), com a associação do domínio p10 de uma e o p20 da outra precursora, o que proporciona a formação do sítio ativo. Outra teoria menos aceita é o modelo de processamento seguido pela associação das subunidades.

As caspases iniciadoras possuem um pró-domínio grande (maior do que o das executoras) que pode interagir com domínios CARD (*Caspase Recruiting Domain*) de certas proteínas. Por exemplo, as caspases 8 e 10 possuem no pró-domínio regiões de homologia ao FADD (*Fas-Associated with Death Domain*), o que permite sua ligação aos domínios de morte de receptores de membrana. As interações das caspases entre si ou com domínios de morte levam à clivagem e ativação das próprias caspases iniciadoras (uma vez que estas possuem funções autocatalíticas e catalíticas cruzadas quando se aproximam umas das outras). Assim, as subunidades maior e menor formam um heterodímero que, por sua vez, forma um tetrâmero ativo. Este tetrâmero foi descrito por estudos de cristalografia e consiste em duas subunidades p20 circundando duas subunidades p10 adjacentes, sendo a maior área de contato entre os dímeros a subunidade p10. O sítio ativo compreende tanto a subunidade p20 quanto a p10, daí a necessidade da associação das duas subunidades.

O processamento (*splicing*) alternativo das isoformas pode regular a atividade da enzima, agindo como inibidor dominante ou formando complexos heteroméricos inativos (Thornberry & Lazebnik, 1998; Salvesen & Dixit, 1997; Budihardjo *et al.*, 1999; Cohen, 1997).

Dentre os alvos/substratos das caspases, estão as proteínas do citoesqueleto, da estrutura nuclear, de vias de transdução de sinal, fatores de transcrição, proteínas do ciclo celular e do próprio processo apoptótico (Porter *et al.*, 1997; Chang & Yang, 2000). Não está completamente elucidado qual(is) caspase(s) é(são) responsável(is) por qual substrato nas condições fisiológicas ou se há redundância de ação de caspases diferentes.

A PARP (*Poly-ADP-Ribose Polymerase*) é o substrato das caspases mais bem caracterizado, clivada na apoptose de timócitos, células HL-60 e linhagens de câncer de mama. A clivagem pelas caspases 3 e 7 interfere em sua função-chave, que é o reparo do DNA. A clivagem desta proteína é um indicador valioso de apoptose, mas a relevância fisiológica é desconhecida, já que camundongos que não possuem o gene para a PARP se desenvolvem normalmente. Em altas concentrações, as caspases 2, 4, 6, 7, 8, 9 e 10 também clivam esta proteína. A clivagem da PARP durante a apoptose é importante não somente para evitar o reparo do DNA, como também para reduzir o risco de grande depleção de ATP, usado pela PARP como substrato. De fato, a ativação da PARP pode levar a uma queda tão grande no conteúdo de ATP que a célula pode sofrer necrose em vez de apoptose (Proskuryakov *et al.*, 2003).

A DNA-PK (*DNA-dependent Protein Kinase*) é uma enzima envolvida no reparo da ruptura da dupla fita do DNA. A degradação da subunidade catalítica desta enzima (DNA-PK$_{CS}$) pela caspase 3 leva à diminuição da capacidade de reparo do DNA da célula. A proteólise das laminas, os principais componentes estruturais do envelope nuclear, pode ocasionar alterações características da apoptose, como a condensação, fragmentação e marginalização da cromatina. A caspase 6 é a maior laminase celular, destruindo a interação entre as laminas, ou das laminas com outros componentes nucleares. Foi demonstrado que a clivagem de PARP ocorre bem mais rápido do que a das laminas, sugerindo que as caspases 3 e 7 sejam ativadas antes da caspase 6 na cascata proteolítica destas proteínas.

Nem toda proteína clivada por caspases se torna inativa. Ao contrário, alguns substratos tornam-se ativos após clivagem, como é o caso das pró-caspases e, indiretamente, da CAD (*Caspase-Activated Deoxinuclease*). A caspase 3 tem como alvo a proteína ICAD (*Inhibitor of the Caspase-Activated Deoxinuclease*), que se liga à CAD, inibindo-a. A inativação da ICAD deixa a CAD livre para clivar a cromatina. A CAD é considerada uma das principais DNAses envolvidas na apoptose, embora seja possível que em algumas situações outras nucleases também sejam importantes (Ferri & Kroemer, 2001b). A CAD cliva inespecificamente o DNA nas regiões mais expostas, que são os espaços internucleossomais, em fragmentos de uma média de 180 a 200 pares de bases (pode variar de 30 a 300 pares de bases). Isto produz o clássico "padrão em escada" das bandas de eletroforese do DNA em gel de agarose (Amarante-Mendes *et al.*, 1997; Cohen, 1997; Enari *et al.*, 1998).

A U1 é uma partícula pequena de ribonucleoproteína nuclear, essencial para o processamento de RNAm, é dependente de RNA e de componentes protéicos, incluindo a U1-70kDa. A U1-70kDa é clivada pelas caspases 3 e 7 na apoptose induzida por receptores de morte, o que inibe o processamento do RNAm, bloqueando as vias celulares de reparo dependentes da síntese de RNAm.

Durante a fase de execução da apoptose, ocorrem alterações importantes na membrana plasmática, resultando no reconhecimento da célula e fagocitose pela ação de fagócitos ou de células vizinhas. A clivagem de proteínas do citoesqueleto como a actina, Gas2 e fodrina induz a diminuição de volume celular e a formação de *blebs* na membrana. A fodrina é clivada pela caspase 6. As caspases efetoras também podem clivar os domínios auto-inibitórios de certas proteínas, como a PAK2 (*p21 (CDKN1A)-activated kinase 2*), que se torna constitutivamente ativa, exercendo ação na formação de *blebs*, característicos de células apoptóticas.

A clivagem da proteína quinase Cδ (PKCδ) é um dos poucos exemplos de substrato clivado pela caspase 3, que não seja também pela 7 (geralmente, as caspases 3 e 7 clivam redundantemente os mesmos substratos). As caspases 2, 4, 5 e 6 não são capazes de clivá-la. A clivagem da PKCδ é associada à condensação da cromatina, fragmentação nuclear e morte celular.

A proteína do retinoblastoma humano (pRb) é uma importante mediadora da progressão e regulação do ciclo celular, sendo clivada em fragmentos de diferentes tamanhos, o que sugere o envolvimento possível de diferentes caspases. A pRb clivada não consegue se ligar à proteína MDM2, o que culmina na apoptose (Cohen, 1997; Liu *et al.*, 1997; Thornberry & Lazebnik, 1998).

A ação proteolítica sobre proteínas do ciclo celular, vias de transdução e fatores de transcrição provavelmente bloqueia os eventos associados a estas vias, que muitas vezes são incompatíveis com a sobrevida da célula. A clivagem de proteínas de vias anti-apoptóticas, como Bcl-2 e IAP (*Inhibitor of Apoptosis Protein*), também é um mecanismo de retroalimentação positiva do processo apoptótico, assim como a ativação cruzada das caspases.

Vários estímulos apoptóticos culminam na ativação das caspases, ao passo que outros atuam de maneira independente destas cisteína-proteases, agindo através de nucleases (como a endonuclease G), de ativadores de nucleases (AIF) ou de serina-proteases (Omi/HtrA2). Assim, na maior parte dos modelos de apoptose, a inibição das caspases afeta o mecanismo pelo qual a célula irá morrer, mas não interfere na decisão de se a célula irá morrer ou não (Ravagnan *et al.*, 2002).

VIA INTRÍNSECA

A via intrínseca de ativação de apoptose inicia-se na mitocôndria. Há várias teorias que tentam explicar como os mais variados agentes físicos, químicos ou biológicos podem convergir para a mitocôndria e disparar a fase de iniciação de um processo razoavelmente universal como a apoptose, através de segundos-mensageiros pró-apoptóticos.

Os agentes permeabilizadores da membrana mitocondrial (segundos-mensageiros) são bastante heterogêneos, e o tipo recrutado depende do estímulo indutor da morte celular.

Sabe-se que durante a apoptose ocorre um grande aumento na permeabilidade das membranas mitocondriais, mas o modo exato ainda não foi elucidado. Segundo uma das teorias, haveria a indução da abertura de um grande poro na mitocôndria, o poro de transição de permeabilidade mitocondrial — PTPC (*Permeability Transition Pore Complex*), que dispararia o processo. Este seria basicamente formado pelo canal dependente de voltagem (VDAC — *Voltage-Dependent Activating-Channel*) e pela adenina nucleotídio translocase (ANT), além de diversas outras proteínas "sensoras" para os diversos processos que dispariam a abertura do poro, em momentos de estresse.

Entre os agentes indutores da abertura do poro, estão: espécies reativas de oxigênio, óxido nítrico, alta concentração de cálcio, ácidos graxos, ceramidas, luz UV, toxinas, glicocorticóides, protoporfirina IX, clorodiazepam, ausência de fatores de crescimento e danos ao DNA (Joza *et al.*, 2002; Ferri & Kroemer, 2001a, 2001b; Kroemer *et al.*, 1998; Green & Reed, 1998; Lemasters *et al.*, 1998; Susin *et al.*, 1998; Pedersen, 1999; Fontaine & Bernardi, 1999).

O potencial transmembrânico mitocondrial — simbolizado por Δψm — é determinado pelo gradiente de prótons da cadeia respiratória. A abertura do PTPC explicaria a despolarização mitocondrial verificada de forma precoce nos mais variados modelos de indução de apoptose. A despolarização está acompanhada do vazamento de proteínas na fase de indução, tanto do espaço intermembranas — como o citocromo *c*, o AIF (*Apoptosis-Inducing Factor*), as pró-caspases 3 e 9, Smac/DIABLO e Omi/HtrA2 — como da matriz mitocondrial — a endonuclease G. Além destas moléculas, outras 60 podem ser liberadas para o citossol (Kroemer *et al.* 1998; Lemasters *et al.*, 1998; Ferri & Kroemer, 2001a; Jäättelä & Tschopp, 2003).

O citocromo *c*, além de participar da via intrínseca da apoptose, também tem outro papel na célula, mediando a transferência de elétrons do complexo III para o IV na cadeia respiratória, reduzindo, então, o oxigênio à água. Por este motivo, o vazamento do citocromo *c* da mitocôndria está associado à reduzida produção de ATP e ao estresse oxidativo. As alterações metabólicas acarretadas pela despolarização são relevantes também na necrose, como será discutido a seguir (Skulachev, 1998; Wallace, 1999).

A outra teoria para explicar o vazamento de proteínas (moléculas de grande tamanho) da mitocôndria sugere a ocorrência da permeabilização da membrana mitocondrial (MMP — *Mitochondrial Membrane Permeabilization*) em decorrência da ação de membros pró-apoptóticos da família Bcl-2, abordadas adiante no texto (Ferri & Kroemer, 2001a, 2001b). A MMP afeta as membranas mitocondriais externa e interna de maneira diferente, porém por mecanismos não esclarecidos (Ravagnan *et al.*, 2002).

Esta permeabilidade ocorre antes da fase avançada de degradação da apoptose (que compreende ativação da cascata das caspases, de endonucleases, externalização de fosfatidil-serina etc.) e é suficiente para induzir todo o espectro dos eventos apoptóticos, seja no núcleo, no citoplasma ou na membrana plasmática. A susceptibilidade da ocorrência da MMP pode ser modulada pelas concentrações de metabólitos essenciais (ATP, ADP, NADH, NADPH, creatina, carnitina etc.) e de íons (como Mg^{2+} e prótons), e possui caráter "tudo ou nada". Após a permeabilização de algumas mitocôndrias, depois de um determinado ponto, outras também são afetadas por retroalimentação positiva (Ferri & Kroemer, 2001a; Kroemer, 2002). Segundo Kroemer (2002), a MMP constitui um *checkpoint* do processo apoptótico, ou seja, um ponto-chave na determinação do destino da célula.

A ativação da via intrínseca por vários agentes apoptogênicos, o vazamento das diversas proteínas mitocondriais (descritas adiante) e as vias sinalizadoras ativadas por cada proteína estão ilustrados na Fig. 30.1.

Vazamento do Citocromo *c* e a Formação do Apoptossomo

Após o vazamento, uma vez no citoplasma, o citocromo *c* se liga à porção C-terminal da proteína citossólica Apaf-1 (*Apoptotic Protease-Activating Factor 1*). Este evento facilita a ligação de ATP ou dATP. Apaf-1 ligada aos dois co-fatores, citocromo *c* e ATP, forma o "apoptossomo". Apaf-1, então, oligomeriza-se e torna-se ativa, expondo o domínio CARD (*Caspase Recruting Domain*) N-terminal, permitindo a ligação dos pró-domínios da pró-caspase 9, que se aproximam e promovem clivagem cruzada, formando a caspase 9 ativa. Esta cliva e ativa caspases efetoras como a 7 e a 3. Tais caspases medeiam a apoptose, clivando diversos alvos, além de ativar diversas outras caspases (como as caspases 6 e 2), inclusive por retroalimentação positiva sobre a pró-caspase 9 (veja Fig. 30.1). As vias cruzadas de ativação de caspase também estão associadas à via extrínseca de indução de apoptose por ativação da proteína Bid e sua conseqüente translocação para a mitocôndria, onde pode induzir o vazamento do citocromo *c* (veja Fig. 30.2) (Ravagnan *et al.*, 2002; McDonnell *et al.*, 1999; Thornberry & Lazebnik, 1998; Priault *et al.*, 1999; Ferri & Kroemer, 2001a, 2001b; Gupta, 2001).

Alguns autores demonstraram que, mesmo na ausência da caspase 9, outras caspases iniciadoras podem se ligar à Apaf-1 de maneira redundante ou alternativa, ativando a cascata e promovendo a apoptose. Além disso, outras caspases, além da caspase 3, podem ser substrato da caspase 9 após a formação do apoptossomo (Joza *et al.*, 2002).

Vazamento de AIF e os Efeitos Nucleares

O AIF (*Apoptosis-Inducing Factor*) é uma flavoproteína que possui homologia com as oxidorredutases de outros vertebrados, invertebrados, plantas, fungos e bactérias. Durante um estímulo apoptótico, transloca-se do espaço intermembrana mitocondrial para o núcleo através do citossol, induzindo a condensação da cromatina e a fragmentação do DNA em porções de alto peso molecular (50 Kbp). Além do efeito nuclear, o AIF pode induzir a permeabilização mitocondrial, ocasionando o vazamento do citocromo *c*. Desta maneira, o AIF participa tanto do processo de iniciação da apoptose (promovendo a ocorrência de MMP e o conseqüente vazamento das proteínas da mitocôndria), quanto do de degradação (promovendo alterações nucleares características de apoptose), conforme ilustrado na Fig. 30.1. A ação que o AIF exerce depende do estímulo indutor. O AIF pode cooperar com a ação do citocromo *c* ou substituí-lo, ou ainda, não ser necessário. Por exemplo, o AIF parece não participar da apoptose causada por danos ao DNA. No estresse oxidativo, seu efeito pode ser redundante com o das caspases. Também participa no início da morfogênese e na deprivação celular de fatores de crescimento. A injeção de AIF no citoplasma da célula promove dissipação do $\Delta\Psi$m, externalização de fosfatidilserina e alterações nucleares características da apoptose.

O AIF possui, ainda, ação de oxidorredutase (inclusive catalisando a redução do citocromo *c*), que é independente da participação no processo apoptótico (Joza *et al.*, 2002; Ravagnan *et al.*, 2002; Ferri & Kroemer, 2001a).

Smac/DIABLO, Omi/HtrA2 e as IAPs

Para entender o mecanismo de indução de morte celular por Smac/DIABLO e Omi/HtrA2, é preciso saber primeiramente o que são as IAPs. As IAPs (*Inhibitor of Apoptosis Proteins*) compreendem um grupo de proteínas conservadas, identificadas inicialmente como proteínas baculovirais que substituem funcionalmente a p35, inibidora de caspases baculovirais. A família IAP inclui muitas proteínas de mamíferos (XIAP/MIHA/h-ILP, cIAP1/HIAP2/hMIHB, cIAP2/HIAP-1/hMIHC, NAIP, ML-IAP e *survivin*) e duas proteínas de *Drosophila* (DIAP1 e DIAP2/dILP) (Hu e Yang,

2003). Estas proteínas inativam caspases-chave envolvidas na iniciação (caspase 9) e na execução (caspases 3 e 7) da cascata das caspases e são as únicas proteínas celulares capazes de controlar o estágio efetor desta cascata.

Estruturalmente, as IAPs possuem de um a três domínios BIR (*Baculoviaral IAP Repeat*), responsáveis pela atividade anti-apoptótica, por se ligarem e inibirem diretamente as caspases. Possuem também um domínio *RING-finger* na porção COOH-terminal, que possui atividade de E3 ubiqüitina ligase, catalisando a auto-ubiqüitinização e a ubiqüitinização de seus substratos, como as caspases 3 e 7 e de outras proteínas que interagem com as IAPs. A poliubiqüitinização é uma modificação pós-traducional que marca as proteínas para degradação no proteossomo 26S, que envolve a ação seqüencial de três enzimas: enzima ativadora de ubiqüitina (E1), enzima conjugadora de ubiqüitina (E2) e ubiqüitina ligase (E3). O domínio RING das IAPs parece inibir a apoptose de maneira dependente do tipo celular e/ou estímulo indutor (Hunter *et al.*, 2003; Hu e Yang, 2003; MacFarlane *et al.*, 2002; Ravagnan *et al.*, 2002).

Existem proteínas que regulam negativamente a função das IAPs, denominadas Smac (*Second Mitochondria-derived Activator of Caspases*), também conhecidas como DIABLO (*Direct IAP Binding protein with Low pI*) e Omi/HtrA2 (Omi: *non-methionine initiating protein*; Htr: *High Temperature Requirement*; são proteínas não iniciadas por metionina). Ambas possuem seqüências peptídicas N-terminais que as direcionam para o espaço intermembranas da mitocôndria. Após a importação para esta organela, a seqüência é removida e as proteínas são liberadas maduras antes ou concomitantemente com o citocromo *c*, AIF, pró-caspases e outros fatores pró-apoptóticos quando as células entram em apoptose, seja pela via intrínseca, seja pela extrínseca (veja Fig. 30.1). A remoção proteolítica da seqüência peptídica que sinaliza a migração da proteína para a mitocôndria gera uma nova porção amino-terminal (Ala-Val-Pro-Ile), crítica para a interação de Smac/DIABLO e Omi/HtrA2 com as IAPs, impedindo a interação caspase-IAP. A ligação das IAPs com estas proteínas pró-apoptóticas deixa as caspases livres para a execução da apoptose (Hunter *et al.*, 2003; MacFarlane *et al.*, 2002).

É interessante assinalar que o mecanismo de ação de Smac/DIABLO é controverso. Muitos autores sugerem que os aminoácidos da porção amino-terminal sejam críticos para sensibilizar as células aos agentes indutores de apoptose, ao passo que outros sugerem que os domínios α-hélice carboxi-terminais são responsáveis pela indução da morte celular, tendo a ligação com a IAP efeito secundário (Hunter

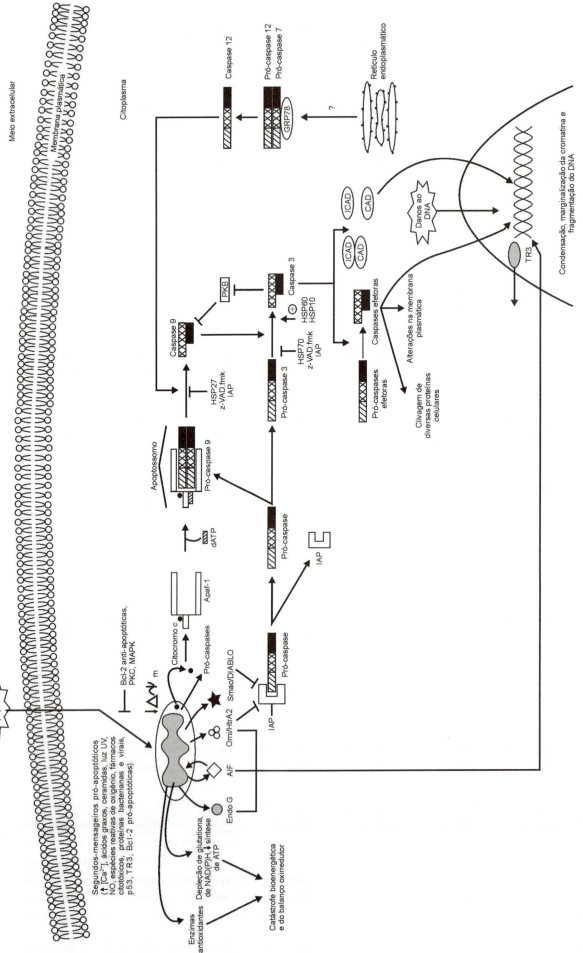

Fig. 30.1 Sinalização intracelular das vias apoptóticas intrínseca e induzida pelo retículo endoplasmático. O aumento da permeabilidade mitocondrial provoca o vazamento de diversas moléculas da mitocôndria que podem ativar ou não a família das caspases. As que não ativam atuam diretamente no núcleo da célula. O resultado do insulto apoptogênico depende da concentração de inibidores da apoptose, como, por exemplo, as proteínas Bcl-2 anti-apoptóticas, inibidores das caspases como a HSP70 e HSP27, e as IAPs. z-VAD.fmk é um inibidor sintético das caspases. À direita, observa-se o disparo da apoptose por estresse no retículo endoplasmático, que pode convergir para a via mitocondrial. Os mecanismos que envolvem a participação desta organela na apoptose ainda permanecem obscuros (Joza et al., 2002; Ferri & Kroemer, 2001a; Ravagnan et al., 2002; Schmitz et al., 2000; Rao et al., 2002; Nakagawa et al., 2000).

et al., 2003). Com relação a Omi/HtrA2, a mutação simultânea na porção amino-terminal (que remove a atividade anti-IAP) e nos aminoácidos críticos para a atividade serina-protease destrói a atividade de indução de morte celular. Em temperatura normal, HtrA atua como chaperonina e, em temperatura elevada, atua como protease ativa. A superexpressão de HtrA2 extramitocondrial induz um tipo de morte celular não usual, sem a formação de *blebs* ou corpos apoptóticos, mas com manutenção da integridade da membrana. Além disso, pode induzir a morte celular na presença de inibidores de caspases e em células Apaf-1$^{-/-}$ e caspase 9$^{-/-}$. Desta maneira, Omi/HtrA2 promove morte celular por dois mecanismos diferentes: um pela inibição das IAPs, que aumenta a atividade das caspases, e outro pela sua atividade de serina-protease, que é independente das caspases.

MacFarlane *et al.* (2002) demonstraram que, logo após a liberação da mitocôndria, Smac é rapidamente degradado pelo proteossomo: ocorre ubiqüitinização desta proteína pelas IAPs, que atuam como E3 ligase. Os domínios BIR3-RING são necessários e suficientes para ubiqüitinizar Smac *in vitro*. Sendo Omi uma serina-protease inibidora de IAP semelhante à Smac, é possível que também tenha regulação de degradação proteossômica. Dentre as IAPs de mamíferos que interagem com Smac, cIAP1 (*cellular IAP 1*) e cIAP2 (*cellular IAP 2*) possuem atividade E3 ligase mais forte em relação à Smac do que XIAP (*X-linked Inhibitor of Apoptosis*). Por outro lado, XIAP é um inibidor de caspases muito mais potente do que as cIAPs. Daí, é provável que XIAP e cIAPs inibam a apoptose por diferentes mecanismos. Enquanto XIAP pode se ligar e inibir diretamente as caspases, cIAP1 e cIAP2 podem degradar indutores de morte como Smac, evitando a ligação IAP-caspases, deixando as caspases livres para atuarem na célula.

Desta maneira, as IAPs protegem as células da apoptose de diversas maneiras: por inibir e degradar diretamente as caspases (ligação direta pelos domínios BIR e ubiqüitinização, respectivamente) ou por se ligar e marcar Smac para degradação (ubiqüitinização) (MacFarlane *et al.*, 2002; Hu & Yang, 2003; Hunter *et al.*, 2003). Entretanto, a ativação de caspases facilitada por Smac pode envolver mecanismos ainda desconhecidos independentes da interação com XIAP (Ravagnan *et al.*, 2002).

A liberação de Smac pode ser inibida por Bcl-2/Bcl-xL em células da linhagem MCF-7, sendo a ação de Bcl-2 mais efetiva do que a de Bcl-xL. Bcl-2 parece prevenir a liberação de Smac mais potentemente do que a liberação do citocromo *c*. Deste modo, a liberação destas duas moléculas pode ocorrer por diferentes mecanismos, talvez envolvendo a proteína Bid e/ou outra molécula formadora de poro ainda não identificada (MacFarlane *et al.*, 2002).

Endonuclease G

A endonuclease G (Endo G) é uma nuclease mitocondrial que, sob estímulo apoptótico, é liberada para o citossol e translocada para o núcleo, onde provoca fragmentação do DNA em oligonucleossomos, mesmo na presença de inibidores de caspase (veja Fig. 30.1). A Endo G catalisa a clivagem de DNA de alto peso molecular e de oligonucleossomos, além de cooperar com a exonuclease DNase I, facilitando o processamento do DNA. É possível que a Endo G atue como a CAD, que é uma DNAse cuja ativação depende das caspases (Ravagnan *et al.*, 2002).

Fator de Transcrição TR3

O TR3 é um fator de transcrição da superfamília do receptor esteróide/tireóide. Está presente no núcleo e, sob diversos estímulos apoptóticos, é superexpresso e se transloca para as membranas mitocondriais, onde induz a MMP. Por si só, o TR3 é capaz de induzir a liberação do citocromo *c*, sem a necessidade de fatores adicionais (veja Fig. 30.1) (Ferri & Kroemer, 2001a).

Proteínas Virais e Bacterianas

Parasitas intracelulares (vírus e bactérias) produzem proteínas que podem regular a MMP por ação direta nas membranas mitocondriais (veja Fig. 30.1). Exemplos são as proteínas pró-apoptóticas Vpr (*Viral protein R*), codificadas pelo vírus HIV-1, que age na ANT, e a HVP-X (*Hepatitis Virus Protein X*), que interage com VDAC3. O vírus influenza também pode induzir a MMP (Ferri & Kroemer, 2001a; Kroemer, 2002).

VIA EXTRÍNSECA

A via extrínseca ocorre pela ativação de caspases associadas à via de sinalização dos "receptores da morte", que incluem o receptor de TNF (*Tumor Necrosis Factor*) 1 (TNF-R1/CD120a), de Fas (CD95/Apo-1), de TRAIL (*TNF-Related Apoptosis-Inducing Ligand*) 1 (TRAIL-R1/Apo-2/DR4) e 2 (TRAIL-R2/DR5/KILLER/TRICK2) e os receptores de morte (*Death Receptors*) 3 (DR3/Apo-3/LARD/WSL1/TRAMP — *TNF receptor-Related Apoptosis Mediating Protein*) e 6 (DR6). Estes receptores possuem domínios extracelulares ricos em cisteína e domínios citoplasmáticos de morte, estes últimos responsáveis pela formação do complexo sinalizador indutor de morte — DISC (*Death-Inducing Signaling Complex*). Os ligantes desses receptores são peptídeos com três sítios de ligação ao receptor, atuando como ativadores extracelulares de apoptose, após a ligação e agregação destes receptores (Baetu e Hiscott, 2002; Chen e Goeddel, 2002; Ferri & Kroemer, 2001b; Joza *et al.*, 2002; Schmitz *et al.*, 2000).

Sinalização por TNF-R1

O TNF é um homotrímero composto por subunidades de 157 aminoácidos, que se liga ao domínio extracelular do TNF-R1. A ligação promove a agregação dos receptores, que é reconhecida pela proteína adaptadora TRADD (*TNF Receptor-Associated Death Domain*), que recruta as proteínas adaptadoras adicionais RIP (*Receptor-Interacting Protein*), TRAF2 (*TNF-R Associated Factor 2*) e FADD (*Fas-Associated Death Domain*)/MORT1. As três últimas proteínas recrutadas por estas adaptadoras são enzimas-chave para o início dos eventos de sinalização.

A caspase 8 é recrutada pela FADD para formação do DISC. A aproximação de várias pró-caspases permite a ativação cruzada pela ação proteolítica residual do zimógeno. Sugere-se também que a molécula FLASH (*FLICE-Associated Huge protein*) seja necessária para ativação da pró-caspase em caspase 8. Uma vez ativada, a caspase 8 cliva e ativa as pró-caspases 6 e 3, e outras caspases efetoras, induzindo a apoptose (Chen & Goeddel, 2002; Joza *et al.*, 2002, Gupta, 2001). A caspase 2 também se associa às regiões dos receptores de morte através das adaptadoras RAIDD (*RIP-Associated ICH-1/CED-3 homologous protein with a Death Domain*)/CRADD (*Caspase and RIP Adapter with Death Domain*). No entanto, parece ter ação tecido-específica, de modo que em alguns tecidos, havendo deficiência de caspase 8, a apoptose não é disparada por ação única da caspase 2 (Joza *et al.*, 2002).

TRAF2 recruta a cIAP1 e cIAP2, que são anti-apoptóticas. TRAF2 também ativa a cascata das MAPKKK (*Mitogen-Activated Protein Kinase Kinase Kinase*), resultando na ativação da JNK (*c-Jun NH$_2$-terminal Kinase*), uma quinase que ativa a atividade transcricional de c-Jun por fosforilação.

Por fim, a proteína quinase RIP ativa o fator transcricional NF-κB. Esta ativação não é dependente da atividade enzimática de RIP, mas sim da ubiqüitinização dependente de fosforilação das proteínas inibidoras de κB (IκB — *Inhibitor of κB*), que retêm o NF-κB no citoplasma. O complexo multiprotéico IKK (*IκB Kinase*) medeia a fosforilação do IκB de maneira dependente do TNF. O NF-κB possui atividades anti- e pró-apoptóticas, dependendo do contexto celular, embora a ação anti-apoptótica pareça prevalecer. A ativação de genes como o das cIAP1 e cIAP2, de IκB, dos fatores 1 e 2

associados ao TNF-R e do homólogo A1 da proteína Bcl-2 são exemplos da ação protetora da apoptose. Já a regulação da expressão de Fas, TNF-α, FasL e TRAIL (descritos adiante) são exemplos da atividade pró-apoptótica (Chen e Goeddel, 2002; Baetu e Hiscott, 2002).

A seqüência de eventos da via extrínseca descrita pode ser observada na Fig. 30.2.

É interessante notar a relação cruzada entre as sinalizações de apoptose, NF-κB e JNK que ocorrem pela ativação do TNF-R1. A ativação do NF-κB protege contra a apoptose. Na ausência da atividade deste fator de transcrição, a apoptose induzida por TNF-R1 aumenta e a ativação de JNK se torna mais forte e prolongada (Chen e Goeddel, 2002; Juo *et al.*, 1999; Huang *et al.*, 1999; Aggarwal, 2000; Bradley & Pober, 2001).

Sinalização por Fas-Fas-L

Fas/Apo-1/CD95 é uma proteína (36 kDa) da superfamília dos receptores do TNF. A interação com o ligante de membrana FasL (ou anticorpos anti-Fas) recruta diretamente a proteína FADD, levando à formação do DISC, seguindo a seqüência descrita para o TNF-R1. A ativação das caspases 8 e 10 culmina na apoptose.

A morte celular mediada por Fas, dependendo do contexto, pode ocorrer também por necrose. A necrose induzida por Fas requer as adaptadoras FADD e RIP e a caspase 8 não é necessária. Os mecanismos que ligam Fas, FADD e RIP à execução da necrose (por exemplo, pela produção de espécies reativas de oxigênio) ainda não foram desvendados (veja Fig. 30.2).

A estimulação de Fas por Fas-L pode ser antagonizada pelo falso receptor solúvel DcR3 (*Decoy Receptor 3*), por diversas isoformas de Fas com os domínios transmembrana ou de morte ausentes, ou por FasL solúvel formado por processamento proteolítico alternativo (Wajant, 2002).

Sinalização por TRAIL

Existem vários receptores TRAIL identificados. TRAIL-R1 e TRAIL-R2 contêm domínios citoplasmáticos de morte e sinalizam para a apoptose pela via dependente das caspases. Os receptores TRAIL-R3/DcR1 e TRAIL-R4/DcR2 não possuem o domínio de morte. TRAIL-R5/OPG, uma osteoprotegerina, está envolvido na homeostase óssea. Estes três últimos funcionam como falsos receptores (*decoy receptors*), já que não são capazes de disparar a apoptose. É interessante que, em células normais, tanto os receptores TRAIL de morte quanto os falsos são expressos. Em diversas linhagens tumorais, apenas os receptores de morte são expressos, sugerindo que a apoptose induzida por TRAIL seja um mecanismo importante para a eliminação de células tumorais. Além disso, há superexpressão de TRAIL em conseqüência de infecção por múltiplas viroses.

A ligação de TRAIL ao receptor resulta no recrutamento da proteína FADD e da caspase 8. No entanto, estudos em camundongos deficientes em FADD demonstram que a apoptose ainda é possível nesta condição, indicando um possível mecanismo sinalizador alternativo. Também é possível que DAP3, uma proteína ligante de GTP, possa ser uma molécula adaptadora entre FADD e uma via sinalizadora da apoptose.

A ligação de TRAIL a TRAIL-R1 e TRAIL-R2 também resulta na ativação de NF-κB e de JNK, sugerindo que estes receptores estão envolvidos tanto com a apoptose quanto com a ativação da transcrição de genes anti-apoptóticos. TRAIL-R4 contém apenas parte do domínio de morte, impossibilitando a sinalização da apoptose (veja Fig. 30.2). No entanto, há evidências de que possa ativar o NF-κB, sugerindo que tal receptor possa inibir a apoptose por indução da expressão de genes anti-apoptóticos e inclusive a expressão de TRAIL-R3, mas não de TRAIL-R1 ou TRAIL-R2. Por outro lado, alguns autores demonstraram que este fator de transcrição está envolvido na indução da expressão de TRAIL, TRAIL-R1 e TRAIL-R2, que promovem a apoptose.

Os receptores TRAIL são regulados por p53. Existem controvérsias no fato de que p53 regule a expressão de TRAIL-R2 — indicando mecanismo de supressão tumoral e sensibilidade a agentes quimioterápicos — e TRAIL-R3 e TRAIL-R4 — indicando proteção da apoptose.

É possível que existam mecanismos de regulação ainda mais complexos. Além dos vários tipos de receptores TRAIL, o efeito celular pode depender da localização dos mesmos no interior da célula (internalizados nos endossomos ou externalizados na membrana) (Baetu & Hiscott, 2002).

Sinalização por Granzima B

Linfócitos T citotóxicos produzem perfurinas, que promovem a formação de um poro na membrana da célula-alvo semelhante ao formado pelas proteínas do sistema complemento. A granzima B produzida por estes linfócitos é uma serina-protease que cliva resíduos de aspartato. Quando penetra por este poro, ativa a cascata das caspases, induzindo a fase de degradação da apoptose (Heusel *et al.*, 1994; Darmon, 1995).

INTERLIGAÇÃO ENTRE AS VIAS INTRÍNSECA E EXTRÍNSECA

Em determinados tipos celulares, a mitocôndria amplifica o estímulo extrínseco de morte. A ativação da caspase 8, quando os ligantes se unem aos respectivos receptores de morte (formando o DISC), pode promover a formação do apoptossomo via mitocôndria. Em células tipo I, a caspase 8 ativada é suficiente para ativar diretamente outros membros da família das caspases. Em células tipo II, a ativação das caspases efetoras depende de uma alça de amplificação via clivagem da proteína Bid em duas partes. A Fig. 30.2 ilustra os eventos que conectam a ativação da caspase 8 à ativação de proteínas Bcl-2 pró-apoptóticas Bid e Bax. A parte clivada de Bid que contém o domínio BH3 torna-se ativa, migra para a mitocôndria e se encaixa no "bolso" da proteína Bax. Isto provoca mudança conformacional da Bax, levando à liberação de fatores mitocondriais pró-apoptóticos, como citocromo *c* e Smac, que promovem a formação do apoptossomo ativado pela caspase 9. Esta ativa a caspase 3 que, por sua vez, ativa a caspase 8 fora do DISC, completando a retroalimentação positiva e induzindo a apoptose. Pode-se concluir que tanto a via intrínseca quanto a extrínseca convergem para a ativação da caspase 3 (Desagher *et al.*, 1999; Wajant, 2002; Baetu & Hiscott, 2002; Joza *et al.*, 2002).

INDUÇÃO DE APOPTOSE PELO RETÍCULO ENDOPLASMÁTICO

O acúmulo de proteínas, principalmente das mal-processadas, com conformações incorretas, e alterações na homeostase do cálcio podem disparar a apoptose via estresse do retículo endoplasmático. Estresses prolongados nesta organela estão relacionados à patogênese de algumas doenças neurodegenerativas, como doenças de Alzheimer, de Parkinson e esclerose lateral amiotrófica.

É possível que determinados estímulos apoptóticos ativem diretamente as caspases, por outras vias independentes da intrínseca ou da extrínseca (sem a participação da mitocôndria ou dos receptores de morte). Foi observado em ensaios realizados com células Sak2 que substâncias promotoras de estresse no retículo promovem clivagem de PARP e a ativação das caspases 12, 9 e 3, mas não da caspase 8 (que participa da via extrínseca de indução de apoptose). Ainda, a ativação de tais caspases é independente da presença de Apaf-1, uma vez que células Sak2 Apaf-1$^{-/-}$ são sensíveis aos indutores de estresse no retículo endoplasmático, havendo ativação das caspases 9 e 3. Células embrionárias de fibroblasto de camundongo que não produzem nem Bax

210 Morte Celular: Apoptose e Necrose

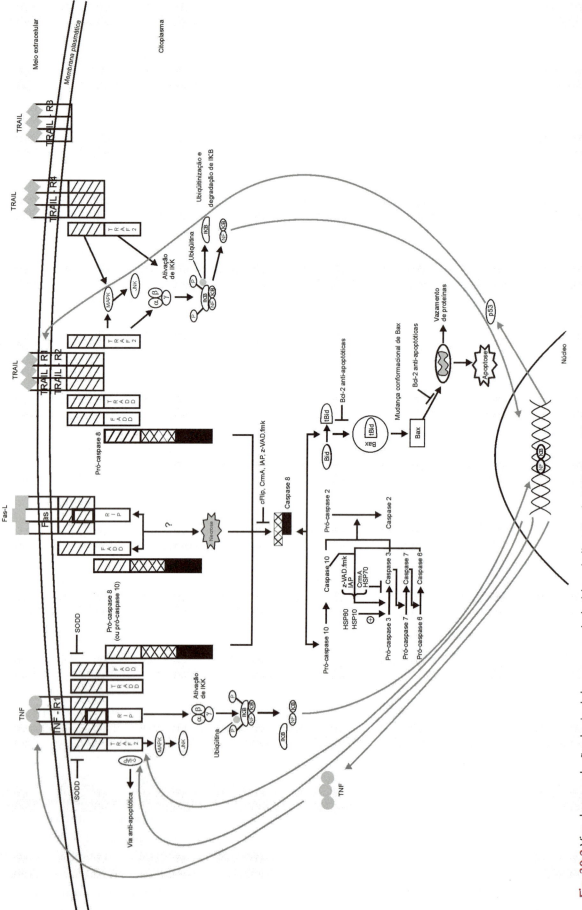

Fig. 30.2 Vias de transdução de sinal da apoptose induzida pela ligação de TNF, Fas e TRAIL aos receptores de morte transmembrânicos. Proteínas adaptadoras são recrutadas pelos domínios de morte após a trimerização do receptor. O recrutamento de FADD estimula a via pró-apoptótica por ativação da caspase 8. No caso de Fas, o recrutamento de FADD e RIP pode levar à necrose por mecanismos não esclarecidos. Os receptores de TNF e de TRAIL (TRAIL-R1, TRAIL-R2 e TRAIL-R4) também podem ativar a via anti-apoptótica através de TRAF2. RIP (no caso de Fas) e TRAF2 (no caso de TRAIL) ativam o fator NF-κB, que pode ser pró- ou anti-apoptótico, ou ainda, mediar processos inflamatórios. A clivagem da proteína Bid pode provocar aumento de permeabilidade mitocondrial, ocasionando o vazamento de proteínas que ativam a caspase 9. Este evento faz com que a mitocôndria também participe da apoptose induzida pela via extrínseca, conectando as vias de indução intrínseca e extrínseca da morte celular (Cohen, 1997; Chen & Goeddel, 2002; Waiant, 2002; Baetu & Hiscott, 2002; Schmitz et al., 2000).

nem Bak são resistentes à apoptose disparada pelo retículo endoplasmático, sugerindo que Bax e Bak possam atuar em algum local do retículo ou que injúria a esta organela possa convergir para a via intrínseca. Talvez, Bax e Bak possam interferir funcionalmente de alguma maneira com a caspase 12. É possível também que estresses prolongados levem a um dano irreversível que pode envolver a ação conjunta do retículo endoplasmático e da mitocôndria, além das moléculas pró-apoptóticas associadas a ambos, como o citocromo *c*, que está presente na mitocôndria.

Diversos autores demonstram relação específica entre estresse no retículo endoplasmático e a ativação de caspase 12. Porém, a cascata que segue a ativação da caspase 12 ainda não está esclarecida. Esta caspase está presente na porção citoplasmática do retículo e é expressa em concentrações altas no músculo, fígado e rins, e moderadamente no cérebro de camundongos. Como a mitocôndria, o retículo armazena proteínas pró- e anti-apoptóticas. As pró-apoptóticas conhecidas são a caspase 12, p28Bap31 e GADD153. As anti-apoptóticas são a chaperonina GRP78, calreticulina, isomerase proteína-dissulfeto, ORP-150 e DAD1. Apesar da identificação destes reguladores da apoptose, as vias que conectam o estresse do retículo endoplasmático e a apoptose permanecem não esclarecidas. Foi demonstrada a formação do complexo GRP78/pró-caspase 12/pró-caspase 7. Estímulos prolongados resultam na destruição deste complexo e na liberação da caspase 12 ativa, que pode ativar a caspase 9, culminando na apoptose (veja Fig. 30.1). Outros ativadores da caspase 12 são o complexo IRE1-TRAF2 e a calpaína (embora alguns estudos sugiram que as calpaínas ajam como reguladoras negativas das caspases, por inativarem as caspases 9 e 3). Não se sabe como a via da caspase 12/caspase 7 difere da via caspase 12/calpaína e qual a relevância de cada via (Rao *et al.*, 2002; Nakagawa *et al.*, 2000; Joza *et al.*, 2002).

RECONHECIMENTO FAGOCÍTICO DAS CÉLULAS APOPTÓTICAS

Aparentemente, várias etapas preparam a célula apoptótica para ser fagocitada por células vizinhas. O reconhecimento fagocítico se processa notadamente por macrófagos. A externalização de fosfatidilserina ocorre em várias formas descritas de apoptose. A fosfatidilserina é um fosfolipídio normalmente presente na camada interna da membrana plasmática que, quando externalizado, promove a perda da assimetria na composição dos fosfolipídios, identificando a superfície da célula apoptótica para ser fagocitada por macrófagos ou células vizinhas. Tal fato faz com que a fagocitose ocorra antes da perda da integridade da membrana, prevenindo inflamação e lesões teciduais (Amarante-Mendes, 1997).

Outro evento que evita que a célula apoptótica perca a integridade de suas membranas é o entrecruzamento de proteínas que ocorre por ativação da enzima transglutaminase. Esta enzima promove ligações covalentes e cruzadas entre proteínas celulares (que podem romper-se na formação dos corpos apoptóticos), aumentando a estabilidade da membrana plasmática. Isso faz com que não ocorram vazamentos de constituintes intracitoplasmáticos, evitando a inflamação (Nemes *et al.*, 1996).

REGULADORES DA APOPTOSE

A Família Bcl-2

A família de proteínas Bcl-2 localiza-se no retículo endoplasmático, membrana nuclear, citoplasma e membrana mitocondrial externa, tendo estas últimas localizações papel conhecido e importante na apoptose. São proteínas reguladoras, que integram sinais de morte ou de sobrevivência celular para ativar ou não a maquinaria da apoptose. Bcl-2 se divide em três subfamílias: duas delas que possuem multidomínios BH (*Bcl-2 Homology regions*), que são anti-apoptóticas (Bcl-2, Bcl-X_L, Bcl-w, Mcl-1 e A1/Bfl-1) ou pró-apoptóticas (Bax, Bak, Mtd/Bok e Bcl-rambo). Os domínios comuns destas proteínas são BH1, 2, 3 e 4. A outra subfamília são as pró-apoptóticas que possuem somente o domínio BH3, as chamadas "*BH3-only proteins*" (Bad, Bik/Nbk, Bid, Bim/Bod, Hrk/DP5, Noxa, Blk, Bnip3/Nix, Bnip3L, Puma, p193, Bmf e Bcl-G). As duas primeiras subfamílias (multidomínios) protegem ou destroem a integridade das membranas mitocondriais, respectivamente. As "*BH3-only*" são ligantes que ativam os membros das pró-apoptóticas multidomínios ou inativam as anti-apoptóticas. Alterações na expressão, localização subcelular, estado de fosforilação e processamento proteolítico das proteínas Bcl-2 determinam se o programa de morte será ativado. Muitas das proteínas da família Bcl-2 possuem papel redundante no disparo da apoptose, e o tipo celular também parece influenciar a ação das proteínas. Enunciaremos o mecanismo de ação de algumas das proteínas desta família.

– <u>Bcl-2 pró-apoptóticas</u>: em resposta a um estímulo apoptótico, Bax e Bak formam complexos que se integram na membrana mitocondrial externa, após passarem por mudanças conformacionais induzidas pelo estímulo. Bax possui localização citoplasmática ou perimitocondrial, sofrendo translocação após estimulação, e Bak já está presente na membrana da mitocôndria. Apenas os multímeros de Bax (não os monômeros) induzem a liberação do citocromo *c* da mitocôndria. Parece que apenas uma pequena fração destes multímeros é capaz de formar poros condutores que ocasionam o vazamento das proteínas para fora da mitocôndria. Outro mecanismo é a permeabilização da membrana mitocondrial por ação dos complexos. Assim, Bax e Bak são exemplos de funções redundantes, e células que não possuem estas duas proteínas simultaneamente são resistentes à apoptose induzida por diversos estímulos. Tais proteínas são a chave para muitos se não todos os estímulos intrínsecos de morte, e também são importantes quando a morte por via extrínseca requer o envolvimento da mitocôndria. Estas proteínas podem, ainda, induzir mudanças conformacionais em canais da membrana mitocondrial como o VDAC, que se torna permeável ao citocromo *c* e a outros fatores pró-apoptóticos. O VDAC também pode formar um poro condutor protéico na mitocôndria independentemente da permeabilidade mitocondrial, que pode ter um papel importante na apoptose de mamíferos conforme discutido anteriormente. Alguns estudos demonstraram que a proteína anti-apoptótica Bcl-X$_L$ pode inibir a abertura do VDAC, ao passo que outros demonstraram que Bcl-X$_L$ não interfere no canal. O VDAC também está envolvido no rearranjo da localização das proteínas intermitocondriais. Por exemplo, promove a migração do citocromo *c* das cristas para o espaço intermembranas da mitocôndria.

As proteínas "*BH3-only*" são sensoras do sinal de morte, sentinelas do dano celular, sugerindo-se que pertençam a duas categorias: uma ativadora de Bax e Bak, e outra inativadora das Bcl-2 anti-apoptóticas. Desta maneira, podem conectar o sinal de morte aos membros da família Bcl-2 pró-apoptóticos multidomínios e à maquinaria da apoptose, ou impedir a ação protetora dos membros anti-apoptóticos multidomínios.

Após o estímulo apoptótico, as "*BH3-only*" são modificadas por diferentes mecanismos e translocam-se para a mitocôndria, provocando a permeabilização da membrana mitocondrial (MMP). Bad, na forma inativa fosforilada, fica seqüestrada no citoplasma por interação com a proteína 14-3-3τ. Durante a apoptose, é desfosforilada e pode interagir com Bcl-2 e/ou com Bcl-X$_L$, inativando-as. Bim e Bmf estão normalmente ligadas ao citoesqueleto (microtúbulos e filamentos de actina, respectivamente) e também se translocam após estímulo apoptótico, inibindo a Bcl-2. A proteína Bid pode ser clivada pela caspase 8 ou pela granzima B, originando a tBid (*truncated Bid*), que é capaz de ativar Bax e Bak a formar multímeros por alterar a conformação destas. É possível também que tBid interaja com um inibidor da multimerização de Bax, inativando-o. Alternativamente, tBid pode ativar Bax ao alterar os lipídios da membrana mitocondrial (ligando-se à cardiolipina), causando desestruturação da mesma.

– Bcl-2 anti-apoptóticas: existem diversas hipóteses para o mecanismo protetor das Bcl-2 anti-apoptóticas multiméricas. Uma delas é que se ligam nas pró-apoptóticas multiméricas e "*BH3-only*" através de seus domínios BH3, que se encaixam em um bolso hidrofóbico formado pelos domínios BH dos membros pró-apoptóticos. Bcl-2 se localiza na membrana mitocondrial, ao passo que Bax e a maior parte das "*BH3-only*" são não mitocondriais. Por isso, é provável que Bcl-2 interaja com as proteínas pró-apoptóticas na forma ativada (que se translocam para a mitocôndria). Alguns estudos demonstram que a interação com Bax não é o mecanismo principal da ação anti-apoptótica de Bcl-2, mas sim a inativação das proteínas "*BH3-only*". Por outro lado, outros estudos sugeriram que a simples interação de Bcl-2 com os membros pró-apoptóticos não seja essencial para a atividade anti-apoptótica, devendo existir outro mecanismo para tal ação. Outra hipótese é a formação de homodímeros anti-apoptóticos, que pode prevenir o aumento da permeabilidade mitocondrial por mecanismo ainda não elucidado. Bcl-2 pode também inibir os canais VDAC. Assim, as proteínas anti-apoptóticas podem seqüestrar as pró-apoptóticas ou associar-se entre si, impedindo a formação de poros ou o aumento da permeabilidade mitocondrial. Depreende-se então que a abundância relativa entre as proteínas da família Bcl-2 pró- e anti-apoptóticas possa determinar a susceptibilidade à morte programada da célula, embora estes mecanismos ainda sejam debatidos. Seguindo esta linha de raciocínio, um dos modelos propostos é o de que um membro anti-apoptótico (Bcl-2, por exemplo) inibe a apoptose independentemente dos membros pró-apoptóticos (Bax, por exemplo), além de inibir a indução da apoptose por Bax. Analogamente, Bax induz apoptose independente de Bcl-2 e impede a inibição por Bcl-2 (Tsujimoto, 2003; Joza *et al.*, 2002; Gupta, 2001; Ferri & Kroemer, 2001a; Yang & Korsmeyer, 1996; Reed, 1997; Chau & Korsmeyer, 1998; Kelekar & Thompson, 1998).

A família Bcl-2 também está associada a vários outros mecanismos da apoptose, como sua ação antioxidante e seqüestradora de Apaf-1 (o que impede a formação do apoptossomo). Além de poderem ser anti-apoptóticas, as proteínas Bcl-2 podem também prevenir a necrose (Vander-Haiden *et al.*, 1997; Shimizu *et al.*, 1998; Cai *et al.*, 1998; Adams & Cory, 1998; Sasaki *et al.*, 1996).

De modo diferente do que acontece com caspases e citocromo *c*, as proteínas das famílias anti- e pró-apoptóticas Bcl-2 sofrem grande regulação transcricional pela proteína supressora tumoral p53 (Ferri & Kroemer, 2001a).

Inibidores de Caspases

– CrmA: além das IAPs, antes mencionadas, a CrmA (*Cytokine response modifier A*) também inibe a apoptose após ativação das caspases. No mesmo tipo celular, existem vias sensíveis e resistentes à CrmA. Esta proteína também inibe distintamente as diferentes caspases. É capaz de inibir eficientemente as caspases 1, 4, 6 e 8, mas fracamente as caspases 2, 3, 7 e 10. É uma inibidora importante da morte celular induzida por Fas ou por TNF. É interessante o fato de que a maioria das vias inibidas por CrmA não são inibidas pelas proteínas da família Bcl-2 e vice-versa. Assim, CrmA parece estar envolvida na inibição das vias dos receptores transmembrânicos de morte, ao passo que Bcl-2 e Bcl-X$_L$ são ineficazes. As vias de apoptose induzidas por Fas e TNF não são bloqueadas por Bcl-2 nem pelo produto do gene E1B, mas sim por CrmA.

– p35: é um produto do gene do baculovírus *Autographa californica*. Inibe as caspases 1, 2, 3 e 4, obtendo-se máxima inibição em concentração equimolar de p35 e de caspase. As caspases clivam a p35, resultando na formação do complexo p35-caspase, que previne a iniciação da cascata das caspases.

– Peptídios inibidores: acetil-Tyr-Val-Ala-Asp-CHO (Ac-YVAD.CHO, sendo CHO um aldeído) e Ac-YVAD 7-amino-4-metilcumarina (Ac-YVAD-AMC) foram sintetizados como inibidores competitivos reversíveis e substratos fluorimétricos das caspases. O benzoilcarbonil-Val-Ala-Asp (Ome) flourometilcetona (z-VAD.fmk) é um tripeptídeo permeável à célula, inibidor irreversível potente e universal das caspases, inibindo a apoptose induzida por uma variedade de estímulos em diversos tipos celulares estudados. Muitas vias de morte celular são bloqueadas, mas não todas, como é o caso da apoptose induzida pela proteína Bax. A apoptose é inibida nos estágios iniciais, antes do processamento das caspases, evitando-se a clivagem da PARP e a formação de fragmentos provenientes da clivagem internucleossomal do DNA, entre outros eventos (Cohen, 1997).

Outras Proteínas Mitocondriais: Chaperoninas e Proteínas Relacionadas

– HSP70: a *Heat shock protein 70* pode inibir a apoptose induzida por TNF, ceramidas, SAPKs (*Stress Activated Protein Kinase* — SAPK é sinônimo de JNK) e drogas citotóxicas. O efeito na apoptose induzida por receptores parece ser receptor-dependente, e o mecanismo anti-apoptótico depende do sistema estudado. Por exemplo, esta molécula bloqueia a apoptose induzida por TNF, mas não por CD95. Em células submetidas ao choque térmico, a HSP70 bloqueia a ativação da caspase 3 e, na apoptose induzida por TNF ou por fármacos citotóxicos, bloqueia a cascata desta caspase. Outros efeitos citoprotetores são: a interação e inibição diretas do AIF (que ocorrem por mecanismo independente de sua função de chaperonina na célula), bloqueio da liberação de Smac e do citocromo *c*.

– HSP27: exerce efeito inibitório no apoptossomo, inibindo a caspase 9, mas não a liberação do citocromo *c* em células tratadas com etoposídio (fármaco citotóxico) (Schmitz *et al.*, 2000).

– HSP60 e HSP10: são pró-apoptóticas, ao contrário da HSP70 e da HSP27. A pró-caspase 3 forma um complexo com a chaperonina HSP60 e sua co-chaperonina HSP10 em células HeLa e Jurkat. Não se sabe como a HSP60 é translocada da matriz mitocondrial para o citossol para a ativação da caspase. Ambas atuam acelerando a maturação da pró-caspase 3 (Ravagnan *et al.*, 2002; Schmitz *et al.*, 2000).

Proteínas Quinases

– PI3-K/PKB: um dos alvos da PI3-K (*Phosphoinositide 3-Kinase*) é a PKB (*Protein Kinase B*). A via PI3-K/PKB é anti-apoptótica e regulada negativamente pela proteína fosfatase lipídica e protéica PTEN (*Phosphatase Tensin homologue deleted on chromosome TEN*), supressora tumoral. A PKB fosforila e inativa os indutores de apoptose Bad, caspase 9 e fatores de transcrição que induzem a expressão de FasL/CD95L. Diversas moléculas sinalizadoras de apoptose contêm sítios de fosforilação potenciais para PKB. Esta proteína é substrato da caspase 3, que a cliva e inativa os sinais anti-apoptóticos. A PI3-K inibe o processamento da caspase 8 na morte celular induzida por Fas/CD95.

– PKC: a ativação da PKC (*Protein Kinase C*) tem atividade anti-apoptótica, que é devida principalmente à inativação de membros pró-apoptóticos da família Bcl-2, como Bad e Bid. A PKC inibe a oligomerização de Fas/CD95; e a indução de morte celular por Fas/CD95, por sua vez, inibe a atividade da PKC. A ativação de certos membros da família PKC também pode ser pró-apoptótica. Por exemplo, a caspase 3 cliva e ativa a PKCδ, que é translocada para a mitocôndria, diminuindo o potencial transmembrânico e induzindo alterações nucleares (condensação e marginalização da cromatina e fragmentação do DNA).

– MAPK: *Mitogen-Activated Protein Kinases* são conhecidas mediadoras de proliferação celular e medeiam sinais pró-sobrevivência, dependentes ou não de transcrição gênica. Um mecanismo dependente de transcrição envolve a superexpressão de c-FLIP. O mecanismo independente de transcrição é o efeito na via do Fas/CD95. Também fosforilam a proteína Bad, independentemente de PKB (Schmitz *et al.*, 2000).

Inibidores de Apoptose Mediada por Receptores de Morte

– FLIPs: a susceptibilidade de apoptose mediada pelos receptores de morte Fas/CD95, TNF-R1, DR3 e DR4 não se limita à expressão das moléculas na membrana da célula, havendo também inibição intracelular da via por ação de uma família de proteínas virais inibidoras expressas por vírus de γ-herpes, as v-FLIPs (viral-*FLICE-Inhibitory Protein*), que contêm dois domínios efetores de morte. Os homólogos celulares são as c-FLIPs (FLAME-1/I-FLICE/Casper/CASH/MRIT/CLARP/Usurpina), presentes em duas formas. A forma longa (FLIP$_L$) contém dois domínios efetores de morte e um similar ao da caspase 8, mas com o sítio enzimático inativo. A forma curta (FLIP$_S$) contém apenas os dois domínios de morte. Ambas interagem com FADD e interferem na geração de caspase 8 ativa em células tipo I e tipo II e possivelmente na geração de caspase 10. Também inibem a morte celular induzida por anti-CD3. A morte celular pode depender da razão entre caspase 8 e c-FLIP. Por outro lado, a apoptose induzida por radiação γ, quimioterápicos e perfurina/granzima B não é inibida (Gupta, 2001; Schmitz *et al.*, 2000).

– SODD: a *Silencer Of Death Domains* é uma proteína (60 kDa) que se associa ao domínio de morte apenas do TNF-R1 e de DR3, mantendo o receptor em estado monomérico inativo. Não contém domínio de morte, mas se liga aos domínios de morte dos receptores, impedindo a ligação de moléculas sinalizadoras necessárias para a ativação das caspases ou do fator de transcrição NF-κB. Quando ocorre ligação do TNF ao TNF-R1, por exemplo, a proteína se desliga, ocasionando a trimerização e recrutamento de TRADD. Após o desligamento, esta molécula volta ao receptor em cerca de 10 minutos, finalizando a sinalização de morte. Deste modo, pode prevenir sinalização espontânea nos receptores de morte. A SODD sofre regulação transcricional em células T humanas (Gupta, 2001; Schmitz *et al.*, 2000; Chen & Goeddel, 2002).

p53 E APOPTOSE

A proteína supressora tumoral p53 possui uma seqüência específica de ligação ao DNA, reconhecendo os danos por este sofridos. As vias dependentes de p53 ajudam a manter a estabilidade genômica, eliminando células lesadas, pelo fato de a proteína estar envolvida na regulação da expressão de genes relacionados à interrupção do ciclo celular (como p21$^{WAF/CIP1}$, que interrompe o ciclo em G1) e a apoptose. Assim, quando o DNA sofre danos por radiação, quimioterapia, estimulação oncogênica etc., a p53 ativada induz a expressão de Bax e Noxa, e inibe a transcrição de Bcl-2, alterando a razão entre as proteínas Bcl-2 pró-apoptóticas e de sobrevida. Com excesso de multímeros de Bax na mitocôndria (desde que não haja mais Bcl-2 para se ligar à Bax), há indução da MMP e liberação do citocromo *c* para o citossol e indução de apoptose (Chau e Korsmeyer, 1998; Ferri & Kroemer, 2001b). A p53 também está envolvida em respostas que não envolvem dano ao DNA, como choque térmico, hipóxia, dano físico, privação metabólica etc. A regulação desta proteína é pós-traducional. A proteína MDM-2 inativa a p53, ligando-se a esta, inibindo seus efeitos e marcando-a para degradação proteossômica. Moléculas que se ligam à p53 ou à MDM2 (proteína Rb, JNK ativado por estresse, c-Abl) e separações intracelulares (como seqüestro nucleolar de MDM2 ou citoplasmático de p53) estabilizam a p53. Danos no DNA, como, por exemplo, por radiação, induzem a atividade de quinases como a Chk2 que fosforilam um resíduo de serina do domínio de ligação de MDM-2 à p53, impedindo a ligação. Assim, a p53 livre pode interromper o ciclo celular para reparar o dano sofrido ou induzir a apoptose. A p53 dispara a morte celular também pelos três passos seguintes: indução transcricional de genes relacionados à redox, formação de espécies reativas de oxigênio e degradação oxidativa de componentes mitocondriais (DeStanchina *et al.*, 1998; Gupta, 2001; Ferri & Kroemer, 2001a).

APOPTOSE E TRANSCRIÇÃO GÊNICA

Conforme citado anteriormente, a maquinaria para o disparo e o processamento da apoptose, como as caspases, o citocromo *c*, a Apaf-1, dentre outras proteínas, geralmente está presente em todas as células na forma inativada, de modo que a transcrição gênica, geralmente, não é necessária para a apoptose. Ao contrário, em muitas células as vias pró-apoptóticas estão tão ativas que a transcrição gênica é essencial para a produção de proteínas anti-apoptóticas, como aquelas da família Bcl-2 ou das IAPs. Neste caso, a inibição do processo de transcrição ou de tradução protéicas leva à morte celular (Ravagnan *et al.*, 2002; Martin *et al.*, 1996, 1990; Lin *et al.*, 1996; Thompson, 1998; Wyllie *et al.*, 1980).

Em muitos casos, entretanto, a modulação de transcrição gênica de agentes pró- e anti-apoptóticos tem um papel crítico na apoptose, como é o caso da morte de timócitos estimulada por glicocorticóides ou em vários tipos de morte celular que ocorrem durante a embriogênese. Mesmo a via extrínseca, que pode ser acionada até na ausência do núcleo, às vezes depende da transcrição gênica, como quando há alteração na expressão de um dos receptores de morte ou dos seus ligantes, alterando a via de pró- para anti-apoptótica ou vice-versa. Conforme discutido anteriormente, o TNF pode levar as células à morte em algumas situações ou promover a proliferação celular e a inflamação em outras. Em geral, isto depende das proteínas ligadoras do receptor. Por exemplo, se o receptor de morte recrutar a proteína TRAF em vez da caspase 8, então há ativação da via da JNK, que promove, por sua vez, a ativação do fator de transcrição NF-κB, importante agente promotor da proliferação e do processo inflamatório. Há muitas outras situações em que a via apoptótica depende de vias de transdução de sinal que regulam a transcrição gênica. Por exemplo, em tecidos neuronais, que não proliferam, os fatores de crescimento, como FGF, IGF, neurotrofinas e TGF, muitas vezes são chamados de agentes citoprotetores, já que protegem as células da morte celular. Tal efeito anti-apoptótico pode ser explicado pela ligação desses fatores de crescimento aos seus receptores de membrana, ativação de vias de transdução de sinal que modulam a transcrição gênica, aumentando a presença de proteínas anti-apoptóticas como aquelas da família da Bcl-2 e da IAP, e diminuindo a transcrição de genes para proteínas pró-apoptóticas como aquelas da família Bax (Huang & Oliff, 2001; Miller & Ragsdale, 2000; Niederhauser *et al.*, 2000; Lockshin & Zakeri, 2001; Aggarwal, 2000; Bradley & Pober, 2001).

DESREGULAÇÃO DO PROCESSO APOPTÓTICO

A apoptose é um mecanismo de eliminação seletiva de células cuja sobrevivência pode prejudicar o organismo.

A inibição da apoptose "fisiológica" prolonga a sobrevida celular, aumentando a probabilidade de ocorrerem mutações. Além disso, células que já apresentam mutações e não são eliminadas se duplicam, favorecendo o surgimento de transformações malignas. A inibição de vias apoptóticas também pode ser responsável por doenças auto-imunes; por exemplo, a síndrome auto-imune linfoproliferativa, causada por mutações no Fas/CD95, FasL/CD95L e caspase 10, e aquelas relativas à diminuída eliminação de linfócitos T em maturação no timo e de linfócitos B na medula óssea.

Por outro lado, a morte celular excessiva pode ser induzida por agentes patogênicos, como em imunodeficiências como a AIDS, que leva à depleção de linfócitos T CD4$^+$, ação de toxinas como a diftérica, entre outros. A apoptose excessiva também está ligada a doenças agudas, como alterações circulatórias (isquemia) e de temperatura, choque séptico, e crônicas, como as neurodegenerativas, por exemplo, a doença de Alzheimer (Webb *et al.*, 1997; Thompson, 1995; Schmitz *et al.*, 2000; Joza *et al.*, 2002; Ravagnan *et al.*, 2002).

MORTE CELULAR PROGRAMADA NÃO APOPTÓTICA

A subdivisão da morte celular em apoptose e necrose não contempla adequadamente todos os tipos de alterações celulares observadas por morfologistas. Alguns estudos descrevem uma forma de morte celular programada que difere da apoptose nos aspectos morfológicos, bioquímicos e na resposta aos inibidores de apoptose. Este tipo é observado comumente em células do sistema nervoso central, principalmente em certas doenças neurodegenerativas, como a doença de Huntington, e na esclerose lateral amiotrófica. Além disso, a morte celular observada nas doenças de Alzheimer e de Parkinson até o momento não foi descrita como sendo predominantemente apoptótica. Também há descrição desta forma alternativa em algumas etapas do desenvolvimento (como a "morte celular autofágica", a "citoplasmática ou morte 3B", como foram denominadas por alguns autores) e em indução de morte por isquemia (também chamada por alguns autores de "oncose"), nos casos em que surge aumento do volume celular.

Pouco se sabe a respeito dos aspectos bioquímicos relacionados às alterações morfológicas, da evolução do processo *in vivo*, e não se conhece como este tipo de morte celular afeta o sistema imune. Trata-se de morte programada pela necessidade de expressão gênica (transcrição e síntese *de novo* de proteínas). Morfologicamente, observa-se vacuolização citoplasmática, iniciada com inchaço da mitocôndria e do retículo endoplasmático, que pode progredir para o aumento do volume celular. Pode haver também a presença de alguns fagolisossomos. A membrana nuclear e a plasmática permanecem intactas, não há formação de *blebs* e de corpos apoptóticos, fragmentação de DNA ou externalização de fosfatidilserina. Mesmo na presença de inibidores de caspase, como o z-VAD.fmk, ou de Bcl-X$_L$, a morte celular ocorre. Um mutante catalítico do zimógeno da caspase 9 é capaz de prevenir este tipo de morte programada. Quando se utiliza o zimógeno normal da caspase 9, a forma apoptótica e a não-apoptótica podem ser desencadeadas. Ao inibir as caspases, a morte celular é convertida para a via não apoptótica, o que demonstra a necessidade da caspase 9 para a ocorrência de tal via (Castro-Obregón *et al.*, 2002; Chen *et al.*, 2002; Sperandio *et al.*, 2000; Jäättelä & Tschopp, 2003).

Sperandio *et al.* (2000) demonstraram que a morte das células 293T induzida pela expressão do gene do receptor do fator de crescimento semelhante à insulina tipo I (IGFIR — *Insulin-like Growth Factor I Receptor*) apresenta o padrão morfológico anteriormente descrito. Observou-se que esta via não-apoptótica — nestas células e para este tratamento — é mediada pela caspase 9, de maneira independente de Apaf-1 e de inibidores de caspases como o z-VAD.fmk, p35 e XIAP. Portanto, a caspase 9 tem atividade na morte celular apoptótica e não-apoptótica. Nos experimentos utilizando a técnica de *microarray* nestas células tratadas com IGFIR, observou-se que apenas 2% dos genes induzidos eram os mesmos na morte celular programada apoptótica e não-apoptótica.

Em células de glioma T9 transfectadas com fator estimulador de colônias de macrófagos (células T9-C2), observa-se a formação de vacúolos e inchaço da mitocôndria, aspecto que lembra a megamitocôndria descrita em células expostas a espécies reativas de oxigênio. Eventualmente, toda a célula pode ter seu volume aumentado. Algumas apresentam condensação da cromatina, porém esta não exibe o formato de lua crescente, além da célula não apresentar *blebs*. Estas células são positivas no ensaio de TUNEL (*Terminal deoxynucleotide transferase-mediated dUTP Nick-End Labeling*), que é positivo para células apoptóticas, mas também para não-apoptóticas. A co-transfecção do gene da proteína Bcl-2 nas células T9-C2 também não inibe o processo de morte celular.

Esta via não-apoptótica pode ser disparada pela ligação da substância P ao receptor de neurocinina-1 (NK$_1$R

— *Neurokinin-1 Receptor*) nos neurônios estriatais, corticais e do hipocampo, que apresentam as características morfológicas e bioquímicas descritas para este tipo de morte celular. A substância P e seu receptor estão distribuídos no sistema nervoso central e participam dos processos de dor, depressão, entre outros. Substância P-NK$_1$R representa o primeiro par ligante-receptor descrito envolvido na morte programada não apoptótica. A via das MAPK está envolvida na transdução de sinal do receptor NK$_1$R. A cinética da morte celular neuronal induzida por este par é relativamente lenta, ocorrendo entre dois a sete dias do tratamento das células com a substância P.

A partir do exposto, é preciso reconsiderar a caracterização da ocorrência de morte celular programada apenas por apoptose, já que há evidências deste tipo alternativo de morte programada, que também difere da necrose, embora estas duas últimas possuam os aspectos comuns de vacuolização do citoplasma, aumento do volume da mitocôndria e da célula, da ausência de resposta aos inibidores de caspases e do fato de não dependerem de Apaf-1.

A descoberta dos mecanismos desta forma de morte celular permitirá a compreensão dos aspectos evolucionários da morte celular programada, do desenvolvimento, da neurodegeneração, da terapia antitumoral e do desenvolvimento de novos fármacos contra doenças que matam as células por este padrão alternativo de morte programada (Castro-Obregón *et al.*, 2002; Chen *et al.*, 2002; Sperandio *et al.*, 2000; Jäättelä & Tschopp, 2003).

NECROSE

Agentes Causadores de Necrose

A ocorrência de necrose está relacionada a agressões severas que levam à queda acentuada na produção de ATP e/ou lesão à membrana, tais como hipóxia, anóxia ou isquemia, intoxicação por monóxido de carbono, cianeto, insuficiência cardiorrespiratória; agentes físicos e químicos como traumatismos mecânicos, exposição da célula a extremos de pH e temperatura, radiação, eletricidade, ácidos e bases fortes, álcool e drogas de abuso; agentes infecciosos, como vírus, bactérias, fungos. A necrose também pode ser imunomediada, como em choque anafilático, reações auto-imunes ou na ativação do sistema complemento. Por último, verifica-se a necrose também em doenças relacionadas a erros inatos do metabolismo e desequilíbrios nutricionais. Muitos desses agentes são também causadores de apoptose. A necrose, porém, é determinada por perturbações violentas, e a apoptose está associada a condições mais amenas (Cotran *et al.*, 2000; Wyllie *et al.*, 1980). Apesar de a necrose aparentemente ser uma forma violenta de morte celular e levar a danos em tecidos vizinhos e à inflamação, não deve sempre ser considerada de forma negativa. Acredita-se que a indução de necrose possa ser uma forma de proteção contra o câncer e infecções, quando a apoptose não atua suficientemente e a indução de inflamação pode ser uma alternativa efetiva. Além disso, a necrose parece surgir sob algumas condições fisiológicas, como durante a embriogênese, renovação normal de tecidos e durante a resposta imune (Proskuryakov *et al.*, 2003).

Características Morfológicas

As alterações celulares produzidas na necrose são mais facilmente visualizadas por técnicas histoquímicas e ultra-estruturais do que ao microscópio óptico comum. Dentre as características morfológicas da necrose, podem-se citar: tumefação e rompimento celular e das organelas, particularmente das mitocôndrias; aparecimento de vacúolos; acidofilia citoplasmática, desprendimento de ribossomos do retículo endoplasmático e desagregação dos polissomos e coagulação da cromatina. Nas etapas finais da necrose, quando todas as organelas se desfazem, as células ficam com aspecto diáfano e são chamadas de *ghost cells* (células-fantasmas). Após esta etapa, há rompimento total da célula e absorção dos resíduos pelas células vizinhas ou por fagócitos. Quando a necrose ocorre no tecido, geralmente há acometimento de várias células vizinhas, e o processo freqüentemente está associado à inflamação, uma vez que o rompimento celular leva ao vazamento de agentes lesivos ao tecido e pró-inflamatórios. Deve-se ressaltar que há diversos padrões celulares associados à necrose, dependendo do tipo celular em questão, do agente lesivo e de sua concentração (Wyllie *et al.*, 1980; Pompéia, 2000). Uma descrição mais detalhada da morfologia do processo necrótico pode ser encontrada em Wyllie *et al.* (1980).

Macroscopicamente, também existem vários tipos de necrose. Um aspecto comum é a diminuição da consistência do tecido e de sua elasticidade, quando o tecido fica friável, é facilmente perfurado e rompido. Alguns tipos de necrose são descritos a seguir. A necrose de coagulação, que ocorre em tecidos sob hipóxia ou isquemia, se caracteriza pela coagulação e desnaturação protéica, em que há preservação do contorno celular por algum tempo, determinando aumento da palidez e opacidade do tecido, que fica saliente no órgão. A liquefação do tecido necrótico,

associada à necrose liquefativa ou coliquativa, ocorre no sistema nervoso central, na adrenal e na mucosa gástrica em decorrência de infecções bacterianas e fúngicas. A formação de pus determina a necrose gangrenosa, como no interior de abscessos. Na necrose edematosa e hemorrágica, típica de infartos hemorrágicos, observa-se escurecimento do órgão por este se encontrar repleto de sangue. Para maiores detalhes, consultar Cotran *et al.* (2000) e Brasileiro Filho (1998).

Características Bioquímicas

A glicólise, o ciclo de Krebs e a fosforilação oxidativa são vias particularmente afetadas na morte necrótica e, independente do agente causador, os sítios bioquímicos acometidos são comuns.

A redução da síntese e a depleção de ATP causam prejuízos em processos sintéticos (proteínas, lipídios) e degradativos (renovação de fosfolipídios), em bombas de transporte de membrana dependentes de ATP, e têm como causas principais a hipóxia e a isquemia (muito estudadas em sistemas de cultura), além de toxinas. Nos casos de falta de oferta de O_2 (hipóxia), o organismo "desvia" a produção de energia para a via anaeróbica, a glicólise, que utiliza glicose, proveniente do sangue ou da glicogenólise, como substrato para a produção de ATP. Já na isquemia, além da deficiência de O_2, há falta de nutrientes para a via glicolítica, que pára tanto pela menor oferta de substratos, quanto pela inibição das enzimas por acúmulo de metabólitos não removidos pelo fluxo sanguíneo (Jennings & Reimer, 1991; Weinberg, 1991).

Em quadros de reperfusão após isquemia, a lesão pode agravar-se ainda mais quando o fluxo sanguíneo é restaurado. Isto ocorre pela conversão da xantina desidrogenase em xantina oxidase, que transforma oxigênio em superóxido; pelo choque osmótico, pelo aumento da concentração de Ca^{2+} decorrentes da súbita oferta de plasma à célula, pela formação de radicais livres por leucócitos ativados da parede do vaso ou pela mitocôndria, caso haja lesão a proteínas da cadeia respiratória (Choi, 1996; Lieberthal *et al.*, 1996; MacLellan & Schneider 1997; Brasileiro Filho, 1998).

A lesão da mitocôndria é causada por quase todos os agentes nocivos e tem como conseqüência o poro de transição de permeabilidade mitocondrial (PTPC) que impede a manutenção da cadeia respiratória, da diferença de potencial entre as membranas e do gradiente de pH na organela. Como discutido anteriormente, a mitocôndria também tem grande importância na apoptose. Assim, a mitocôndria "decide" se a célula morrerá por apoptose ou por necrose. Estes dois processos muitas vezes surgem de forma paralela ou concorrente. Caso a lesão celular seja muito extensa, a depleção de ATP e a formação de espécies reativas de oxigênio em alta quantidade podem desencadear a necrose por perda de controle osmótico da célula, lesão de membranas e ativação de hidrolases. Já quando as alterações na mitocôndria são menos intensas, é possível que ainda haja ATP suficiente para que as células mantenham atividades básicas e para a ativação do apoptossomo. Também é possível que a via apoptótica seja iniciada, mas seja substituída mais adiante pelo processo necrótico. Deve-se lembrar que há várias mitocôndrias em cada célula. Isto significa que, embora algumas mitocôndrias possam sofrer grande lesão, outras podem estar mais protegidas e continuar a síntese de ATP. Também vale ressaltar que, em uma dada população celular, algumas células podem estar em necrose, ao passo que outras podem estar em apoptose (Kroemer *et al.*, 1998; Green & Reed, 1998; Lemasters *et al.*, 1998; Pedersen, 1999; Bernardi, 1996; Jäättelä & Tschopp, 2003).

Mecanismos de Indução

AÇÃO DE RADICAIS LIVRES

A formação excessiva de espécies reativas de oxigênio resulta no estresse oxidativo, que é um desequilíbrio entre a geração e a remoção de produtos da reação do oxigênio com biomoléculas. Os radicais livres são formados nas células por radiação ionizante, por metabolismo de agentes químicos e drogas e por ação de enzimas específicas, como a óxido nítrico sintase, a NADPH oxidase, a xantina oxidase, a prolina oxidase, as proteínas do citocromo P-450 e as enzimas da cadeia respiratória (Riley, 1994). Assim, a geração de radicais livres está envolvida na morte celular por necrose (assim como por apoptose) causada por agentes químicos, radiação, intoxicação por gases, envelhecimento celular, inflamação, destruição de células infectadas e tumorais por fagócitos (Knight, 1995; Lubec, 1996; Jassem *et al.*, 2002).

Os radicais livres reagem com substâncias químicas inorgânicas e orgânicas, como proteínas, fosfolipídios de membrana e ácidos nucléicos. Ácidos graxos poliinsaturados da membrana, por exemplo, reagem com espécies radicalares, principalmente com radicais hidroxila, gerando novos radicais e propagando a reação em cadeia: é a peroxidação lipídica, que deforma a estrutura da membrana celular e desequilibra osmoticamente a célula. Vitaminas C, E e β-caroteno previnem a propagação da cadeia de reações radicalares. Quando existe produção de peróxidos lipídicos em grande quantidade, pode haver danos em lisossomos, retículo endoplasmático e mitocôndria, proporcionando o vazamento de Ca^{2+} e de enzimas que digerem o conteúdo celular. As espécies reativas de oxigênio também podem ocasionar a formação do poro de transição de permeabilidade mitocondrial. Os poros na mitocôndria permitem o vazamento da glutationa (GSH) que, desta forma, não pode mais impedir a oxidação de proteínas e enzimas na célula (Berlett & Stadman, 1997; Mitch & Goldberg, 1996). As proteínas são oxidadas com formação de ligações cruzadas por pontes dissulfeto, levando à perda de sua função (Kroemer *et al.*, 1998; Green & Reed, 1998; Lemasters *et al.*, 1998; Pedersen, 1999; Ferri & Kroemer, 2001a; Jassem *et al.*, 2002).

A prevenção da peroxidação lipídica, lesão do DNA e oxidação das proteínas se dá por ação de diversas enzimas, que têm papel protetor contra a ação das espécies reativas de oxigênio. Dentre estas, estão: superóxido-dismutase (SOD), que converte superóxido (O_2^-) em peróxido de hidrogênio (H_2O_2); catalase, que decompõe peróxido de hidrogênio; glutationa peroxidase, que reduz peróxidos à custa de glutationa; glutationa S-transferase e sistemas de proteínas associadas à tiorredoxina, que reduzem pontes dissulfeto (Cotran *et al.*, 2000; Brasileiro Filho, 1998; Jassem *et al.*, 2002).

ISQUEMIA, HIPÓXIA E ALTERAÇÃO NO VOLUME CELULAR

Quando cai a tensão de oxigênio (pO_2) na célula, há diminuição da fosforilação oxidativa por desacoplamento da mitocôndria. A ATP-sintase, que atua tanto na síntese de ATP quando a mitocôndria está polarizada, como na hidrólise de ATP para o reestabelecimento da polarização mitocondrial quando a mitocôndria está despolarizada, passa a hidrolisar ATP. Diversos processos celulares dependentes de energia, inclusive a apoptose, ficam então prejudicados.

A falta de ATP desativa bombas de íons como a Na^+, K^+-ATPase. Há efluxo de K^+, acúmulo de Na^+ intracelular e influxo de Ca^{2+}; sendo que este último pode causar danos mitocondriais. O aumento da osmolaridade gera influxo de água, provocando tumefação celular e das cisternas do retículo endoplasmático, já que este também possui bombas eletrolíticas dependentes de ATP. Os ribossomos se desprendem do retículo, e os polissomos se desfazem, diminuindo a síntese protéica.

Há vários autores estudando a alteração do volume celular associada à necrose, que pode aumentar em até 200% em 20 minutos. Em geral, a alteração do volume celular precede outros eventos da necrose, como o vazamento de Ca^{2+} e a MMP (permeabilização de membrana mitocondrial). Baixas concentrações de Na^+ intracelular e altas de ATP parecem ser requerimentos da apoptose, ao passo que o oposto, altas concentrações de Na^+ intracelular e baixas de ATP, está associado à necrose. Acredita-se que talvez a presença de altas concentrações de Na^+ intracelular não seja tão importante quanto a alteração nas concentrações de K^+, que pode ocorrer diretamente pelo sinal estressante e independe da regulação do volume celular. A diminuição do K^+ intracelular e a do volume celular são requerimentos absolutos para a apoptose, que pode ser controlada pela concentração iônica extracelular. Assim, alterações precoces na homeostasia celular parecem definir a via de morte celular: alguns sinais, como radicais livres, podem ativar simultaneamente a queda no volume associado à apoptose e o aumento do volume celular típico da necrose. As alterações necróticas começam pela ativação de canais catiônicos não seletivos (NSCC — *Non Selective Cation Channels*) na superfície celular e entrada de Na^+ (normalmente mantido a baixas concentrações no citoplasma). O aumento na concentração intracelular de Na^+ ativa a Na^+/K^+ ATPase, que consome grande quantidade de ATP. Por outro lado, a diminuição do volume celular associada à apoptose parece ocorrer pela liberação de K^+ intracelular (geralmente em altas concentrações) por canais de K^+. Por certo tempo, os fluxos iônicos estabelecem o volume celular. Caso a queda na concentração de ATP seja alta demais, a troca iônica continuará até que a saída de K^+ diminua, quando Na^+ acompanhado de Cl^- aumentam a osmolaridade celular, promovendo a entrada de água e o inchaço celular. Todavia, caso as concentrações de ATP sejam mantidas, a bomba de Na^+/K^+ mantém os valores intracelulares de Na^+ baixos, havendo prevalência da saída de K^+ e a diminuição do volume celular característico da apoptose (Barros *et al.*, 2001; Proskuryakov *et al.*, 2003).

Durante isquemia e hipóxia, a queda na produção de ATP pela fosforilação oxidativa leva ao acúmulo de NADH e $FADH_2$ (que reduzem a velocidade do ciclo de Krebs), ADP e AMP. A célula desvia seu metabolismo para a glicólise anaeróbica, acumulando lactato e fosfato inorgânico, diminuindo, portanto, o pH intracelular. Esta diminuição tem efeito inibidor sobre enzimas, como algumas classes de fosfolipase, estimulador de enzimas com pH ótimo ácido e estimulador da formação do poro de transição de permeabilidade mitocondrial. A acidose pode promover precocemente a agregação da cromatina nuclear em grumos grosseiros (Wyllie *et al.*, 1980; Lemasters *et al.*, 1993; Brasileiro Filho, 1998).

O influxo maciço de Ca^{2+} e a captação deste pela mitocôndria promovem alterações na permeabilidade das membranas mitocondriais. A falta de ATP prejudica a renovação normal dos fosfolipídios, geralmente mediada por fosfolipases. Por este motivo, acumulam-se na célula ácidos graxos livres, acilcarnitina e lisofosfolipídios, que também podem intercalar na membrana, aumentando ainda mais a permeabilidade desta (Choi, 1996). O citoesqueleto sofre dispersão e formam-se protuberâncias (*blebs*) na superfície celular e perda das microvilosidades.

Depleção acentuada de ATP, tumefação intensa da mitocôndria e dos lisossomos, lesão profunda na membrana plasmática, deposição de massa floculenta elétron-densa na matriz mitocondrial, marcando o ponto de não retorno, são características de uma lesão irreversível, que prossegue até a destruição completa da célula (Farber, 1994).

A lesão das membranas lisossomais provoca a liberação das enzimas para o citoplasma (DNases, RNases, proteases, fosfatases, glicosidases, catepsinas) e a ativação de suas hidrolases ácidas, digerindo o conteúdo celular. Mitocôndrias tumefactas podem sofrer autofagia, quando são envolvidas pelo retículo endoplasmático e destruídas (Lemasters *et al.*, 1998; Jäättelä & Tschopp, 2003). O núcleo aumenta de tamanho, a cromatina se dispersa e deixa de ser visualizada (cariólise). Toda basofilia é perdida, bem como os limites entre as organelas, formando as *ghost cells* (Pompéia, 2000).

As membranas permeáveis permitem o extravasamento do conteúdo citoplasmático e a entrada de material extracelular. A perda de aminoácidos como a glicina contribui para a lesão irreversível na membrana (Dong *et al.*, 1998a; Dong *et al.*, 1998b). A célula se resume, nessa etapa, a massas fosfolipídicas na forma de figuras de mielina, que podem ser saponificadas pelo Ca^{2+} (Choi, 1996). O rompimento celular suscita, então, uma reação inflamatória local.

Quando o tecido isquêmico é reperfundido, aumenta a produção de espécies reativas de oxigênio, de citocinas e de moléculas de adesão, que recrutam leucócitos para o local da lesão, aumentando ainda mais a extensão da mesma (Grynio, 1997).

AGENTES QUÍMICOS

A lesão por agentes químicos se dá por dois mecanismos gerais: por ligação covalente direta com um componente celular ou organela, como proteínas e fosfolipídios da membrana, ou por transformação do agente químico em metabólitos potencialmente tóxicos. No primeiro caso, células que absorvem, concentram ou secretam substâncias químicas são as mais afetadas. No segundo caso, o metabolismo da substância química se dá no citocromo P-450 no fígado e em outros órgãos, com a formação de radicais livres e peroxidação lipídica. Estes eventos podem resultar em degeneração ou morte celular tanto por apoptose como por necrose. Já as modificações no genoma podem resultar em transformações carcinogênicas. Se atuarem durante a gestação, causam efeitos teratogênicos (Synder, 1990; Coon et al., 1986; Proskuryakov et al., 2003).

Lesões causadas por um medicamento ou uma substância tóxica serão previsíveis, dependendo de dose, sexo, idade (crianças e idosos são mais susceptíveis), velocidade de metabolização, associação a outros agentes químicos ou com outras doenças preexistentes. Lesões imprevisíveis estão ligadas a fatores genéticos, momento fisiológico, de saúde e resposta imune, na qual a via de administração é importante (Brasileiro Filho, 1998).

Outros mecanismos de ação necrótica de agentes químicos que podem ser adicionados a culturas celulares incluem: dissolução de membranas por solventes, rompimento da membrana por ação de agentes cáusticos e ação emulsificante de agentes detergentes.

Na Fig. 30.3, um esquema-resumo dos mecanismos gerais de indução de necrose integra os aspectos bioquímicos principais apresentados no texto.

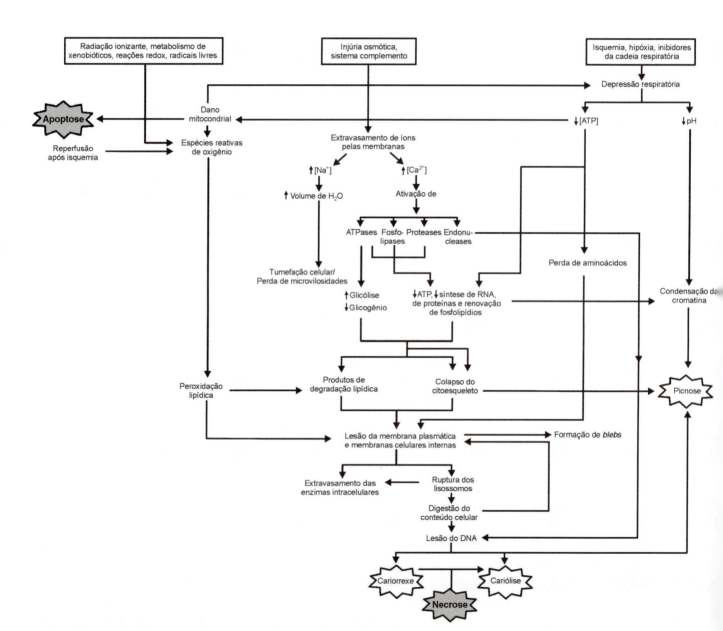

Fig. 30.3 Esquema dos eventos bioquímicos ocorridos durante a necrose, a partir de diversos estímulos indutores. Dependendo do contexto celular, a apoptose pode ser alternativamente disparada (Cotran et al., 2000; Wyllie et al., 1980).

CONSIDERAÇÕES SOBRE SENESCÊNCIA

Para os microbiologistas, um microrganismo vivo é aquele capaz de reproduzir-se. Em oposição, um microrganismo morto é aquele que, mesmo dadas as condições ótimas de crescimento, como meio adequado, temperatura, aeração etc., é incapaz de formar colônias. No caso de células removidas de organismos multicelulares, a definição de morte/vida dos microbiologistas não é adequada. Muitos tipos celulares, como neurônios e miócitos cardíacos, deixam de proliferar após certa etapa do desenvolvimento do animal. Entretanto, essas células permanecem durante todo o restante da vida com funções no organismo, consomem nutrientes e oxigênio, têm metabolismo ativo e secretam substâncias, sendo difícil considerá-las, portanto, mortas! Aliás, é comum que as células, para se tornarem ativas em sua função, necessitem sofrer diferenciação terminal, quando passam a ser incapazes de proliferar. Este é o caso, por exemplo, de neutrófilos, macrófagos, osteócitos e hemácias. Todos estes tipos celulares, se utilizados em cultura primária, podem continuar vivos, inclusive mantendo diversas características de suas funções. Entretanto, as células são incapazes de proliferar e eventualmente morrem.

Por outro lado, mesmo células de tecidos que apresentam intensa proliferação podem, quando colocadas em cultura primária, deixar de proliferar e morrer, mesmo sob as melhores condições de cultura. Este estado celular é chamado de senescência. Geralmente, este fenômeno irá ocorrer após um certo número de gerações, que depende do tipo celular e das condições às quais a célula é exposta. Mesmo numa população aparentemente homogênea de células, o número de gerações que cada célula pode gerar segue uma distribuição estocástica, algumas podendo se dividir mais do que outras.

Foi observado por alguns pesquisadores que o tempo de vida médio da espécie e a idade do organismo do qual as células derivam também são importantes no número de divisões que a célula pode realizar. Por exemplo, existem diferenças entre roedores e mamíferos superiores. Assim, as células derivadas de ratos dividem-se menos vezes do que as de humanos. Já entre diferentes pessoas, as células de indivíduos mais velhos dividem-se menos do que as células de jovens ou crianças.

Após um certo número de gerações, as células de toda a cultura param de se dividir e podem permanecer vivas e ativas por certo período (meses a anos), no chamado limite de Hayflick, após o qual a maioria morre por apoptose. A fase em que as células se mantêm vivas, mas a partir da qual não podem mais se dividir, é denominada senescência mitótica e surge com todos os tipos celulares eucariotos normais, mesmo leveduras. Inicialmente, houve muito interesse nessas observações, já que parecia ser possível correlacioná-las com o processo de envelhecimento do animal. Ou seja, haveria um modelo *in vitro* para o estudo do envelhecimento *in vivo*. Entretanto, muitas críticas têm sido feitas a estas observações iniciais. A correlação entre a vida média e a idade do animal e o número de mitoses que uma célula pode realizar muitas vezes não pode ser reproduzida. Além disso, o limite de Hayflick, observado em fibroblastos embrionários, provavelmente retrata o clone celular com maior capacidade mitótica e não a média da população celular. Por último, diferentes tecidos de um mesmo organismo têm "limites" distintos. Acredita-se atualmente que o envelhecimento *in vivo* ocorra por danos cumulativos às células, principalmente devido à ação de radicais livres, associado ao processo estocástico de entrada das células na fase senescente (Sedivy, 1998; Chiarugi *et al.*, 1994, 1997; Schneider & Mitsui, 1976; Röhme, 1981; Dimri *et al.*, 1995; Mathon & Lloyd, 2001; Rubin, 2002).

Por outro lado, provavelmente num mecanismo de autodefesa contra o câncer, agentes lesivos em condições subcitotóxicas, como radicais livres, peróxido de hidrogênio, luz UV, *tert*-butilidroperóxido, etanol, mitomicina C, hipóxia, irradiação gama, homocisteína e hidroxiuréa, podem levar à senescência precoce, também conhecida como SIPS (*Stress-Induced Premature Senescence*) (Sedivy, 1998; Chiarugi *et al.*, 1994, 1997; Schneider & Mitsui, 1976; Röhme, 1981; Toussaint *et al.*, 2002).

Nas culturas primárias de ratos, camundongos e hamsters, após a entrada em senescência ocorre a "crise", com morte da maioria. Cerca de 1 em 1 milhão de células sobrevive à crise e passa a ser capaz de proliferar indefinidamente, estando imortalizada. No caso de células humanas, após a crise inicial há uma segunda crise, que mata as células inicialmente resistentes, havendo imortalização apenas sob condições especiais de infecção de células com vírus e manipulações genéticas que interferem com os oncogenes e antioncogenes. Outra diferença entre células de roedores e humanos é que o número de células que sobrevivem à crise ($10^{-7}–10^{-5}$) é muito maior entre roedores. Células tumorais e linhagens celulares também têm mecanismos para evadir a senescência. Provavelmente, o maior rigor na imortalização de células humanas está associado à menor incidência de câncer em humanos (Smeal & Guarente, 1997; Autexier & Greider, 1996; Sedivy, 1998; Mathon & Lloyd, 2001).

O processo de senescência, assim como o de apoptose, é controlado geneticamente. No caso de células humanas, atribui-se a primeira crise ao efeito de antioncogenes ou genes supressores de tumor, principalmente ao p53. Este fator de transcrição responde a situações adversas para a proliferação celular, como a falta de nutrientes, a falta de espaço ou a degradação do DNA. Conforme mencionado anteriormente, dependendo do estímulo, o p53 bloqueia o ciclo celular, aguardando a melhora das condições inter- e extracelulares. Entretanto, em situações mais drásticas, p53 pode disparar a apoptose, levando a célula ao "suicídio". Outras proteínas provavelmente relacionadas à primeira crise incluem: pRb, p21 e p16. Muitas destas proteínas são inativadas por vírus de DNA, como o SV-40, poliomavírus e papilomavírus, que desta maneira garantem a sobrevivência e a proliferação da célula hospedeira. Provavelmente, por este motivo é mais fácil imortalizar células após a infecção com estes vírus. Convém salientar que a sobrevivência à crise também é importante no processo de tumorigênese, já que os tumores não iriam ser um problema grave se as células em alguma etapa parassem de proliferar. Curiosamente, muitos vírus de DNA têm a capacidade de causar tumorigênese, provavelmente via seqüestro de antioncogenes (Smeal & Guarente, 1997; Autexier & Greider, 1996; Sedivy 1998; Chiarugi *et al*, 1994; Mathon & Lloyd, 2001).

A segunda crise que ocorre com culturas primárias humanas está associada à destruição dos telômeros. Telômeros são porções terminais dos cromossomos, compostos de seqüências repetitivas, que conferem sua estabilidade, impedem a fusão entre si e os ancora ao núcleo celular. Durante o processo de duplicação do DNA, uma parte dos telômeros é perdida, já que a síntese de DNA requer uma porção inicial de RNA, complementar à fita copiada. Este pedaço inicial de RNA é então perdido, não sendo substituído por DNA. Após sucessivas divisões celulares, a perda de DNA nos telômeros torna-se tão grande que ficam instáveis e começam a ocorrer perda de genes e fusão ou quebra cromossomal. Entre os genes localizados próximos aos telômeros, estão alguns que codificam proteínas de controle do ciclo celular. Uma enzima que previne ou até reverte o processo de erosão dos telômeros é a telomerase, uma ribonucleoproteína com ação de transcriptase reversa que traz no bojo uma seqüência de RNA utilizada como fita complementar para a síntese das seqüências repetitivas de DNA no final dos cromossomos. O estudo de células em diversas etapas do desenvolvimento e no adulto mostra que a telomerase está presente nas células do embrião e em alguns tecidos com alta taxa de proliferação no adulto, como as células da espermatogênese e os leucócitos. Entretanto, após o nascimento a enzima deixa de ser expressa na maioria dos tipos celulares, quando se inicia o desgaste dos telômeros. Outra condição em que a telomerase é expressa é após a transformação celular no desenvolvimento do câncer. Cerca de 90% dos tumores analisados expressam telomerase, indicando que esta enzima é importante no processo de tumorigênese. Apesar das diversas evidências correlacionando imortalização celular com a expressão de telomerase, estudos atuais também questionam este tema. Apesar de os tecidos do animal adulto geralmente não expressarem telomerase, podem fazê-lo sob condições especiais, como quando há lesão ao tecido e necessidade de reparo. Além disso, existe caso de células que não expressam telomerase e são imortalizadas, e vice-versa. No primeiro caso, surgem evidências de que há um mecanismo alternativo para a manutenção dos telômeros (Smeal & Guarente, 1997; Autexier & Greider, 1996; Sedivy, 1998; Ovlovnikov, 1973; Chiarugi *et al.*, 1994; Chiarugi & Magnelli, 1997; Mathon & Lloyd, 2001; Rubin, 2002).

Além de proteínas supressoras de tumor e da telomerase, outra proteína importante para a senescência é a helicase, uma proteína importante na replicação, modulada nos portadores de doenças de envelhecimento precoce (Smeal & Guarente, 1997).

Quanto à senescência, é importante citar um processo semelhante ao controle anteriormente descrito de número de divisões celulares, mas que ocorre apenas durante o desenvolvimento do animal. Este processo está relacionado à definição do tamanho dos órgãos e diretamente associado ao número de divisões das células precursoras daquele órgão. Assim, tanto o elefante como o camundongo derivam de uma célula única, o ovo, mas têm órgãos de tamanhos diferentes. Para isto ocorrer, é necessário que as células do elefante se dividam mais vezes do que aquelas do camundongo no desenvolvimento de determinado tecido. Além disso, é necessário que haja um sistema de contagem de divisões celulares para que o órgão cresça apenas a determinado tamanho. Esta parada de proliferação é diferente daquela anteriormente explicada, nada impedindo que o órgão desenvolvido mantenha a capacidade de regeneração mesmo no animal adulto, como ocorre no fígado. Estudos realizados com oligodendrócitos, células que sintetizam mielina, e seus precursores indicaram que a contagem de gerações é inerente às células precursoras e está associada, entre outros candidatos, às ciclinas e seus inibidores (Durand *et al.*, 1998; Raff, 1996).

Características Morfológicas e Bioquímicas da Senescência

As células senescentes geralmente apresentam-se achatadas, com aumento de volume celular, elevada freqüência de anormalidades nucleares, e presença de vacúolos. Na senescência precoce induzida por estresse, há aparecimento de fibras de estresse (formada por β-actina), além da redistribuição de vinculina e paxalina. Bioquimicamente, um dos primeiros marcadores identificados foi a β-galactosidase associada à senescência. Esta enzima pode ser detectada em pH 6 tanto *in vivo* como *in vitro*. Há também superexpressão de apolipoproteína J, fibronectina e osteonectina, e reduzida transcrição de *c-fos* (Dimri *et al.*, 1995; Mathon & Lloyd, 2001; Toussaint *et al.*, 2002).

CONCLUSÕES

A apoptose é um tipo de morte celular programada que pode ser disparada principalmente pelas vias extrínseca, através dos receptores de morte presentes na membrana, ou intrínseca, através da mitocôndria. A mitocôndria é considerada a maior integradora dos estímulos apoptóticos, que são extremamente heterogêneos. Vários destes estímulos culminam na ativação das caspases, enquanto outros atuam de maneira independente destas cisteína-proteases, agindo através de nucleases (como a endonuclease G), de ativadores de nucleases (AIF) ou de serina-proteases (Omi/HtrΛ2). As caspases integram, ainda, as vias extrínseca e intrínseca. Além disso, a mitocôndria pode gerar espécies reativas de oxigênio, desacoplando e/ou inibindo a cadeia respiratória. Assim, a mitocôndria participa do processo decisório da ocorrência de apoptose ou de necrose. Nesta última, há perda da integridade da membrana celular pela peroxidação lipídica e inchaço celular por desequilíbrio osmótico. Neste caso, ocorre extravasamento do conteúdo intracitoplasmático com conseqüente processo inflamatório local. Na apoptose, não há inflamação, já que a membrana permanece íntegra e a célula é "silenciosamente desmontada" em corpos apoptóticos e fagocitada por macrófagos ou por células vizinhas. Por último, células capazes de se dividir podem, sob certas condições, deixar de proliferar e entrar em senescência. Esta não é uma forma de morte celular, mas sim outra forma de controle da população celular, impedindo a proliferação desenfreada ou a multiplicação de células danificadas. Os três processos citados: apoptose, necrose e senescência, parecem ter um papel importante em doenças degenerativas, no câncer e no envelhecimento observados *in vivo*. Em caso de cultura de células, entretanto, deve-se tomar muito cuidado na extrapolação de descobertas associadas à apoptose, necrose e senescência com o que ocorre *in vivo*, pois em muitos estudos não se verifica uma boa correlação (Ferri & Kroemer, 2001a; Ravagnan *et al.*, 2002; Cotran *et al.*, 2000).

REFERÊNCIAS BIBLIOGRÁFICAS

Adams, J. M., Cory, S. The Bcl-2 protein family: arbiters of cell survival. Science, 281:1322-6, 1998.

Aggarwal, B. B. Tumor necrosis factors receptor associated signalling molecules and their role in activation of apoptosis, JNK and NF-kappaB. Ann Rheum Dis, 59: i6-i16, 2000.

Amarantes-Mendes, G. P., Bossy-Wetzel, E., Brunner, T., Green, D. R. Apoptosis Assays. *In*: Spector, D. L., Goldman, R., Leinward, L. (ed.). Cell: A Laboratory Manual. Cold Spring Harbor. Cold Spring Harbor, Laboratory Manual On Cell Biology, 1997. p. 15.1-15.23.

Autexier, C., Greider, C. W. Telomerase and cancer: revisiting the telomere hypothesis. Trends Biochem Sci, 21:387-91, 1996.

Baetu, T. M., Hiscott, J. On the TRAIL to apoptosis. Cytokine Growth Factor Rev, 13:199-207, 2002.

Barros, L. F., Hermosilla, T., Castro, J. Necrotic volume increase and the early physiology of necrosis. Comp Biochem Physiol A Mol Integr Physiol, 130:401-9, 2001.

Berlett, B. S., Stadtman, E. R. Protein oxidation in aging, disease, and oxidative stress. J Biol Chem, 272:20313-6, 1997.

Bernardi, P. The permeability transition pore. Control points of a cyclosporine A — sensitive drial channel involved in cell death. Biochim Biophis Acta, 1275:5-9, 1996.

Bradley, J. R., Pober, J. S. Tumor necrosis factor receptor-associated factors (TRAFs). Oncogene, 20:6482-91, 2001.

Brasileiro Filho, G. Bogliolo Patologia Geral. 2.ª ed, Rio de Janeiro, Guanabara Koogan, 1998 p. 19-23, 36, 37, 48-50

Budihardjo, I., Oliver, H., Lutter, M., Luo, X., Wang, X. Biochemical pathways of caspase activation during apoptosis. Annu Rev Cell Dev Biol, v. 15, 1999. p. 269-90.

Cai, J., Yang, J., Jones, D. P. Mitochondrial control of apoptosis: the role of cytocrome c. Biochim Biophys Acta, 1366:139-49, 1998.

Castro-Obregón, S., Del Rio, G., Chen, S. F., Swanson, R. A., Frankowski, H., Rao, R. V., Stoka, V., Vesce, S., Nicholis, D. G., Bredesen, D. E. A ligand-receptor pair triggers a non-apoptotic form of programmed cell death. Cell Death Differ, 9:807-17, 2002.

Chang, H. Y., Yang, X. Proteases for cell suicide; functions and regulation of caspases. Microbiology and Molecular Biology Reviews, 64:821-46, 2000.

Chau, D. T, Korsmeyer, S. J. Bcl2-Family: regulators of cell death. Annu Rev Immunol, 16:395-419, 1998.

Chen, G., Goeddel, D. V. TNF-R1 signaling: a beautiful pathway. Science, 296:1634-5, 2002.

Chen, Y., Douglass, T., Jeffes, E. W. B., Xu, Q., Williams, N. A., Delgado, C., Kleinman, M., Sanchez, R., Dan, Q., Kim, R. C., Wepsic, H. T., Jadus, M. R. Living T9 glioma cells expressing membrane macrophage colony-stimulating factor immediate tumor destruction by polymorphonuclear leukocytes and macrophages via a "paraptosis"-induced pathway that promotes systemic immunity against intracranial T9 gliomas. Blood, 100:1373-80, 2002.

Chiarugi, V., Magnelli, L. Senescence, immortalization and cancer. Pharmacol Res, 35:95-8, 1997.

Chiarugi, V., Magnelli, L., Ruggiero, M. Apoptosis, senescence, immortalization and cancer. Pharmacol Res, 4:301-15, 1994.

Choi, D. W. Ischemia-induced neuronal apoptosis. Curr Opin Neurobiol, 6:667-72, 1996.

Cohen, G. M. Caspases: the executioners of apoptosis. Biochem J, 326:1-16, 1997.

Coon, M. J., Vaz, A. D., Bestervelt, L. L. Cytochrome P450 2: peroxidative reactions of diversozymes. FASEB J, 10:428-34, 1986.

Cotran, R. S., Kumar, V., Collins, T. Robbins Patologia Estrutural e Funcional. 6.ª ed. Rio de Janeiro, Guanabara Koogan, 2000. p. 1-26.

Darmon, A. J., Nicholson, D. W., Bleackley, R. C. Activation of the apoptotic protease CPP32 by cytotoxic T-cell-derived granzyme B. Nature, 377:446-8, 1995.

Desagher, S., Osen-Sand, A., Nichols, A., Eskes, R., Montessuit, S., Lauper, S., Maundrell, K., Antonsson, B., Martinou, J. C. Bid-induced conformational change of Bax is responsible for mitochondrial cytochrome c release during apoptosis. J Cell Biol, 144:891-901, 1999.

DeStanchina, E., Mc Currach, M. E., Zindy, F., Shieh, S. Y., Ferbeyre, G., Samuelson, A. V., Prives, C., Roussel, M. F., Sherr, C. J., Lowe, S. W. E1A signaling to p53 involves the p19 (ARF) tumor suppressor. Genes Dev, 12:2434-42, 1998.

Dimri, G. P., Lee, X., Basile, G., Acosta, M., Scott, G., Roskelley, C., Medrano, E. E., Linskens, M., Rubelj, I., Pereira-Smith, O., Peacocke, M., Campisi, J. A biomarker that identifies senescent human cells in culture and in aging skin *in vivo*. Proc Natl Acad Sci USA, 92:9363-7, 1995.

Dong, Z. *et al.* Development of porous defects in plasma membranes of ATP depleted Madin-Darby canine kidney cells and its inhibition by gicine. Lab Invest, 78:657, 1998a.

Dong, Z. *et al.* Intracellular Ca^{2+} thresholds that determine survival or death of energy deprived cells. Am J Path, 152:231, 1998b.

Durand, B., Fero, M. L., Roberts, J. M., Raff, M. C. p27Kip1 alters the response of cells to mitogen and is part of a cell-intrinsic timer that arrests the cell cycle and initiates differentiation. Curr Biol, Apr 9; 8(8):431-40, 1998.

Enari, M., Sakahira, H., Yokoyama, H., Okawa, K., Iwamatsu, A., Nagata, S. A caspase-activated DNase that degrades DNA during apoptosis, and its inhibitor ICAD. Nature, 391:43-50, 1998.

Farber, J. L. Mechanisms of cell injury by activated oxygen species. Environ Health Perspect, 102:17-24, 1994.

Ferri, K. F., Kroemer, G. Mitochondria — the suicide organelles. Bioessays, 23:111-5, 2001a.

Ferri, K. F., Kroemer, G. Organelle-specific initiation of cell death pathways. Nature Cell Biology, 3:E255-E263, 2001b.

Fontaine, E., Bernardi, P. Progress on the mitochondrial permeability transition pore: regulation by complex I and ubiquinone analogs. J Bioenerg Biomembr, 31:335-45, 1999.

Green, D. R., Reed, J. C. Mitochondria and apoptosis. Science, 281:1309-11, 1998.

Grynio, J. M. Reperfusion injury. Transplant Proc, 29:59-62, 1997.

Gupta, S. Molecular steps of death receptor and mitochondrial pathways of apoptosis. Life Sci, 69:2957-64, 2001.

Heusel, J. W., Wesselschmidt, R. L., Shresta, S., Russel, J. H., Ley, T. J. Cytotoxic lymphocytes require granzyme B for the rapid induction of DNA fragmentation and apoptosis in allogeneic target cells. Cell, 76:977-87, 1994.

Hu, S., Yang, X. Cellular Inhibitor of Apoptosis 1 and 2 Are Ubiquitin Ligases for the Apoptosis Inducer Smac/DIABLO. J Biol Chem, 278:10055-60, 2003.

Huang, D. C., Hahne, M., Schroeter, M., Frei, K., Fontana, A., Villunger, A., Newton, K., Tschopp, J., Strasser, A. Activation of Fas by FasL induces apoptosis by a mechanism that cannot be blocked by Bcl-2 or Bcl-x(L). Proc Natl Acad Sci USA, 96:14871-6, 1999.

Huang, P., Oliff, A. Signaling pathway in apoptosis a potential targets for cancer therapy. TRENDS in Cell Biology, 11:343-9, 2001.

Hunter, A. M., Kottachchi, D., Lewis, J., Duckett, C. S., Korneluk, R. G., Liston, P. A novel ubiquitin fusion system bypasses the mitochondria and generates biologically active Smac/DIABLO. J Biol Chem, 278:7494-9, 2003.

Jäättelä, M., Tschopp, J. Caspase-independent cell death in T lymphocytes. Nat Immunol, 4:416-23, 2003.

Jacobson, M. D., Weil, M., Raff, M. C. Programmed cell death in animal development. Cell, 88:347-54, 1997.

Jassem, W., Fuggle, S. V., Rela, M., Koo, D. D., Heaton, N. D. The role of mitochondria in ischemia/reperfusion injury. Transplantation, 73:493-9, 2002.

Jennings, R .B., Reimer, K. A. The cell biology of acute miocardial ischemia. Annu Rev Med, 42:225-46, 1991.

Joza, N., Kroemer, G., Penninger, J. M. Genetic analysis of the mammalian cell death machinery. Trends Genet, 18:142-9, 2002.

Juo, P., Woo, M. S., Kuo, C. J., Signorelli, P., Biemann, H. P., Hannum, Y. A., Blenis, J. Fadd is required for multiple signaling events downstream of the receptor Fas. Cell Growth Differ, 10:797-804, 1999.

Kelekar, A., Thompson, C. B. Bcl-2-family proteins: the role of the BH3 domain in apoptosis. Trends Cell Biol, 8:324-30, 1998.

Kerr, J. F. R., Wyllie, A. H., Currie, A. R. Apoptosis: a basic biological phenomenon with wide-ranging implications in tissue kinetics. Br J Cancer, 26:239-57, 1972.

Knight, J. A. Diseases related to oxygen-derived free radicals. Ann Clin Lab Sci, 25:111-21, 1995.

Kroemer, G. Introduction: mitochondrial control of apoptosis. Biochimie, 84:103-4, 2002.

Kroemer, G., Dallaporta, B., Resche-Rigon, M. The mitochondrial death/life regulator in apoptosis and necrosis. Ann Rev Physiol, 60:619-42, 1998.

Lemasters, J. J. *et al*. Reperfusion injury to heart and liver cells: protection by acidosis during ischemia and a "pH paradox" after reperfusion. *In*: Hochachka, P. W. *et al*. (eds.): Surviving Hypoxia: Mechanisms of Control and Adaptation. Boca Raton: CRC Press, 1993. p. 495-507.

Lemasters, J. J., Nieman, A. L., Qian, T., Trost, L. C., Elmore, S. P., Nishimura, Y., Crowe, R. A., Cascio, W.E., Bradham, C.A., Brenner, D.A., Herman, B. The mitochondrial permeability transition in cell death: a common mechanism in necrosis, apoptosis and autophagy. Biochim Biophys Acta, 1366:177-96, 1998.

Lieberthal, W., Levine, J. Mechanisms of apoptosis and its potential role in renal tubular epithelial cell injury. Am J Physiol, 271:F477-88, 1996.

Lin, X., Kim, C. N., Yang, J., Jemmerson, R., Wang, X. Induction of apoptotic program in cell-free extracts requirement for dATP and cytochrome c. Cell, Cambridge, 86:147-57, 1996.

Liu, X., Zou, H., Slaughter, C., Wang, X. DFF, a heterodimeric protein that functions downstream of caspase 3 to trigger DNA fragmentation during apoptosis. Cell, 98:175-84, 1997.

Lockshin, R. A., Zakeri, Z. Programmed cell death and apoptosis: origins of the theory. Nature Reviews in Molecular Cell Biology, 2:545-50, 2001.

Lubec, G. The hidroxil radical: from chemistry to human disease. J Invest Med, 44:324-46, 1996.

MacFarlane, M., Merrison, W., Bratton, S.B., Cohen, G. M. Proteasome-mediated degradation of Smac during apoptosis: XIAP promotes Smac ubiquitination in vitro. J Biol Chem, 277:36611-6, 2002.

MacLellan, W. R., Schneider, M. D. Death by design. Programmed cell death in cardiovascular biology and disease. Circ Res, 81:137-44, 1997.

Martin, S. J., Finucane, D. M., Amarante-Mendes, G. P., O'Brien, G. A., Green, D. R. Phosphatidylserine externalization during CD95-induced apoptosis of cells and cytoplasts requires ICE/CED-3 protease activity. J Biol Chem, 271:28753-6, 1996.

Martin, S. J., Lennon, S. V., Bonham, A. M., Cotter, T. G. Induction of apoptosis (programmed cell death) in human leukemic HL-60 cells by inhibition of RNA or protein synthesis. J Immunol, 145:1859-67, 1990.

Mathon, N. F., Lloyd, A. Cell senescence and cancer. Nat Rev, 1:203-13, 2001.

McDonnell, J. M., Fushman, D., Milliman, C. L., Korsmeyer, S. J., Cowbum, D. Solution structure of the proapoptotic molecule BID: a structural basis for apoptotic agonists and antagonists. Cell, 96:625-34, 1999.

Miller, R. J., Ragsdale, C. Transforming growth factor-beta: death takes a holiday. Nature Neuroscience, 3:1061-2, 2000.

Mitch, W. E., Goldberg, A. L. Mechanisms of muscle wasting. The role of the ubiquitin-proteasome pathway. N Engl J Med, 335:1897-905, 1996.

Nakagawa, T., Zhu, H., Morishima, N., Li, E., Xu, J., Yankner, B. A., Yuan, J. Caspase-12 mediates endoplasmic-reticulum-specific apoptosis and cytotoxicity by amyloid-beta. Nature, 403:98-103, 2000.

Nemes, Z. Jr., Friis, R. R., Aeschlemann, D., Saurer, S., Paulsson, M., Fesus, L. Expression and activation of tissue transglutaminase in apoptotic cell of involuting rodent mammary tissue. Eur J Cell Biol, 70:125-33, 1996.

Niederhauser, O., Mangold, M., Schubenel, R., Kusznir, E. A., Schmidt, D., Herter, C. NGF ligand alters NGF signaling via p75[NTR] and TrkA. Journal of Neuroscience Research, 61:263-372, 2000.

Ovlovnikov, A. M. A theory of marginotomy. The incomplete copying of template margin in enzymic synthesis of polynucleotides and biological significance of the phenomenon. J Ther Biol, 41:181-90, 1973.

Pedersen, P. L. Mitochondrial events in the life and death of animal cells: a brief overview. J Bioenerg Biomembr, 31:291-304, 1999.

Pompéia, C. Toxicidade do ácido araquidônico em leucócitos. São Paulo, 2000. p. 12-24. [Tese de doutorado. Instituto de Ciências Biomédicas da Universidade de São Paulo.]

Porter, A. G., Ng, P., Janicke, R. U. Death substrates come alive. Bioessays, 19:501-7, 1997.

Priault, M., Chaudhuri, B., Clow, A., Camougrand, N., Manon, S. Investigation of bax-induced release of cytochrome c from yeast mitochondria permeability of mitochondrial membranes, role of VDAC and ATP requirement. Eur J Biochem, 260:684-91, 1999.

Proskuryakov, S. Y., Konoplyannikov, A. G., Gabai, V. L. Necrosis: a specific form of programmed cell death? Exp Cell Res, 283:1-16, 2003.

Raff, M. C. Size control: the regulation of cell numbers in animal development. *Cell*. Jul 26; 86(2):173-5, 1996.

Rao, R. V., Castro-Obregon, S., Frankowski, H., Schuler, M., Stoka, V., Del Rio, G., Bredesen, D. E., Ellerby, H. M. Coupling endoplasmic reticulum stress to the cell death program. An Apaf-1-independent intrinsic pathway. J Biol Chem, 277:21836-42, 2002.

Ravagnan, L., Roumier, T., Kroemer, G. Mitochondria, the killer organelles and their weapons. J Cell Physiol, 192:131-7, 2002.

Reed, J. C. Double identity for proteins of the Bcl-2 family. Nature, 387:773-6, 1997.

Riley, P. A. Free radicals in biology: oxidative stress and the effects of ionizing radiation. Int J Radiat Biol, 65:27-33, 1994.

Röhme, D. Evidence for a relationship between longevity of mammalian species and life spans of normal fibroblasts in vitro and erythrocytes in vivo. Proc Natl Acad Sci , 78:5009-13, 1981.

Rubin, H. The disparity between human cell senescence *in vitro* and lifelong replication *in vivo*. Nat Biotech, 20:675-81, 2002.

Salvesen, G. S., Dixit, V. M. Caspases: intracellular signaling by proteolysis. Cell, 91:443-6, 1997.

Sasaki, H., Matsuno, T., Tanaka, N., Orita, K. Activation of apoptosis during the reperfusion phase after rat liver ischemia. Transplant Proc, 28:1908-9, 1996.

Schmitz, I., Kirchhoff, S., Krammer, P. H. Regulation of death receptor-mediated apoptosis pathways. Int J Biochem Cell Biol, 32:1123-36, 2000.

Schneider, E. L., Mitsui, Y. The relationship between in vitro cellular aging and in vivo human age. Proc Nat Acad Sci, 73:3584-8, 1976.

Schwarts, L. M. The faces of death. Cell Death, 2:83-5, 1995.

Schwarts, L. M., Smith, S. W., Jones, M. E., Osborn, B. A. Do all programs of cell death occur via apoptosis? Proc Natl Acad Sci, 90:980-4, 1993.

Sedivy, J. M. Can ends justify the means?: Telomeres and the mechanisms of replicative senescence and immortalization in mammalian cells. Proc Nat Acad Sci, 95:9078-81, 1998.

Shimizu, S., Egushi, Y., Kamiike, W., Funahashi, Y., Mignon, A., Lacronique, V., Matsuda, H., Tsujimoto, Y. Bcl-2 prevents apoptotic mitochondrial dysfunction by regulating proton flux. Proc Natl Acad Sci USA, 95:1455-9, 1998.

Skulachev, V. P. Cytochrome c in the apoptotic and antioxidant cascades. FEBS Lett, 423:275-80, 1998.

Smeal, T., Guarente, L. Mechanisms of cellular senescence. Curr Opin Genet Dev, 7:281-7, 1997.

Sperandio, S., Belle, I., Bredesen, D. E. An alternative, nonapoptotic form of programmed cell death. Proc Natl Acad Sci, 97:14376-81, 2000.

Susin, S. A., Zamzani, N., Kroemer, G. Mitochondria as regulators of apoptosis: doubt no more. Biochim Biophys Acta, 1366:151-65, 1998.

Synder, J. W. Mechanisms of toxic cell injury. Clin Lab Med, 10:311-21, 1990.

Thompson, C. B. Apoptosis in the pathogenesis and treatment of disease. Science, 267:1456-62, 1995.

Thompson, E. B. Special Topics: apoptosis. Introduction. Ann Rev Physiol, 60:575-600, 1998.

Thornberry, N. A., Lazebnik, Y. Caspases: enemies within. Science, 281:1312-6, 1998.

Toussaint, O., Royer, V., Salmon, M., Remacle, J. Stress-induced premature senescence and tissue ageing. Biochem Pharmacol, 64:1007-9, 2002.

Tsujimoto, Y. Cell death regulation by the Bcl-2 protein family in the mitochondria. J Cell Physiol, 195:158-67, 2003.

Vander-Haiden, M. G., Chandel, N. S., Williamson, E. K., Schumacker, P. T., Thompson, C. B. Bcl-XL regulates the membrane potential and volume homeostasis of mitochondria. Cell, 91:627-37, 1997.

Wajant, H. The Fas signaling pathway: more than a paradigm. Science, 296:1635-6, 2002.

Wallace, D. C. Mitochondrial diseases in man and mouse. Science, 283:1482-8, 1999.

Webb, S. J., Harrison, D. J., Wyllie, A. H. Apoptosis: an overview of the process and its relevance in disease. Adv Pharmacol, 41:1-34, 1997.

Weinberg, A. G. Tumor necrosis factor alpha in the pathophysiology of necrotizing enterocolitis. Gastroenterology, 101:594, 1991.

Wyllie, A. H., Kerr, J. K. R., Currie, A. R. Cell death the significance of apoptosis. Int Rev Cytol, 68:251-306, 1980.

Yang, E., Korsmeyer, S. J. Molecular thanatopsis: a discourse on the BCL2 family and cell death. Blood, 88:386-401, 1996.

Capítulo 31

Uso de Marcadores Fluorescentes em Cultura de Células — Análise de Imagem

ÉRICA PAULA PORTIOLI SILVA

As células começaram a ser visualizadas sob microscópio óptico a partir do século XIX. Desde este período, o avanço da microscopia permitiu aumentar milhares de vezes a qualidade das imagens e a quantidade de estudos que podem ser feitos usando células em cultura.

A observação de células em microscópio de luz comum se dá através do material biológico fixado e corado. As técnicas de coloração podem ser usadas para verificar aspectos morfológicos ou identificar compostos celulares.

Um passo importante nessa trajetória foi a introdução da microscopia digital, associada ao emprego de moléculas chamadas de fluoróforos ou corantes fluorescentes. O surgimento da técnica de microscopia deve-se ao conhecimento dos princípios básicos de fluorescência, no qual compostos químicos são usados para produzir fluorescência no material em estudo (por exemplo, células), ajudando a visualizar com maior nitidez estruturas ou processos dos objetos estudados. As moléculas podem ser marcadas com substâncias fluorescentes, e, com isso, podem-se analisar a presença de um determinado metabólito em um tipo celular, sua distribuição entre as organelas, além de permitir a avaliação de parâmetros de potencial de membrana, fluxo de íon, variação de pH, fluidez de membrana, e presença ou ausência de um fragmento de DNA.

A técnica de microscopia de fluorescência se desenvolveu muito rapidamente, e a conexão com vídeos e computadores permite que se ampliem as aplicações de técnicas fluorescentes baseadas em imagem. As principais causas desse desenvolvimento se devem ao fato de que as técnicas não são invasivas, possuem alta sensibilidade, e é viável a associação de técnicas fluorescentes com imagens. O processamento das imagens pelo computador promove um aumento da qualidade das imagens, permitindo também aplicações qualitativas, como o mapeamento *in vivo* de cálcio intracelular ou pH, ou ainda o corte bidimensional seguido por reconstrução tridimensional da célula.

A grande vantagem da fluorescência como uma técnica óptica é a possibilidade de investigar amostras *in vivo* e *in vitro* sob condições biológicas.

A disponibilidade de anticorpos marcados com fluorescência e *probes* para a localização de proteínas, ácidos nucléicos, lipídios e para determinação de concentração de íons, pH e potencial de membrana permite estudar os detalhes da organização celular e a função com precisão.

A fluorescência é o resultado de um processo de três estágios em que ocorrem nos fluoróforos. O primeiro é o estágio em que ocorre a excitação — um fóton de energia é gerado por uma fonte externa que pode ser uma lâmpada incandescente ou uma fonte de *laser*. Essa energia é absorvida pelo fluoróforo. O estágio 2 está relacionado com o tempo do estado de excitação, o qual ocorre por um intervalo de tempo finito (aproximadamente $1 - 10 \times 10^{-9}$ s). O último estágio corresponde à emissão da fluorescência (luz) — um fóton de energia é emitido, e, com isso, o fluoróforo retorna ao seu estado inativo.

O processo inteiro é cíclico. O fluoróforo pode ser repetidamente excitado e detectado, a menos que seja irreversivelmente destruído no estado excitado.

Para se ter um sistema de detecção da fluorescência, são essenciais quatro elementos: a fonte de excitação, o fluoróforo, os filtros que selecionam diferentes comprimentos de onda e que separam os fótons de emissão dos de excitação, e o detector que registra o sinal de emissão ou uma imagem fotográfica.

Os instrumentos que podem ser usados como detector são: espectrofluorômetro, microscópio de fluorescência, ou citômetro de fluxo. Neste capítulo, será abordado apenas o microscópio de fluorescência.

MEDIDAS DE FLUORESCÊNCIA

Ao se utilizarem compostos fluorescentes, além de ser possível medir diferentes parâmetros com o uso de sondas específicas, também podem-se determinar: a intensidade da fluorescência, o espectro de emissão, o espectro de excitação, o espectro de absorção, a polarização e o tempo de "vida" do fluorescente.

Para medidas de fluorescência, basicamente são necessários: uma fonte de luz, a amostra e um detector. O sinal fluorescente pode ser detectado da superfície de um organismo, bem como de fragmentos de tecidos, de células aderidas em lâminas, suspensões celulares em cubetas ou imagens de microscópio de fluorescência.

Para a fluorescência detectada em microscópio, as imagens nos fornecem muito mais informações do que qualquer outra medida de fluorescência. Os parâmetros de fluorescência são determinados simultaneamente em todos os pontos da imagem da célula em uma taxa correspondente à freqüência de televisão. As desvantagens da técnica de imagem são o alto custo e a limitação técnica no processamento da imagem (velocidade, resolução) que, provavelmente, será resolvido em um futuro próximo, devido ao grande desenvolvimento de novos computadores e câmeras fotográficas.

ABSORÇÃO E EMISSÃO

A absorção de um *quantum* de luz é acompanhada por uma transição na molécula de seu estado inferior para qualquer estado de excitação. Essa excitação ocorre em 10^{-12}s. Assim, a molécula "relaxa" no estado excitado (estado de menor energia) voltando ao seu estado inativo.

Quando um fóton (qualquer tipo de radiação luminosa, inclusive a UV) é emitido, é chamado de fóton luminescente e, dependendo do caminho seguido, subclassificado como fluorescência, fosforescência ou fluorescência atrasada.

Fluorescência é o caso mais comum de luminescência; representa a emissão de um fóton que acompanha o caminho da molécula fluorescente desde seu estado excitado até o retorno para seu estado inativo.

Fosforescência é a luminescência que acompanha o caminho da molécula fluorescente de seu estado mais inferior até retornar para seu estado inativo. É muito comum a baixas temperaturas, como nitrogênio líquido ou hélio, mas é rara à temperatura ambiente e mais rara ainda em temperaturas fisiológicas.

Fluorescência atrasada é exibida por moléculas que trocam seus estados de um *singlete* excitado ao *triplete* e voltam ao *singlete*. Seu espectro é idêntico à fluorescência "normal", mas seu aparecimento é mais tardio e decai muito mais lentamente após a excitação.

O espectro de absorção mostra a dependência do grau de absorção de luz pela amostra em um comprimento de onda. A absorção e a emissão da luz se localizam em diferentes regiões do espectro de luz. O comprimento de onda de emissão é quase sempre maior do que o comprimento de onda de excitação. É essa diferença de comprimento de onda que torna possível a observação da luz emitida em microscopia. A intensidade da luz emitida é mais fraca do que a luz de excitação, assim como a energia emitida é muito mais fraca do que a necessária para a excitação. Isso varia de acordo com o fluoróforo, e essa diferença é a responsável pelas características do composto (veja Tabela 31.1).

MECANISMO DE COLORAÇÃO POR CORANTES FLUORESCENTES

A coloração seletiva de diferentes constituintes celulares ocorre por mecanismos distintos: um deles se dá pela concentração do corante em determinadas regiões celulares, devido à afinidade química dos corantes aos compartimentos celulares. Corantes básicos são ligados a altas concentrações de materiais ácidos, tais como ácidos nucléicos e glicosaminoglicanas, ao passo que corantes com alta solubilidade em lipídios se ligam às membranas e gotículas de gordura. Uma aplicação amplamente usada é a da conjugação de anticorpos a fluorocromos e a utilização destes na imunocitoquímica e na hibridação *in situ* fluorescente (FISH).

Mesmo corantes "específicos", tais como Hoechst e brometo de etídio, podem se ligar inespecificamente a alguns materiais celulares, particularmente nas situações em que o corante e/ou material interferente estejam presentes em altas concentrações. A marcação inespecífica também pode ocorrer se fatores ambientais, tais como concentração de sal ou pH, estão fora da faixa da especificidade do corante.

Corantes Fluorescentes

Moléculas que exibem fluorescência são chamadas de fluoróforos ou fluorocromos. Assim que um fluoróforo absorve luz, a energia é usada para excitar os elétrons para um estado de energia mais alto. O processo de absorção é rápido e imediatamente seguido pelo retorno do elétron ao seu orbital de origem com a emissão de energia na forma de luz (fóton).

Corantes Vitais

A aplicação de tais corantes permite analisar a viabilidade celular. Os corantes usados para tal estudo não devem perturbar os parâmetros medidos nem comprometer a viabilidade das células em observação.

Corantes que podem entrar nas células vivas são descritos como "vitais", mesmo que a maioria desses corantes conhecidos para citologia clássica sejam também tóxicos para células nas concentrações usadas na coloração vital.

Incorporação de Corantes por Células Intactas

Um corante deve ser capaz de atravessar a membrana celular, ou por difusão, ou por algum tipo de transporte realizado por um mediador. Os corantes são moléculas pequenas relativamente lipossolúveis e são carregados positivamente ou têm carga elétrica neutra em pH fisiológico, na sua grande maioria. A alta solubilidade em lípidios favorece a difusão do corante do meio aquoso para a bicamada lipídica da membrana celular e para dentro de estruturas intracelulares. Moléculas de corantes carregadas positivamente são atraídas por constituintes celulares como glicosaminoglicanas e ácidos nucléicos que têm carga negativa.

Caso as moléculas fluorescentes não sejam capazes de atravessar as membranas das células vivas, há dois mecanismos básicos para que isso ocorra. O primeiro está relacionado à permeabilização da membrana. Isso pode ser feito fisicamente, com microinjeção ou permeabilização da membrana por colapso elétrico ou manipulação mecânica. As membranas também podem ser permeabilizadas através de tratamentos com agentes químicos, tais como lisolecitina. O corante passará da célula para o meio e vice-versa durante o tempo em que a membrana estiver permeável. A segunda estratégia envolve modificações químicas das moléculas dos corantes. Corantes ácidos, como fluoresceína, não atravessam a membrana celular diferentemente de seus ésteres eletroneutros. Uma vez dentro da célula, as moléculas de ésteres são rapidamente hidrolisadas, e a fluoresceína é liberada por esterases não específicas, que estão presentes em quase todas as células; o éster não é fluorescente, ao passo que o ânion de fluoresceína livre é altamente fluorescente. Outras modificações químicas, por exemplo, oxidação ou redução, também podem tornar a molécula de corante capaz de atravessar a membrana celular. Muitas vezes, dentro da célula surgem reações enzimáticas que reestabelecem as características do corante.

Indicadores Intracelulares de Íons

Fluxos de íons podem ser espacialmente mapeados por imagens fluorescentes por períodos consecutivos. Os íons mais estudados são cálcio, hidrogênio (pH), magnésio, sódio, potássio e cloreto.

A relação entre o indicador fluorescente e a concentração do íon analisado pode ser afetada pela competitividade do equilíbrio de ligação, particularmente no ambiente iônico no espaço intracelular. A especificidade do íon a ser analisado é o objetivo primário na fabricação da molécula fluorescente.

O protocolo usado para introduzir um único ou vários fluoróforos no interior das células deve ser específico para cada tipo celular e para cada compartimento intracelular a ser analisado. Vários métodos são aconselháveis para a introdução de fluoróforos em células ou tecidos.

Tempo de incubação e temperatura, agitação da mistura, concentração inicial do corante e densidade celular são variáveis experimentais que influenciam o sucesso de carregamento e devem ser padronizadas para cada tipo de célula.

Análogos Fluorescentes

Existem vários tipos de análogos fluorescentes, os mais usados são: DPH (1,6-difenil-1,3,5-hexatrieno) e seus derivados, e NBD (nitrobenzoxadiazol). Estudos que podem ser feitos com esses fluorescentes são de fluxo de metabólitos, fusão de membrana e tráfego de lipídios intracelulares.

O fluoróforo pode estar ligado através de uma cadeia curta (C_6) ou mais longa (C_{12}). Compostos ligados ao NBD, e que estão disponíveis comercialmente, são colesterol, fosfatidilcolina, fosfatidilglicerol e ácido fosfatídico. Esses análogos atravessam facilmente as membranas biológicas.

PROBES E LABELS FLUORESCENTES

Um sinal fluorescente fornece não apenas informações sobre a molécula fluorescente, mas também sobre moléculas e estruturas adjacentes não marcadas. Dessa maneira, uma molécula marcada pode ser usada como um minúsculo "repórter", localizado próximo ao objeto de interesse.

Os corantes fluorescentes são arbitrariamente divididos em *probes* (sondas) fluorescentes e *labels* (marcadores) ou *tag* fluorescentes. *Probes* são marcadores sensíveis às condições experimentais, e essa sensibilidade é usada na detecção de algum parâmetro específico (por exemplo, pH). *Labels* são corantes usados como simples marcadores de uma molécula biológica de interesse e, muitas vezes, ligam-se em um sítio específico da molécula.

Uma grande quantidade de corantes pode ser usada para a marcação fluorescente da superfície celular. A membrana plasmática pode incorporar, espontaneamente, sondas hidrofóbicas, tais como DPH, pireno e NPN (N-fenil-1-naftilamina) e análogos de fosfolipídios, bem como os corantes carregados negativamente [ANS (anilinonaftaleno sulfonado)]. O processo de incorporação pode ser muito rápido e ser completado em poucos segundos ou minutos, após a incubação das células em meio contendo o fluorescente. Uma sonda fluorescente é um fluoróforo responsável por localizar uma região específica de um espécimen ou é capaz de responder a um estímulo específico.

O uso de moléculas fluorescentes tem um espectro variado. As principais aplicações de fluorescentes estão descritas a seguir:

a) *Probes* de polaridade: foram as primeiras aplicações da fluorescência. É possível analisar a polaridade dos sítios de ligação de proteínas, e estudar estrutura e função da membrana celular.

b) *Probes* de viscosidade: neste caso, corantes fluorescentes são usados para medir a fluidez de membranas e a viscosidade citoplasmática. O estudo da fluidez da membrana é baseado no movimento das moléculas fluorescentes na membrana. Existem dois tipos de fluorescentes para esse estudo; o primeiro corante se intercala na bicamada lipídica entre as moléculas de fosfolipídios, o segundo é uma molécula protéica complexada a um fluorescente que está presente na membrana.

c) *Probes* de potencial de membrana: dois tipos de corantes são usados, os corantes distributivos e os corantes eletrocrômicos. Os distributivos são carregados eletricamente e atravessam a membrana celular. São distribuídos dentro e fora da membrana celular, de acordo com o valor do potencial da membrana. O valor do potencial da membrana é calculado de acordo com a diminuição da intensidade de fluorescência. Pode ser usado tanto para avaliar lipossomos e organelas, como células. Os eletrocrômicos se direcionam no campo elétrico na parte interna da membrana onde são ancorados e mudam seus espectros de fluorescência de acordo com a magnitude e direção do potencial de membrana. Permitem não só a detecção das trocas do potencial de membrana, mas também o mapeamento do local dos valores do potencial de membrana.

d) *Probes* para íons: podem medir o local de concentração de vários íons dentro da célula e organelas. É possível medir os valores do pH intracelular e concentrações de cálcio, magnésio, sódio, potássio, cloretos e zinco livres. O princípio básico está relacionado com a mudança do espectro de excitação ou emissão quando o corante se liga a um íon específico.

e) *Labels* fluorescentes e análogos: a possibilidade de modificar moléculas biológicas em análogos fluorescentes sem afetar suas atividades biológicas abriu novos horizontes à biologia celular. Grupos fluorescentes podem ser usados para marcar qualquer molécula grande. Existem *labels* que reagem especificamente com certos grupos químicos, tais como: tióis, aminas, sulfidrilas e carboxilas. Lectinas, dextrans, lipídios e proteínas marcadas com fluorescência estão disponíveis comercialmente, como, também, há um grande número de fluorescentes derivados de lipídios, nucleosídeos e outras moléculas biologicamente importantes. *Labels* fluorescentes podem ser usados como marcadores de certos componentes celulares. DNA, RNA e segmentos protéicos podem ser seletivamente marcados e seus movimentos, monitorados. É possível diagnosticar cromossomopatias com o uso de *labels* fluorescentes através da técnica de FISH.

f) Substratos fluorescentes: geralmente são substratos fluorogênicos que, inicialmente, não são fluorescentes e se tornam corantes fluorescentes somente por uma reação enzimática específica.

MARCADORES (*LABELS*) FLUORESCENTES

Existe uma infinidade de marcadores fluorescentes com diferentes usos. A seguir, há a descrição dos fluorescentes mais comuns. Na Tabela 31.1, estão listados alguns marcadores com suas propriedades.

Acridine Orange
(AO — Alaranjado de Acridina)

Usa-se em diferentes áreas da biologia celular e molecular. É uma base fraca, hidrossolúvel. Sob condições cuidadosamente controladas, a AO é excitada por luz azul e emite flluorescência verde; são moléculas intercalantes de DNA e RNA, podem ser usadas para mostrar o conteúdo desses ácidos nas células. É possível fazer a identificação e localização precisas dos dois tipos de ácidos nucléicos. AO ligada ao DNA fluoresce na cor verde-amarelada; AO ligada ao RNA, na cor vermelho-amarelada. Os estudos feitos com AO permitem que se avaliem linearização de ácidos nucléicos, temperatura de desnaturação de DNA *in situ*, bandamento cromossômico, viabilidade celular e apoptose. O corante é altamente sensível. Tem emissão máxima de 640 nm e excitação de 530 nm.

AMCA (Ácido 3-acético 7-amino-4-metilcoumarina)

Tem uma fluorescência azul com a emissão máxima em 445 nm, e máxima de excitação em 350 nm.

BODIPY (4,4-difluoro, 5-7, dimetil-4-bora 3a, 4a, diaza-5-indaceno)

É uma série de *labels* desenvolvidos recentemente. São apolares, mais fotoestáveis do que a fluoresceína, muito brilhantes, e têm uma alta insensibilidade às condições do ambiente (insensíveis ao pH e ao solvente). Apresentam diversos derivados com comprimentos de onda de excitação e emissão variados. Como *labels*, parecem ser superiores à fluoresceína, atingindo a maioria das propriedades atribuídas a um *label* ideal. São usados para gerar conjugados protéicos, nucleotídeos, oligonucleotídeos e dextrans fluorescentes, bem como substrato de enzima fluorescentes, ácidos graxos, fosfolipídios, ligantes de receptor e microsfera de poliestireno. Os nomes de BODIPY são derivados do comprimento de onda de absorção/emissão máximo em metanol ou de acordo com suas similaridades de espectro com outros *labels*. BODIPY 503/512 é também chamado de BODIPY FL, por sua absorção e fluorescência serem semelhantes à fluoresceína. Da mesma maneira, BODIPY TMR, BODIPY TR são substitutos de tetrametilrodamina, rodamina B, Texas Red e aloficocianina.

Cascade Blue

É um fluorescente azul. Com emissão em 425 nm e excitação entre 367 e 399 nm.

Coumarina

Inclui aminocoumarina, dietilaminocoumarina, dimetilcoumarina, hidroxicoumarina, metoxicoumarina e outros, com excitação máxima entre 326 e 360 nm, e emissão entre 380 e 440 nm.

DAPI (4′-6-diamidino-2-fenilindol)

Alta especificidade pelo DNA e alta fluorescência; permite a visualização de simples partículas coradas com DAPI sob microscópio de fluorescência.

DAPI é A-T específico. 5 μM é a concentração ótima de DAPI para corar e "bandar" cromossomos. É excitado pela luz UV e emite fluorescência azul.

Eosina e Eritrosina

Estes corantes fluorescentes emitem luz por um período prolongado. São marcadores utilizados no estudo de proteínas. A excitação máxima é de 524 nm e a emissão a 548 nm para eosina, e a 535 nm e 558 nm para eritrosina.

Fluoresceína

É o fluorescente mais comum. Ao se ligar às proteínas, na forma de isotiocianato de fluoresceína (FITC), a emissão da fluorescência se torna mais fraca. A excitação máxima é de 494 nm, e a emissão de 520 nm. Há alta taxa de *photobleaching* (veja explicação a seguir); a fluorescência é sensível ao pH do meio.

Fluoresceína pode ser usada como *probe* fluorescente para indicar o pH intracelular, uma vez que a sua fluorescência é pH-dependente ou, como *label* de anticorpos (FITC-Ig), indicando somente sua posição na estrutura biológica. É um pó laranja, mas forma uma solução amarela com fluorescência verde e uma faixa de absorção ultravioleta e azul.

FITC sulfonado (por exemplo, sulfaflavina *brilliant*) apresenta grande estabilidade de ligação, sendo, preferencialmente, utilizado na forma sulfonada.

Ficobiliproteínas

São proteínas fluorescentes estáveis, altamente solúveis, derivadas de cianobactéria e alga eucariota. Não são sensíveis a fatores externos, tais como pH e composição iônica. Têm uma fluorescência 30 vezes mais alta do que a fluoresceína, e 100 vezes mais alta do que a rodamina. São solúveis em água e estáveis à temperatura de 4°C. O congelamento resulta na perda da fluorescência.

Hoechst

Uma série de corantes com fluorescência azul excitados por luz UV foram sintetizados: Hoechst 33258, Hoechst 33342, Hoechst 33378.

Os corantes Hoechst são A-T específicos. Essa forte preferência a A-T gerou a popularidade do Hoechst 33258.

Hoechst 33342 funciona como um corante vital de DNA. Em 1977, Arndt-Jovin e Jovin demonstraram que células vivas poderiam ser coradas com Hoechst 33342 com base no conteúdo de DNA, e posteriormente crescidas em cultura.

Para estudar a viabilidade do DNA por Hoechst 33342, geralmente é necessário expor a célula a 5–10 µM do corante, por, pelo menos, 30 min.

Quando o Hoechst é usado em células fixadas para a análise de conteúdo de DNA, concentrações menores podem ser utilizadas (3 µM ou menos); essas pequenas concentrações são obrigatórias para se evitar fluorescência inespecífica.

NBD [6-N-(7-nitrobenz-2-oxa-1,3-diazol-4-il) Amina

É um fluorescente amarelado com excitação azul (466 nm) e emissão máxima em torno de 540 nm. É quase não fluorescente na água, tem fluorescência fraca em álcoois e é altamente fluorescente em vesículas fosfolipídicas.

Perileno e Pireno

O perileno tem excitação máxima de 418 e 445 nm, e emissão máxima de 450 nm e 480 nm. A excitação do pireno é em torno de 400 nm, e o pico de excitação está entre 380 nm e 400 nm. O tempo de vida da fluorescência é extremamente longo.

Rodamina

Resistente ao *photobleaching*. É um fluorescente vermelho com excitação máxima em 540 nm e emissão em 572 nm. Pode ser usada para corar proteínas de células fixadas ou em cultura. Proteínas nucléicas também podem ser estudadas utilizando esse corante, porque a rodamina não se liga nem covalente nem ionicamente, e também não penetra em células vivas.

Sulforodamina

É usada para marcar proteínas. Liga-se ionicamente a proteínas. Sob certas circunstâncias, as ligações inespecíficas podem interferir. É excitada sob comprimento de onda de 488 nm.

Tetrametilrodamina (TMR)

É um importante fluoróforo usado para preparar conjugados de proteínas, especialmente anticorpos fluorescentes e derivados de avidina usados em imunocitoquímica.

A excitação ocorre em 546 nm, e o espectro de emissão varia entre 530 nm e 550 nm.

É mais fotoestável do que a fluoresceína.

Texas Red

É um composto derivado de sulforodamina, que não sobrepõe a emissão de fluorescência da fluoresceína ou BODIPY FL.

AMPLIFICAÇÃO DO SINAL

Os sinais fluorescentes podem ser amplificados para melhor visualização e para se ter um resultado mais confiável (Fig. 31.2). Para isso, podem ser usados:

- avidina-biotina ou técnicas de detecção secundária de anticorpo-hapteno;
- reagentes de detecção secundária enzima-marcada em conjunto com substratos fluorogênicos;
- *probes* que contenham múltiplos fluoróforos.

MÚLTIPLA MARCAÇÃO

Até quatro corantes fluorescentes podem ser usados simultaneamente desde que tenham comprimentos de onda de excitação e emissão diferentes. É importante escolher fluoróforos com espectro de emissão bem diferentes, para que não haja sobreposição de cores. Marcação múltipla é amplamente usada em diagnóstico genético pré-implantacional; podem-se estudar até oito cromossomos diferentes em dois *rounds* de FISH. Através de lâminas com preparação

Uso de Marcadores Fluorescentes em Cultura de Células — Análise de Imagem **233**

Tabela 31.1 Propriedades de alguns corantes fluorescentes

Fluoróforo	Abs (nm)	Em (nm)	Observação
Acridine orange	530	640	Alta afinidade com DNA e RNA. Bandamento cromossômico. Mitocôndria. Lisossomos, núcleo. Corante vital (verde em células vivas, e vermelho em células mortas).
Aloficocianina (AP)	620	660	
AMCA	350	445	Amplamente usado como um corante azul. Estruturas compactas. Bandamento Q.
BODIPY 493/503	500	506	Absorção maior do que o BODIPY FL.
BODIPY FL	505	513	Não sensível ao pH. Muito utilizado no seqüenciamento de DNA automatizado.
BODIPY TMR	542	574	Substituto para TMR.
BODIPY TR	589	617	Substituto para Texas Red.
Brometo de etídio	545	610	Fluorocromo usado após marcação com FITC de sistema nervoso. Intercala entre a dupla fita de ácidos nucléicos.
Cascade blue	367–399	425	Solúvel em água. Ligação covalente.
Coumarina	326–360	380–440	
DAPI	358	461	A-T específico. Estudo de ciclo celular. Detecção de micoplasma. Corante nuclear.
2,7'-Diclorofluoresceína	513	532	
4',5'-Dimetilfluoresceína	510	535	
Eosina	524	548	Fosforescente.
Eritrosina	535	558	Fosforescente.
Evans blue	550	610	Marcador de citoplasma neuronal.
Ficobiliproteínas			Solúveis em água. Estudo de transporte de proteínas do núcleo para o citoplasma.
Ficocianina (PC)	620	650	
Ficoeritrina B (PE-B)	545	576	
Ficoeritrina R (PE-R)	495–545	578	
FITC	494	520	Corante fluorescente mais utilizado. Propenso ao *photobleaching*. Sensível entre pH 5,0 e 8,0. Cora proteínas.
Hoechst	352	461	A-T seletivo. Estudo do ciclo celular. Corante de células vivas. Cora cromossomos e núcleos. Detecção de micoplasma, bandamento cromossômico.
NBD (nitrobenzoxadiazole)	466	540	Sensível às condições do ambiente.
Nile red	450–500	530	Lipídios neutros, colesterol, fosfolipídios em gotículas citoplasmáticas celulares e lisossomos, *foam cells* e macrófagos carregados com lipídios.

Tabela 31.1 Propriedades de alguns corantes fluorescentes (Cont.)

Fluoróforo	Abs (nm)	Em (nm)	Observação
NPN (N-fenil-1-naftilamida)	340	420	Detecta ativação precoce de linfócitos. Sonda hidrofóbica.
Perileno	418–448	450–480	"Tempo de vida" longo.
Pireno	380	400	
Rodamina	540	572	Fotoestável.
Rodamina 123	510	534	Mitocôndria.
Sulforodamina	488		
Texas Red			Bom espectro de separação da fluoresceína. Pinocitose.
TMR (tetrametilrodamina)	546	530–550	Não sensível ao pH.
TRITC (tetrametilrodamina-5-isotiocianato)	541	572	

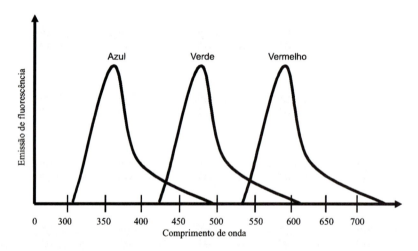

Fig. 31.1 Gráfico de comprimento de onda dos fluorocromos mais utilizados em microscopia de fluorescência.

cromossômica, pode-se realizar uma FISH com quatro corantes simultâneos e específicos para quatro cromossomos. Após lavagem, podem ser coradas novamente com múltipla marcação específica para outros quatro cromossomos. Assim, é possível identificar até oito cromossomos por uma técnica que utiliza múltipla marcação

PHOTOBLEACHING (FOTODESBOTAMENTO)

Todos os corantes fluorescentes perdem a cor após um certo número de ciclos de excitação-emissão. Esse processo é decorrente de uma reação fotoquímica irreversível denominada *photobleaching* ou desbotamento do fluoróforo, devido a algum tipo de oxidação. O número de ciclos é diferente para cada corante. Entretanto, a única maneira de evitar esse problema é usar baixa intensidade de excitação e manter o tempo de exposição o mais curto possível.

A taxa máxima em que uma molécula fluorescente pode emitir luz depende de uma quantidade finita de tempo em que um fluoróforo permanece em estado de excitação após a ocorrência da absorção de luz.

Sob condições de iluminação de alta intensidade, a destruição irreversível ou *photobleaching* do fluoróforo excitado é o fator limitante para se trabalhar com fluorescência. O número de moléculas de corantes fluorescentes decai exponencialmente com a excitação, e, conseqüentemente, o sinal fluorescente diminui.

Uma maneira de se evitar o *photobleaching* é maximizar a sensibilidade de detecção e diminuir a intensidade de excitação. A sensibilidade de detecção é melhorada pelos equipamentos de detecção com luz fraca. Alternativamente, um fluoróforo menos fotolábil pode ser substituído no experimento. Reagentes antidesbotantes podem ser usados para reduzir o *photobleaching*; porém, são incompatíveis com células vivas. A função primária de qualquer reagente antidesbotante é manter os corantes fluorescentes, geralmente pela inibição da reação de desbotamento. A taxa de *photobleaching* é dependente do ambiente em que se encontra o fluoróforo.

O grau de desbotamento depende da intensidade da luz de excitação, do grau de absorção de luz pelo fluoróforo e do tempo de exposição. Diferenças podem ocorrer devido à presença de outros fluoróforos, agentes oxidantes, ou sais de metais pesados. Para se minimizar a perda de fluorescência antes da análise, as preparações devem ser guardadas a 4°C no escuro.

MICROSCOPIA

Conhecer os espectros de emissão e o comportamento do fluoróforo é essencial para a escolha do equipamento apropriado e para seu uso com diferentes finalidades. Entre os equipamentos que usam a fluorescência, estão o espectrofluorímetro (que analisa o espectro da emissão fluorescente), o citômetro de fluxo (que conta e mede células fluorescentes presentes em fluxo — veja Cap. 32, Citometria de fluxo) e o microscópio de fluorescência. Todos utilizam fontes de excitação e filtros adequados para isolar os diferentes comprimentos de onda de excitação e emissão.

Para obter resultados mais confiáveis das técnicas de fluorescência por imagem, é essencial melhorar, ao máximo, a eficiência do sistema óptico utilizado. Calibração e ajuste cuidadosos dos equipamentos utilizados são necessários para obtenção de uma imagem de alta precisão das sondas fluorescentes utilizadas, principalmente ao serem usadas sondas para marcação múltipla.

Como já foi descrito anteriormente, as moléculas fluorescentes absorvem luz em um determinado comprimento de onda e emitem luz em outro comprimento maior e com menos energia. Para que essa fluorescência

possa ser visualizada, microscópios especiais foram desenvolvidos.

O fluoróforo deve ser excitado com comprimentos de onda o mais próximo possível do seu pico de absorção, assumindo que a fonte de luz utilizada emita luz suficiente nesta faixa de comprimento de onda. Além disso, a emissão fluorescente coletada pelo sistema óptico do microscópio deve ser maximizada.

Combinando os princípios da fluorescência e da microscopia, pesquisadores de distintas áreas podem obter imagens com alta resolução. Podem ser usados dois tipos de microscopia de fluorescência, a convencional e a confocal.

MICROSCÓPIO TRADICIONAL FLUORESCENTE

O primeiro microscópio de fluorescência foi desenvolvido por Heimstäd (1911) e Lehmann (1913) com um avanço do microscópio de luz UV existente na época. Até 1929, o microscópio era usado, apenas, para investigar a autofluorescência de bactérias, protozoários, plantas, tecidos animais e substâncias biorgânicas (albumina, elastina e queratina), embora, no final do século XIX, alguns corantes já tinham sido desenvolvidos.

O microscópio de fluorescência é similar a um microscópio de luz comum, exceto que a luz (mercúrio) passa através de um conjunto de dois filtros, chamados de filtros de excitação e filtros de barreira. Os primeiros filtros se localizam logo após a saída da fonte de luz e antes do condensador, tendo como finalidade selecionar o comprimento de onda desejado. Os filtros de barreira localizam-se entre as lentes objetiva e ocular, isto é, após o objeto, tendo como função deixar passar apenas a luz fluorescente emitida pelo espécimen analisado, barrando a luz de excitação.

O microscópio de fluorescência pode ser tanto um microscópio tradicional, em que o canhão das lentes objetivas fica na parte de cima da lâmina, como pode ser um microscópio invertido, cujo canhão se localiza abaixo do espécimen. O microscópio invertido é mais conveniente, pois permite livre acesso às células. Isso torna possível adicionar várias substâncias biologicamente ativas a qualquer momento durante a análise. A resolução e estabilidade da imagem são levemente melhoradas comparadas ao microscópio tradicional.

A fluorescência, geralmente, requer lentes objetivas especiais (planas), pois lentes comuns podem não transmitir excitação para luz UV e podem exibir autofluorescência.

O microscópio de fluorescência tem suas limitações. Os fixadores empregados para preservar as células, muitas vezes, destroem a antigenicidade de uma proteína, que é a sua habilidade de se ligar ao seu anticorpo específico. Além disso, o método geralmente não fornece bons resultados com secções finas das células, porque o meio, às vezes, tem autofluorescência, ocultando o sinal específico do anticorpo.

Aplicações

Sondas fluorescentes podem ser excitadas seletivamente e detectadas em uma complexa mistura de espécies moleculares. A imunofluorescência é a aplicação mais comum em microscopia no estudo de biologia celular. A detecção de regiões, representadas por antígenos específicos em uma mesma célula, gerada pela ligação seletiva de anticorpos marcados com fluoróforos de diferentes cores fluorescentes, é muito usada em estudos de FISH, como, por exemplo, seqüenciamento de DNA em núcleos interfásicos.

Esse tipo de microscopia também é muito usada para se estudar células vivas. É possível fazer a medida do pH da concentração citoplasmática de íons de cálcio livre e NAD(P)H.

Alguns fluorescentes são ligados covalentemente a isotiocianatos ou derivados de clotriazinil e ésteres de hidroxissuccimida; por exemplo, fluoresceína, TRITC, ficoeritrina e BODIPY. São hidrossolúveis e ligados a ácidos, lecitinas, hormônios e outras macromoléculas. Outras sondas fluorescentes são ligadas não-covalentemente a macromoléculas, íons e organelas celulares. Algumas sondas são usadas para se avaliar viabilidade celular e potencial de membrana.

Tipos de Iluminação

Um microscópio de fluorescência é semelhante a um microscópio óptico comum. A fluorescência emitida é coletada pelas lentes objetivas e observada através de lentes oculares. Duas lentes diferentes são usadas: uma condensadora para o foco da luz de excitação no espécimen, e uma objetiva para coletar a luz fluorescente que é emitida. Essas duas lentes devem ser perfeitamente alinhadas.

Para direcionar a luz de excitação para o espécimen, usa-se um tipo de espelho especial — dicróico — que é posicionado acima das objetivas. Esse espelho reflete os comprimentos de onda mais curtos da luz que excita o espécimen e transmite os comprimentos de onda mais

longos da fluorescência emitida em direção às oculares. A princípio, o espelho dicróico funciona como excitação e filtro de barreira. Na prática, um filtro de barreira adicional é necessário para eliminar qualquer luz de excitação indesejada. Espelhos dicróicos são usados desde luz UV (300 nm) até vermelho (700 nm).

Fontes de Luz

Ao escolher o tipo de fonte de luz, devem ser consideradas quatro características: espectro de distribuição do comprimento de onda emitido; espectro de densidade da *radiance* do arco ou filamento que representa a intensidade radiante por unidade de área; uniformidade da iluminação no campo do microscópio; e estabilidade da luz do arco nas lâmpadas de alta pressão.

A escolha da fonte de luz é determinada pelo espectro de excitação do fluorocromo, pelo número de moléculas do fluorocromo que se quer detectar, e pela sensibilidade do detector usado: olho humano, filme, fotomultiplicador ou câmera digital. Lâmpadas de mercúrio, halogênio e xenônio são utilizadas além de várias fontes de *laser*.

Existem vários tipos de fontes de luz que são usados em microscópio de fluorescência. As fontes de luz com espectro de emissão contínuo são as lâmpadas de mercúrio e xenônio, bem como lâmpadas de halogênio. A lâmpada de halogênio aumenta a temperatura do bulbo a valores não atingidos com o uso de outra fonte de luz; com isso, obtém-se uma intensidade de luz azul mais alta, muito próxima ao espectro da luz UV.

O *laser* representa uma fonte de luz muito eficiente, com intensidade, aproximadamente, 1 milhão de vezes mais alta que uma lâmpada de xenônio/mercúrio. Entretanto, a luz é emitida a comprimentos de onda distintos, dependendo da fonte utilizada. O argônio emite luz entre 274,4 e 528,7 nm, enquanto o espectro de emissão do criptônio está entre 335 e 793 nm. Em algumas fontes de *laser*, o espectro da luz UV está ausente, como é o caso do hélio-neônio, cujo espectro de emissão está entre 543 e 1.523 nm. Porém, deve-se lembrar que o *laser* é essencial para a microscopia confocal.

Filtros

São componentes muito importantes no microscópio de fluorescência. A escolha do filtro depende da fonte de luz e das características de espectro, e da distância dos comprimentos de onda entre os picos de emissão e excitação dos fluorocromos.

Os principais filtros utilizados são:

- *Colour glasses*: são feitos pela adição de certos óxidos de metais pesados no vidro. A concentração de óxidos adicionados e a espessura do vidro determinam a quantidade de luz que será absorvida.
- Filtros de interferência: consistem em várias camadas de filme fino com diferentes índices de refração, depositados seqüencialmente sobre uma superfície de vidro plana. Transmitem luz de comprimentos de onda bem definidos, resultantes da passagem de luz através das camadas de diferentes índices de refração e da reflexão pela superfície dessas barreiras.
- Filtros de excitação: são usados para isolar uma região limitada do espectro de luz correspondente ao pico de absorção do fluorocromo.
- Filtros de barreira: são usados para bloquear a luz de excitação indesejada na faixa de comprimentos de onda de emissão de fluorescência. A maioria dos *colour glasses* é usada com uma alta transmissão de comprimentos de onda mais longos e um bloqueio efetivo de comprimentos de onda mais curtos.

Lentes Objetivas e Oculares

Os vidros usados nessas lentes devem ser bem pouco autofluorescentes. É importante que sejam fabricadas com materiais de sinais fluorescentes fracos. A autofluorescência dos componentes das lentes objetivas, o óleo de imersão e o meio de montagem podem interferir na observação. A microscopia confocal pode, parcialmente, diminuir esses problemas.

MICROSCÓPIO CONFOCAL

Esse microscópio foi inventado em 1957 por Marvin Minsky. O primeiro instrumento foi comercializado em 1982 e se tornou amplamente conhecido na pesquisa biológica em 1987. Atualmente, há várias empresas que comercializam esse equipamento, e a competitividade no mercado é muito grande. A principal vantagem é a sua habilidade de produzir imagens em três dimensões de objetos espessos.

No microscópio confocal, a amostra não é iluminada por inteiro, mas somente um ponto por vez. Permite a observação de materiais espessos, sem coloração prévia, vivos ou pré-fixados. A iluminação em um microscópio confocal é conseguida através de um *scanning* do espécimen, de uma maneira chamada de secção óptica.

Este aparelho trabalha com a óptica de um microscópio de fluorescência, mas utiliza o *laser* como fonte de luz alimentadora do sistema. A iluminação, em um microscópio confocal, não se dá em todo o campo, mas, sim, em pequenos pontos de iluminação feitos pelo *laser*. A palavra confocal descreve a coincidência óptica dos pontos iluminados e detectados. Ao contrário do microscópio convencional, em que a imagem está fora de foco e aparece embaçada, no microscópio confocal, apenas a imagem em foco é captada e analisada. Isso ocorre porque, acima da lente objetiva, há um orifício chamado de *pinhole* ou íris, que permite a eliminação da luz proveniente de objetos que estejam fora do plano focal. A luz desviada é também rejeitada; com isso, há uma grande melhora na obtenção da imagem. Conjugados a este sistema, há outra lente objetiva e um segundo *pinhole*, que previne que a luz de cima ou abaixo do plano de foco atinja o fotomultiplicador (detector da luz refletida, transmitida ou emitida), eliminando a iluminação do objeto fora de foco (Fig. 31.2).

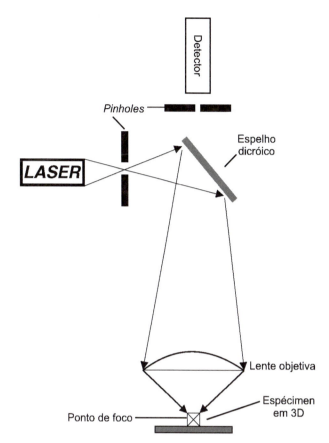

Fig. 31.2 Diagrama esquemático de microscopia confocal. Espécimen fluorescente é iluminado com um ponto focado da luz de um *pinhole*.

Como conseqüência, a obtenção e armazenamento de imagens sucessivas em foco por toda a extensão da espessura do espécimen permitem que, ao serem reconstruídas de maneira conjugadas, em um sistema de imagem computadorizada, se formem imagens em três dimensões do objeto avaliado.

Se as amostras fluorescentes são visualizadas usando um microscópio de fluorescência comum, a fluorescência do espécimen em planos focais interfere na resolução da imagem. O microscópio confocal melhora a resolução lateral e axial. É a capacidade de o instrumento eliminar o "fora de foco".

A rejeição da luz fora de foco é a propriedade mais importante do microscópio confocal. Embora a resolução de um microscópio confocal seja melhor do que a de um microscópio convencional, é essa característica que dá ao microscópio confocal a vantagem para analisar espécimens mais espessos.

A maioria dos sistemas confocais fluorescentes usa uma fonte de *laser*, com íon argônio, cujo comprimento de onda é de 488 nm, próximo ao pico de absorção do FITC. O outro comprimento de onda de argônio está perto de 514 nm e pode ser usado para excitar rodamina ou Texas red. A fonte de *laser* criptônio fornece um grande número de comprimentos de onda através da luz visível e UV. Héliocádmio está entre 442 e 325 nm e hélio-neon, 633 nm.

A óptica do microscópio não mudou drasticamente durante as décadas, e a resolução final conseguida pelo instrumento é dependente do comprimento de onda da luz, lentes objetivas e das propriedades do espécimen estudado. Entretanto, a tecnologia associada e os corantes usados para acrescentar contraste aos espécimens melhoraram muito nos últimos 20 anos. A microscopia confocal é um resultado direto de um renascimento da tecnologia. Esses avanços incluem: *lasers* estáveis com vários comprimentos de onda, para fontes de luz mais brilhantes; espelhos refletores mais eficientes; fotodetectores sensíveis com baixa granulação; computadores mais rápidos; vídeos com alta resolução e impressoras digitais; sondas fluorescentes mais brilhantes e mais estáveis.

REFERÊNCIAS BIBLIOGRÁFICAS

Albert, B., Bray, D., Lewis, J. Molecular Biology of the Cell. 3rd ed. New York and London, Garland Publ., 1994.

Lacey, A. J. Light microscopy in Biology — A practical approach. 2nd ed. Luds, UK, 1999.

Lodish, H., Berk, A., Zipursky, S. L., Matsudaira, P., Baltimore, D., Darrell, J. E. Molecular Cell Biology. 4th ed. New York, W. H. Freeman & CO., 1999.

Mason, W. T. Fluorescent and Luminescent Probes for Biological Activity. A practical guide to technology for quantitative real-time analysis. 2nd ed. San Diego CA, Academic Press. Cambridge, UK, Life Science Resources, 1999.

Opas, M. Fluorescence Tracing of Intracellular Proteins. Biotechnic & Histochemistry. 74(6):294-310, 1999.

Paddock, S. W. Confocal laser scanning microscopy. Biotechniques. 27(5):992-1004, 1999.

Paddock, S. W. Principles and practices of laser scanning confocal microscopy. Molecular Biotechnology. 16(2):127-149, 2000.

Slavik, J. Fluorescent Probes in Cellular and Molecular Biology. New York, CRC Press, 1994.

Stevens, J. K., Mills, L. R., Trogadis, J. E. Three-Dimensional Confocal Microscopy: volume investigation of biological systems. San Diego, CA, Academic Press, 1994.

Capítulo 32

Citometria de Fluxo

THAIS MARTINS DE LIMA

INTRODUÇÃO

A citometria de fluxo é uma técnica utilizada para se determinarem diferentes características das partículas biológicas. As aplicações da citometria de fluxo são muitas, incluindo a investigação tanto de células inteiras quanto de seus constituintes, como organelas, núcleos e membrana citoplasmática. Métodos para realizar estudos funcionais, como medição do fluxo de cálcio, taxas de proliferação celular, síntese de DNA e análise de ciclo celular, já foram desenvolvidos para essa tecnologia. Os citômetros de fluxo analisam as células ou partículas em meio líquido que passam através de uma fonte de luz. O princípio da citometria de fluxo se baseia no fato de que, quando a luz da fonte de excitação incide nas partículas em movimento, a luz é desviada e ocorre emissão de fluorescência. O desvio da luz, que está relacionado diretamente com a estrutura e morfologia das células, e a fluorescência são determinados para cada partícula que passa pela fonte de excitação. Estes parâmetros podem ser usados para determinar diversos aspectos bioquímicos, biofísicos e moleculares das diferentes partículas.

As sondas fluorescentes são, na maioria dos casos, anticorpos monoclonais que foram conjugados com fluorocromos, mas também podem ser reagentes ou corantes fluorescentes não conjugados a anticorpos. Após a aquisição do desvio da luz e fluorescência de cada partícula, a informação resultante pode ser analisada utilizando-se um computador com programa específico acoplado ao citômetro.

A capacidade dos citômetros de processar milhares de partículas individuais em questão de segundos tornou a citometria de fluxo uma ferramenta muito importante. Como a maioria das preparações biológicas é heterogênea, a análise de células individualmente oferece muitas vantagens, como a análise de subpopulações raras. Além disso, a citometria de fluxo permite o isolamento de células sem perda de viabilidade e purificação de partículas sem alteração da estrutura. Praticamente, qualquer parâmetro que possa ser analisado pode ser usado como critério de separação.

Existem dois tipos de citômetro de fluxo. Um deles pode armazenar as informações de desvio de luz e emissão de fluorescência. O outro, além dessas habilidades, pode também separar as partículas. Ambos funcionam de maneira semelhante durante a aquisição dos dados. No entanto, os instrumentos capazes de separar as partículas podem fazê-lo baseado nas características de desvio de luz e/ou emissão de fluorescência.

A compreensão dos princípios básicos da citometria de fluxo e a interpretação dos resultados são imprescindíveis para a produção de resultados satisfatórios e confiáveis.

PRINCÍPIOS DA CITOMETRIA DE FLUXO

Os citômetros de fluxo podem ser descritos como quatro sistemas inter-relacionados. Estes quatro sistemas básicos são comuns a todos os citômetros, independentemente do modelo. O primeiro é um sistema fluídico que transporta as partículas da amostra através do instrumento, para serem analisadas. O segundo é um sistema de iluminação, utilizado para a análise da partícula. O terceiro é um sistema óptico e eletrônico para direcionamento, armazenamento e tradução dos sinais de desvio de luz e emissão de fluorescência que resultam da iluminação das partículas. O quarto é um sistema de controle computacional que interpreta os sinais elétricos e os transforma em dados significativos para armazenamento e posterior análise (Fig. 32.1).

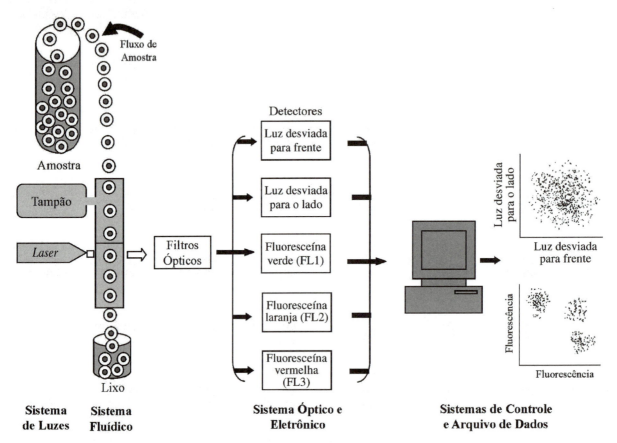

Fig. 32.1 Esquema dos principais componentes de um citômetro de fluxo. Um sistema fluídico transporta as partículas de uma suspensão para que estas sejam interceptadas por um *laser* gerado pelo sistema de iluminação. A luz desviada e a fluorescência emitida após a interceptação são coletadas pelo sistema óptico e eletrônico, que traduz os sinais luminosos em informações armazenadas no sistema de controle e arquivo de dados. Após a aquisição dos dados, podem ser realizadas análises gráficas dos resultados, utilizando-se programas específicos. (Adaptado a partir de Jaroszeski *et al.*, 1999.)

Sistema de Fluxo

O sistema de fluxo é responsável por transportar as células ou partículas de uma amostra através do instrumento para a aquisição de dados. A estrutura do instrumento e da câmara de fluxo determina como a luz da fonte encontra e analisa as partículas. Um diluente, como uma solução fosfato tamponada, é direcionado por pressão para a câmara de fluxo. Essa solução é denominada líquido de revestimento e passa pela câmara de fluxo, após a qual é interceptada pela fonte de iluminação. A amostra, na forma de uma suspensão de partículas, é direcionada para dentro da corrente do líquido de revestimento antes de ser analisada. A amostra, então, atravessa a câmara dentro de um fluxo laminar, pois a pressão do líquido de revestimento contra as partículas em suspensão da amostra alinha-as como uma fila única. Esse processo é chamado de focalização hidrodinâmica e permite que cada célula seja analisada pela fonte de iluminação individualmente.

Um problema que pode ocorrer no sistema de fluxo durante a aquisição dos dados é chamado de coincidência. Se a distância entre as partículas na câmara de fluxo é muito pequena devido à alta concentração destas, o citômetro é incapaz de determiná-las como individuais. A redução da velocidade com que a amostra passa pelo citômetro é um modo de evitar a coincidência.

Sistema de Iluminação

Os citômetros de fluxo usam raios *laser* como fonte luminosa para interceptar uma célula ou partícula que foi alinhada pelo sistema de fluxo. A luz e a fluorescência são geradas quando o raio *laser* se choca com uma partícula. Esses sinais luminosos são então captados e quantificados pelos sistemas óptico e eletrônico a fim de gerar dados que serão interpretados pelo usuário.

A maioria dos citômetros de fluxo utiliza um único *laser*; no entanto, alguns sistemas podem utilizar simultaneamente dois ou mais *lasers* diferentes. O *laser* mais freqüentemente usado é um *laser* de íon argônio configurado para emitir luz no espectro visível. Uma emissão de 480 nm é utilizada na maioria das aplicações padrões. A maioria dos fluorocromos disponíveis pode ser excitada nesse comprimento de onda. Os *lasers* são excelentes fontes de excitação, porque fornecem um raio com comprimento de onda único que também é estável, claro e estreito.

Sistema Óptico e Eletrônico

A luz é desviada e emitida em todas as direções (360°C) após o raio *laser* interceptar uma única célula ou partícula. O sistema óptico e eletrônico do citômetro de fluxo é responsável por coletar e quantificar pelo menos cinco parâmetros dessa luz desviada e fluorescência emitida. Dois desses parâmetros são propriedades da luz desviada. A luz desviada na mesma direção do raio *laser* é analisada como um parâmetro, e a luz desviada a 90° em relação ao raio incidente é coletada como um segundo parâmetro. Esse tipo de esquema para coletar a luz desviada para a frente e para o lado chama-se geometria óptica ortogonal. A maioria dos citômetros em uso hoje permite a análise de três tipos diferentes de emissão de fluorescência. Essas são adquiridas como os três parâmetros restantes, totalizando cinco parâmetros coletáveis.

A luz desviada para a frente resulta da difração. A luz difratada fornece informações morfológicas básicas, como tamanho celular relativo, que é mencionado como luz desviada para a frente (FSC — *forward angle light scatter*). A luz desviada a 90° em relação ao raio incidente é o resultado da retração e reflexão. Esse espalhamento de luz é mencionado como luz desviada para o lado (SSC — *side angle light scatter*). Esse parâmetro é um indicador de granulosidade do citoplasma das células, assim como irregularidades da superfície da membrana.

A luz desviada fornece informações valiosas para a monitorização de mudanças no tamanho celular e comparação entre diferentes linhagens, mas não é indicada para fornecer informações precisas do tamanho de uma célula. No entanto, parâmetros funcionais, como apoptose, discriminação entre células vivas e mortas, ou degranulação celular, podem ser detectados por sinais de desvio de luz.

Durante a operação do citômetro, a luz desviada para a frente é coletada por lentes e direcionada a um fotodiodo,

uma forma de barreira semicondutora. O fotodiodo traduz a luz FSC para pulsos eletrônicos, que são proporcionais à quantidade de luz desviada para a frente pela célula ou partícula. Partículas grandes desviam mais luz para a frente do que partículas pequenas. Os pulsos eletrônicos correspondentes a cada partícula da amostra são, então, amplificados e convertidos para uma forma digital a fim de serem armazenados no computador.

A informação fornecida pelo SSC é manipulada de modo semelhante à do FSC. Lentes localizadas a 90° da intersecção do fluxo de amostra e o *laser* coletam o sinal SSC. Uma fração desse sinal é direcionada para um detector muito sensível. Esse tipo de detector é chamado de tubo fotomultiplicador (PMT). É necessário utilizar um detector muito sensível, porque o espalhamento para o lado é cerca de 10% do sinal de luz emitida, não sendo, portanto, tão brilhante quanto o sinal do FSC. A quantidade de amplificação pode ser ajustada pelo operador a fim de deixar o PMT mais ou menos sensível à luz SSC. A luz é então convertida em um sinal de voltagem, digitalizado e armazenado num computador para fornecer informações sobre o SSC de cada partícula analisada.

A fluorescência ocorre quando partículas ou células marcadas com fluorocromos são iluminadas pelo raio *laser* e emitem luz com uma composição espectral específica. Isso fornece informações bioquímicas, biofísicas e moleculares sobre o constituinte celular ao qual a sonda está ligada.

Os citômetros atuais são capazes de detectar fluorescência de três regiões diferentes do espectro visível. Estes são configurados para detectar uma faixa estreita de comprimentos de onda em cada região. Isso permite o uso de até três fluorocromos diferentes numa única amostra. A emissão de fluorescência é detectada simultaneamente com FSC e SSC. A correlação dos parâmetros de fluorescência e desvio de luz pode ser então estabelecida, o que vai de encontro com as necessidades da maioria dos estudos.

A fluorescência é direcionada por filtros ópticos altamente específicos. Os filtros coletam a luz dentro da faixa de comprimento de onda associada com cada um dos três canais de fluorescência. A luz filtrada é direcionada para os PMTs e convertida em sinais elétricos. Os sinais são então digitalizados, o que resulta numa intensidade de fluorescência para cada partícula analisada.

A fluorescência gerada pelo fluorocromo verde isotiocianato de fluoresceína (FITC) é detectada numa faixa de comprimento de onda ($\lambda = 515$–530 nm) que é designado de parâmetro FL1. De modo semelhante, a luz alaranjada gerada pelos fluorocromos R-ficoeritrina (PE) e iodeto de propídio (PI) é detectada numa outra faixa denominada parâmetro FL2 (λ = 560–580 nm). A fluorescência vermelha é detectada numa terceira faixa designada FL3 (λ = 650–680 nm).

Um modo simples de realizar a análise por citometria de fluxo é utilizar um único fluorocromo conjugado com um anticorpo para verificar a presença ou a ausência de um antígeno. Nesse caso, as células fluorescentes são detectadas num canal que corresponde ao principal comprimento de onda emitido pelo fluorocromo. Uma situação mais complexa é a análise de células marcadas com dois ou mais fluorocromos, pois pode ocorrer sobreposição dos espectros de emissão. Os fluorocromos não emitem um único comprimento de onda. Um fluorocromo geralmente emite um espectro, que é mais forte no comprimento de onda que corresponde à faixa de detecção do canal escolhido. No entanto, os fluorocromos também emitem em menor grau em regiões espectrais fora do comprimento de onda usado para detecção. Se essa emissão mais fraca estiver num comprimento de onda detectável por algum outro canal de detecção, então as células marcadas com um único fluorocromo serão detectadas em dois canais. Uma grande intensidade será detectada no canal apropriado, e uma intensidade baixa será detectada no outro canal. A sobreposição dos espectros é um problema quando se realizam análises multicoloridas, porque uma célula que só está marcada com um dos fluorocromos pode ser detectada como apresentando fluorescência em dois canais diferentes. Isso pode originar uma interpretação errônea de que essa célula apresenta os dois marcadores, gerando resultados falso-positivos.

Para corrigir esse erro, os citômetros de fluxo podem ser ajustados a fim de equilibrar eletronicamente a sobreposição dos espectros. A compensação subtrai os sinais em um canal de fluorescência inapropriado. Os resultados de uma compensação adequada são mostrados na Fig. 32.2. É importante escolher fluorocromos com uma sobreposição de espectros mínima quando se planeja um experimento. Isso diminuirá a quantidade de compensação necessária.

Armazenamento de Dados e Sistema de Controle Computacional

Após a conversão da luz desviada e da fluorescência em sinais elétricos pelos sistemas óptico e eletrônico, a informação é convertida em dados digitais, os quais o computador pode interpretar. Os sinais gerados a partir

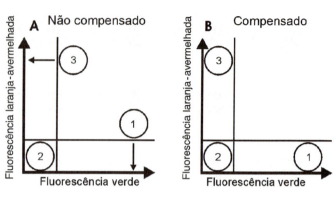

Fig. 32.2 Gráficos com dois parâmetros fluorescentes ilustrando os efeitos da compensação. Os círculos representam a posição das populações celulares analisadas. (**A**) Uma situação não compensada mostra a população 1 com uma forte fluorescência verde indicando, por exemplo, marcação positiva com FITC. Note que a população 1 também apresenta uma fluorescência laranja-avermelhada fraca que se deve à sobreposição do espectro de emissão do FITC na faixa de comprimento de onda detectada como laranja-avermelhada pelo citômetro. Esta baixa fluorescência é maior do que a fluorescência das células não marcadas, mostradas como a população 2. A população 3 apresenta uma fluorescência laranja-avermelhada forte, indicando marcação positiva para PE. A sobreposição espectral pode levar esta população a ter uma fluorescência verde, que é baixa, mas ainda maior do que a das células não marcadas; (**B**) A ferramenta de compensação dos citômetros permite que o usuário ajuste o aparelho, de modo a minimizar a sobreposição espectral. Ajustes corretos forçam as populações FITC e PE-positivas a manterem suas altas magnitudes de fluorescência que correspondem aos respectivos fluorocromos, ao mesmo tempo em que diminuem a fluorescência devido à sobreposição para a mesma das células não marcadas. Os ajustes de compensação são específicos para os fluorocromos utilizados, podendo variar de experimento para experimento. (Adaptado a partir de Jaroszeski *et al.*, 1999.)

das células ou partículas são então chamados de eventos e são armazenados no computador. Um arquivo contém os dados não processados de todos os parâmetros avaliados, juntamente com as coordenadas, de cada evento da amostra adquirida. O número de eventos adquiridos para cada amostra é sempre determinado antes da análise e normalmente é feito usando-se o programa que controla a operação do citômetro. Normalmente, adquirem-se 10.000 eventos/amostra.

O modo com que o computador armazena os dados das amostras permite analisar ou imprimir variações de um arquivo repetidamente.

O computador é usado para controlar a maioria das funções do aparelho. Para obter informações experimentais significativas, é fundamental que o citômetro esteja configurado apropriadamente antes da aquisição. Por exemplo, se a sensibilidade da luz desviada estiver configurada inapropriadamente, células ou partículas de interesse podem aparecer fora de escala, e a informação obtida será inútil.

O experimentador deve estar ciente dos diversos tipos de amostras controle que devem ser realizadas dependendo do protocolo experimental. Estes controles permitirão um ajuste apropriado do citômetro, de modo que as amostras experimentais sejam adquiridas corretamente. Os dados dessas amostras controle servem como pontos de referência para as informações adquiridas das amostras experimentais.

Existem três tipos básicos de amostra controle. Os controles negativos são usados para ajustar os parâmetros do aparelho a fim de que os dados apareçam adequadamente em escala. Os controles positivos são usados para assegurar que os anticorpos utilizados sejam capazes de reconhecer o antígeno de interesse. Os controles de compensação são empregados quando se realizam análises multicoloridas e há a necessidade de ajustar a sobreposição de espectros.

CONTROLES NEGATIVOS

A maioria das situações que utiliza anticorpos marcados com fluorocromos exige dois tipos de controles negativos. O primeiro tipo é simplesmente uma amostra de células à qual não se adiciona o anticorpo marcado. Essa amostra é quase sempre adquirida como a primeira amostra, já que serve de ponto de referência basal. O FSC e o SSC são ajustados de modo que as células de interesse apareçam na escala. Além disso, a sensibilidade dos fotomultiplicadores dos canais de fluorescência é ajustada para que essas células negativas apareçam com intensidade perto de zero, mas ainda em escala. Desse modo, as células não fluorescentes estabelecem um ponto de referência que pode ser utilizado quando se descreve a intensidade de células marcadas com o fluorocromo. Essa amostra também permite verificar a fluorescência natural ou autofluorescência das células, dando ao operador um ponto de referência valioso, que estabelece que as células marcadas positivamente devem apresentar intensidades superiores. A autofluorescência das células se deve à presença intracelular de NADH e coenzimas de riboflavina e flavina, sendo uma característica normal de células viáveis.

O segundo controle negativo é realizado para verificar se as células de interesse se ligarão inespecificamente ao anticorpo marcado com o fluorocromo. Essa amostra é chamada de controle de isotipo. Pode ser realizado para dois tipos diferentes de ensaio. No primeiro ensaio, utiliza-se um único anticorpo conjugado a um fluorocromo para identificar um antígeno. O controle de isotipo correto é um anticorpo com as mesmas propriedades do anticorpo usado nas amostras experimentais, mas com especificidade irrelevante. No segundo ensaio, utiliza-se um anticorpo primário não-conjugado seguido de um anticorpo secundário conjugado ao fluorescente. Um controle apropriado consiste em adicionar o anticorpo secundário às células na ausência do anticorpo primário. Neste caso, a análise da fluorescência permite ao investigador estabelecer um ponto de referência de fluorescência inespecífica que pode ser subtraído dos valores de fluorescência das amostras experimentais.

CONTROLES POSITIVOS

Os controles positivos são essenciais para estabelecer se o anticorpo usado é capaz de identificar o antígeno de interesse. Essa amostra é preparada com células que sabidamente expressam a proteína em estudo. Linhagens celulares com alta expressão do antígeno de interesse são ótimas fontes de controle positivo.

CONTROLES ESPECIAIS

A sobreposição de espectros pode gerar resultados falso-positivos, como discutido anteriormente, em amostras que utilizam fluorocromos diferentes. Por isso, é extremamente importante preparar amostras controle apropriadas para facilitar a compensação dessa sobreposição. As amostras controle são processadas juntamente com o conjunto de amostras experimentais marcadas com os diferentes fluorocromos. O procedimento realizado é o mesmo, exceto que somente um marcador é adicionado. Assim, é necessária uma amostra controle para cada fluorocromo utilizado. Os controles de compensação são analisados antes da aquisição das amostras. Os ajustes de compensação são realizados, por controle computacional, enquanto essas amostras controle estão sendo analisadas, para que as amostras subseqüentes já estejam corretamente compensadas.

As intensidades das fluorescências das amostras experimentais são todas relacionadas com as amostras controle. Durante as aquisições, podem ocorrer variações consideráveis nos dados obtidos de um dia para outro, quando são utilizados aparelhos diferentes, ou quando operadores diferentes analisam as mesmas amostras. Conseqüentemente, é imprescindível que os controles sejam preparados e analisados em cada conjunto de amostras. Isso permitirá que o citômetro possa ser ajustado corretamente para a aquisição segura de dados das amostras experimentais.

Análise de Dados

A análise de dados é a parte crítica de qualquer experimento que utiliza a citometria de fluxo, e normalmente é muito específica a cada protocolo. A fim de realizar a análise corretamente, o operador deve ter um bom conhecimento de quais são as opções disponíveis, como organizar os dados e como interpretá-los.

Os dados armazenados de cada amostra são analisados usando um computador e um programa. O programa é específico aos dados da citometria de fluxo e na maioria das vezes é parte do sistema computacional usado para controlar o aparelho durante a aquisição. Esses programas fornecem maneiras diferentes de análise, mas existem alguns padrões de apresentação de dados que são comuns a todos os tipos de programa. A descrição destes padrões está a seguir.

O modo mais comum de apresentação é através de um histograma (Fig. 32.3). Esta forma é a mais fácil de interpretar e entender os resultados, porque só apresenta a informação de um único parâmetro. Pode ser montado usando qualquer parâmetro, contanto que o citômetro tenha sido configurado para salvar os dados daquele parâmetro específico durante a aquisição. Um histograma é normalmente utilizado para apresentar resultados de amostras que foram tratadas usando anticorpos conjugados com o mesmo fluorocromo. É possível, então, comparar essas diferentes amostras fazendo histogramas individuais ou sobrepondo diferentes amostras no mesmo gráfico. Gráficos sobrepostos são úteis para se comparar fluorescência qualitativamente. Os dados quantitativos podem ser obtidos adicionando-se graficamente marcadores estatísticos baseados no resultado das amostras controle. Com esses marcadores, o computador pode calcular valores de pico e média.

Também é possível apresentar dois parâmetros simultaneamente, como FSC × SSC ou FL1 × FL2. Nos gráficos para apresentação de dois parâmetros, os dados de uma população de partículas individuais podem ser apresentados na forma de pontos ou contornos. Os gráficos de pontos apresentam os dados de cada partícula como um ponto entre os dois eixos; cada ponto representa um evento adquirido. Os gráficos de densidade de contorno apresentam os dados de uma população como uma série de linhas concêntricas que correspondem à densidade de diferentes células ou partículas entre os eixos. Os gráficos de contorno são semelhantes a gráficos de topografia. A vantagem dessas duas variações de apresentação dos dados é que estes permitem que um experimentador visualize dois parâmetros medidos num único gráfico. Os gráficos de pontos são os gráficos de dois parâmetros mais comuns, e os mais fáceis de serem compreendidos. Os gráficos de contorno requerem mais experiência para serem interpretados.

A Fig. 32.4 mostra três exemplos de gráficos de pontos. Todos os gráficos são derivados da mesma amostra de células que foram tratadas com duas sondas fluorescentes diferentes. Uma sonda marcada com FITC (FL1 = λ = 515–530 nm) e a outra com PE (FL2 = λ = 560–580 nm).

A Fig. 32.4A é um gráfico de pontos de FSC vs. SSC. A maior parte das células aparece como a população mais densa de pontos; cada ponto representa um evento adquirido. Uma região, ou *gate*, foi escolhida ao redor dessa população de células de interesse. A criação de regiões é uma ferramenta do programa de análise que permite a definição de limites ao redor da população de interesse. As regiões são escolhidas a fim de isolar grupos de células para posterior análise. Além disso, escolher regiões é a técnica utilizada para excluir restos celulares ou grandes agregados da análise.

As Figs. 32.4B e 32.4C são dois gráficos de pontos derivados do gráfico FSC vs. SSC. Os dois gráficos de fluorescência contêm três populações distintas. A Fig. 32.4B está mostrando a fluorescência de todos os eventos do gráfico FSC vs. SSC. A Fig. 32.4C é diferente porque mostra apenas

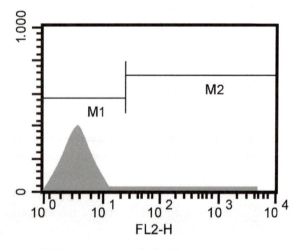

Fig. 32.3 Histograma com os dados de um determinado parâmetro (FL2) de uma amostra. O histograma mostra que as células desta amostra emitiam baixa fluorescência neste comprimento de onda analisado.

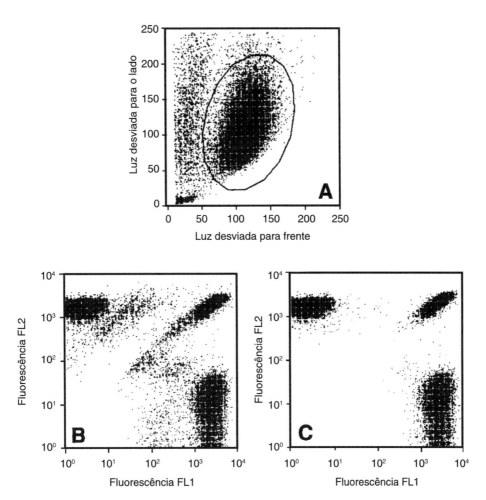

Fig. 32.4 Gráficos de pontos de fluorescência × luz desviada de uma única amostra que ilustram a utilidade de uma seqüência de demarcação de regiões. (A) Gráfico FSC vs. SSC mostrando uma única população. Foi desenhada uma região ao redor da população de interesse para uma análise subseqüente. A região também foi desenhada para excluir pequenos restos celulares e partículas muito grandes da futura análise; (B) Gráfico de pontos de fluorescências mostrando todos os eventos do gráfico A. Note que há três populações fluorescentes; (C) Gráfico de pontos de fluorescências mostrando apenas as células que estão dentro da região desenhada no gráfico A. As três populações apresentam limites mais delimitados devido à demarcação da região.

aqueles eventos que estão dentro do *gate* do gráfico FSC vs. SSC. As populações no gráfico de fluorescência que foi feito com as células do *gate* são muito mais delimitadas do que as do gráfico com todas as células.

Embora os dados de fluorescência pudessem ter sido apresentados e analisados utilizando histogramas separados para a fluorescência FL1 e FL2, o gráfico de pontos com os dois parâmetros contém informações que permitem a identificação de duas populações distintas marcadas somente com um fluorocromo, e de uma terceira marcada com ambos.

Gráficos de pontos que apresentam os dois tipos de desvio da luz (FSC e SSC) podem fornecer informações morfológicas importantes, como tamanho da célula e granulosidade.

Também podem ser usados para identificar células viáveis e restos. Essa informação é muito útil para identificar a população de interesse para a análise subseqüente. As propriedades de desvio da luz (FSC e SSC), quando combinadas com dados de fluorescência, podem ser uma ferramenta valiosa durante a análise. Esses tipos de gráficos podem auxiliar o usuário a determinar quais eventos adquiridos aumentam o *background* devido à ligação inespecífica dos anticorpos marcados com o fluorocromo. O aumento do *background* de fluorescência também pode ser devido a outras razões, como a entrada de anticorpos marcados ou sonda em células mortas ou em restos celulares.

A Sociedade Internacional de Citometria Clínica (ISAC) estabeleceu normas para aumentar a reprodutibilidade dos resultados e facilitar a comparação de dados de diferentes laboratórios. As normas recomendam que os autores forneçam informações detalhadas nos seguintes itens de seus trabalhos: Aquisição — o instrumento usado, juntamente com os parâmetros, compensação, programa, fonte de excitação, filtros e fluoróforos; e Apresentação dos dados — nomes dos eixos, escalas, número de eventos, marcadores e *gates*.

PARÂMETROS MENSURÁVEIS

Um parâmetro descreve uma característica física ou química de uma partícula, medida diretamente ou associada a uma molécula reagente, a sonda, que em citometria de fluxo é um corante.

Estruturas ou funções podem ser coradas por diversos mecanismos:

1. As moléculas podem se ligar covalentemente à estrutura. Isso é feito principalmente em trabalhos com imunofluorescência, em que as moléculas dos corantes são ligadas a anticorpos.
2. As moléculas podem ter uma alta afinidade por alguma estrutura da célula.
3. A eficiência quântica do corante aumenta após a ligação com a estrutura. Isso é realizado em coloração de DNA, em que somente as moléculas ligadas emitem fluorescência detectável.
4. Em resposta à ligação, as moléculas do corante podem mudar de espectro de excitação/emissão. Um exemplo é o corante de cálcio Indo-1. Excitável por luz UV, a emissão máxima é principalmente na região azul. Após ligação com o cálcio, há um deslocamento para um comprimento de onda menor.

Requisitos Básicos de um Corante

Para se obter uma marcação satisfatória, o corante utilizado deve apresentar certas características, cujas primeiras são a respeito do seu caráter físico:

1. O comprimento de onda do *laser* utilizado deve corresponder ao espectro de absorção do corante, com uma alta taxa de absorção.
2. O espectro de emissão deve ser restrito para evitar sobreposição dos sinais dos diversos corantes.
3. A eficiência quântica, que é a probabilidade de um fóton absorvido ser transferido para um fóton emitido, deve ser alta.

O segundo grupo de características inclui as biológicas:

1. A especificidade, que é a habilidade das moléculas do corante marcarem as estruturas de interesse sem marcar outras inespecificamente, deve ser alta.
2. O corante não deve ser tóxico ou cancerígeno (pelo menos para experimentos com células vivas). Em estudo de imunofluorescência, os corantes não podem ser imunógenos, perturbar a reação imunológica, ou estimular as células de modo algum.

Deve ser enfatizado que a ligação de alguns corantes é estável e outras são reversíveis (dependentes de condições do ambiente, como pH). Isso deve ser levado em conta principalmente em experimentos mais longos. Todos os experimentos devem ser realizados com os controles necessários, e os resultados devem ser confirmados usando um microscópio de fluorescência. Os dados da citometria de fluxo e do microscópio de fluorescência devem ser sempre concordantes.

Fixação e Permeabilização

Existem vários métodos que permitem que as moléculas do corante alcancem seu sítio de ligação quando este se encontra dentro da célula. O mais simples é utilizar moléculas não carregadas ou lipossolúveis, que podem atravessar membranas citoplasmáticas intactas (por exemplo, o corante de DNA Hoechst 33342).

O método mais tradicional para fazer com que estruturas intracelulares se tornem acessíveis aos corantes é permeabilizá-las, por exemplo, por eletroporação, através do uso de pulsos elétricos que danificam a membrana celular. No entanto, o método mais utilizado é fixar as células e permeabilizar a membrana com agentes químicos, como acetona, etanol, metanol ou formaldeído em várias combinações, e algumas vezes em combinação com detergentes, como saponina, Tween, Triton X-100 e digitonina. As células fixadas são mortas, o que é essencial para se trabalhar com material biodegradante. Células fixadas podem ser armazenadas por alguns dias ou semanas em tampões apropriados.

Marcação Estrutural

a. Anticorpos. Para ser usado em coloração por imunofluorescência, o corante deve apresentar mais duas características além das mencionadas anteriormente. Não deve alterar a função imunológica do anticorpo marcado (para isso, a molécula não pode estar ligada à porção variável do anticorpo) e não deve ser muito grande.

Como o limite de detecção da maioria dos citômetros é restrito a cerca de mil moléculas por célula, cada anticorpo deve ser marcado o mais brilhante possível, para maximizar a sensibilidade no caso de baixa expressão do antígeno. Sabe-se que cinco pequenas moléculas de corante por anticorpo são necessárias para se obter fluorescência máxima. Com mais moléculas de corante por anticorpo, a fluorescência diminui devido a efeitos internos dos filtros e/ou supressão de concentração, e anticorpos marcados mais intensamente são mais susceptíveis à precipitação na solução. Isso faz da técnica de coloração indireta o método de escolha para se aumentar a sensibilidade dos testes.

A coloração indireta, que é a detecção de um anticorpo ligado com um segundo reagente (anticorpo marcado com fluorescente) contra um primeiro anticorpo, tem muitas vantagens: (1) a situação imunológica é mais definida, pois o primeiro anticorpo não é perturbado pelas moléculas de corantes; (2) o segundo anticorpo (marcado) se liga à porção Fc do primeiro anticorpo, então mais de um anticorpo secundário pode se ligar, e a sensibilidade aumenta em cerca de cinco vezes; e (3) podem-se realizar bons controles de fluorescência não específica incubando-se a amostra somente com o anticorpo secundário.

Como o número de estruturas antigênicas dentro da célula é muito menor do que o presente na superfície, a coloração será fraca. Recomenda-se, então, utilizar a coloração indireta a fim de aumentar a sensibilidade. Um outro método de aumentar a sensibilidade é corar as estruturas antigênicas com partículas (microesferas). Essas partículas apresentam uma superfície inerte e/ou matriz, cujo interior é preenchido por moléculas do corante, e a superfície é coberta de anticorpos ou antígenos. Esse método é sensível, as moléculas de corante são estáveis, mas obviamente a reação não é estequiométrica.

Outro problema é que os anticorpos monoclonais, que supostamente são idênticos, normalmente são de diferentes clones quando comprados de diferentes fornecedores, e não revelam as mesmas estruturas. Os anticorpos policlonais podem revelar mais, pois apresentam maior espectro de detecção. Isso resulta numa coloração fluorescente mais brilhante, mas aumenta a probabilidade de ocorrerem reações cruzadas.

Na Tabela 32.1, estão apresentados os corantes mais comuns utilizados em citometria de fluxo, juntamente com os comprimentos de onda de excitação e emissão.

Tabela 32.1 Corantes mais comuns utilizados em citometria de fluxo

Corantes (nomes comuns)	Excitação/Emissão
Corantes para marcação multicolorida	
Isotiocianato de fluoresceína (FITC)	488/530
Ficoeritrina (PE)	488/575
PE-Cy5 (CyChrome™)	488/670
Aloficocianina (APC)	633/660
Texas red™	568/615
Novas famílias de corantes	
Alexa 350™ — Alexa 594™	
BODIPY™	

b. Corantes para DNA e RNA. Todas as células eucarióticas (e também bactérias e leveduras) apresentam o mesmo conteúdo diplóide de DNA nas fases G0 e G1 do ciclo celular. Num experimento ideal, todas as células deveriam apresentar a mesma intensidade de fluorescência após a coloração com um corante de DNA, considerando-se que a reação do DNA com o corante seja estequiométrica. Pequenas variações na ploidia apresentam um significado biológico considerável. Em oncologia clínica, ploidias anormais foram encontradas em tumores malignos, e o padrão de anormalidade pode influenciar o tratamento e o prognóstico.

O cálculo do número de células nas fases G1/S/G2 normalmente é feito em programas específicos (ModFit™) baseados em modelos matemáticos. Se não for necessário realizar um experimento com diferentes corantes, é preferível medir o núcleo isolado, para evitar possíveis interações do corante com proteínas celulares ou RNA. A análise de DNA de núcleo isolado (membrana e citoplasma removidos por detergentes) apresenta, geralmente, picos precisos numa população homogênea.

Existem diversos corantes não específicos de DNA; entre estes, o iodeto de propídio (IP), que apresenta as mesmas características do conhecido brometo de etídio (BE), intercalando entre as duplas fitas dos ácidos nucléicos. O IP pode ser excitado com luz azul ou UV. Seu espectro de emissão é muito amplo, na região amarelo-avermelhada, o que faz desse o corante de escolha para marcação única, mas é necessária maior atenção em marcações multicoloridas devido à sobreposição de espectros. Para se obter uma resolução ótima, o RNA dupla fita deve ser removido com RNAses. O IP não pode passar por membranas intactas; portanto, as membranas devem ser permeabilizadas antes da marcação. Vale salientar que o equilíbrio de marcação ocorre em minutos.

O corante 4-6-diamino-2-fenilindona (DAPI) é específico para ligações A-T, excitável por luz UV e emite luz azul. A marcação com DAPI é menos afetada pelo estado de condensação da cromatina do que a marcação com outros corantes de DNA. Como o IP, o DAPI não pode atravessar membranas celulares intactas.

O corante 7-aminoactinomicina D (7-ADD) é específico para ligações C-G, pode ser excitado com luz azul-verde e emite vermelho. A ligação do corante é afetada pela estrutura da cromatina, o que gera coeficientes de variação altos.

Hoechst 33342 é o corante clássico para marcação de células vivas. Deve ser excitado com luz UV, emite luz azul e um pouco de vermelha, e se liga a regiões ricas em A-T do DNA. A taxa de marcação das células vivas depende das condições do experimento e tipo celular, de modo que diferenças entre tipos celulares e estados celulares podem ser demonstradas.

Todos os corantes mencionados anteriormente parecem não corar somente o DNA, mas também marcam RNA dupla fita em graus variados. IP, por exemplo, é conhecido por ser útil na marcação de RNA quando combinado com uma DNAse para evitar a marcação do DNA. Um corante que marca preferencialmente RNA dupla fita (ribossomal) é Tioflavina T, um corante diazole básico, mais conhecido por corar reticulócitos.

Acridine Orange (AO) é um corante difícil de manipular devido a sua sensibilidade a alterações mínimas nos procedimentos de marcação. Sob condições ácidas adequadas e numa concentração crítica, este se intercala entre duplas fitas de DNA intactas, formando complexos monoméricos de fluorescência verde. Todo o RNA presente é convertido na forma de fita simples e corado com um polímero de AO que emite luz fluorescente vermelha. Usando esse método, pode-se quantificar simultaneamente a quantidade de DNA e RNA de uma amostra.

Marcação Funcional

a. Apoptose, Discriminação entre Células Vivas e Mortas. A viabilidade celular, a integridade de membrana e a citotoxicidade são aspectos mais complexos de serem avaliados do que se acredita normalmente. Quando se trata de culturas celulares, o termo viável normalmente significa que as células estão funcionais (capazes de se reproduzir etc.). Mas, em citometria de fluxo, viável é definido por integridade de membrana, e vários corantes existentes não

podem atravessar membranas de células intactas, podendo somente corar as células mortas. Todos os corantes que não penetram por membranas descritos anteriormente podem ser usados como corantes de exclusão. Até os corantes Hoechst, que são capazes de penetrar por membranas, podem ser utilizados desse modo, porque o corante marcará o núcleo isolado rapidamente, mas levará cerca de uma hora para alcançar o equilíbrio em células intactas. Embora a maioria dos corantes seja para testes de exclusão, há estudos desenvolvendo corantes para testes de inclusão. Um exemplo é o fluorescindiacetato (FDA), que não é fluorescente, pode atravessar membranas celulares e é hidrolisado dentro da célula por uma esterase não específica que está presente na maioria das células. O efeito resultante é um produto altamente fluorescente e incapaz de atravessar a membrana citoplasmática.

A apoptose, ou morte celular programada, é de grande interesse para diversas disciplinas, particularmente em pesquisa sobre câncer e desenvolvimento. A apoptose foi definida originalmente como fragmentação do DNA devido à ativação de endonucleases em um processo complexo. Não somente atividades enzimáticas, mas também alterações na composição da membrana celular, mitocôndria, múltiplas funções celulares e alterações morfológicas são detectáveis por citometria de fluxo. Alterações morfológicas de núcleos apoptóticos podem ser visualizadas por mudanças nos sinais de desvio de luz, e a fragmentação do DNA pode ser medida por qualquer corante de DNA, sendo o IP o mais comum. Perda de DNA resulta em núcleos com intensidade de fluorescência reduzida em comparação com a intensidade de G0/G1. A fragmentação pode ser visualizada diretamente pelo método de TUNEL (*terminal deoxynucleotidil transferase uracil nick end labeling*), que marca quebras de cadeia. Alterações de membrana podem ser detectadas pela translocação de fosfatidilserina da camada interna da membrana para a camada externa.

b. Fagocitose. O modo mais direto de detectar fagocitose por citometria de fluxo é incubar os fagócitos (macrófagos, neutrófilos) com partículas marcadas, normalmente macromoléculas, como partículas de dextran ou microesferas de poliestireno. Essas partículas estão disponíveis numa grande variedade de tamanho, forma e antigenicidade, e são marcadas com diferentes corantes. Deve-se utilizar um segundo corante, conhecido como aceptor, para ajudar a determinar se a partícula está mesmo internalizada ou somente grudada na membrana do fagócito.

c. pH. Variações de pH, observadas principalmente em organelas neutras ou mais ácidas, parecem estar relacionadas com diversas funções celulares e alterações; entre estas, estimulação celular e malignidade. Como mencionado anteriormente, a intensidade da fluorescência do FITC é altamente dependente do pH, fazendo do FITC um bom corante para seguir alterações de pH intracelular.

d. Íons. Medidas do fluxo de cálcio são usadas rotineiramente para estudar a transdução de sinais de diferentes tipos celulares após a estimulação com agentes específicos. Dependendo da técnica escolhida, o fluxo de cálcio pode ser expresso como uma razão da banda de excitação ou emissão ou aumento da intensidade de fluorescência. Um efeito adverso pouco mencionado é a aparente toxicidade a longo prazo dos corantes de cálcio, principalmente após observação (depois de absorção de luz). Outro íon metálico de grande interesse é o magnésio, principalmente devido ao seu papel regulatório em reações enzimáticas e secreção de hormônios. Como para o cálcio, existem diversos corantes específicos, incluindo alguns que aumentam de intensidade de fluorescência após a ligação e alterações no espectro de excitação/emissão. Os corantes que detectam o magnésio são estruturalmente parecidos com os que detectam cálcio, e de fato pode ocorrer alguma sobreposição.

e. Potencial de Membrana. Alterações no potencial de membrana são, principalmente, devido a trocas de Na^+/K^+ através da membrana. A maioria dessas alterações envolve o fluxo de cálcio e/ou alterações de pH; então, esses processos podem ser observados como descrito anteriormente. Os corantes mais utilizados são os carbocianinos, corantes cuja intensidade de fluorescência diminui na hiperpolarização de membrana. Já que todos esses corantes de potencial de membrana e íons causam outras alterações no metabolismo de células normais ou se ligam inespecificamente ao DNA, estudos por longo tempo devem ser realizados com cuidado.

f. Enzimas Oxidativas. É possível estudar o metabolismo oxidativo de células fagocíticas utilizando o corante não-fluorescente 2,7-diacetato de diclorofluoresceína (DCFH-DA). Este penetra pela membrana celular e é clivado por esterases inespecíficas. O composto é ainda não-fluorescente, mas passa a ser impermeável à membrana. Na presença de peróxidos de H_2O_2, formados durante o *burst* respiratório, DCFH é convertido no fluorescente DCF. Esse método pode ser utilizado para quantificar o *burst* respiratório após fagocitose em neutrófilos ou monócitos. Os monócitos fornecem um sinal menor, pois contêm menos peróxidos. Enzimas oxidativas podem ser detectadas por marcação não-fluorescente: NBT (*nitroblue tetrazolium*) pode formar um precipitado amorfo e, desse modo, alterar os sinais de desvio da luz (SSC e FSC).

g. Organelas. A mitocôndria é uma das organelas mais estudadas. Os corantes clássicos rodamina 123 e o novo JC-1 permitem monitorar o potencial de membrana dessa organela. Esses têm sido aplicados nos mais diversos campos, que incluem observação de mitocôndrias isoladas, detecção sensível de apoptose e necrose e, resistência a drogas. O corante *nonyl acridine orange* é usado para determinação de apoptose, sendo independente do potencial de membrana.

Determinação da Razão de Linfócitos T CD4/CD8 por Citometria de Fluxo

Material

Anticorpos: anti-CD4 de rato marcado com Cy-Chrome (Pharmingen) — diluição 1:100
anti-CD8 de rato marcado com FITC (Pharmingen) — diluição 1:250

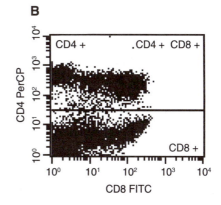

Fig. 32.5 Gráficos de pontos ilustrando a fluorescência emitida nos comprimentos de onda 515–530 nm (FL1) e 650–680 nm (FL3) pelas células de duas amostras diferentes após incubação com os anticorpos anti-CD4 de rato marcado com Cy-Chrome e anti-CD8 de rato marcado com FITC. Pode-se notar que na amostra B há um aumento na porcentagem de células CD4/CD8 positivas.

- Diluir os anticorpos em PBS contendo 1% de soro fetal bovino e 0,1% de azida sódica.
- Nos experimentos de dupla marcação, é necessário preparar 3 controles diferentes: controle negativo (sem nenhum anticorpo), controle CD4 (incubado apenas com anticorpo anti-CD4) e controle CD8 (incubado somente com anticorpo anti-CD8).

Protocolo

1. Ressuspender 5×10^5 células em 25 µL da mistura de anticorpos.
2. Incubar, por 30 min, a 4°C.
3. Lavar as células com 300 µL de PBS, duas vezes (centrifugar a 500 g, por 5 min).
4. Ressuspender em 300 µL de PBS.
5. Realizar a leitura no citômetro.

Observações:

- Antes de analisar as amostras, é necessário calibrar o citômetro com os controles mencionados anteriormente. O controle negativo permite identificar a fluorescência basal das células, e os controles marcados somente com um anticorpo são utilizados para compensar o sinal que um fluorocromo emite no comprimento de onda do outro.
- O fluorocromo verde isotiocianato de fluoresceína (FITC) é excitável por *laser* de argônio (480 nm) e emite fluorescência na faixa de 515–530 nm (FL1).
- O fluorocromo Cy-Chrome é excitável por *laser* de argônio (480 nm) e emite fluorescência na faixa de 650–680 nm (FL3).

Determinação da Integridade de Membrana Celular por Citometria de Fluxo

Protocolo

1. Ressuspender 5×10^5 células em 500 µL de tampão salina (PBS).
2. Adicionar 50 µL da solução de iodeto de propídio (IP) em PBS (2 µg/mL), à suspensão celular.
3. Agitar suavemente e incubar à temperatura ambiente, por 5 min.
4. Realizar a leitura no citômetro, imediatamente após a incubação.

Observações:

- O iodeto de propídio é excitável por *laser* de argônio (480 nm) e emite fluorescência na faixa de 560–580 nm (FL2).
- Células com membrana íntegra não permitem a entrada de iodeto de propídio; portanto, apresentarão baixa fluorescência. Células cuja membrana esteja rompida permitirão a entrada do iodeto de propídio, que se ligará ao DNA, emitindo alta fluorescência quando excitadas pelo *laser*.

Determinação da Fragmentação de DNA por Citometria de Fluxo

Protocolo

1. Ressuspender 0,5 a 1×10^6 células em 200 µL do tampão de lise contendo iodeto de propídio (0,1%

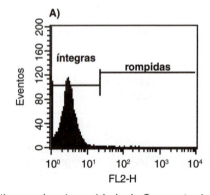
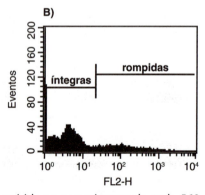

Fig. 32.6 Histogramas ilustrando a intensidade de fluorescência emitida no comprimento de onda 560–580 nm (FL2) por células de duas amostras diferentes. (**A**) Células íntegras não permitem a passagem de iodeto de propídio pela membrana e, portanto, emitem baixa fluorescência; (**B**) Células que apresentam membranas rompidas permitirão a entrada de iodeto de propídio, que se ligará ao DNA, emitindo alta fluorescência quando excitadas pelo *laser*.

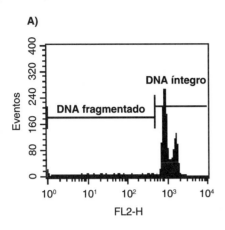
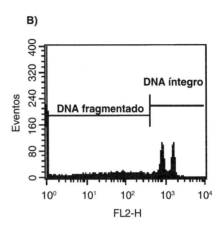

Fig. 32.7 Histogramas que mostram a intensidade de fluorescência emitida no comprimento de onda 560-580 nm (FL2) por células de duas amostras diferentes. As células foram rompidas pelo tampão de lise expondo os núcleos. (**A**) O iodeto de propídio se liga ao DNA, e as células contendo núcleos íntegros emitirão alta fluorescência; (**B**) A condensação de cromatina e a fragmentação de DNA podem ser observadas pela ocorrência de eventos com baixa fluorescência. Isso se deve à menor marcação do DNA com o iodeto de propídio devido à condensação da cromatina. Além disso, pedaços menores de DNA captam menos iodeto de propídio, emitindo menor fluorescência.

citrato de sódio, 0,1% Triton X-100, 2 μg/mL iodeto de propídio).
2. Incubar ao abrigo da luz, por até 24 h, a 4°C.
3. Realizar a leitura no citômetro, imediatamente após a incubação.

Observações:

- O iodeto de propídio é excitável por *laser* de argônio (480 nm) e emite fluorescência na faixa de 560-580 nm (FL2).

- As células serão rompidas pelo tampão de lise expondo os núcleos. O iodeto de propídio se ligará ao DNA, e as células contendo núcleos íntegros emitirão alta fluorescência. A condensação de cromatina e a fragmentação de DNA podem ser observadas pela ocorrência de eventos com baixa fluorescência. Isso se deve à menor marcação do DNA com o iodeto de propídio devido à condensação da cromatina. Além disso, pedaços menores de DNA captam menos iodeto de propídio, emitindo menor fluorescência.

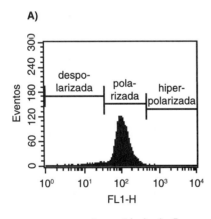
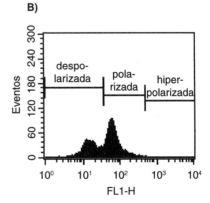

Fig. 32.8 Histogramas que mostram a intensidade de fluorescência emitida no comprimento de onda 515-530 nm (FL1) por células de duas amostras diferentes. As células foram incubadas com rodamina 123, um corante fluorescente catiônico permeável à membrana celular, que é rapidamente seqüestrado pela mitocôndria. (**A**) Células com potencial mitocondrial transmembrânico inalterado captam a rodamina e emitem alta fluorescência quando atingidas pelo *laser*; (**B**) Alterações no potencial mitocondrial transmembrânico levam ao efluxo da rodamina de dentro da mitocôndria, gerando eventos que emitirão menor fluorescência.

Determinação do Potencial Transmembrânico da Mitocôndria por Citometria de Fluxo

Protocolo

1. Ressuspender 1×10^6 células em 1 mL de salina.
2. Adicionar 1 µL de solução de rodamina 123 (5 mg/mL em etanol).
3. Incubar, por 15 min, a 37°C.
4. Lavar as células com PBS, duas vezes.
5. Ressuspender em 0,5 mL de PBS e incubar, por 30 min, a 37°C.
6. Realizar a leitura no citômetro, imediatamente após a incubação.

Observações:

- Rodamina 123 é excitável por *laser* de argônio (480 nm) e emite fluorescência na faixa de 515–530 nm (FL1).
- Rodamina 123 é um corante fluorescente catiônico permeável à membrana celular, que é rapidamente seqüestrado pela mitocôndria. Células com potencial mitocondrial transmembrânico inalterado captam a rodamina e emitem alta fluorescência quando atingidas pelo *laser*. Alterações no potencial mitocondrial transmembrânico levam ao efluxo da rodamina de dentro da mitocôndria, gerando eventos que emitirão menor fluorescência.

Detecção da Externalização de Fosfatidilserina por Citometria de Fluxo

Reagente
Anexina V marcada com FITC.

Protocolo

1. Ressuspender 0,5 a 1×10^6 células em 100 µL de tampão de ligação.
2. Adicionar 5 µL de anexina V marcada com FITC (X).
3. Incubar, por 15 min, à temperatura ambiente.
4. Adicionar 400 µL de tampão de ligação.
5. Imediatamente antes da leitura no citômetro, adicionar 50 µL de iodeto de propídio (2 µg/mL em PBS).

Observações:

- O fluorocromo verde isotiocianato de fluoresceína (FITC) é excitável por *laser* de argônio (480 nm) e emite fluorescência na faixa de 515–530 nm (FL1).
- O iodeto de propídio é excitável por *laser* de argônio (480 nm) e emite fluorescência na faixa de 560–580 nm (FL2).
- A fosfatidilserina é um fosfolipídio presente na face interna da membrana das células. Sua externalização ocorre durante o processo de apoptose e serve como

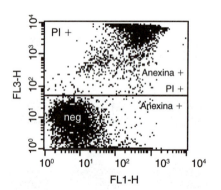

Fig. 32.9 Gráficos de pontos ilustrando a intensidade de fluorescência emitida por células de duas amostras diferentes após incubação com anexina-FITC. Células que apresentarem alta fluorescência no comprimento de onda 515–530 nm (FL1) são células cuja fosfatidilserina foi marcada com anexina-FITC (quadrante inferior direito). No entanto, essas células não devem apresentar fluorescência no comprimento 560–580 nm (FL2), que corresponde à marcação com iodeto de propídio (quadrante superior esquerdo). A marcação positiva para iodeto de propídio indica que as células perderam a integridade de membrana; portanto, a fosfatidilserina à qual a anexina-FITC se ligou ainda está no interior da membrana celular, não é um indicativo de apoptose (quadrante superior direito).

um sinal para serem removidas. A anexina V é uma molécula que apresenta alta afinidade pela fosfatidil-serina, se ligando a esta especificamente. Células que apresentarem alta fluorescência no comprimento de onda 515–530 nm (FL1) são células cuja fosfatidil-serina foi marcada com anexina-FITC. No entanto, essas células não devem apresentar fluorescência no comprimento 560–580 nm (FL2), que corresponde à marcação com iodeto de propídio. A marcação positiva para iodeto de propídio indica que as células perderam a integridade de membrana; portanto, a fosfatidilserina à qual a anexina-FITC se ligou ainda está no interior da membrana celular, não é um indicativo de apoptose.

REFERÊNCIAS BIBLIOGRÁFICAS

Boeck, G. Current status of flow cytometry in cell and molecular biology. Int Rev Cytology, 204:239-98, 2001.

Jaroszeski, M. J., Radcliff, G. Fundamentals of flow cytometry. Mol Biotech, 11:37-53, 1999.

Shapiro, H. M. Practical flow cytometry, 3rd ed., New York, Wiley-Liss, 1995.

Glossário

Acetato de forbol miristato (PMA): potencializa o *burst* oxidativo por estimular a proteína-quinase C.

Ácidos graxos ou ácidos carboxílicos: ácidos orgânicos caracterizados pela presença da função R-COOH (carboxila), em que R representa uma cadeia carbônica.

Agente flogístico: agente que causa reação inflamatória.

Anestésicos: medicamentos utilizados para inibir a sensibilidade. Os anestésicos mais utilizados em ratos através de administração intraperitoneal são: tiopental (30 mg/kg) e pentobarbital (40 a 50 mg/kg); ambos barbitúricos de ação rápida, 15 e 30 min, respectivamente, que promovem hiperalgesia, relaxamento muscular e vasoconstrição.

Anticorpos monoclonais: anticorpos originados a partir de uma única linhagem ou clone de linfócito B.

Anticorpos policlonais: população de vários e diferentes anticorpos produzidos a partir da estimulação de diferentes linfócitos B por um mesmo antígeno.

Apoptose: palavra de origem grega que quer dizer "cair fora", ou "folhas caindo das árvores no outono", ou ainda, "pétalas caindo das flores". É o "suicídio celular", a fim de eliminar células indesejáveis ou desnecessárias ao organismo, mediante a ativação de um programa bioquímico de desmontagem dos componentes celulares, internamente controlado, que requer energia e não envolve inflamação. A morte celular programada não é sinônimo de apoptose. Dentre os eventos bioquímicos mais freqüentemente observados durante a apoptose, estão: a ativação de caspases, permeabilização das membranas mitocondriais, vazamento de diversas moléculas desta organela, ativação de nucleases, desestabilização do citoesqueleto, externalização de fosfatidilserina e promoção da interligação de proteínas.

Asséptico: ausente de infecção ou contaminação por microrganismos.

Atividade específica: parâmetro que relaciona a quantidade de radioatividade (geralmente expressa em Ci—Curie, ou Bq—Bequerel) com a quantidade total de moléculas da substância utilizada presente na solução (total = soma das moléculas marcadas radioativamente com as "frias", ou seja, moléculas da substância não marcadas). Exemplo: 1 mCi/mmol. Significa que, cada vez que for detectado 1 mCi na amostra, corresponderá a 1 mmol de moléculas daquela substância. Deve-se tomar o cuidado para corrigir o valor de atividade específica para amostras em que se adiciona a substância "fria" ou em que já exista a substância presente além do composto radioativo. Neste caso, a atividade específica não corresponderá mais ao valor encontrado no frasco comercial. Deve ser recalculada considerando-se os valores adicionados para se evitarem erros posteriores nos cálculos.

Atividade máxima de enzima: capacidade máxima de conversão de um substrato em outro por uma enzima. É a velocidade máxima de reação de uma enzima. Nestas condições ideais (muitas vezes, experimentais e nem sempre fisiológicas), a adição de mais substrato não interfere com a velocidade da reação (devido à saturação).

Basófilos: representam de 0 a 1% do total de leucócitos circulantes em um indivíduo normal não alérgico. Possuem núcleo bilobulado ou multilobulado. Cromatina nuclear perifericamente condensada e grânulos citoplasmáticos distribuídos aleatoriamente, apresentando coloração violeta-azulada com corante de Wright.

Bcl-2: família de proteínas localizadas no retículo endoplasmático, membrana nuclear, citoplasma e membrana mitocondrial externa, sendo reguladoras, que integram sinais de morte ou de sobrevivência celular para ativar ou não a maquinaria da apoptose. Bcl-2 se divide em três subfamílias: duas delas que possuem multidomínios BH (*Bcl-2 Homology regions*) são anti-apoptóticas ou pró-apoptóticas. A outra subfamília são as pró-apoptóticas que possuem somente o domínio BH3 (*"BH3 only"*). As duas primeiras subfamílias (multidomínios) protegem ou destroem a integridade das membranas mitocondriais, respectivamente. As *"BH3-only"* são ligantes que ativam os membros das pró-apoptóticas multidomínios ou inativam as anti-apoptóticas.

Blebs: protuberâncias na superfície celular resultantes da condensação das organelas por diminuição do volume celular e desaparecimento dos microvilos. São detectáveis em células apoptóticas.

Burst respiratório: aumento do metabolismo oxidativo. Os metabólitos reativos do oxigênio, produtos destas reações, fazem parte dos mecanismos microbicidas utilizados pelos fagócitos.

Caspases (*Cysteine Aspartate Proteases*): proteínas evolutivamente conservadas que possuem um resíduo de cisteína em seus sítios ativos, o qual é crítico para a atividade proteolítica que ocorre após os resíduos de ácido aspártico das proteínas-alvo. Durante a apoptose, há uma intensa clivagem de diversas proteínas celulares, que se dá por ativação da família das caspases. Tipos: Iniciadoras ou desencadeantes (ativam outras caspases), efetoras ou executoras (ativadas pelas iniciadoras) e caspases com função inflamatória.

Célula diferenciada: célula, que, em cultura, mantém todas ou grande parte das características de uma célula especializada.

Célula híbrida: termo usado para descrever a célula mononuclear originada da fusão de duas células diferentes, levando à formação de um sincárion.

Células fagocitárias: células, como macrófagos e neutrófilos, que são especializadas em capturar partículas e microrganismos por fagocitose.

Células quiescentes: células que permanecem por longos períodos em um estado não-proliferante. Essas células saem de G_1 e entram em estágio de dormência em relação ao crescimento (G_0).

Células-tronco: também conhecidas como *stem cell*; célula totipotente, célula pluripotencial, célula multipotente ou célula de reserva são células indiferenciadas com alta capacidade de proliferação e auto-renovação, que originam células progenitoras capazes de regenerar um tecido após uma lesão e que têm capacidade de modular estas atribuições.

Células-tronco hemopoéticas: também denominadas de hemocitoblastos; são células hemopoeticamente precursoras pluripotenciais comuns a todas as linhagens sanguíneas.

Cepa celular: uma cepa celular pode ser derivada ou de uma cultura primária ou de uma linhagem celular por seleção ou clonagem de células que apresentem marcadores ou propriedades específicas.

Ciclo de Krebs ou ciclo do ácido cítrico ou ciclo do ácido tricarboxílico: consiste em uma série de reações que ocorrem na mitocôndria e acarretam o catabolismo de acetil-CoA a CO_2 e H_2O, gerando energia através da liberação de ATP (adenosina trifosfato).

Citocromo *c*: importante no processo de transferência de elétrons do complexo III para o IV na cadeia respiratória, reduzindo o oxigênio à água. Na apoptose, pode ser liberado da mitocôndria (vazamento do citocromo *c* da mitocôndria), reduzindo a produção de ATP. Participa na via intrínseca da apoptose.

Citômetro de fluxo: aparelho composto por quatro sistemas inter-relacionados: sistema fluídico (transporta as partículas da amostra através do instrumento); sistema de iluminação (utilizado para a análise da partícula); sistema óptico e eletrônico (para direcionamento, armazenamento e tradução dos sinais de desvio de luz e emissão de fluorescência que resultam da iluminação das partículas); e sistema de controle computacional (interpreta os sinais elétricos e os transforma em dados significativos para armazenamento e posterior análise). Alguns citômetros além de armazenar as informações de desvio de luz e emissão de fluorescência podem separar as partículas.

Clone: designa uma população de células derivada de uma única célula por mitose.

Co-cultura: cultura de dois tipos celulares na mesma placa. Pode ser realizada com ou sem o contato entre os tipos celulares. É um recurso de investigação aplicado para o entendimento das relações célula-célula. Através deste método, podem-se avaliar os parâmetros funcionais restritos a uma célula sob a influência da interação com outro tipo celular presente no mesmo microambiente.

Coloração celular: técnica empregada para corar tecidos ou células que se desejam estudar. A cor é determinada pela presença de radicais ou grupos atômicos em uma molécula, que se denominam cromóforos.

Compensação: correção dos dados coletados pelo citômetro de fluxo nos casos em que há sobreposição dos espectros de emissão das amostras tratadas com mais de um fluoróforo.

Concanavalina A (Con A): Con A é uma lectina isolada da planta *Canavalia ensiformis*. Em pH menor do que 5,6, apresenta-se dissociada na forma de um dímero. Para pH entre 5,8 e 7,0, as cadeias associam-se em um tetrâmero. Nestas condições, a estrutura apresenta vários sítios de ligação a sacarídeos, Ca^{2+} e metais (Mn^{2+}) que, possivelmente, estejam envolvidos no mecanismo de ativação da proliferação.

Confluente: diz-se que uma cultura está confluente se todas as células estão em contato com outras por toda a sua periferia, o que cobre toda a superfície da placa ou do substrato, caso seja usado. É comum observar descrições como: as células foram tratadas quando atingiram confluência de 80%. Isto é uma estimativa que se faz de que 80% da área do frasco de cultura está coberta por células.

Congelamento celular: crioconservação, crioarmazenagem. Processo utilizado para armazenamento das células de maneira viável a baixas temperaturas. As células podem ser congeladas em meio completo (RPMI-1640 contendo 10% de SFB e 10% de DMSO), alternativamente, em SFB contendo 10% de DMSO, ou ainda em meio contendo 10% de glicerol. Geralmente, a melhor maneira de congelamento de um determinado tipo celular está descrita nas especificações encontradas nos Bancos de células.

Congelamento de células: Ver Criopreservação.

Coquetel de cintilação: mistura de substâncias capaz de transformar a energia radioativa em fóton detectável.

Corantes de exclusão: corantes que não penetram as membranas, portanto, apenas coram as células mortas.

Corantes de inclusão: após entrarem nas células, são hidrolisados por uma esterase não específica, se tornam fluorescentes e não saem da célula. Exemplo: fluorescindiacetato (FDA).

Corpos apoptóticos: protuberâncias na superfície celular (*blebs*) que se destacam e contêm as organelas estreitamente acondicionadas, com ou sem fragmentos nucleares.

Criopreservação: estocagem de células sob temperaturas extremamente baixas. Geralmente, se usa o N_2 líquido para alcançar a temperatura necessária ao congelamento de estoques celulares.

Crioprotetor: agente que permite o congelamento e descongelamento de células viáveis, impedindo a formação de cristais de gelo no interior da célula e, conseqüentemente, o rompimento dessas. Os agentes mais utilizados como crioprotetores são o DMSO (dimetil sulfóxido), o glicerol e o próprio SFB (soro fetal bovino).

Criotubos: tubos utilizados para acondicionamento de células destinadas ao congelamento. Possuem um anel de borracha entre a tampa e o frasco para evitar que estourem com variações drásticas de temperatura.

Criptas: porção anatômica do intestino caracterizada por alta atividade proliferativa e geração de enterócitos que migrarão para as regiões mais externas dos vilos.

Cultivo de células aderentes: cultivo de células que, provenientes de tecidos sólidos, necessitam aderir à superfície do frasco de cultura ou a substratos. Geralmente, a tripsinização é necessária para desaderir as células a cada repique.

Cultivo em suspensão: cultivo de células que podem aderir entre si, formando cachos, mas não aderem à superfície, permanecendo em suspensão, o que torna a tripsinização desnecessária.

Cultura de células (cultivo de células): manutenção de células *in vitro*, não mais organizadas em órgãos. Este conceito inclui o cultivo de células isoladas.

Cultura de células finitas: linhagem celular capaz de proliferar apenas um número limitado de vezes, após o que a proliferação cessa.

Cultura de células imortais: Ver Cultura de células permanentes ou contínuas.

Cultura de células permanentes ou contínuas: cultura que é aparentemente capaz de um número ilimitado de passagens. Estas células podem ou não apresentar características de transformação maligna ou neoplásica.

Culturas primárias: culturas celulares preparadas diretamente a partir de células obtidas de tecidos de um organismo, com ou sem etapa inicial de desagregação. Crescem durante um tempo variável, mas finito, em cultura, mesmo oferecendo-lhes todos os nutrientes necessários para a sua sobrevivência. A maioria das células normais não dão origem a linhagens celulares contínuas.

Curie: unidade de quantidade de radioatividade (Ci). Por definição: $1 \ \mu Ci = 2{,}22 \times 10^6$ dpm (decaimento por minuto).

Curva de crescimento: gráfico semilogarítmico que compreende, no eixo Y, o número de células numa escala logarítmica e, no eixo X, numa escala linear, o tempo de proliferação da cultura. A curva de crescimento é dividida em fase Lag, fase Log e fase estacionária ou *plateau*.

Curva de crescimento: padrão sigmoidal de atividade proliferativa (número de células $\times$ tempo) de uma cultura de células. Reflete a adaptação à cultura, às condições do ambiente, à disponibilidade de substrato físico e a suprimentos de nutrientes necessários para promover a produção de novas células.

Densidade celular: número de células em um dado volume de meio de cultura.

Diapedese: migração de células circulantes para o interstício lesado. Este processo depende de proteínas de adesão presentes no endotélio dos vasos e das células migratórias capazes de promover o rolamento (*rolling*), a saída das células da circulação e a migração para os tecidos lesados.

Diferenciação: especialização celular. Processo que envolve alterações na expressão gênica, morfologia e bioquímica celular, tornando a célula especializada em algumas funções. Muitas vezes, pode ser reproduzido em cultura.

DNA-PK (*DNA-dependent Protein Kinase*): enzima envolvida no reparo da ruptura da dupla fita do DNA. A degradação da subunidade catalítica desta enzima ($DNA\text{-}PK_{CS}$) pela caspase 3 leva à diminuição da capacidade de reparo do DNA da célula.

Efeito citopático (ECP): a replicação viral produz mudanças degenerativas em cultura de células suscetíveis. Os efeitos observados incluem: formação de citoplasma com regiões em forma de bolhas espumosas (vacuolados), fusão de várias células formando uma massa multinucleada (sincício), e degeneração granular observada através da refringência do citoplasma e coloração cinza-escuro.

Eficiência de adesão: percentual de células semeadas capazes de aderir à superfície do frasco de cultura, em tempo determinado.

Eficiência de clonagem: percentual de células que, depois de semeadas, formam um clone ou uma colônia. Pode-se usar também o termo eficiência de formação de colônia.

Eletroporação: formação de poros transientes no plasmalema, por meio de corrente elétrica, com o objetivo de introduzir material exógeno, por exemplo DNA, a partir do meio.

Endocitose: captação de partículas do meio externo pela célula.

Endonuclease G (Endo G): nuclease mitocondrial liberada na apoptose para o citosol e translocada para o núcleo que provoca fragmentação do DNA em oligonucleossomos, mesmo na presença de inibidores de caspase.

Endosporo: forma de vida latente (forma de resistência), exclusiva de bactérias.

Enzimas antioxidantes: enzimas que previnem a peroxidação lipídica, lesão ao DNA e oxidação das proteínas. Protegem contra a ação das espécies reativas de oxigênio (EROs). Dentre estas, estão: superóxido-dismutase (SOD), que converte superóxido ($O_2^{\cdot -}$) em peróxido de hidrogênio (H_2O_2); catalase, que decompõe peróxido de hidrogênio; glutationa peroxidase, que reduz peróxidos à custa de glutationa; glutationa S-transferase e sistema proteínas associadas à tiorredoxina, que reduzem pontes dissulfeto.

Eosinófilos: representam de 1 a 4% do total de leucócitos circulantes em um indivíduo normal não alérgico. Apresentam normalmente um núcleo bilobulado, sem nucléolo e muitos grânulos citoplasmáticos que adquirem coloração avermelhada na presença de corantes ácidos. Também possuem capacidade de fagocitar microrganismos e participam de reações alérgicas.

Eritrócitos ou hemácias: células mais abundantes do sangue periférico, representando, em condições normais, quase a totalidade do hematócrito. São células anucleadas, com 7 μm de diâmetro, que possuem a forma de um disco bicôncavo, o que lhes confere certa flexibilidade, permitindo sua circulação pelos capilares para manutenção do fluxo sanguíneo e da oxigenação dos tecidos.

Eritropoese ou eritropoiese: produção de eritrócitos pela medula óssea.

Espécies reativas de oxigênio (EROs): produtos da reação do oxigênio com biomoléculas. A formação excessiva de EROs resulta no estresse oxidativo, que é um desequilíbrio entre a geração e a remoção desses produtos. As espécies reativas de oxigênio também podem ocasionar a formação do poro de transição mitocondrial. Os poros na mitocôndria permitem o vazamento da glutationa (GSH) que, desta forma, não pode mais impedir a oxidação de proteínas e enzimas na célula. As proteínas são oxidadas com formação de ligações cruzadas por pontes dissulfeto, levando à perda de sua função.

Espécime ou espécimen: do latim *specimen*, representa um modelo ou uma amostra.

Esporo: forma de vida latente (forma de resistência) de microrganismos (bactérias, fungos, leveduras).

Espraiamento: achatamento e expansão do corpo celular sobre uma superfície. Envolve rearranjo do citoesqueleto de actina e proteínas de adesão.

Estequiometria: proporção entre os elementos químicos que reagem entre si.

Estímulo quimiotáxico: substâncias originadas dos tecidos, plasma e dos microrganismos que promovem a resposta migratória dos leucócitos (diapedese) em direção dos locais onde existe a maior concentração dos agentes quimiotáxicos.

Estringência: caracterizada pelas condições de temperatura e concentração de sais de magnésio que determina a capacidade das moléculas de ácido nucléico de fita dupla de permanecer pareadas ou das moléculas de fita simples de reconhecer outras moléculas (geralmente *primers*) que têm elevada complementaridade. Desta forma, um alto grau de estringência (altas temperaturas – entre 55 e 65°C – e concentrações de magnésio específicas para cada caso) favorece a hibridação estável entre moléculas de ácido nucléico que têm elevada complementaridade, ao passo que, se o grau de estringência é baixo, um aumento proporcional na hibridação inespecífica é favorecido (ligação com baixa complementaridade).

Extensão sanguínea: caracteriza-se pelo espalhamento direcionado de uma gota de sangue desprovido de anticoagulante sobre uma lâmina feita logo após a obtenção da amostra.

Externalização de fosfatidilserina: translocação de fosfatidilserina da camada interna da membrana plasmática para a camada externa. A fosfatidilserina é um fosfolipídio presente na face interna da membrana das células. Na apoptose, é externalizada e promove a perda da assimetria na composição dos fosfolipídios, identificando a superfície da célula apoptótica para ser fagocitada por macrófagos ou células vizinhas. Tal fato faz com que a fagocitose ocorra antes da perda da integridade da membrana, prevenindo inflamação e lesões teciduais. Este fenômeno pode ser evidenciado com marcação com anexina V.

Fagocitose: forma de endocitose (processo de incorporação de partículas pequenas pelas células) caracterizada pela incorporação dinâmica de partículas grandes, como microrganismos e pedaços de células, ingeridos através de grandes vesículas endocíticas, denominadas fagossomos.

Fase de declínio ou fase de morte celular: caracteriza-se por ocorrer redução drástica no número de células, já que a quantidade de células mortas excede a de células novas.

Fase estacionária: fase do crescimento celular caracterizado como o intervalo que ocorre imediatamente após a fase Log, quando o número de células permanece constante.

Fase Lag: período de crescimento celular lento e regular, observado após a inoculação de um cultivo em meio estéril.

Fase Log: período de crescimento de uma cultura em que as células se dividem constantemente. Nesta fase de alta atividade metabólica da célula, se realiza a maioria dos experimentos.

Fatores de crescimento hematopoéticos (hematopoiéticos): também conhecidos como hematocitopoetinas; são fatores que estimulam a proliferação e diferenciação de células imaturas, e a atividade funcional das células maduras.

Fito-hemaglutinina (PHA): mitógeno para linfócitos T.

FL1: parâmetro de um citômetro de fluxo referente à emissão de fluorescência numa faixa de comprimentos de onda de $\lambda = 515-530$ nm (verde).

FL2: parâmetro de um citômetro de fluxo referente à emissão de fluorescência numa faixa de comprimentos de onda de $\lambda = 560-580$ nm (laranja).

FL3: parâmetro de um citômetro de fluxo referente à emissão de fluorescência numa faixa de comprimentos de onda de $\lambda = 650-680$ nm (vermelha).

Fluorescência: processo de três estágios que ocorrem com os fluoróforos. O primeiro é o estágio em que ocorre a excitação – um fóton de energia é gerado por uma fonte externa que pode ser uma lâmpada incandescente ou uma fonte de *laser*. Essa energia é absorvida pelo fluoróforo. O estágio 2 está relacionado com o tempo do estado de excitação, o qual ocorre por um intervalo de tempo finito (aproximadamente, $1 - 10 \times 10^{-9}$ s). O último estágio corresponde à emissão da fluorescência (luz) – um fóton de energia é emitido, e, com isso, o fluoróforo retorna ao seu estado inativo.

Fluoróforo: substância que emite fluorescência. Muitas vezes, o fluoróforo está complexado com a molécula de estudo servindo de traçador.

FMLP — orto-formimetionil-leucilfenilalanina: estímulo quimiotáxico para células, como neutrófilos.

Forma de resistência ou forma latente (microrganismos): fase de vida latente em que a célula procariota apresenta maior resistência aos fatores externos (temperatura, umidade).

Forma vegetativa (microrganismos): fase do ciclo de vida em que a célula procariota está envolvida na obtenção de nutrientes.

Fosfofrutoquinases: enzimas reguladoras do fluxo de substratos pela via glicolítica. A fosfofrutoquinase 1 converte frutose 6-fosfato a frutose 1,6 bisfosfato, e a fosfofrutoquinase 2 converte frutose 6-fosfato a frutose 2,6 bisfosfato.

Fosforilação oxidativa: fosforilação de ADP (adenosina difosfato) a ATP (adenosina trifosfato) pela ação da enzima ATP sintetase presente na membrana interna da mitocôndria com atividade dependente da formação de um gradiente de prótons gerado pela energia liberada pelas reações de oxidorredução da cadeia de transporte de elétrons.

Fóton: ou quanta de energia. Pequenos pulsos de energia emitidos (radiação eletromagnética) que se propagam descontinuamente. Esta energia (E) é caracterizada em função da freqüência (f) (ou inversamente ao comprimento de onda — λ) característica de cada tipo de luz e dependente da constante de Planck ($h = 6,63 \times 10^{-34}$ J . s). Desta forma, o fóton é a menor quantidade (ou unidade) de luz que pode ser emitida ou absorvida num processo. Quando um fluoróforo absorve luz, a energia é usada para excitar os elétrons para um estado de energia mais alto. O processo de absorção é rápido e é imediatamente seguido pelo retorno do elétron ao seu orbital de origem com a emissão de energia na forma de luz (fóton).

FSC (*forward angle light scatter*): "luz desviada para a frente." Resultante da difração decorrente das diferenças nas características morfológicas básicas (tamanho) das partículas que são analisadas por um *laser* de um citômetro de fluxo.

Fusão celular: caracteriza-se pela junção de dois tipos celulares em apenas um (híbrido). A freqüência deste fenômeno é aumentada utilizando-se vírus, substâncias químicas ou pulsos elétricos.

Granulócitos polimorfonucleares: os granulócitos representam de 60 a 70% do total de leucócitos do sangue humano normal, mas também são encontrados em tecidos extravasculares. Realizam diapedese.

Helicase: proteína importante na replicação, que é modulada nos portadores de doenças de envelhecimento precoce. É uma proteína importante para a senescência.

Hematócrito: porção celular constituinte do sangue. Em condições normais, ocorrem pequenas variações na quantidade de células circulantes no sangue, e, em algumas hemopatias, essas variações são muito nítidas.

Hemopoese ou hemopoiese: formação das células do sangue que abrange todos os fenômenos relacionados com a origem, multiplicação e a maturação das células precursoras das células sanguíneas na medula óssea.

Hemostasia: processo pelo qual o organismo procura manter a fluidez do sangue, evitando perdas sanguíneas ou formação de trombos ou coágulos que dificultam o fluxo sanguíneo.

Hibridização celular: fusão de duas ou mais células distintas, levando à formação de um sincárion.

Hibridoma: células que resultam da fusão de uma célula tumoral produtora de anticorpo (mieloma) e uma célula plasmática normal, estimulada antigenicamente. Estas células são geradas porque produzem um único anticorpo dirigido contra o epítopo daquele antígeno que estimulava a célula plasmática. O anticorpo formado é um anticorpo denominado monoclonal.

Hipóxia: redução do fornecimento de oxigênio a uma determinada região do organismo.

IAPs (*Inhibitor of Apoptosis Protein*): compreendem um grupo de proteínas conservadas, identificadas inicialmente como proteínas baculovirais que substituem funcionalmente a p35, inibidora de caspases baculovirais.

Ilhotas pancreáticas: componente estrutural da porção endócrina do pâncreas constituída por quatro tipos celulares: células α, que secretam glucagon; células β, que secretam insulina; células δ, que secretam somatostatina; e células F, que secretam polipeptídeo pancreático. Nos seres humanos, existem entre 1,5 e 2 milhões de ilhotas pancreáticas, que formam conjuntos de aproximadamente 2.500 células.

Imortalização: aquisição de atributos de uma linhagem contínua por uma linhagem finita. Este processo pode dar-se de forma intencional ou intrínseca. Uma célula imortalizada não é, necessariamente, neoplásica ou malignamente transformada.

Imunoglobulina (Ig): uma molécula do anticorpo. Os vertebrados possuem cinco classes de imunoglobulinas — IgA, IgD, IgE, IgG e IgM; cada uma com sua função na resposta imune.

Inibição do crescimento por alta densidade: inibição do processo mitótico relacionada com o aumento da densidade celular.

Integrinas: membros de uma grande família de proteínas transmembrânicas envolvidas na adesão de células à matriz extracelular e célula-célula.

Isopícnico: isodensidade. Para a centrifugação por gradiente de densidade isopícnica, as partículas em solução são colocadas delicadamente sobre uma substância com densidade média igual à das partículas. Após a centrifugação, as partículas flutuam na interface do gradiente formado entre a substância e a solução original contendo a suspensão.

Isquemia: diminuição do aporte sanguíneo em uma determinada região do organismo por embolia ou constrição arterial.

Junções interendoteliais: as junções celulares geralmente servem para promover aderência e vedar os espaços intercelulares, impedindo o fluxo de moléculas entre as células. As junções interendoteliais formam canais de comunicação entre células adjacentes e possuem uma ordem definida da porção apical à basal da célula; é por esse pequenino espaço que os leucócitos passam durante o processo de migração celular (diapedese).

Lactato desidrogenase: enzima com atividade reversível de conversão de piruvato a lactato dependente de NADH.

Leucócitos ou glóbulos brancos: grupo heterogêneo de células que constituem o sistema imune ou sistema de defesa do organismo.

Linfócitos: representam de 20 a 32% do total de leucócitos circulantes num homem adulto normal. Possuem diâmetro de 7 a 10 μm, núcleo muito grande em relação ao tamanho da célula. São células importantes na resposta imunológica tanto humoral quanto celular, e sua funcionalidade está relacionada não só com a capacidade de defesa do organismo contra infecções, mas também com o desenvolvimento de doenças auto-imunes.

Linfócitos B: atingem a maturidade na própria medula óssea, são liberados diretamente na corrente sanguínea e podem permanecer circulantes ou se alojar nos tecidos linfóides secundários ou em outros tecidos, se necessário. São chamados de linfócitos bursa-símile-dependentes, pois são similares aos linfócitos de aves que amadurecem na bursa de Fabricius.

Linfócitos de "memória": células que carregam a "memória" imunológica e garantem a defesa nos próximos contatos com o mesmo antígeno.

Linfócitos timo-dependentes ou linfócitos T: linfócitos que completam a maturação no timo. Posteriormente, essas células atingem a circulação periférica e podem permanecer circulantes ou se alojar nos tecidos linfóides secundários (baço, linfonodos, sistemas linfóides e tonsilas) ou em outros tecidos, conforme a necessidade. São caracterizados pela presença de receptores e do complexo CD3 na membrana, e pela presença de um marcador enzimático, a fosfatase ácida. São divididos em linfócitos T auxiliares, que possuem o complexo CD4 na membrana, e linfócitos T citotóxicos, com CD8 na membrana. Alguns linfócitos T citotóxicos são CD8 negativos.

Linhagem celular: uma linhagem celular surge de uma cultura primária a partir do primeiro subcultivo bem-sucedido. Os termos finita, contínua ou estabelecida podem ser usados para especificar as características da linhagem. Em publicações que relatem o estabelecimento de uma nova linhagem, devem-se descrever toda a caracterização e história daquela cultura. No caso da aquisição de material obtido de outro laboratório, a designação da cultura, como nome original e descrição, deve ser mantida. Quaisquer alterações no procedimento de cultivo devem ser relatadas em qualquer publicação.

Lipócrito: razão entre o volume ocupado por adipócitos em uma solução dividido pelo volume total da solução. É determinado através da centrifugação das células em solução contidas em um capilar. De maneira simplificada, esta razão é determinada pela distância do capilar que contém as células em relação à distância total ocupada pelo volume da solução.

Lipossomo: estrutura não covalente formulada a partir de uma mistura de lipídios neutros e catiônicos (carregados positivamente). Tais estruturas apresentam-se na forma de esferas (vesícula lipídica, com diâmetro de 100 a 400 nm) e contêm água em seu interior. Pode ser usado para encapsular material exógeno. Pode ser colocado com as células para fornecimento direto do agente exógeno após a fusão entre a célula e o lipossoma.

LPS—lipopolissacarídeo: composto por glicofosfolipídio e por heteropolissacarídio, localizados na superfície externa da maioria das bactérias Gram-negativas; é o responsável pelo quadro fisiopatológico associado a infecções desencadeadas por bactérias. Mitógeno para linfócitos B, pois se liga ao complexo CD14 presente apenas nas membranas das células B. Em macrófagos, se liga ao receptor *toll like* 14, desencadeando efeitos através do fator de transcrição NF-κB.

Macrófago ativado: células com atividade funcional aumentada (de uma ou mais funções, ou uma nova atividade funcional). Antes da ativação, estas células podem ser residentes ou exsudatos. Este termo pode ser aplicado a fagócitos mononucleares ativados, *in vivo* ou *in vitro*, de acordo com o estímulo utilizado.

Macrófago elicitado/inflamatório: utilizado para denominar populações heterogêneas de fagócitos mononucleares que se acumulam em um determinado local devido a estímulos específicos, sem interferir no seu estágio de desenvolvimento ou estado funcional.

Macrófagos: células componentes do sistema de fagócitos mononucleares originadas a partir dos monócitos que migram da corrente sangüínea para vários tecidos e órgãos. São encontrados nos fluidos peritoneal, pleural, sinovial, no colostro e nos espaços alveolares e tecidos, em abundância nos nódulos linfáticos e nos espaços sinusóides.

Macrófagos de exsudato: macrófagos derivados especificamente de monócitos e que, conseqüentemente, apresentam muitas características destas células. Esta população é diferenciada através de marcações específicas, tais como atividade peroxidativa, reatividade com anticorpos monoclonais e características cinéticas distintas. Este termo é utilizado para estágio de diferenciação do macrófago.

Macrófagos residentes: macrófagos presentes em sítios anatômicos específicos, em órgãos ou tecidos não inflamatórios (sem estímulos). Muitos macrófagos residentes estão em estado quiescente. Os macrófagos quiescentes apresentam morfologia semelhante à do monócito, além de terem uma capacidade de espraiamento e atividade de fagocitose baixa, e mostrarem-se pouco responsivos a linfocinas.

Meio de cultura: solução nutritiva quimicamente definida para o cultivo de células. Cada linhagem celular necessita de uma composição específica.

Mesh: unidade característica de uma malha (geralmente metálica). Caracteriza o tamanho do grão peneirado.

Micoplasmas: Do grego *mykes* (fúngico) *plasma* (forma), são os menores organismos de vida livre, com filamentos que se fragmentam de várias maneiras. Descendem das bactérias

Gram-positivas. A célula contém o mínimo necessário para sua multiplicação: membrana, citoplasma, ribossomos e DNA. Micoplasma é o termo genérico para a classe *Mollicutes* [*Mollis* (mole) *cutis* (pele)] que pertence à Divisão dos *Ternecurites*. Atualmente, constituem 5 Ordens, 6 Famílias, 14 Gêneros e mais de 200 espécies.

Mitógenos: substâncias com a propriedade de induzir a proliferação celular.

Moléculas de adesão: moléculas presentes em leucócitos e células endoteliais que promovem sua interação, ou seja, a adesão e migração leucocitária para o meio extravascular.

Monócitos: células fagocíticas mononucleares que representam de 4 a 8% do total de leucócitos circulantes em um indivíduo adulto normal. São células apresentadoras de antígenos e que participam ativamente da reação imunológica mediada por células. Podem sair da circulação periférica (diapedese) e se fixar em determinados tecidos (fígado, sistema nervoso etc.), passando por mais uma etapa de diferenciação, originando os macrófagos.

Morte celular autofágica ou citoplasmática, morte 3B ou oncose: morte celular que não é necrose nem apoptose. Difere da apoptose nos aspectos morfológicos, bioquímicos e na resposta aos inibidores de apoptose. Observada em células do sistema nervoso central (doenças neurodegenerativas; doença de Huntington; e na esclerose lateral amiotrófica). Há descrição desta forma alternativa em algumas etapas do desenvolvimento e em indução de morte por isquemia.

NADPH oxidase: complexo enzimático responsável pela produção de espécies reativas de oxigênio em células fago-citárias.

Necrose: palavra de origem grega que quer dizer "estado de morte". É o ponto final das alterações celulares, resultado de injúria celular irreversível, em que a homeostase não pode ser restabelecida. Este tipo de morte celular geralmente acomete um grupo de células vizinhas e envolve inflamação. Ocorre autodestruição celular por ativação de hidrolases quando há falta de nutrientes e oxigênio e, conseqüentemente, desor-ganização progressiva e desintegração completa da região acometida. Morfologia: tumefação e rompimento celular e das organelas, vacúolos; acidofilia citoplasmática, desprendimento de ribossomos do retículo endoplasmático e desagregação dos polissomos e coagulação da cromatina.

Necrose secundária: tem características mistas de necrose (como lesão precoce da membrana e tumefação celular) e de apoptose (como presença de cromatina altamente condensada).

Neoglicogênese: ou gliconeogênese; é a via metabólica de síntese de glicose a partir de aminoácidos (alanina), lactato e glicerol. Ocorre no fígado e no córtex renal. Várias enzimas da glicólise participam de reações reversíveis comuns à neoglicogênese; entretanto, três enzimas da glicólise com reações irreversíveis são substituídas na neoglicogênese: a piruvato quinase, substituída pelas enzimas piruvato carboxilase e fosfoenolpiruvato carboxiquinase; a fosfofrutoquinase 1, substituída pela frutose 1,6 bisfosfatase; e a glicoquinase (hexoquinase hepática), substituída pela glicose 6-fosfatase.

Neutrófilos: representam de 55 a 65% do total de leucócitos circulantes em um indivíduo normal. Apresentam um núcleo multilobulado, com cromatina densamente compactada, que origina o termo polimorfonuclear. Não apresentam nucléolo, e o citoplasma possui grânulos primários ou azurófilos, que contêm enzimas lisossomais e fatores bactericidas.

NF-κB: fator de transcrição, importante agente promotor da proliferação e do processo inflamatório.

Número de passagens: número de vezes que as células em cultura são subcultivadas.

Óligo anti-senso: seqüência de bases na ordem inversa em que é lido o transcrito correspondente. Um óligo anti-senso pode ser um misto de DNA com pontas de RNA, os chamados óligos quiméricos.

Óligo senso: seqüência de bases que corresponde ao transcrito de um gene na mesma ordem em que este é lido.

Opsonização: processo em que opsoninas presentes no soro (algumas substâncias do sistema complemento e anticorpos) se aderem às partículas (hemácias, zimosan, bactérias e fungos) que serão fagocitadas. Como conseqüência, as partículas opsonizadas são reconhecidas por receptores específicos presentes na superfície da membrana celular, desencadeando a fagocitose.

Órgãos linfóides primários: timo e medula óssea. Possuem basicamente linfócitos imaturos.

Órgãos linfóides secundários: linfonodos, baço e tonsilas. Possuem linfócitos maturos.

Óxido nítrico (NO): também chamado de fator relaxador derivado de endotélio, foi primeiramente descrito como um fator liberado por células endoteliais e com efeito vasodilatador por relaxar os vasos do músculo esquelético. Além disso, é um importante mediador inflamatório, participa das atividades microbicida e citotóxica contra microrganismos intracelulares e tumoricida de macrófagos.

p53: proteína envolvida em respostas que não envolvem dano ao DNA, como choque térmico, hipóxia, dano físico, privação metabólica etc. As vias dependentes de p53 ajudam a manter a estabilidade genômica, eliminando células lesadas, interrompendo o ciclo celular em G1 ou induzindo as células à apoptose.

Pâncreas: glândula mista. Possui uma porção exócrina, formada pelos ácinos pancreáticos que representam cerca de 98% do volume do pâncreas, responsáveis pela produção de enzimas digestivas. E uma porção endócrina, constituída pelas ilhotas pancreáticas, que secretam quatro peptídeos (com atividade hormonal e que ocupam os 2% restantes do volume do órgão).

PARP (*Poly-ADP-Ribose Polymerase*): substrato das caspases mais bem caracterizado, clivado na apoptose.

Passagem: transferência de células, com ou sem diluição, de um frasco de cultura para outro. Entende-se que, sempre que as células são transferidas de um frasco para outro, ocorrem perdas de células e portanto diluição, embora não intencional. Sinônimo: subcultivo.

Pellet: sedimento ou precipitado formado pela centrifugação de uma suspensão qualquer, por exemplo: uma suspensão de células.

Permeabilização da membrana: processo capaz de tornar a membrana celular mais permeável à passagem de alguma substância. Pode ser feita fisicamente com microinjeção, por manipulação mecânica ou por colapso elétrico.

Peroxidação lipídica: reação em cadeia que ocorre entre ácidos graxos poliinsaturados da membrana com espécies radicalares, principalmente com radicais hidroxila, gerando novos radicais e propagação da reação. Há deformação na estrutura da membrana celular que desequilibra osmoticamente a célula. Se produzidos em grande quantidade, os peróxidos lipídicos desencadeiam danos em lisossomos, retículo endoplasmático e mitocôndria, proporcionando o vazamento de Ca^{2+} e de enzimas que digerem o conteúdo celular.

Photobleaching ou desbotamento: perda de cor de um fluoróforo.

Pipeta multicanal: pipetador automático para várias amostras concomitantes.

Piruvato desidrogenase: complexo enzimático microssomal que converte piruvato em acetil-coenzima A (acetil-CoA), um importante substrato energético, utilizado na síntese de corpos cetônicos e lipídios; ácidos graxos (AG) e fosfolipídios (FL), além do colesterol.

Plaquetas: células pequenas e incompletas, pois carecem de material nuclear. Apresentam 3 a 4 μm de tamanho (no maior diâmetro). Têm forma lenticular e variável.

Plasma sanguíneo: porção líquida do sangue de composição complexa (água — aproximadamente 92% — e componentes inorgânicos e orgânicos).

Poro de transição de permeabilidade mitocondrial — PTPC (Permeability Transition Pore Complex): poro formado na parede da membrana mitocondrial durante a apoptose. Basicamente formado pelo canal dependente de voltagem (VDAC—Voltage-Dependent Activating-Channel) e pela adenina nucleotídio translocase (ANT), além de diversas outras proteínas "sensoras" para os diversos processos que disparariam a abertura do poro em momentos de estresse.

Potencial transmembrânico mitocondrial ($\Delta\psi$m): determinado pelo gradiente de prótons da cadeia respiratória.

Proteínas-quinases dependentes de ciclina (Cdk—cyclin-dependent kinases): responsáveis diretas pelo controle de proteínas-quinases ativadas ciclicamente que possuem atividade catalítica. Enzimas cuja ativação é promovida pela ligação às ciclinas, que formam um segundo grupo de componentes protéicos envolvidos com ciclos de síntese e degradação durante o ciclo celular.

Pseudópodes: protrusões ricas em actina da superfície celular.

Radicais livres: formados nas células por radiação ionizante, por metabolismo de agentes químicos e drogas, e por ação de enzimas específicas, como a óxido nítrico sintase, a NADPH oxidase, a xantina oxidase, a prolina oxidase, as proteínas do complexo P-450 e as enzimas da cadeia respiratória. A geração de radicais livres está envolvida na morte celular por necrose e apoptose causadas por agentes químicos, radiação, intoxicação por gases, envelhecimento celular, inflamação, destruição de células infectadas e tumorais por fagócitos. Os radicais livres reagem com substâncias químicas inorgânicas e orgânicas, como proteínas, ácidos graxos poliinsaturados e ácidos nucléicos.

Renovação celular: renovação das células que constituem um determinado tecido, permitindo a formação de células maduras em número e em função dentro dos limites da normalidade. Depende de proliferação e diferenciação celular.

Reparação celular: reposição celular em situações patológicas que resultam em destruição celular e tecidual com a finalidade de se reparar a lesão e normalizando a fisiologia do tecido e/ou órgão. Depende de proliferação e diferenciação celular.

Reperfusão: restauração do fluxo sanguíneo em um vaso previamente constricto.

Repique: subcultivo, passagem. Diminuição da densidade celular por diluição em cultura de células em suspensão e por tripsinização em células aderidas. Cada repique implica uma passagem.

Sangue: tecido fluido, formado por uma porção celular que circula em suspensão num meio líquido, o plasma.

Seleção clonal: expansão de clones linfocitários resultante da estimulação de receptores antigênicos presentes em sua superfície celular por fatores antigênicos ou epítopos.

Selectinas: membros de uma família de proteínas ligadas a carboidratos, localizadas na superfície celular, que medeiam a adesão célula-célula na corrente sanguínea; por exemplo, entre um leucócito e uma célula endotelial do vaso sanguíneo.

Senescência: fase em que as células se mantêm vivas, mas a partir da qual não podem mais se dividir, podendo morrer, mesmo sob as melhores condições de cultura. Ocorre com todos os tipos celulares eucariotos normais.

Senescência in vitro: propriedade que caracteriza uma linhagem finita; inabilidade para proliferar além de um determinado número de passagens.

Sincronismo celular: células de uma população total que estão na mesma etapa do ciclo celular ao mesmo tempo.

Sincronização por indução química: inibição metabólica por agentes específicos de uma determinada etapa do ciclo celular que, ao serem removidos da cultura, possibilitam a progressão das células do ciclo de maneira sincrônica.

Sincronização por seleção: obtida através da remoção das células de uma cultura que estejam em um determinado estágio do ciclo celular com posterior cultivo como uma cultura sincrônica.

Síntese de novo: síntese de um metabólito a partir de acetil-CoA.

262 *Glossário*

Sonda fluorescente: fluoróforo responsável por localizar uma região específica de um espécimen ou capaz de responder a um estímulo específico.

SSC *(side angle light scatter)*: "luz desviada para o lado." Luz desviada a 90° por uma partícula em relação ao raio de um *laser* incidente de um citômetro de fluxo. Esse parâmetro é resultante da refração e reflexão, e indica a granulosidade do citoplasma das células, assim como irregularidades da superfície da membrana.

Subconfluência: condição em que o cultivo ainda não atingiu a confluência total, ou seja, a monocamada de células não recobre toda a superfície do frasco.

Subcultivo: Ver Passagem.

Swab: aparato contendo uma fita adesiva para coleta de material biológico através do leve pressionamento da região.

Telomerase: ribonucleoproteína com ação de transcriptase reversa que traz no seu bojo uma seqüência de RNA utilizada como fita complementar para a síntese das seqüências repetitivas de DNA no final dos cromossomos.

Telômeros: porções terminais dos cromossomos, compostos de seqüências repetitivas, que conferem sua estabilidade, impedem a fusão entre si e os ancora ao núcleo celular. Durante o processo de duplicação do DNA, parte dos telômeros é perdida. Após sucessivas divisões celulares, a perda de DNA nos telômeros torna-se tão grande que eles ficam instáveis, e começam a ocorrer perda de genes, e fusão ou quebra cromossomal.

Tempo de dobramento: tempo necessário para que uma população atinja o dobro de sua quantidade.

Tempo de dobramento da população: intervalo de tempo em que uma população de células duplica seu número.

Terapia celular na restauração de tecidos: utilização de células-tronco obtidas da medula óssea, do sangue do cordão umbilical ou do sangue periférico após terapia com fatores de crescimento com a finalidade de reconstituir as células de um tecido lesado ou não funcional. P. ex.: Para a reconstituição de células beta das ilhotas pancreáticas em pacientes diabéticos; na reconstituição da musculatura cardíaca em pacientes com insuficiência cardíaca avançada; em lesões do sistema nervoso; e para a compreensão e tratamento de neoplasias e doenças degenerativas.

Timidina: análoga à timina (uma das quatro bases nitrogenadas que compõem o DNA), se incorpora ao DNA em duplicação. Geralmente, é utilizada com marcação radioativa ([2-^{14}C]-timidina) para que sirva de indicador de proliferação.

TNF (*Tumor Necrosis Factor*): homotrímero composto por subunidades de 157 aminoácidos, que se liga ao domínio extracelular do receptor R1 (TNF-R1). A ligação promove a agregação dos receptores, que é reconhecida pela proteína adaptadora TRADD (*TNF Receptor-Associated Death Domain*), que recruta as proteínas adaptadoras adicionais RIP (*Receptor-Interacting Protein*), TRAF2 (*TNF-R Associated Factor 2*) e FADD (*Fas-Associated Death Domain*)/MORT1. As três últimas

proteínas recrutadas por estas adaptadoras são enzimas chave para o início dos eventos de sinalização.

Totipotência: característica de uma célula que a capacita a diferenciar-se em qualquer um dos tipos celulares do organismo adulto.

Traçador radioativo: moléculas de uma substância marcadas radioativamente em geral com ^{14}C, ^{3}H, ^{32}P, utilizada como "indicador de via metabólica".

Transfecção: outro termo utilizado que denomina a transferência de DNA estranho, inócuo, para células em cultura. O uso tradicional deste termo em microbiologia implica que o DNA tenha origem viral.

Transfecção estável: transferência de material genético para uma célula, de modo que haja incorporação desse no DNA genômico e a permanência desta informação genética nas gerações futuras. Células transfectadas estavelmente devem ser mantidas, permanentemente, em meio seletivo.

Transfecção transitória ou transiente: transferência de material genético para uma célula, sem que haja incorporação desse no DNA genômico nem transferência para gerações futuras.

Transferência gênica: Ver Transfecção.

Transformação: alteração do padrão genético de uma célula, que pode se dar de forma intrínseca ou a partir de tratamentos com químicos carcinógenos, vírus oncogênicos, irradiação etc. Este tipo de transformação difere da citada a seguir, em que nem sempre este tipo de transformação causará o desenvolvimento de neoplasias em hospedeiros. Este termo também é utilizado para a introdução de material genético estranho em bactérias.

Transformação neoplásica *in vitro*: aquisição, por células em cultura, da capacidade de formar neoplasia benigna ou maligna, quando inoculadas em animais. De um modo geral, as neoplasias formadas são benignas.

Tripsinização: tratamento de células aderidas com a enzima tripsina para descolamento de tais células da superfície do frasco de cultura. Ver detalhes no tópico Cultivo de células aderentes.

TUNEL (*terminal deoxynucleotidil transferase uracil nick end labeling*): método capaz de marcar quebras de cadeia no DNA utilizado para o estudo de fragmentação do DNA característico na apoptose.

Ubiquitinização: reação caracterizada pela introdução de ubiquitina em uma molécula.

Vetor: veículo para o gene de interesse. Um plamídeo ou uma partícula viral construída a partir da fusão do DNA viral com um plasmídeo podem ser bons vetores para transferência de DNA.

Via das pentoses fosfato: via metabólica alternativa de oxidação da glicose. A enzima-chave da via é a glicose 6-fosfato desidrogenase. Através dessa via, há a formação de NADPH (nicotinamida adenina dinucleotídio fosfato) como substrato energético e ribose-5-fosfato que é a pentose constituinte dos nucleotídeos.

Via extrínseca de ativação da apoptose: ocorre pela ativação de caspases associadas à via de sinalização dos "receptores de morte", que incluem o receptor de TNF (*Tumor Necrosis Factor*) 1 (TNF-R1/CD120a), de Fas (CD95/Apo-1), de TRAIL (*TNF-Related Apoptosis-Inducing Ligand*) 1 (TRAIL-R1/Apo-2/DR4) e 2 (TRAIL-R2/DR5/KILLER/TRICK2), e os "receptores de morte" (*Death Receptors*) 3 (DR3/Apo-3/LARD/WSL1/TRAMP — *TNF receptor-Related Apoptosis Mediating Protein*) e 6 (DR6).

Via glicolítica ou glicólise: via metabólica que ocorre no citossol e promove a degradação incompleta dos carboidratos, levando à formação de acetil-CoA e produção de ATP. Promove a oxidação parcial da glicose a piruvato.

Via glutaminolítica: glutaminólise. A degradação da glutamina pela enzima-chave glutaminase proporciona a formação de glutamato. A glutamina é doadora de grupos amida para o grupamento carbamoil fosfato usado na síntese de pirimidinas. A transaminação desse aminoácido também é necessária na conversão de CTP para UTP.

Viabilidade: em culturas celulares, o termo viável normalmente significa que as células estão funcionais (capazes de se reproduzirem). Em citometria de fluxo, viável é definido por integridade de membrana, e vários corantes existentes não podem atravessar membranas de células intactas, podendo somente corar as células mortas.

Vilos: porção anatômica do intestino caracterizada por prolongar-se dentro do lúmen intestinal para absorver nutrientes. É revestida por enterócitos.

Apêndices

Apêndice I — Meios de Cultura

Meios de cultura são formulações químicas que fornecem o aporte nutricional para o desenvolvimento e crescimento da cultura.

De um modo geral, os meios de cultura contêm em sua composição aminoácidos, vitaminas, sais inorgânicos e componentes orgânicos (D-glicose, por exemplo). Variações de quantidade ou mesmo a ausência de algumas dessas substâncias para finalidades específicas geram a grande oferta dos meios disponíveis.

As propriedades ideais dos meios de cultura incluem possuir osmolaridade e pH ótimos para a manutenção da célula em estudo (osmolaridade entre 260 e 320 mOsm/kg, e pH 7,4 com pequenas variações entre os tipos celulares), e capacidade de tamponamento para diminuir as oscilações de pH induzidas por possíveis perdas de CO_2 ou acidificação do meio pela produção de ácido lático. Deve ser lembrado que a temperatura também influencia a solubilidade do CO_2, alterando o pH. Convém preparar o meio de cultura com 0,2 unidade abaixo do pH ideal. Na incubadora a 5% de CO_2, o pH se estabiliza no valor desejado.

Para a manutenção do pH, é comum adicionarem-se bicarbonato de sódio (24–44 mM) e HEPES (10–25 mM, pH 7,2–7,6). Além disso, em sua composição há um indicador de pH (*Phenol red*, aproximadamente 1,1 mg/L).

Devido à baixa estabilidade da L-glutamina em solução, recomenda-se não estocar os meios líquidos por períodos longos. Alternativamente, existem meios chamados Gluta-MAX® (Invitrogen) que aumentam a estabilidade da L-glutamina por mantê-la em solução na forma de dipeptídeo com a L-alanina. A importância de se utilizar a L-glutamina (2 mM) em quantidades superiores aos outros aminoácidos está relacionada com metabolismo energético, fornecimento de carbono e nitrogênio, síntese lipídica em leucócitos e proliferação celular.

Em muitos casos, adiciona-se soro (5–20%) aos meios de cultura. Os mais utilizados são obtidos a partir do homem, bezerro, cavalo, feto de boi e, alternativamente, coelho, porco, ovelha, cabra e galinha. Contêm em sua composição proteínas (albumina, globulinas, transferrina etc.), hormônios (fatores de crescimento, por exemplo), lipídios, vitaminas, traços de alguns minerais (zinco, cobre, ferro) e certos inibidores do crescimento celular.

Os soros são coletados sob refrigeração. Durante o processamento, podem ser inativados pelo calor (56°C, por 30 min), dialisados (por ultrafiltração contra NaCl 0,15 M), γ-irradiados (expostos a uma fonte de ^{60}Co com doses de 30 a 40 kGy) ou deslipidados (com carvão ativo).

Também há disponíveis no mercado meios de cultura que não precisam adicionar soro. Chamados de meios livres de soro, são manipulados em sua composição para substituírem os soros (por exemplo: meios MCDB). Esforços intensos para substituir totalmente o soro são feitos devido a problemas relacionados com a dificuldade de se manter a mesma composição de um lote para outro, estabilidade e de se eliminar a contaminação por vírus. Entretanto, cada tipo celular requer condições específicas de nutrientes que tornam a simulação pelos meios livres de soro muito cara. Além disso, nem todos os componentes são encontrados comercialmente.

Para cultura de células de linhagens permanentes, os meios mais indicados são sugeridos nas especificações referentes a cada tipo celular que podem ser encontradas nas listas de dados da maioria dos bancos de células (ATCC e ECACC, por exemplo).

Antes de escolher o meio e o soro a serem utilizados em seu estudo, avalie na literatura quais são as condições mais utilizadas para o tipo celular que será investigado. Faça uma busca, por exemplo, no Pubmed (www.pubmed.com). Mesmo com as informações conhecidas, padronize as condições das suas células em cultura com diferentes meios, soros e proporções. Tenha certeza de que, nas condições escolhidas, os parâmetros que irá avaliar não são prejudicados pela condição oferecida. Faça testes de viabilidade celular e função.

MEIOS DE CULTURA MAIS COMUNS

- **MEM** = meio essencial mínimo (Eagle)

Células. NIH/3T3, fibroblastos, melanoma, L929, LS, HeLa, glioma, endoteliais e *Chinese hamster ovary* (CHO).

Eagle, H. The specific amino acid requirements of mammalian cells (stain L) in tissue culture. J Biol Chem, 214:839, 1955.

Eagle, H. Amino acid metabolism in mammalian cell cultures. Science, 130:432, 1959.

- **D-MEM** = meio essencial mínimo modificado por Dulbecco

Células. Células epiteliais, HeLa, adenocarcinoma, MA 104, MDCK, carcinomas Hep-2, KB, KB 8, KB 16 e KB 18.

Dulbecco, R., Elkington, J. Conditions limiting multiplication of fibroblastic and epithelial cells in dense cultures. Nature, 246:197-199, 1973.

Dulbecco, R., Freeman, G. Plaque formation by the polyoma virus. Virology, 8:396-397, 1959.

Dulbecco, R., Vogt, M. Plaque formation and isolation of pure cell lines with poliomyelitis viruses. J Exp Med, 199:167-182, 1954.

- **RPMI–1640**

Células. Células hemopoéticas, células leucêmicas humanas, tumores humanos, linhagens linfoblastóides, mieloma e eritroleucemia de camundongos.

Moore, G. E., Gerner, R. E., Franklin, H. A. Culture of normal human leukocytes. J Am Med Assoc, 199:519-524, 1967.

- **Meio 199**

Célula. Fibroblasto de pinto.

Morgan, J. G., Morton, H. J., Parker, R. C. Nutrition of animal cells in tissue culture. I. Initial studies on a synthetic medium. Proc Soc Exp Biol Med, 73:1, 1950.

- **Ham**

F10

Célula. MDCK.

Ham, R. G. An improved nutrient solution for diploid Chinese hamster and human cell lines. Exp Cell Res, 29:515, 1963.

F12

Células. Condrócitos, músculo esquelético.

Ham, R. G. Clonal growth of mammalian cells in a chemically defined synthetic medium. Proc Natl Acad Sci USA, 53:288, 1965.

- **MCDB**

Células. CHO, fibroblasto.

Ham, R. G., McKeehan, W. L. Development of improved media and culture conditions for clonal growth of normal diploid cells. In vitro, 14:11-22, 1978.

Referências Adicionais

Ham, R. G., McKeehan, W. L. Media and growth requirements. *In*: Jakoby, W. B., Pastan, I. H. (eds.): Methods in Enzimology, vol. 58, Cell Culture. New York, Academic Press, 1979, p. 44–93.

Ham, R. G. Growth of human fibroblasts in serum-free media. *In*: Barnes, D. W., Sirbasku, D. A., Sato, G. H., (eds.): Cell Culture Methods for Molecular and Cell Biology, vol. 3. New York, Alan R. Liss, 1979. p. 249–264.

PREPARAÇÃO DE UM MEIO DE CULTURA

Exemplo:

Meio RPMI–1640			
	Peso molecular	**Molaridade**	**Quantidade**
RPMI-1640	------	------	10,4 g/L
HEPES	238,31	9,7 mM	2,32 g
Bicarbonato de sódio	84,01	24 mM	2,0 g
Água destilada q.s.p.			1.000 mL

1. Solubilizar os componentes do meio de cultura em 90% do volume final de água destilada.
2. Solubilizar os demais componentes (bicarbonato, glutamina e HEPES).
3. Acertar o pH (com NaOH 1 M ou HCl 1 M) para 0,2 unidade abaixo do valor desejado.
4. Completar o volume para o valor final.
5. Filtrar em fluxo laminar com membrana de 0,22 μm.
6. Acondicioná-lo estéril a 2°C.

Apêndice II — Antibióticos e Antimicóticos

A fim de minimizar as contaminações por bactérias e fungos nas culturas celulares, é comum se adicionar ao meio antes de filtrá-lo uma alíquota de antibiótico e/ou antimicótico.

Antes de adicionar um determinado antibiótico ou antimicótico à cultura, estabeleça o limite de concentração que poderá ser utilizado sem que haja toxicidade para as células e comprometimento do metabolismo. Conheça as características químicas, mecanismo de ação e cuidados especiais necessários referentes ao antibiótico ou antimicótico manuseados.

Algumas formulações incluem em sua composição a presença de mais de um antibiótico (geralmente, penicilina e estreptomicina), podendo ou não conter um agente antimicótico (anfotericina B).

Os antibióticos mais utilizados em cultura estão relacionados na Tabela II.1.

Tabela II.1 Uso de antibióticos e antimicóticos em cultura

Antibiótico ou antimicótico	Concentração recomendada	Espectro de ação	Estabilidade do tecido em meio de cultura a 37°C
Fungizone® (Anfotericina B)	0,25–2,5 μg/mL	Fungo e levedura	3 dias
Nistatina	100 U/mL	Fungo e levedura	3 dias
Gentamicina (sulfato)	5–50 μg/mL	G (+ e −) Micoplasma	5 dias
Canamicina (sulfato)	100 μg/mL	G (+ e −) Micoplasma	5 dias
Estreptomicina (sulfato)	50–100 μg/mL	G (−)	3 dias
Neomicina (sulfato)	50 μg/mL	G (+ e −)	5 dias
Penicilina G	50–100 U/mL	G (+)	3 dias
Polimixina B (sulfato)	100 U/mL	G (−)	5 dias

Apêndice III — Tampões

Antes de utilizar um reagente, pesquise sobre suas propriedades físico-químicas e toxicidade. Preste atenção nas restrições de manuseio. Estas informações muitas vezes se encontram nos próprios catálogos dos fornecedores, junto às especificações de compra e, comumente, no Merck Index.

Solução salina

	Quantidade
NaCl 0,9%	900 mg
Água destilada q.s.p.	100 mL

Observação: Corrigir o pH para 7,4.

Solução PBS — *Phosphate-Buffered Saline* (Salina tamponada com sais de fosfato)

Modificado pela ausência de íons Ca^{+2} e Mg^{+2}

	Peso molecular	Molaridade	Quantidade
NaCl	58,44	136,8 mM	8 g
KCl	74,56	2,7 mM	0,200 g
KH_2PO_4	136,09	0,9 mM	0,122 g
$Na_2HPO_4 \cdot 7H_2O$	268,07	6,4 mM	1,716 g
Água destilada q.s.p.			1.000 mL

Observações: Corrigir o pH para 7,4. Pode ser suplementado com penicilina (2,5 UI/mL) e estreptomicina (2,5 µg/mL), pH 7,4. Autoclavável.

Tampão fosfato-salina Dulbecco (PBS — Dulbecco)

	Peso molecular	Molaridade	Quantidade
NaCl	58,44	136,9 mM	8,0 g
KCl	74,56	2,68 mM	0,2 g
$CaCl_2$	111,03	0,9 mM	0,1 g
$MgCl_2 \cdot 6H_2O$	203,3	0,49 mM	0,1 g
NaH_2PO_4	119,99	7,58 mM	0,91 g
KH_2PO_4	136,09	1,47 mM	0,2 g
D-glicose	180,16	5,55 mM	1,0 g
Água destilada q.s.p.			1.000 mL

Observação: Não-autoclavável.

Azul de tripan

	Quantidade
Azul de tripan 1%	1 g
PBS q.s.p.	100 mL

Observação: Filtrar a solução após o preparo.

Solução de glicose a 1%

	Quantidade
D-glicose	1 g
Água destilada q.s.p.	100 mL

Solução de hemólise

	Peso molecular	Molaridade	Quantidade
NH_4Cl	53,49	150 mM	8,02 g
$NaHCO_3$	84,01	10 mM	840,0 mg
EDTA — ácido etilenodiamino acético	372,24	0,1 mM	37,2 mg
Água destilada q.s.p.			1.000 mL

Observação: Corrigir o pH para 7,4. *Uso*: Incubação de 10 min, a 37°C.

Solução de Hanks (HBSS — *Hanks Balanced Salt Solution*)

	Peso molecular	Molaridade	Quantidade
$NaCl$	58,44	137 mM	8 g
KCl	74,56	5,4 mM	0,4 g
$MgSO_4 \cdot 7H_2O$	246,50	0,8 mM	197,2 mg
$Na_2HPO_4 \cdot 12H_2O$	358,22	0,3 mM	107,5 mg
KH_2PO_4	136,09	0,6 mM	81,7 mg
$CaCl_2 \cdot 2H_2O$	147,03	1 mM	147,03 mg
$NaHCO_3$	84,01	4 mM	336,04 mg

Observações: Colocar em balão volumétrico de 1 litro cerca de metade do seu volume com água destilada e gaseificar, por 10 min, com carbogênio (95% O_2 e 5% CO_2). Após este período, adicionar $CaCl_2 \cdot 2H_2O$ 1 mM e $NaHCO_3$ 4 mM, manter a mistura sob agitação até completa solubilização dos sais, corrigir o pH para 7,4. Antes de ser utilizada, a solução deverá ser diluída em H_2O destilada na proporção de 1:1 e acrescida de D-glicose anidra 5,6 mM. Manter sob refrigeração ou em gelo (8 a 10°C).

Solução fenol

	Quantidade
Solução peroxidase	
peroxidase	5 mg
PBS	1 mL
Solução $CaCl_2 \cdot 2H_2O$	
$CaCl_2 \cdot 2H_2O$	0,65 g
Água destilada q.s.p.	50 mL
Solução $MgCl_2 \cdot 6H_2O$	
$MgCl_2 \cdot 6H_2O$	1,05 g
Água destilada q.s.p.	50 mL

Reagente de Griess

	Quantidade
Solução A	
Sulfanilamida 1%	1 g
H_3PO_4 5%, V/V,	5 mL
em água destilada	100 mL
Solução B	
α-naftiletilenodiamina 0,1%	100 mg
em água destilada	100 mL

Observações: Preparar as soluções ao abrigo da luz. Juntá-las apenas no instante de uso. Muitas vezes, o H_3PO_4 é vendido a 85%. Deve-se corrigir esta diluição nos cálculos de volume.

Apêndice IV — Dados Práticos de Radioatividade

Tipos de Radiação
α núcleo de He (4 u.m.a.)   Ex.: ^{276}Rn
β elétrons (e$^-$) ou pósitrons
 (e$^+$) (1/1840)   Ex.: ^{32}P, ^{14}C
γ onda eletromagnética   Ex.: ^{125}I
X radiação de freamento (*bremsstrahlung*)

Unidades
Bq = Becquerel: 1 desintegração/segundo
Ci = Curie = $3,7 \times 10^{10}$ Bq
1 μCi = $2,22 \times 10^6$ dpm (desintegrações por minuto)

Energia
eV: elétron-volt
Ec = $1/2\ mv^2$
Energia máxima: E máx.

Isótopos

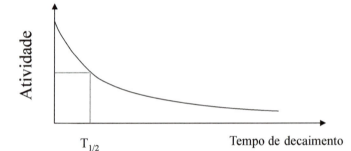

Fig. IV.2 Decaimento e meia-vida ($T_{1/2}$) de um isótopo.

Meia-vida ($T_{1/2}$)
Tempo necessário para que metade dos núcleos radioativos se desintegre, emitindo energia.

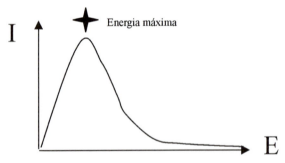

Fig. IV.1 Relação energética de um isótopo em decaimento.

Considerações Especiais

Tabela IV.1 Características de alguns átomos radioativos

Isótopo	^{3}H	^{14}C	^{32}P	^{3}S	^{45}Ca	^{51}Cr	^{125}I
$T_{1/2}$	12,4 anos	5.730 anos	14,3 dias	87,4 dias	163 dias	27,7 dias	59,6 dias
Emissão	18,6 KeV (beta)	0,156 MeV (beta)	1,709 MeV (beta)	0,167 MeV (beta)	0,257 MeV (beta)	0,32 MeV (gama)	35 MeV (gama)
Monitoração da contaminação	Passar algodão no local e contar em cintilador	Detector Geiger-Müler	Detector Geiger-Müler	Detector Geiger-Müler	Detector Geiger-Müler	Detector de cintilação	Detector de cintilação
Monitoração biológica	Urina	Urina CO_2 expirado	Urina	Urina	Urina	Todo o corpo	Tireóide
(ALI) Limite anual de ingestão	80 mCi	2,4 mCi	1 mCi	10 mCi	1 mCi	20 mCi	55 μCi
Alcance máximo (ar)	6 mm	24 cm	790 cm	26 cm	52 cm		
Alcance máximo (água)	0,006 mm	0,28 mm	0,8 mm	0,32 mm	0,62 mm		
Shielding	Não	1 cm Perspex/ Plexiglas	1 cm Perspex/ Plexiglas	1 cm Perspex/ Plexiglas	1 cm Perspex/ Plexiglas		2 Pares de luvas
Observações	Timidina	Solventes CO_2	Alta energia *Bremsstrahlung*	SO_2 HS impurezas	Ossos		Volátil

Algumas Regras Básicas para o Manuseio de Material Radioativo

1. Conheça a natureza do material de risco.
2. Planeje o trabalho.
3. Mantenha-se afastado das fontes.
4. Utilize os anteparos adequados.
5. Restrinja a área de uso.
6. Equipamento de proteção (dosímetro, avental).
7. Monitore a área freqüentemente.
8. Siga as regras gerais de segurança estabelecidas por entidades competentes.
9. Minimize o acúmulo de rejeitos (líquidos e sólidos).
10. Após o término do trabalho, monitore-se.

IMPORTANTE

O laboratório que quiser utilizar material radioativo deve obter uma licença. Para informações sobre legislação, normas e diretrizes básicas e credenciamento nessa área, consulte o **CNEN – Comissão Nacional de Energia Nuclear (www.cnen.org.br)**.

Obtenha o Máximo de Informações sobre Proteção Radiológica. Consulte o Setor de Proteção Radiológica do Serviço Especializado em Engenharia de Segurança e Medicina do Trabalho (SESMIT). Consulte também a possibilidade de fazer cursos nessa área. walterpaes@hotmail.com.

LEITURA RECOMENDADA

Hirata, M.H. & Mancini Filho, J. Manual de Biossegurança. São Paulo, Manole, 2002.

Apêndice V — Centrifugação

Para a maioria dos protocolos de preparação celular, a centrifugação é sempre uma etapa presente. Geralmente, a aplicação resulta da necessidade de se separarem as células, e a sedimentação é uma excelente maneira.

Gradientes de concentração podem ser preparados para a separação de células, organelas, e DNA de plasmídeos. Em geral, são utilizadas substâncias como Percoll, Ficoll, sacarose, cloreto de césio e metrizamida. Após centrifugação em condições padronizadas, as partículas se separam por diferença de densidade e ficam sedimentadas sobre o gradiente mais denso.

As centrífugas possuem ângulo fixo ou suporte oscilante. No primeiro caso, os tubos permanecem inclinados em relação ao plano de rotação e, no suporte oscilante, os tubos rodam horizontalmente. Apesar dos diferentes modelos e tamanhos, existem algumas considerações que são comuns às centrífugas. Durante a centrifugação, a rotação exerce uma força centrífuga relativa (RCF) ou força gravitacional (*g*). Entretanto, também é descrito outro parâmetro deno-minado revoluções por minuto (rpm). A conversão de rpm em *g* depende do raio da centrífuga.

Cálculo de conversão de *g* em rpm:

$$g = 1,12 \times 10^{-5} \times \mathbf{raio\ (cm)} \times \mathbf{rpm}$$

Para um rotor oscilante, o raio é a distância do centro (eixo do rotor) até a extremidade do tubo na posição horizontal (posição que o tubo adquire em relação ao movimento do rotor durante a centrifugação). Para o rotor fixo, o raio é determinado pela distância do centro até a metade da distância da posição do tubo no rotor.

A maneira mais correta de descrever um protocolo com especificações de centrifugação inclui os parâmetros em *g*. Isso significa que, em qualquer centrífuga, sempre as amostras serão centrifugadas com a mesma força gravitacional. O que pode mudar é a rotação em rpm da centrífuga a ser utilizada em decorrência de suas características.

Apêndice VI — Lista de Entidades, Empresas e Fornecedores

Empresa	Site	Empresa	Site
A Menarini Diagnostics	www.menarini.com	Biolabs, Inc.	www.neb.com
Abbott Diagnostics	www.abbott.com	BioMerieux	www.biomerieux.com
Abgene	www.abgene.com	Biomol	www.biomol.com
ABX Diagnostics	www.abx.com	Bio-Rad Laboratories Ltd.	www.bio-rad.com
Aldrich Chemical Co.	www.sigma-aldrich.com.br	Bioservice Produtos	www.bioservice.com.br
Alemmar Comercial e Industrial S.A.	www.alemmar.com.br	Médicos Hospitalares Ltda.	
		BioSource International, Inc.	www.biosource.com
Altec	www.altecequipment.com	Bio-Stat Ltd.	www.bio-stat.com
Ambriex	www.ambriex.com	Biosystems	www.biosystems.com.br
American Type Culture Collection (ATCC)	www.atcc.org www.culture.atcc.org	Biotools do Brasil	www.biotoolsbrasil.com.br
		Biotrace Fred Baker	www.fred-baker-scientific.com
Amersham Biosciences	www.amershambiosciences.com	Boehringer Mannheim	www.biochem.boehringer-mannheim.com
Amersham-Pharmacia Biotech	www.apbiotech.com	Brand	www.brand.de
		Brinkmann	www.brinkmann.com
Amicon Inc.	www.amicon.com	Calbiochem Corp.	www.calbiochem.com
Anadona Produtos Descartáveis	www.anadona.com.br	Caltag Laboratories	www.caltag.com
		Cambrex/BioWhittaker Cell Biology Products	www.cambrex.com
Analítica	www.analiticaweb.com.br		
Analytical Technologies	www.analyticaltechnologies.co.uk	Cambridge Bioscience	www.bioscience.co.uk
Apelex	www.apelex.com	Cambridge Life Sciences	www.cambridgelifesciences.co.uk
ASA Medical	www.asagroup.co.uk	Canberra Packard	www.canberra.com
Astell	www.astell.com	Carl Zeiss Ltd.	www.zeiss.co.uk
Avanti Polar Lipids, Inc.	www.avantilipids.com	Carlo Erba Reagenti	www.carloerbareagenti.com
Axis Shield	www.axis-shield.com	Cayman Chemical Company	www.caymanchem.com
Bayer Diagnostics	www.bayer.co.uk		
Beckman Coulter	www.beckmancoulter.com	Cell Line Data Base — CLDB	www.biotech.ist.unige.it/ interlab/cldb.html
Beckman Instruments, Inc.	www.beckman.com		
Becton Dickinson Inc./Clontech/Discovery Labware/Imuno Cytometry Systems/BD Falcon Multiwell cell culture	www.bd.com	Cell Signaling Technology (CST)	www.cellsignal.com
		Cellpath Plc	www.cellpath.co.uk
		Celm Cia. Equipadora de Laboratórios Modernos	www.celm.com.br
BD Biosciences PharMingen	www.bdbiosciences.com www.pharmingen.com	CGS Desenvolvimento de Novos Negócios	www.cgs.com.br
Belimed Injection Control	www.belimed.de	CIBA Pharmaceuticals Ltd.	www.ciba.com
Berkeley Computer Services Ltd.	www.berkeleycs.co.uk	Ciencor Scientific	www.ciencor.com.br
		Clonetics Cell Discovery Systems	www.clonetics.com
Bibby Sterilin Ltd.	www.bibby-sterilin.com		
BioAgency	www.bioagency.com.br	Poietics Stem Cell Systems	www.poietic.com
Biobrás Diagnósticos	www.biobrasdiagnosticos.com.br	CNEM — Comissão Nacional de Energia Nuclear — Supervisão de Rejeitos Radioativos	www.cnen.gov.br
Bioconnections	www.bioconnections.co.uk		
Bio-Diagnostics	www.bio-diagnostics.com		
Bioeasy Diagnostic & Medical Products	www.bioeasy.com.br		

Empresa	Site	Empresa	Site
CNS Farnell	www.cnsfarnell.com	Hoechst (UK) Ltd.	www.aventis.com
Cole-Parmer	www.coleparmer.com	HospyCenter	www.hospycenter.com.br
Common Access to Biological Resources and Information — CABRI	www.cabri.org	Hund Wetzlar	www.hund.de
		HyClone Laboratories, Inc.	www.hyclone.com
		IBG Immucor Ltd.	www.immucor.com
Corinth Medical	www.corinth.co.uk	IBS Integra Biosciences	www.integra-biosciences.com
Corning, Inc./Life Sciences/ Labtrade Equipment/ Costar Corp.	www.corning.com	ICN Biomedicals	www.icnbiomed.com
		Ilford Ltd.	www.ilford.com
		Imprint do Brasil Ltda.	www.imprint.com.br
Cultilab Meios para Cultivo Celular Embriocare Meios para Cultivo Embrionário	www.cultilab.com.br	Imprint Genetix	www.imprint-corp.com
		Indrel	www.indrel.com.br
		Infors	www.infors.ch
		Injex Indústrias Cirúrgicas Ltda.	www.injex.com.br
Dade Behring Ltd.	www.dadebehring.com		
Daigger Laboratory Supplies	www.daigger.com	Insight	www.insightltda.com.br
		Instrumentation Laboratory (UK) Ltd.	www.il-uk.com
DakoCytomation	www.dakocytomation.com		
Descarpack Descartáveis do Brasil Ltda.	www.descarpack.com.br	Interlab Cell Line Collection — ICLC	www.iclc.it
Dexcar Confecções Maralice Ltda.	www.dexcar.com.br	Interprise Instrumentos Analíticos Ltda.	www.interprise.com.br
Diasorin Ltd.	www.diasorin.com	Invitrogen	www.invitrogen.com
Digimed	www.digimed.ind.br	iSOFT	www.iSOFTplc.com
Dometic — Electrolux Medical Systems	www.dometic.co.uk	J. T. Baker	www.jtbaker.com
		Jackson Immuno Research Laboratories, Inc.	www.jacksonimmuno.com
Don Whitley Scientific Ltd.	www.dwscientific.co.uk		
DPC UK Ltd.	www.dpcweb.com	Japanese Collection of Research Bioresources — JCRB	www.cellbank.nihs.go.jp
DuPont	www.dupont.com		
Dynal, Inc.	www.dynal.net		
Endogen	www.endogen.com	Japanese Tissue Culture Association — JTCA	www.wdcm.riken.go.jp/wdcm/JTCA.html
Eppendorf	www.eppendorf.com		
Euroimmun UK Ltd.	www.euroimmun.co.uk	Jencons Scientific Ltd.	www.jencons.com
European Collection of Animal Cell Cultures (ECACC)	www.ecacc.org.uk	Johnson & Johnson Medical Ltd.	www.jnj.com
		Jouan Ltd.	www.jouan.com
Fanem Ltda.	www.fanem.com.br	Kendro Laboratory Products	www.kendro.com
Fermentas	www.fermentas.com		
Fisher Scientific	www.fishersci.com	Kent Scientific Corporation	www.kentscientific.com
Fluka Riedel-deHaën/Sigma	www.sigma-aldrich.com.br		
Forma Scientific Inc.	www.forma.com	Kimble Science Products	www.kimble-kontes.com
Fuji Photo Film	www.fujifilm.com	Knwaagen Balanças Ltda.	www.knwaagen.com.br
Gehaka	www.gehaka.com.br	Kodak Ltd.	www.kodak.com
Genome Systems, Inc.	www.Genomesystems.com	Lab Vision UK Ltd.	www.labvision.com
Genzyme Diagnostics	www.Genzyme.com	Labex Inc.	www.labex-co.com
GER-AR Comércio de Produtos Médicos Ltda.	www.gerarnet.com.br	Labtops	www.labtops.de
		Labtrade	www.labtrade.com.br
German Collection of Microorganisms and Cell Cultures — DSMZ	www.dsmz.de	Labtrade do Brasil Ltda.	www.labtrade.com.br
		Launch Diagnostics	www.launchdiagnostics.com
		Leica	www.leica.com
GIBCO BRL/Life Technologies, Inc.	www.lifetech.com	Leica Microsystems (UK) Ltd.	www.leica-microsystems.com
Invitrogen Corporation	www.invitrogen.com/gibco		
Glaxo Laboratories Ltd.	www.nahste.ac.uk	LGC do Brasil	www.lgcscientific.com
Grifols UL Ltd.	www.grifols.com	Locum Group	www.locumgroup.com
Grupo SGCQC	www.gruposgcqc.com.br	Mallinckrodt	www.mallchem.com
Heidolph Instruments	www.heidolf.de	Marte Balanças e Aparelhos de Precisão Ltda.	www.martebal.com.br
Hellma World Wide/ Hellma Sulamericana	www.hellma.com.br		
		MBI Fermentas	www.fermentas.de
Hettich-Zentrifugen	www.hettich-zentrifugen.de	Mec Lab	www.meclab.com.br
Hewlett Packard	www.hp.com	Media Cybernetics the Imaging Experts	www.mediacy.com
Hexis Científica	www.hexis.com.br		

Apêndice VI — Lista de Entidades, Empresas e Fornecedores   277

Empresa	Site
Medical Systems/Dometic	www.dometic.com.br
Meio Filtrante	www.meiofiltrante.com.br
Memmert	www.memmert.com
Merck & Co., Inc.	www.merck.com
Merck Sharpe & Dohme	www.msd-uk.co.uk
Microgenics GmbH	www.microgenics.com
Millipore Corp	www.millipore.com
Miltenyi Biotec	www.miltenyibiotec.com
Misys Healthcare Systems	www.misyshealthcare.com
MK8 Analítica	www.mk8analítica.com.br
MO Bio Laboratories, Inc.	www.mobio.com
Molecular Bioproducts, Inc.	www.mbpinc.com
Molecular Devices	www.moleculardevices.com
Molecular Probes	www.probes.com
Nalgene Labware	www.nalgenunc.com
Neogen Corporation	www.neogen.com
New Route, Inc.	www.newroute.com
Nichols Institute Diagnostics Ltd.	www.bonetests.com
Nikon Corporation	www.nikon.co.jp
Olympus Optical Co (UK) Ltd.	www.olympus.co.uk
Omega Laboratories Ltd.	www.hc-sc.gc.ca
Oncogene Research Products	www.apoptosis.com
Oriel Instruments	www.oriel.com
Orion Research, Inc.	www.orionres.com
Ortho-Clinical Diagnostics	www.orthoclinical.com
OWL Separation Systems	www.owlsei.com
Oxoid	www.oxoid.com
PedroTech	www.pedrotech.com
Pensalab Equipamentos Industriais Ltda.	www.pensalab.com.br
Perkin Elmer Life Sciences	www.perkinelmer.com/lifesciences www.perkinelmer.com.br
PGC Scientifics Corporation	www.pgcscientifics.com
PGP (UK) Ltd.	www.pgp.be
Pharmacia Diagnostics	www.diagnostics.com
Phitec International Ltd.	www.phitec.co.uk
Pierce Chemical Company	www.piercenet.com
Pierce Endogen	www.piercenet.com
Polaroid (UK) Ltd.	www.polaroid.com
PR.cola	www.prcola.com.br
Precisa	www.precisa.com
Pro-Lab Diagnostics	www.pro-lab.com
Promega Corporation	www.promega.com
Pubmed	www.pubmed.com
Pubmed	www.ncbi.nlm.nhm.gov
Qiagen	www.qiagen.com
Quadratech Diagnostics Ltd.	www.quadratech.co.uk
Quest Biomedical	www.questbiomedical.com
Quimlab Química e Metrologia	www.quimlab.com.br
Quirepace Ltd.	www.quirepace.co.uk
R & D Systems	www.rndsystems.com
Randox Laboratories	www.randox.com
Rattus el al.	www.rattus.com
Raymond A Lamb	www.ralamb.com
Research Organics	www.resorg.com

Empresa	Site
Rimed	www.rimed.com.br
Rinken gene bank	www.rtc.rinken.go.jp
Roche Diagnostics Ltd.	www.rocheuk.com
Ruskinn Technology	www.ruskinn.com
Santa Cruz Biotechnology, Inc.	www.scbt.com
Sarstedt Ltd.	www.sarstedt.com
Satelit Artigos para Laboratório Ltda.	www.techs.com.br/satelit
Schebo Biotech UK Ltd.	www.schebo.com
Schering-Plough Indústria Química e Farmacêutica S.A.	www.schering-plough.com.br
Scientech	www.brolesi.com.br
Sellex	www.sellex.com
Serotec Immunological Excellence	www.serotec.co.uk
Serva Electrophoresis	www.serva.de
Seton Solução em Identificação	www.seton.com.br
SG	www.sgwater.de
Sigma-Aldrich	www.sigmaaldrich.com
Sinapse	www.sinapsebiotecnologia.com.br
Slotter Soluções em Embalagens	www.slotter.com.br
Snow Eletrônica Ltda.	www.snoweletronica.com.br
Sociedade Internacional de Citologia Analítica (ISAC)	www.isac-net.org
Sociedade de Citometria Clínica	www.cytometry.org
Soniclear	www.soniclear.com.br
Sorvall Centrifuges	www.sorvall.com
Sotelab	www.sotelab.com.br
Southern Biotechnology Associates, Inc.	www.southernbiotech.com
Spectrun	www.spectrun.com.br
Stoelting Physiology Research Instruments	www.stoeltingco.com/physio
Stratagene	www.stratagene.com
Sugarman Medical Ltd.	www.sugarman.co.uk
Sunmoon Produtos Científicos Ltda.	www.sunmoonprodcient.com.br www.sunmoon.com.br
Surgipath Europe Ltd.	www.surgipath.com
Syngene/Synoptics Ltd.	www.syngene.com
Synbiosis/Synoptics Groups	www.synbiosis.com
Sysmex UK Ltd.	www.sysmex.co.uk
Taylor-Wharton	www.taylorwharton.com
TCS Biosciences Ltd.	www.tcsbiosciences.co.uk
Tecan UK Ltd.	www.tecan.com
Technoclone Ltd.	www.technoclone.co.uk
Telstar	www.telstar.es
The Binding Site Ltd.	www.bindingsite.co.uk
The National Laboratory for the Genetics of Israeli Populations	www.tau.ac.il/medicine/ NLGIP/nlgip.htm
Thermo Hybaid	www.thermohybaid.com
Thermo Labsystems Finnpipette	www.thermolabsystems.fi www.thermobio.com www.finnpipette.com

Empresa	Site	Empresa	Site
Thermo Life Sciences Ltd.	www.thermo-lifesciences.co.uk	Update Cell Signaling Solutions	www.update.com
Thermo Shandon Ltd.	www.thermoshandon.com	Upstate Biotechnology	www.upstatebiotech.com
Tocris Cookson Ltd.	www.tocris.com	Veco do Brasil Indústria e Comércio de Equipamentos Ltda.	www.veco.com.br
Torex Laboratory Systems Ltd.	www.torex.com		
Tosoh Bioscience	www.eurogenetics.co.uk		
Treff Lab	www.treff-ag.ch		
Triangle Biomedical Sciences Ltd.	www.trianglebiomedical.com	Vector Laboratories Inc.	www.vectorlabs.com
		Vision Biosystems	www.vision-bio.com
Triple G Ltd.	www.tripleg.com	Vitech Scientific Ltd.	www.vitechscientific.co.uk
TSE Systems	www.tse.systems.de	VWR International Ltd.	www.vwr.com
Ultra Chem Scientific Products	www.ultrachem.com.br	Wallac/EG&G do Brasil Ltda.	www.ump.com/wallac/wallac.htlm
		Whatman	www.whatman.com
Uniscience	www.uniscience.com	Whatman Biometra	www.biometra.com
Unitech Universal Technology Co.	www.unitechusa.com	Wheaton Scientific Products	www.wheatonsci.com
United Kingdom National Culture Collection — UKNCC	www.ukncc.co.uk	World Courier	www.worldcourier.com
		WWA. Sysmed Ltd.	www.wwa.co.uk
		Zymed Laboratories, Inc.	www.zymed.com

Índice Alfabético

A

Acridine orange, 231
- propriedades, 233
Adenosina deaminase (ADA), 183
Adipócitos, obtenção, 83-88
- contagem do número de adipócitos isolados, 86
- introdução, 83
- isolamento, 83
- - digestão do tecido adiposo, 84
- - extração do tecido adiposo, 84
- - lavagem das células isoladas, 85
- preparação dos meios, 83
AIF, vazamento, 205
Alantóide, 64
Álcool, esterilização de materiais, 17
AMCA (ácido 3-acético 7-amino-4-
metilcoumarina), 231
- propriedades, 233
Aminoglicoside fosfotransferase, 181
Antibióticos, 269
Anticorpos
- monoclonais, 193
- policlonais, 193
- - protocolo de produção, 195
- - - fusão de linfócito B de camundongo com
células de mieloma, 195
- - - imunização de animais, 196
Antimicóticos, 269
Antisense, inibição da expressão de genes, 185
Apoptose, 200-215
- agentes causadores, 200
- aspectos morfológicos, 201
- citometria de fluxo, 248
- desregulação, 215
- mecanismos de indução, 201
- - endonuclease G, 207
- - família das caspases, 202
- - fator de transcrição TR3, 207
- - interligação entre as vias intrínseca e
extrínseca, 209
- - proteínas virais e bacterianas, 207
- - retículo endoplasmático, 209
- - sinalização
- - - Fas-Fas-L, 208
- - - granzima B, 209
- - - TNF-R1, 208
- - - TRAIL, 208
- - smac/DIABLO, Omi/HtrA2 e as IAPs, 205
- - vazamento
- - - AIF e os efeitos nucleares, 205
- - - citocromo *c* e a formação do
apoptossomo, 204

- - via
- - - extrínseca, 207
- - - intrínseca, 203
- - mediada por receptores de morte,
inibidores, 214
- - p53, 214
- - reconhecimento fagocítico, 211
- - reguladores, 211
- - - chaperoninas, 213
- - - família Bcl-2, 211
- - - inibidores de caspases, 213
- - - proteínas quinases, 213
- - transcrição gênica, 214
Átomos radioativos, 273
Autoclave, 14

B

Bancos de dados de linhagens celulares, 10-12
Basófilos, 116
Biologia da célula em cultura, 41
Blastocele, 63
Blastocisto, 62, 63
BODIPY (4,4-difluoro, 5-7, dimetil-4-bora 3a, 4a,
diaza-5-indaceno), 231
- propriedades, 233
Burst respiratório, 157

C

Calor, esterilização de materiais, 13
Câmara de fluxo laminar, 18
- funcionamento, 19
- procedimentos para operação, 20
Câmara de Neubauer, 23
Candida albicans, 158, 160
Caracterização das culturas de células
placentárias, 72
Cariotipagem, fusão nuclear, 192
Cascade blue, 231
- propriedades, 233
Caspases, família, 202
Célula(s)
- endoteliais, obtenção, 59
- espongiotrofoblasto, 64
- gigantes primárias e secundárias, 63
- glicogênio, 64
- mamíferos, transferência de genes, 173-186
- placentárias, coleta, 69
- - material, 70
- - procedimento, 70
- - soluções e reagentes, 69

- sangue, 114
- sangue periférico, obtenção, 114-121
- tronco, 54-57
- - aspectos da biologia, 54
- - caracterização, 55
- - hemopoética, obtenção, 57
- - medula, obtenção, 57
- - origem, 55
- - perspectivas para a terapia celular, 55
- vírus, infecção, 167
Centrifugação, 279
Chaperoninas, 213
Ciclo celular, 25-28
- controle, 27
- fase, 25
- - G_1 (*gap*), 25
- - G_2, 26
- - M (mitose), 25
- - S (síntese), 26
- intérfase, 25
Citocromo *c*, vazamento e a formação do
apoptossomo, 204
Citometria de fluxo, 239-253
- análise de dados, 244
- armazenamento de dados e sistema de controle
computacional, 242
- - especiais, 243
- - negativos, 243
- - positivos, 243
- introdução, 239
- parâmetros mensuráveis, 246
- - detecção da externalização de
fosfatidilserina, 252
- - fixação e permeabilização, 246
- - fragmentação de DNA, determinação, 250
- - integridade de membrana celular,
determinação, 250
- - marcação
- - - estrutural, 246
- - - funcional, 248
- - potencial transmembrânico da mitocôndria,
determinação, 252
- - razão de linfócitos T CD4/CD8,
determinação, 249
- - requisitos básicos de um corante, 246
- princípios, 239
- sistemas, 239
- - fluxo, 240
- - iluminação, 240
- - óptico e eletrônico, 241
Clamidia psittaci, 158
Co-culturas celulares, 122-125
- introdução, 122

280 Índice Alfabético

- macrófagos com linfócitos, 123
- materiais e reagentes,123
- planejamento, 122
- pré-cultura dos macrófagos, 123
- protocolo, 123
Coleta
- células placentárias, 69
- - material, 70
- - procedimento, 70
- - soluções e reagentes, 69
- cones ectoplacentários, 67
- - materiais, 67
- - procedimento, 68
- - soluções e reagentes, 67
Coloração de células, 129-133
- corantes, 129
- - corar extensões sanguíneas e de exsudato, 129
- - exclusão, 133
- - identificar e contar elementos figurados, 131
- informações gerais, 133
- introdução, 129
- Leishman, 129
- May-Grünwald-Giemsa, 130
- Rosenfeld, 130
- Wright, 130
- X-Gal, 183
Coloração de lâminas de extensão sanguínea e de
    exsudato, 117
Complexos ciclinas-Cdks, 28
Cone(s) ectoplacentário(s), 63
- coleta, 67
- - materiais, 67
- - procedimento, 68
- - soluções e reagentes, 67
Congelamento de células, 10
Contagem de células, 22
- câmara de Neubauer, 23
- introdução, 22
- preparação, 22
Corantes, 129
- citometria de fluxo, 246
- fluorescentes, 228
- - *acridine orange*, 231, 233
- - AMCA (ácido 3-acético 7-amino-4-
      metilcoumarina), 231, 233
- - análogos, 229
- - BODIPY (4,4-difluoro, 5-7, dimetil-4-bora 3a,
      4a, diaza-5-indaceno), 231, 233
- - cascade blue, 231, 233
- - coumarina, 231, 233
- - DAPI (4'-6-diamidino-2-fenilindol), 231, 233
- - eosina, 231, 233
- - eritrosina, 231, 233
- - ficobiliproteínas, 231, 233
- - fluoresceína, 231
- - Hoechst, 232, 233
- - incorporação por células intactas, 229
- - indicadores intracelulares de íons, 229
- - NBD [6-N-(7-nitrobenz-2-oxa-1,3-diazol-4-il)
      Amina, 232, 233
- - perileno, 232, 234
- - pireno, 232, 234
- - propriedades, 233, 234
- - rodamina, 232, 234
- - sulforodamina, 232, 234
- - tetrametilrodamina (TMR), 232, 234
- - texas red, 232, 234
- - vitais, 229
Cornos uterinos, *flushing*, 65
- materiais, 65
- procedimento, 65
- soluções e reagentes, 65
Coumarina, 231
- propriedades, 233
Crescimento celular, 25
- curva, 36

- fases, 35
- - lag, 25
- - log, 35
- - morte celular, 36
- - *plateau*, 35
CrmA, 213
Cryptococcus neoformans, 158
Cultivo de linhagens permanentes, 41-49
- aderentes, 43
- - linhagens aderidas, 45
- - subcultivo, 44
- - superfície para aderência celular, 45
- aplicações e áreas de interesse, 42
- biologia da célula em cultura, 41
- concentração celular, 48
- controle do número de passagens, 42
- introdução, 41
- meio de cultura, 48
- morfologia celular, 48
- pH, 48
- recipiente, 49
- suspensão, 43
- - dificuldades, 46
- - facilidade, 46
- - manutenção, 45
- - Raji, 46
- - tratamento, 47
- volume e área de superfície, 49
Cultura
- células, 3
- - diagnóstico virológico, 166-172
- - - amostras biológicas, 168
- - - amplificação por meio da reação em cadeia
        pela polimerase, 170
- - - colheita de espécime biológico, 167
- - - conservação dos espécimes destinados à
        detecção viral, 167
- - - detecção da replicação viral, 166
- - - detecção do produto da reação da PCR, 171
- - - etapas, 168
- - - fotodocumentação da separação
        eletroforética, 172
- - - inoculação e incubação das células com
        espécimes, 169
- - - obtenção do DNA complementar, 170
- - - reação da imunofluorescência indireta
        (IFI), 169
- - - reação em cadeia pela polimerase (PCR), 170
- - - replicação viral, 168
- - - separação eletroforética em gel de agarose
        dos produtos da PCR, 171
- - - transporte do espécime e meios, 167
- - esterilização de materiais, 13-20
- - linhagens permanentes, 41-49
- - marcadores fluorescentes, 227-238
- - normas básicas, 7
- - primária, 53
- - técnicas, 10
- - trofoblásticas de roedores, 62-73
- - - blastocistos, 62, 64
- - - células placentárias, coleta, 69
- - - cones ectoplacentários, coleta, 67
- - - mórulas tardias, coleta, 64
- ilhotas, 80
- linfócitos, 107
- micoplasmas, 140
- neutrófilos, 104
Curva de crescimento, 67
- materiais, 67
- procedimento, 67
- soluções e reagentes, 67

D

D-MEM (meio essencial mínimo modificado por
    Dulbecco), 268

DAPI (4'-6-diamidino-2-fenilindol), 231
- propriedades, 233
Descongelamento de células, 10
Diidrofolato redutase (DHFR), 182
Divisão celular, 25
DNA
- celular, determinação do conteúdo, 27
- complementar, obtenção, no diagnóstico
    virológico, 170
- fragmentação, determinação por citometria de
    fluxo, 250
- micoplasma
- - extração, 144
- - programa de amplificação, 145

E

Embrioblasto, 63
Embriões, cultura, 66
- materiais, 66
- procedimento, 66
- soluções e reagentes, 66
Empresas, 275-278
Endonuclease G, 207
Ensaio de fagocitose, 159
- atividade fungicida, 161
- células aderidas, 160
- células em suspensão, 161
- determinação do espraiamento de
    macrófagos, 160
- determinação do número de células
    peritoneais, 159
- liberação de peróxido de hidrogênio, 162
- opsonização, 159
- preparação das partículas, 159
- produção de óxido nítrico, 162
- receptores e ligantes, 159
- soluções utilizadas, 163
Enterócitos, isolamento, 89-96
- considerações sobre o crescimento, 96
- culturas primárias, 89
- introdução, 89
- técnicas, 91
- - Amelsberg, Jochims, Richter, Nitsche, Fölsh
      (1999), 93
- - Chen, Yang, Braunstein, Georgeson,
      Harmon, 91
- - Evans, Flint, Somers, Eyden, Potten (1992), 93
- - Fukamachi (1992), 94
- - Gastaldi, Ferrari, Verri, Casirola, Orsenigo,
      Laforenza (2000), 92
- - Hoffman, Kuksis (1979), 95
- - Kumagai, Jain, Johnson (1989), 94
- - Kumar, Mansbach II (1999), 92
- - Luxon, Milliano (1999), 92
- - Watford, Lund, Krebs (1979), 94
- - Weiser (1973), 96
Entidades, empresas e fornecedores, 275
Enzimas oxidativas, citometria de fluxo, 249
Eosina, 231
- propriedades, 233
Eosinófilos, 116
Eritrócitos, 115
- líquidos de diluição, 131
Eritrosina, 231
- propriedades, 233
Espongiotrofoblasto, 64
Espraiamento e fagocitose, 153, 160
Esterilização de materiais para a cultura de
    células, 13-20
- álcool, 17
- calor úmido *versus* calor seco, 13
- - autoclave, 14
- filtração, 17

Índice Alfabético **281**

- - câmara de fluxo laminar, 18
- - membranas filtrantes, 18
- introdução, 13
- irradiação, 15
- radiação, 15
- - gama, 16
- - ionizante, 16
- - UV, 16
Estroma medular, 115
Estudos de neoglicogênese com hepatócitos isolados, 76
Extensão sanguínea, 117

F

Fagocitose, 153-163
- citometria de fluxo, 248
- espraiamento, 153
- histórico, 153
- por macrófagos, receptores envolvidos, 154-163
- - atividade fungicida e microbicida, 158
- - ensaio, 159
- - - atividade fungicida, 161
- - - células aderidas, 160
- - - determinação da capacidade de fagocitose de células em suspensão, 161
- - - determinação do espraiamento de macrófagos, 160
- - - determinação do número de células peritoneais, 159
- - - liberação de peróxido de hidrogênio, 162
- - - opsonização, 159
- - - preparação das partículas, 159
- - - produção de óxido nítrico, 162
- - - receptores e ligantes, 159
- - - soluções utilizadas, 163
- - metabólitos reativos
- - - nitrogênio, 158
- - - oxigênio, 157
- - protocolos experimentais, 159
- - reconhecimento, mecanismo, 154
Família Bcl-2, 211
Farmacocinética dos oligos *antisense*, 185
Fas-Fas-L, 208
Fator
- promotor de maturação (MPF), 26
- transcrição TR3, 207
Fibroblastos, fusão nuclear, 191
Ficobiliproteínas, 231
Filtração, esterilização de materiais, 17
- câmara de fluxo laminar, 18
- membranas filtrantes, 10
FLIPs, 214
Fluoresceína, 231
Flushing dos cornos uterinos, 65
- materiais, 65
- procedimento, 65
- soluções e reagentes, 65
Fornecedores, 275
Fosfatidilserina, detecção da externalização por citometria de fluxo, 252
Fusão nuclear, 188-199
- anticorpos monoclonais e policlonais, 193
- aplicação no mapeamento genético, 191
- cuidados laboratoriais, 198
- fibroblastos humanos e de hamster chinês, 191
- introdução, 188
- princípios, 190
- protocolo, 192
- - etapa, 192
- - investigação dos híbridos, 192
- - - cariotipagem, 192
- - - isoenzimas, 192
- - - reação em cadeia da polimerase, 193
- - - Southern Blotting, 193

- - preparo das células para a fusão, 192
- - produção de anticorpos monoclonais, 195
- - - fusão de linfócito B de camundongo com células de mieloma, 195
- - - imunização de animais, 196
- - seleção dos híbridos, 192

G

Genes, transferência em células de mamíferos, 173-186
Granulócitos polimorfonucleares, 116
Granzima B, 209

H

Ham, meio de cultura, 268
Hemoglobina, líquidos de diluição, 131
Hemopoese, 115
Hepatócitos, obtenção em perfusão de fígado de rato *in situ* com colagenase, 75
Higromicina-B-fosfotransferase (HPH), 182
Hoechst, 232
- propriedades, 233
HSP10, 213
HSP27, 213
HSP60, 213
HSP70, 213

I

IAPs, 205
IEC-6, 45
Ilhotas pancreáticas, obtenção e cultivo, 78
- considerações gerais, 78
- introdução, 78
Imunização de animais, protocolo, 196
- células, obtenção e preparo
- - esplênicas, 197
- - mieloma, 197
- clonagem das culturas de hibridomas, 198
- expansão e criopreservação dos hibridomas, 198
- fusão celular segundo Fazekas *et al.* (1980), 197
- preparo da camada de macrófagos peritoneais (*feeder-layer*), 196
- seleção dos hibridomas, 197
Infecção viral, diagnóstico, 166
- animal de laboratório, 166
- cultura de células, 166
- ovo embrionado, 166
Inflamação, 153
Inibidores de caspases, 213
Instilação intratraqueal, 102
Intérfase, 25
Intestino delgado, 89
Íons, citometria de fluxo, 249
Irradiação, esterilização de materiais, 15
Isoenzimas, fusão nuclear, 192
Isolamento
- enterócitos, 89-96
- - culturas primárias, 89
- - introdução, 89
- - técnicas, 91-96
- hepatócitos, 76

K

Klebsiella pneumoniae, 158

L

Labels fluorescentes, 230
Labirinto placentário, 64

Lectinas nas células trofoblásticas *in vivo* e *in vitro*, análise, 73
Leishmania donovani, 158
Leucócitos, 116
- líquidos de diluição, 132
Linfócitos, 117
- obtenção de modelos animais, 106-109
- - considerações gerais, 106
- - cultura primária, 107
- - metabolismo, 106
- - procedimento, 107
- - proliferação, 149
- T CD4/CD8, determinação da razão por citometria de fluxo, 249
Linhagens celulares, 43
- aquisição, 10, 11
Listeria monocytogenes, 158
Luz ultravioleta, 16

M

Macrófago(s)
- atividade fungicida e microbicida, 158
- espraiamento, 160
- lectinas, representação esquemática, 156
- peritoneais, obtenção, 111
- - ativado, 111
- - camundongos, 112
- - determinação do número de células peritoneais, 112
- - elicitado/inflamatório, 111
- - estimulação, 111
- - exsudato, 111
- - introdução, 111
- - material, 112
- - nomenclatura, 111
- - protocolo, 112
- - ratos, 112
- - residentes, 111
- - soluções, 113
Mapeamento genético, aplicação da fusão nuclear, 191
MAPK, 214
Marcador(es)
- fluorescentes em cultura de células, 227-238
- - absorção, 228
- - *acridine orange*, 231
- - AMCA (ácido 3-acético 7-amino-4-metilcoumarina), 231
- - amplificação do sinal, 232
- - BODIPY (4,4-difluoro, 5-7, dimetil-4-bora 3a, 4a, diaza-5-indaceno), 231
- - cascade blue, 231
- - corantes, 228, 233
- - - análogos fluorescentes, 229
- - - fluorescentes, 228
- - - incorporação por células intactas, 229
- - - indicadores intracelulares de íons, 229
- - - vitais, 229
- - coumarina, 231
- - DAPI (4'-6-diamidino-2-fenilindol), 231
- - emissão, 228
- - eosina, 231
- - eritrosina, 231
- - ficobiliproteínas, 231
- - fluoresceína, 231
- - Hoechst, 232
- - *labels*, 229, 230
- - medidas de fluorescência, 228
- - microscopia, 235
- - - confocal, 237
- - - tradicional, 235
- - múltipla marcação, 232

282 Índice Alfabético

- - NBD [6-N-(7-nitrobenz-2-oxa-1,3-diazol-4-il) Amina, 232
- - perileno, 232
- - *photobleaching* (fotodesbotamento), 234
- - pireno, 232
- - probes, 229
- - rodamina, 232
- - sulforodamina, 232
- - tetrametilrodamina (TMR), 232
- - texas red, 232
- seleção na transfecção, 181
- - adenosina deaminase (ADA), 183
- - aminoglicoside fosfotransferase, 181
- - diidrofolato redutase, 182
- - timidina quinase (TK), 182
- - xantina-guanina, 183
MCDB, meio de cultura, 268
Meios de cultura, 267
- 199, 268
- células de linhagens, 267
- composição, 267
- D-MEM (meio essencial mínimo modificado por Dulbecco), 268
- Ham, 268
- livres de soro, 267
- MCDB, 268
- MEM (meio essencial mínimo), 268
- preparação, 268
- propriedades, 267
- RPMI-1640, 268
- soro, 267
MEM (meio essencial mínimo), 269
Membrana(s) celular(es)
- determinação da integridade por citometria de fluxo, 250
- filtrantes, 18
Metabolismo
- linfócitos, 106
- neutrófilos, 100
Metais, cultivo celular, 45
Micoplasma, 137-141
- culturas celulares, 138
- - detecção, métodos, 140
- - eliminação, métodos, 139
- detecção em culturas celulares, 143
- - Hoechst 33342, 144
- - introdução, 143
- - reação em cadeia da polimerase, 144
- propriedades gerais, 137
Microscópio, fluorescência, 235
- confocal, 237
- tradicional, 235
- - aplicações, 236
- - filtros, 236
- - fontes de luz, 236
- - lentes objetivas e oculares, 237
- - tipos de iluminação, 236
Mitocôndria, determinação do potencial transmembrânico, citometria de fluxo, 252
Mitose, 25
Monócitos, 116
- obtenção, 120
Morte celular, 200-223
- apoptose, 200-215
- conclusões, 223
- introdução, 200
- necrose, 216-221
- programada não apoptótica, 215
- senescência, 221
Morte celular, 36
Mórula(s), 62
- tardias, coleta, 64
Mycobacterium, 158

N

NBD [6-N-(7-nitrobenz-2-oxa-1,3-diazol-4-il) Amina, 232
- propriedades, 233
Necrose, 216-221
- agentes causadores, 216
- características
- - bioquímicas, 217
- - morfológicas, 217
- indução, mecanismos, 218
- - agentes químicos, 219
- - alteração no volume celular, 218
- - hipóxia, 218
- - isquemia, 218
- - radicais livres, 218
Neutrófilos, 116
- características, 100
- funções, 100
- instilação intratraqueal, 102
- metabolismo, 100
- obtenção, 100-104, 120
- origem, 100
- peritônio, 101
- pulmão, 101
Nitrogênio, metabólitos reativos, 158
Normas para culturas celulares, 7

O

Obtenção de hepatócitos em perfusão de fígado de rato *in situ* com colagenase, 75
Oligonucleotídeos iniciadores genéricos, 144
Oligos *antisense*, 185, 186
Organelas, citometria de fluxo, 249
Óxido nítrico, 158
- ensaio da produção, 162
Oxigênio
- mecanismos bactericidas, 157
- metabólitos reativos, 157

P

P13-K/PKB, 213
P35, 213
P53 e apoptose, 214
Pâncreas, 78
PCNA, antígeno nuclear de célula proliferativa, 28
Peptídios inibidores, 213
Perfusão de fígado *in situ*, 75
Perileno, 232
- propriedades, 234
Peritônio, obtenção de neutrófilos, 101
- materiais, 101
- protocolo, 101
pH, citometria de fluxo, 248
Photobleaching (fotodesbotamento), 234
Pireno, 232
- propriedades, 234
PKC, 213
Placa coriônica, 64
Plaquetas, 116
- líquidos de diluição, 132
Plasma sanguíneo, 114
Plásticos, cultivo celular, 45
Potencial de membrana, citometria de fluxo, 249
Probes fluorescente, 230, 231
Proliferação celular, 149
- considerações gerais, 149
- linfócitos, 149
Proteína(s)
- quinases dependentes de ciclina (Cdk), 27

- virais e bacterianas, 207
Pulmão, obtenção de neutrófilos, 101

R

Radiação, esterilização de materiais, 15
- gama, 16
- ionizantes, 16
- UV, 16
Radicais livres, 218
Radioatividade, dados práticos, 272
Raji, 46
Reação
- cadeia da polimerase (PCR), 144
- - cuidados, 145
- - detecção viral, 170
- - extração de DNA, 144
- - fusão nuclear, 193
- - oligonucleotídeos iniciadores genéricos, 144
- - preparo da reação, 145
- - programa de amplificação do DNA, 145
- imunofluorescência indireta – IFI, 169
Receptores envolvidos com a fagocitose por macrófagos, 154
Recipiente de cultivo celular, 49
Replicação viral em cultura de células, detecção, 166, 168
Retículo endoplasmático, indução de apoptose, 209
Reticulócitos, líquido de diluição, 133
Rodamina, 232
- propriedades, 234
RPMI-1640, 268

S

Saccharomyces cerevisiae, 159
Salmonella typhimurium, 158
Sangue, 114
- células, 114
- plasma, 114
Senescência, 221
- características morfológicas e bioquímicas, 223
Sincronização celular, 30-33
- Fase G_0/G_1, 31
- fronteira entre as fases G_1/S, 31
- retirada por agitação de células mitóticas, 32
Smac/DIABLO, Omi/HtrA2, 205
SODD, 214
Southern Blotting, fusão nuclear, 193
Staphylococcus aureus, 158
Streptococcus pyogenes, ação germicida, 17
Sulforodamina, 232
- propriedades, 234
Superovulação, 64
- material, 64
- procedimento, 64
- soluções e reagentes, 64

T

Tampões, 270
Técnicas em cultura de células, 10
- aquisição de linhagens celulares, 10, 11
- congelamento e descongelamento, 10
- montagem do banco de células, 12
- transporte de células, 12
Tetrametilrodamina (TMR), 232
- propriedades, 234
Texas red, 232
- propriedades, 234
Timidina quinase (TK), 182
TNF, 208

Índice Alfabético **283**

Toxoplasma gondii, 158
TRAIL, 208
Transcrição gênica, apoptose, 214
Transfecção, 173-186
- comentários, 183
- DEAE-dextran, 174, 175
- eficiência, 183
- eletroporação, 174, 175
- fosfato de cálcio, 174, 176
- - concentração de cálcio e fosfato, 177
- - concentração de DNA e cálcio, 177
- - temperatura, 177
- - tempo de formação do precipitado, 177
- introdução, 173
- mediada por lipossoma, 174, 176
- precipitado de fosfato de cálcio e DNA formado
    em tampão
- - BES, 180
- - HEPES, 178

- seleção das células de mamíferos
    transfectadas, 181
- - marcação, 181
- - marcadores, 181
- - - adenosina deaminase (ADA), 183
- - - aminoglicoside fosfotransferase, 181
- - - diidrofolato redutase, 182
- - - higromicina-B-fosfotransferase (HPH), 182
- - - timidina quinase (TK), 182
- - - xantina-guanina fosforribosiltransferase
    (XGPRT, GPT), 183
- sistema, 174
- uso de DNA e RNA *antisense* para inibir a
    expressão de genes, 185
- vetores, 174
Transferência de genes em células de mamíferos,
    173-186
Transporte de células, 12
Trofoblasto, 63

V

Vazamento
- AIF e os efeitos nucleares, 205
- citocromo *c* e a formação do apoptossomo, 204
Vidros, cultivo celular, 45
Viroses citopáticas, 167
Vírus, 166

X

Xantina-guanina fosforribosiltransferase
    (XCPRT, GPT), 183

Z

Zona
- juncional, 64
- pelúcida, 62

Serviços de impressão e acabamento
executados, a partir de arquivos digitais fornecidos,
nas oficinas gráficas da EDITORA SANTUÁRIO
Fone: (0XX12) 3104-2000 - Fax (0XX12) 3104-2016
http://www.redemptor.com.br - Aparecida-SP